Gunter Hankammer: **Abnahme von Bauleistungen**

Abnahme von Bauleistungen

Erkennen und Beurteilen von
Planungs- und Ausführungsmängeln

mit 163 Abbildungen und 50 Tabellen

Gunter Hankammer

Dipl.-Ing., öffentlich bestellter und vereidigter
Sachverständiger für Schäden an Gebäuden und
Honorare für Architektenleistungen
(Industrie- und Handelskammer zu Schwerin)

 Rudolf Müller

Bibliografische Information der Deutschen Bibliothek

Die Deutsche Bibliothek verzeichnet diese Publikation in Der Deutschen Nationalbibliografie; detaillierte bibliografische Daten sind im Internet über http://dnb.ddb.de abrufbar.

1. korrigierter Nachdruck 2003

Text, Tabellen und Abbildungen wurden mit größter Sorgfalt erarbeitet. Verlag und Autor können jedoch für eventuell verbliebene fehlerhafte Angaben und deren Folgen keine Haftung übernehmen.
Maßgebend für das Anwenden von Normen ist deren Fassung mit dem neuesten Ausgabedatum, die bei der Beuth Verlag GmbH, 10787 Berlin, erhältlich sind. Maßgebend für das Anwenden von Regelwerken, Richtlinien, Merkblättern, Verordnungen etc. ist deren Fassung mit dem neuesten Ausgabedatum, die bei der jeweiligen herausgebenden Institution erhältlich sind. Zitate aus Normen, Merkblättern etc. wurden, unabhängig von ihrem Ausgabedatum, in neuer deutscher Rechtschreibung abgedruckt.

Lektorat: Hildegard Frank, Köln
Umschlaggestaltung: Pizzicato Design-Agentur, Köln
Satz: Albert M. Craemer, Wuppertal
Druck und Bindearbeiten: Media-Print Informationstechnologie GmbH, Paderborn

Printed in Germany

ISBN 3-481-01934-3

Vorwort

1973 habe ich, damals 15-jährig, meine Ausbildung zum Maurer begonnen. Mittlerweile stehe ich sozusagen im 30. Lehrjahr, weil es immer noch etwas Neues zu lernen gibt und weil obendrein kein Fehler so exotisch ist, dass er nicht doch einmal passieren kann.

Auf solche Fehler und auf typische Mängel soll dieses Buch Schlaglichter werfen und damit in der praktischen Bauabwicklung Hilfestellung für die Durchführung von Bauabnahmen bieten. Mit einer Auswahl an Checklisten für die Abnahme von Gewerken wird in der Anlage beispielhaft dargestellt, wie die Abnahmen sinnvoll vorbereitet und systematisiert werden können.

Alle möglichen Baumängel vollständig aufzuzählen, würde sicherlich den Rahmen eines solchen Buches sprengen. Daher wurde getrennt nach den Gewerken versucht, häufig streitanhängige Beanstandungen darzustellen und ein Leitsystem zu den spezifischen Regelwerken aufzuzeigen. Das Ziel des Buches liegt insofern nicht darin, einen umfassenden Katalog aller Mängel, einschließlich der jeweils zutreffenden Lösungen, zu erstellen. Vielmehr soll die Systematik im Umgang mit Beanstandungen trainiert werden, damit der Bauleiter oder Architekt ein sicheres Beurteilungsvermögen entwickelt.

Für Hinweise auf notwendige Ergänzungen und für Kritik unter gunter@hankammer.de bin ich dankbar.

Gunter Hankammer   September 2002

Danksagung

Für die fachliche Unterstützung und Hilfe bei der Entwicklung und Umsetzung des Werkes gilt mein besonderer Dank:

Frau Dipl.-Ing. Alena Bauer
Herrn Heinz Schäfer, ö. b. u. v. Sachverständiger
Herrn Dipl.-Ing. Georg Neuhaus
Herrn Rechtsanwalt Heiner Soth
Herrn Rechtsanwalt Jörg Schmidt
Frau Rechtsanwältin Harriet Persson
Herrn Dipl.-Ing. Jörg Behring
Herrn Wolfgang Burmeister, Sachverständiger
Herrn Thomas Strohschein
Frau Natali Reindl
Frau Dipl.-Ing. Claudia Kochanowski
Frau Ing. cand. Anke Schmiedeskamp
Frau Dipl.-oec. Brigitte van Eymeren, Verlagsgesellschaft Rudolf Müller

Der Autor

Foto: Hinrich Franck, Hamburg

Gunter Hankammer

Dipl.-Ing. Bauingenieurwesen, Jahrgang 1958

1973 bis 1976	Maurerlehre, Abschluss mit Gesellenbrief
1976 bis 1978	Zweiter Bildungsweg
1978 bis 1980	Wehrdienst
1980 bis 1984	Studium Bauingenieurwesen
1984 bis 1986	Bauleiter in Rohbauunternehmen
1986 bis 2001	Architekturbüro Schild Architekten, Hamburg, Leitung Baudurchführung
Seit 1995:	Geschäftsführender Gesellschafter der Fa. PSP Projektsteuerung GmbH, Schwerin und Hamburg
Seit 1995:	Bauvorlageberechtigter Ingenieur
Seit 1997:	Beratender Ingenieur
Seit 1997:	Öffentlich bestellter und vereidigter Sachverständiger für Schäden an Gebäuden [IHK zu Schwerin]
Seit 2002:	Öffentlich bestellter und vereidigter Sachverständiger für Honorare von Architektenleistungen [IHK zu Schwerin]
Seit 2000:	Dozententätigkeit
Seit 2001:	Lehrbeauftragter an der Hochschule für angewandte Wissenschaften Hamburg [WINQ]
Seit 2002:	Mitglied im VBN Verband der Bausachverständigen Norddeutschlands

Widmung

Das Buch ist meiner Frau Susanne gewidmet.

Inhaltsverzeichnis

1   Einleitung

Die Abnahme von Bauleistungen birgt ein hohes Haftungspotenzial für jeden, der Abnahmen durchführt:

Nimmt der Architekt oder Bauleiter unzulängliche Leistungen ab, haftet er gegenüber dem Besteller für etwa vorhandene Mängel und hieraus erwachsende Schäden.

Verweigert er jedoch die Abnahme ohne nachhaltig triftige Gründe, haftet er ebenfalls gegenüber dem Besteller, in diesem Fall für etwa entstehende Vermögensschäden wie Prozesskosten u. a.

Der Bauleiter, der für sein Bauunternehmen Abnahmen von Subunternehmerleistungen durchführt, obliegt dem Risiko, dass die gleiche Leistung anschließend von seiner eigenen Auftraggeberseite abgelehnt wird. Die Abnahme durch den Bauherrn erfolgt gewöhnlich nach der Fertigstellung der Gesamtmaßnahme. In der Regel wird das Subunternehmer-Gewerk zu einem sehr viel früheren Zeitpunkt die Abnahme seiner individuellen Teilleistung vom Hauptgewerk verlangen. Wird dem Subunternehmer die Abnahme ungerechtfertigt verweigert, droht auch hier ein Rechtsstreit mit Prozesskosten.

Die Entscheidung, ob Gründe für eine Abnahmeverweigerung vorliegen, fällt nicht immer leicht. Häufig sind Leistungen „grenzwertig" erbracht worden oder es sind keine Regelwerke für eine klare Annahme oder Ablehnung der Leistung verfügbar.

Dieses Werk soll den Lesern mit Fallbeispielen, Tipps und Literaturverweisen Entscheidungshilfen bieten, um bei künftigen Abnahmen „sichere" Entscheidungen treffen zu können. Es soll den Weg aufzeigen, wie man bei spezifischen Problemstellungen aus den verfügbaren Regelwerken die jeweils zutreffenden herausfindet.

2 Abnahme

2.1 Definition

Die Abnahme wird auch als „Dreh- und Angelpunkt" des Bauvorganges bezeichnet. Nach der Abnahme (des gesamten Bauvorhabens) sollte der Bauvorgang prinzipiell beendet sein. Das Bauvorhaben wird dem Nutzer übergeben.

Der Begriff „Abnahme" ist ein Vorgang aus dem alltäglichen Leben: Der Lieferant übergibt dem Besteller eine Sache, der Besteller nimmt sie ihm ab.

Die Abnahme ist sowohl im BGB als auch in der VOB geregelt.

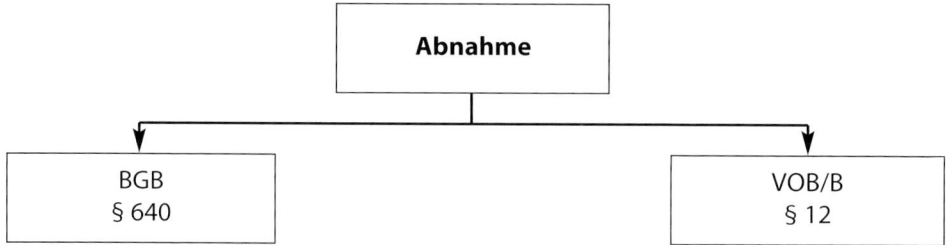

Abb. 2.1: Abnahme nach BGB und VOB

2.2 Abnahme nach dem BGB

Mit Wirkung vom 1. 1. 2002 ist im Zuge der sog. „Schuldrechtsreform" eine Änderung des Gesetzestextes auch bei den abnahmerelevanten Paragrafen erfolgt. Gleichwohl besteht eine Rechtssicherheit erst dann, wenn anhängige Verfahren, für die das BGB aus dem Jahre 2002 zutrifft, nach Durchlauf der Instanzen bis zum BGH gelangen und dort abschließend verbindlich entschieden werden.

Das BGB sieht eine Abnahme nur im Kauf- und Werkvertrag vor. Während im Kaufvertrag die Abnahme der gekauften Sache eine Nebenpflicht des Käufers ist, steigt sie beim Werkvertrag in den Rang einer Hauptpflicht des „Bestellers" (Bauherr, Auftraggeber) auf. Das Werkvertragsrecht hat der Abnahme einen eigenen Paragrafen gewidmet: § 640 BGB.

§ 640 BGB: 2002 Abnahme:

„(1) Der Besteller ist verpflichtet, das vertragsmäßig hergestellte Werk abzunehmen, sofern nicht nach der Beschaffenheit des Werkes die Abnahme ausgeschlossen ist. Wegen unwesentlicher Mängel kann die Abnahme nicht verweigert werden. Der Abnahme steht es gleich, wenn der Besteller das Werk nicht innerhalb einer ihm vom Unternehmer bestimmten angemessenen Frist abnimmt, obwohl er dazu verpflichtet ist.
(2) Nimmt der Besteller ein mangelhaftes Werk gemäß Absatz 1 Satz 1 ab, obschon er den Mangel kennt, so stehen ihm die in § 634 Nr. 1 bis 3 bezeichneten Rechte nur zu, wenn er sich seine Rechte wegen des Mangels bei der Abnahme vorbehält."

Wesentlich ist, dass der „Besteller" (Bauherr, Auftraggeber) die Leistung des Unternehmers „in der Hauptsache" billigt, den Vertrag also für erfüllt erklärt, den Unternehmer gewissermaßen aus seinen Erfüllungspflichten entlässt.

Da das Werk auf Bestellung hergestellt wird, ist nicht auszuschließen, dass es ausschließlich für den Besteller Bedeutung hat. Eventuell kann keine andere Person damit etwas anfangen. Umso wichtiger ist es, dass der Besteller das bestellte Werk auch wirklich abnimmt. Daher ist ihm die Abnahme zur (Haupt-)Pflicht gemacht worden.

Nach dem Text des § 640 (1) BGB ist er jedoch nur verpflichtet, das „vertragsmäßig hergestellte" Werk abzunehmen. Dies würde es dem Besteller ermöglichen, die Abnahme eines „mangelhaften" (also nicht vertragsmäßig hergestellten) Werkes zu verweigern. Danach könnte er – selbst bei kleinsten Mängeln – die Abnahme verweigern. Dem hat auch die Rechtsprechung vorgebeugt, indem sie den Besteller verpflichtet, auch beim Vorliegen von nebensächlichen Schlechterfüllungen das Werk abzunehmen.

Von erheblicher Bedeutung (insbesondere für den Architekten) ist § 640 (2) BGB. Danach müssen bei Abnahme erkannte Mängel auch bei Abnahme gerügt werden. Anderenfalls verliert der Besteller seine Ansprüche wegen dieser Mängel. Dies betrifft naturgemäß nicht nur die konkret „bei Abnahme erkannten" Mängel, sondern auch solche, die bei Abnahme ohne weiteres erkannt werden können. Die Vorschrift gestattet es also keinem Auftraggeber, zunächst leichtfertig abzunehmen und später detailliert Mängel zu rügen.

Wichtig ist also, dass der Besteller zunächst den Mangel rügt und Nachbesserung verlangt. Der Unternehmer ist sodann zur Verweigerung der Mängelbeseitigung berechtigt, wenn seine Prüfung auf einen unverhältnismäßig hohen Aufwand zur Beseitigung der Mängel hinweist.

§ 633 BGB: 2002 Sach- und Rechtsmangel:

„(1) Der Unternehmer hat dem Besteller das Werk frei von Sach- und Rechtsmängeln zu verschaffen.
(2) Das Werk ist frei von Sachmängeln, wenn es die vereinbarte Beschaffenheit hat. Soweit die Beschaffenheit nicht vereinbart ist, ist das Werk frei von Sachmängeln,
1. wenn es sich für die nach dem Vertrag vorausgesetzte, sonst
2. für die gewöhnliche Verwendung eignet und eine Beschaffenheit aufweist, die bei Werken der gleichen Art üblich ist und die der Besteller nach der Art des Werks erwarten kann.
Einem Sachmangel steht es gleich, wenn der Unternehmer ein anderes als das bestellte Werk oder das Werk in zu geringer Menge herstellt.
(3) Das Werk ist frei von Rechtsmängeln, wenn Dritte in Bezug auf das Werk keine oder nur die im Vertrag übernommenen Rechte gegen den Besteller geltend machen können."

Hinsichtlich der Sachmängel muss das Werk also die im Vertrag vereinbarte Beschaffenheit haben. Ergibt sich aus dem Vertrag nicht, welche Beschaffenheit durch den Auftragnehmer geschuldet wird, gelten die übliche Art und die gewöhnliche Verwendung als Parameter für die Bewertung.

§ 634 BGB: 2002 Rechte des Bestellers bei Mängeln:

„Ist das Werk mangelhaft, kann der Besteller, wenn die Voraussetzungen der folgenden Vorschriften vorliegen und soweit nicht ein anderes bestimmt ist,
1. nach § 635 Nacherfüllung verlangen,
2. nach § 637 den Mangel selbst beseitigen und Ersatz der erforderlichen Aufwendungen verlangen,
3. nach den §§ 636, 323 und 326 Abs. 5 von dem Vertrag zurücktreten oder nach § 638 die Vergütung mindern und
4. nach den §§ 636, 280, 281, 283 und 311a Schadensersatz oder nach § 284 Ersatz vergeblicher Aufwendungen verlangen."

Neben der Nacherfüllung, früher Nachbesserung, stehen die Minderung, der Rücktritt und der Schadensersatz als Sanktionen zur Verfügung.

§ 634a BGB: 2002 Verjährung der Mängelansprüche:

„(1) Die in § 634 Nr. 1, 2 und 4 bezeichneten Ansprüche verjähren
1. vorbehaltlich der Nummer 2 in zwei Jahren bei einem Werk, dessen Erfolg in der Herstellung, Wartung oder Veränderung einer Sache oder in der Erbringung von Planungs- oder Überwachungsleistungen hierfür besteht,
2. in fünf Jahren bei einem Bauwerk und einem Werk, dessen Erfolg in der Erbringung von Planungs- oder Überwachungsleistungen hierfür besteht, und
3. im Übrigen in der regelmäßigen Verjährungsfrist.
(2) Die Verjährung beginnt in den Fällen des Absatzes 1 Nr. 1 und 2 mit der Abnahme.
(3) Abweichend von Absatz 1 Nr. 1 und 2 und Absatz 2 verjähren die Ansprüche in der regelmäßigen Verjährungsfrist, wenn der Unternehmer den Mangel arglistig verschwiegen hat. Im Fall des Absatzes 1 Nr. 2 tritt die Verjährung jedoch nicht vor Ablauf der dort bestimmten Frist ein.
(4) Für das in § 634 bezeichnete Rücktrittsrecht gilt § 218. Der Besteller kann trotz einer Unwirksamkeit des Rücktritts nach § 218 Abs. 1 die Zahlung der Vergütung insoweit verweigern, als er auf Grund des Rücktritts dazu berechtigt sein würde. Macht er von diesem Recht Gebrauch, kann der Unternehmer vom Vertrag zurücktreten.
(5) Auf das in § 634 bezeichnete Minderungsrecht finden § 218 und Absatz 4 Satz 2 entsprechende Anwendung.“

§ 635 BGB: 2002 Nacherfüllung:

„(1) Verlangt der Besteller Nacherfüllung, so kann der Unternehmer nach seiner Wahl den Mangel beseitigen oder ein neues Werk herstellen.
(2) Der Unternehmer hat die zum Zwecke der Nacherfüllung erforderlichen Aufwendungen, insbesondere Transport-, Wege-, Arbeits- und Materialkosten zu tragen.
(3) Der Unternehmer kann die Nacherfüllung unbeschadet des § 275 Abs. 2 und 3 verweigern, wenn sie nur mit unverhältnismäßigen Kosten möglich ist.
(4) Stellt der Unternehmer ein neues Werk her, so kann er vom Besteller Rückgewähr des mangelhaften Werks nach Maßgabe der §§ 346 bis 348 verlangen.“

§ 636 BGB: 2002 Besondere Bestimmungen für Rücktritt und Schadensersatz:

„Außer in den Fällen des § 281 Abs. 2 und des § 323 Abs. 2 bedarf es der Fristsetzung auch dann nicht, wenn der Unternehmer die Nacherfüllung gemäß § 635 Abs. 3 verweigert oder wenn die Nacherfüllung fehlgeschlagen oder dem Besteller unzumutbar ist.“

§ 637 BGB: 2002 Selbstvornahme:

„(1) Der Besteller kann wegen eines Mangels des Werks nach erfolglosem Ablauf einer von ihm zur Nacherfüllung bestimmten angemessenen Frist den Mangel selbst beseitigen und Ersatz der erforderlichen Aufwendungen verlangen, wenn nicht der Unternehmer die Nacherfüllung zu Recht verweigert.
(2) § 323 Abs. 2 findet entsprechende Anwendung. Der Bestimmung einer Frist bedarf es auch dann nicht, wenn die Nacherfüllung fehlgeschlagen oder dem Besteller unzumutbar ist.
(3) Der Besteller kann von dem Unternehmer für die zur Beseitigung des Mangels erforderlichen Aufwendungen Vorschuss verlangen.“

§ 638 BGB: 2002 Minderung:

„(1) Statt zurückzutreten, kann der Besteller die Vergütung durch Erklärung gegenüber dem Unternehmer mindern. Der Ausschlussgrund des § 323 Abs. 5 Satz 2 findet keine Anwendung.
(2) Sind auf der Seite des Bestellers oder auf der Seite des Unternehmers mehrere beteiligt, so kann die Minderung nur von allen oder gegen alle erklärt werden.
(3) Bei der Minderung ist die Vergütung in dem Verhältnis herabzusetzen, in welchem zur Zeit des Vertragsschlusses der Wert des Werks in mangelfreiem Zustand zu dem wirklichen Wert gestanden haben würde. Die Minderung ist, soweit erforderlich, durch Schätzung zu ermitteln.
(4) Hat der Besteller mehr als die geminderte Vergütung gezahlt, so ist der Mehrbetrag vom Unternehmer zu erstatten. § 346 Abs. 1 und § 347 Abs. 1 finden entsprechende Anwendung.“

§ 640 BGB: 2002 Abnahme:

„(1) Der Besteller ist verpflichtet, das vertragsmäßig hergestellte Werk abzunehmen, sofern nicht nach der Beschaffenheit des Werkes die Abnahme ausgeschlossen ist. Wegen unwesentlicher Mängel kann die Abnahme nicht verweigert werden. Der Abnahme steht es gleich, wenn der Besteller das Werk nicht innerhalb einer ihm vom Unternehmer bestimmten angemessenen Frist abnimmt, obwohl er dazu verpflichtet ist.
(2) Nimmt der Besteller ein mangelhaftes Werk gemäß Absatz 1 Satz 1 ab, obschon er den Mangel kennt, so stehen ihm die in § 634 Nr. 1 bis 3 bezeichneten Rechte nur zu, wenn er sich seine Rechten wegen des Mangels bei der Abnahme vorbehält.“

Abnahme nach dem „alten" BGB – vor dem 1. 1. 2002

Die bis 1. 1. 2002 gültige Fassung des BGB hatte in den einzelnen abnahmerelevanten Paragrafen abweichende Regelungen getroffen, die in älteren anhängigen Verfahren teilweise noch zugrunde gelegen haben. Der Vollständigkeit halber werden die Gesetzestexte hier zitiert.

§ 640 BGB [Abnahme]:

„(1) Der Besteller ist verpflichtet, das vertragsmäßig hergestellte Werk abzunehmen, sofern nicht nach der Beschaffenheit des Werkes die Abnahme ausgeschlossen ist. (…)
(2) Nimmt der Besteller ein mangelhaftes Werk gemäß Absatz 1 Satz 1 ab, obschon er den Mangel kennt, so stehen ihm die in den §§ 633, 634 bestimmten Ansprüche nur zu, wenn er sich seine Rechte wegen des Mangels bei der Abnahme vorbehält.“

§ 633 BGB [Nachbesserung; Mängelbeseitigung]:

„(1) Der Unternehmer ist verpflichtet, das Werk so herzustellen, dass es die zugesicherten Eigenschaften hat und nicht mit Fehlern behaftet ist, die den Wert oder die Tauglichkeit zu dem gewöhnlichen oder dem nach dem Vertrag vorausgesetzten Gebrauch aufheben oder mindern.
(2) Ist das Werk nicht von dieser Beschaffenheit, so kann der Besteller die Beseitigung des Mangels verlangen. § 476a gilt entsprechend. Der Unternehmer ist berechtigt, die Beseitigung zu verweigern, wenn sie einen unverhältnismäßigen Aufwand erfordert.
(3) Ist der Unternehmer mit der Beseitigung des Mangels im Verzuge, so kann der Besteller den Mangel selbst beseitigen und Ersatz der erforderlichen Aufwendungen verlangen.“

§ 634 BGB [Gewährleistung: Wandelung, Minderung]:

„(1) Zur Beseitigung eines Mangels der im § 633 bezeichneten Art kann der Besteller dem Unternehmer eine angemessene Frist mit der Erklärung bestimmen, dass er die Beseitigung des Mangels nach dem Ablaufe der Frist ablehne. Zeigt sich schon vor der Ablieferung des Werkes ein Mangel, so kann der Besteller die Frist sofort bestimmen; die Frist muss so bemessen werden, dass sie nicht vor der für die Ablieferung bestimmten Frist abläuft. Nach dem Ablaufe der Frist kann der Besteller Rückgängigmachung des Vertrags (Wandelung) oder Herabsetzung der Vergütung (Minderung) verlangen, wenn nicht der Mangel rechtzeitig beseitigt worden ist; der Anspruch auf Beseitigung des Mangels ist ausgeschlossen.
(2) Der Bestimmung einer Frist bedarf es nicht, wenn die Beseitigung des Mangels unmöglich ist oder von dem Unternehmer verweigert wird oder wenn die sofortige Geltendmachung des Anspruchs auf Wandelung oder auf Minderung durch ein besonderes Interesse des Bestellers gerechtfertigt wird.
(3) Die Wandelung ist ausgeschlossen, wenn der Mangel den Wert oder die Tauglichkeit des Werkes nur unerheblich mindert. (…)"

§ 635 BGB [Schadensersatz wegen Nichterfüllung]:

„Beruht der Mangel des Werkes auf einem Umstande, den der Unternehmer zu vertreten hat, so kann der Besteller statt der Wandelung oder der Minderung Schadensersatz wegen Nichterfüllung verlangen."

§ 644 BGB [Gefahrtragung]:

„(1) Der Unternehmer trägt die Gefahr bis zur Abnahme des Werkes. Kommt der Besteller in Verzug der Annahme, so geht die Gefahr auf ihn über. Für den zufälligen Untergang und eine zufällige Verschlechterung des von dem Besteller gelieferten Stoffes ist der Unternehmer nicht verantwortlich. (…)"

2.3   Abnahme nach VOB/B

In der VOB ist die Abnahme im § 12 wesentlich eingehender geregelt als im BGB, insbesondere die eigentliche Durchführung der Abnahme. Es werden dort aber auch Abnahmearten aufgeführt, die dem BGB fremd sind:

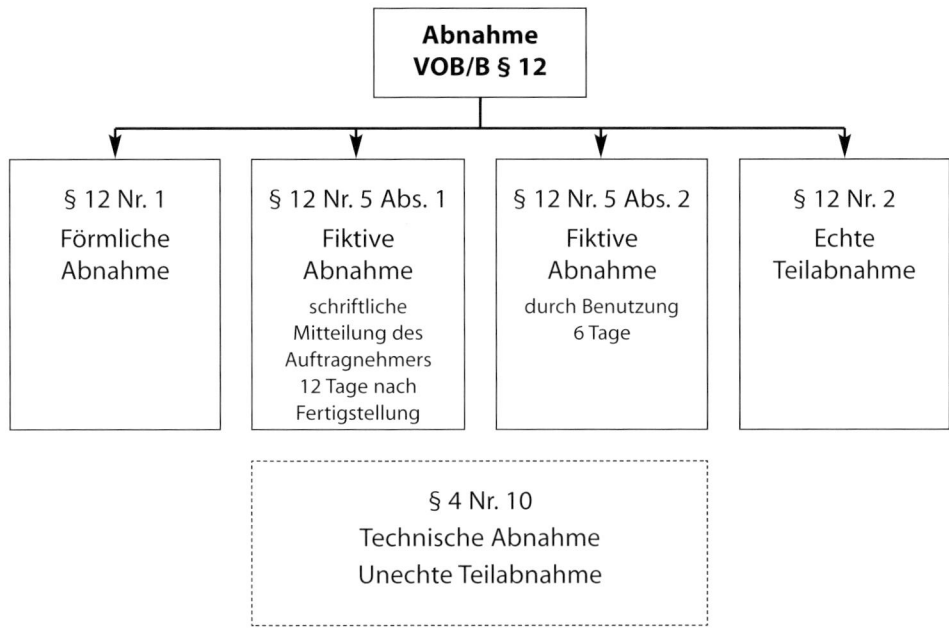

Abb. 2.2: Abnahme nach VOB/B

Gemäß VOB/B § 12 DIN 1961: 2002 Abnahme gilt:

„1. *Verlangt der Auftragnehmer nach der Fertigstellung – gegebenenfalls auch vor Ablauf der vereinbarten Ausführungsfrist – die Abnahme der Leistung, so hat sie der Auftragge-ber binnen 12 Werktagen durchzuführen; eine andere Frist kann vereinbart werden.*

2. *Auf Verlangen sind in sich abgeschlossene Teile der Leistung besonders abzunehmen.*

3. *Wegen wesentlicher Mängel kann die Abnahme bis zur Beseitigung verweigert werden.*

4. *(1) Eine förmliche Abnahme hat stattzufinden, wenn eine Vertragspartei es verlangt. Jede Partei kann auf ihre Kosten einen Sachverständigen zuziehen. Der Befund ist in gemeinsamer Verhandlung schriftlich niederzulegen. In die Niederschrift sind etwaige Vorbehalte wegen bekannter Mängel und wegen Vertragsstrafen aufzunehmen, ebenso etwaige Einwendungen des Auftragnehmers. Jede Partei erhält eine Ausfertigung.*
(2) Die förmliche Abnahme kann in Abwesenheit des Auftragnehmers stattfinden, wenn der Termin vereinbart war oder der Auftraggeber mit genügender Frist dazu ein-geladen hatte. Das Ergebnis der Abnahme ist dem Auftragnehmer alsbald mitzuteilen.

5. *(1) Wird keine Abnahme verlangt, so gilt die Leistung als abgenommen mit Ablauf von 12 Werktagen nach schriftlicher Mitteilung über die Fertigstellung der Leistung.*
(2) Wird keine Abnahme verlangt und hat der Auftraggeber die Leistung oder einen Teil der Leistung in Benutzung genommen, so gilt die Abnahme nach Ablauf von 6 Werktagen nach Beginn der Benutzung als erfolgt, wenn nichts anderes vereinbart ist. Die Benutzung von Teilen einer baulichen Anlage zur Weiterführung der Arbeiten gilt nicht als Abnahme.
(3) Vorbehalte wegen bekannter Mängel oder wegen Vertragsstrafen hat der Auftrag-geber spätestens zu den in den Absätzen 1 und 2 bezeichneten Zeitpunkten geltend zu machen.

6. *Mit der Abnahme geht die Gefahr auf den Auftraggeber über, soweit er sie nicht schon nach § 7 trägt.*“

Die schriftliche Mitteilung über die Fertigstellung nach VOB/B § 12 Nr. 5 ist nicht an eine Form gebunden. Auch die Vorlage der Schlussrechnung genügt als Information für den Auftraggeber, dass der Auftragnehmer seine Leistungen als abgeschlossen betrachtet. Selbst die Vorlage einer Rechnung, aus der sich dies durch die verwendete Formulierung schlüssig ergibt, reicht aus.

2.3.1   Echte Teilabnahme VOB/B § 12 Nr. 2

Selbstständige Leistungsabschnitte oder Gewerkebereiche können als Teilleistung abgenommen werden. Die Folgen der Teilabnahme entsprechen der Gesamtabnahme mit allen Konsequenzen, wie Fälligkeit der Vergütung, Beweislastumkehr, Beginn der Verjährungsfrist, Gefahrenübergang etc.

Kommentierungen zur echten Teilabnahme

Ingenstau/Korbion, „Kommentar zur VOB" [1] B § 12 Nr. 2 Rdn. 99:

„__In sich abgeschlossene Teile der Leistung__ liegen vor, wenn sie nach allgemeiner Verkehrsauffassung als __selbstständig__ und von den übrigen Teilleistungen aus __demselben__ Bauvertrag __unabhängig__ anzusehen sind, sie sich also __in ihrer Gebrauchsfähigkeit abschließend für sich beurteilen lassen,__ und zwar sowohl in ihrer technischen Funktionsfähigkeit als auch im Hinblick auf die vorgesehene Nutzung, wie z. B. der vertragsmäßig geschuldete Einbau einer Heizungsanlage, obwohl der Auftragnehmer nach demselben Bauvertrag noch Installationsarbeiten durchzuführen hat oder umgekehrt, die Fertigstellung eines Hauses oder einer Brücke, obwohl mehrere solcher Objekte nach demselben Vertrag zu errichten sind."

Rdn. 102:

„Die Teilabnahme löst sämtliche Abnahmewirkungen für die abgenommene Teilleistung aus, insbesondere stellt sie eine Voraussetzung für die Werklohnfälligkeit dar und setzt die Gewährleistungsfrist in Gang. Der Auftraggeber muss sich auf das abgenommene Teilwerk entfallende, ihm bekannte __Gewährleistungsansprüche vorbehalten,__ um nicht seinen Nachbesserungs- oder Minderungsanspruch zu verlieren. Gleiches gilt für eine etwaige __Vertragsstrafe, sofern__ sich diese hinsichtlich ihres Verfalls __auf den abgenommenen Teil für sich bezieht,__ was vertraglich ausdrücklich geregelt sein müsste."

2.3.2   Unechte Teilabnahme VOB/B § 4 Nr.10

Neben dem finalen Abnahmeparagrafen der Teilabnahme nach VOB/B § 12 Nr. 2 gibt es jedoch auch eine vorläufige Regelung für Zwischenbauzustände, die durch Fortführung der Arbeiten verdeckt zu werden drohen:

Kommentierungen zur unechten Teilabnahme

Ingenstau/Korbion, „Kommentar zur VOB" [1] B § 4 Rdn. 436:

„(…) Die Zustandsfeststellung ist keine rechtsgeschäftliche Abnahme und zieht auch nicht deren Wirkung nach sich. Sie ist – anders als die echte Teilabnahme nach Teil B § 12 Nr. 2 – nicht auf in sich abgeschlossene Teile der Leistung beschränkt. (…)"

Rdn. 437:

„Bei der Zustandsfeststellung nach Nr. 10 geht es grundsätzlich um eine Vorbereitung der späteren endgültigen Abnahme. (…) Üblicherweise werden aber bei der Zustandsfeststellung lediglich vorweg die tatsächlichen Gegebenheiten festgestellt, die für die spätere Prüfung der Leistung im Rahmen eigentlicher Abnahme von Bedeutung sind. Somit treten in den **Fällen von Nr. 10 die rechtlichen Wirkungen der Abnahme grundsätzlich erst ein, wenn entweder nach Teil B § 12 Nr. 1 das Gesamtwerk oder nach Teil B § 12 Nr. 2 eine selbstständige Teilleistung,** *in der der gemäß Nr. 10 vorzeitig abgenommene Leistungsteil liegt, abgenommen sind. (…) Während nach Teil B § 16 Nr. 4 in den Fällen des Teil B § 12 Nr. 2 eine* **endgültige Teilabrechnung und Teilschlusszahlung** *erfolgen kann, ist das bei Nr. 10 nicht der Fall. Insofern kommen nach wie vor* **nur Abschlagszahlungen** *in Betracht, sofern die Voraussetzungen dafür (Teil B § 16 Nr. 1) gegeben sind."*

Rdn. 443:

*„***Verweigert der Auftraggeber seine Mitwirkung an einer Zustandsfeststellung** *nach Nr. 10, begeht er eine* **positive Vertragsverletzung** *und läuft nach herrschender Meinung Gefahr, dass in dem betreffenden Bereich etwa vorhandene Mängel, die nicht festgestellt sind, zu seinen Lasten gehen, weil ihn später wegen der abgelehnten Teilabnahme die* **Beweislast** *trifft. (…)"*

Die gemeinsame Zustandsfeststellung von Teilen der Leistung ist nicht auf in sich abgeschlossen Teile einer Leistung beschränkt. Sie dient der Feststellung eines Zustandes, bevor weitere Leistungen diesen Zustand verdecken. Erforderlich ist die schriftliche Niederlegung des Ergebnisses des Tatsachenbefundes. Dabei müssen Meinungsverschiedenheiten zwischen den Parteien nicht durch Sachverständigenbeweis bis zum Ende entschieden werden. Die final notwendige Entscheidung wird auf die tatsächliche Abnahme verlagert.

2.4 Vorbereitung der Abnahme

Bauleiter, Architekt und Bauherrnvertreter nehmen i. d. R. eine Vielzahl von Gewerken ab, oft ohne weitere Unterstützung von Sonderfachleuten. Es besteht hierbei die Möglichkeit, dass man dabei auf vermeintlich regelwerkfeste Fachbauleiter trifft, welche die Ordnungsmäßigkeit ihrer Teilleistung mit Verweis auf (nicht vorrätige) Vorschriften vehement verteidigen. Die Gefahr liegt darin, dass sich der Abnehmende dann in den Konflikt eines Handlungszwanges begibt und unter Druck Leistungen voreilig abnimmt.

Dieses Risiko wird ausgeschlossen durch gemeinsame **technische Begehungen** kurz vor der eigentlichen Abnahme, bei denen Beanstandungen protokollarisch festgehalten werden. Beide Parteien haben dann bis zur Abnahme die Möglichkeit, sich bezüglich der jeweils gültigen Regelwerke „kundig" zu machen.

Gute Erfahrungen sind mit **Checklisten** zur Abnahme gemacht worden. Eine beispielhafte Auswahl von Checklisten zu den verschiedenen Gewerken befindet sich im Anhang. Derartige Listen können fortgeschrieben werden und lassen sich unternehmensspezifisch durch die abnehmenden Gremien anlegen.

2.5 Verweigerung der Abnahme

Die Abnahmepflicht des Bestellers ist zunächst einmal grundsätzlich eine **Hauptvertragspflicht** (BGH ZfBR 89, 158 = BauR 89, 322). Verweigert der Besteller die Abnahme, kann der Unternehmer auf Abnahme klagen (BGH NJW 81, 1448 = BauR 81, 284). Ist die Verweigerung der Abnahme grundlos, kann der Besteller in Gläubiger- oder Schuldnerverzug geraten. Der Auftragnehmer kann Schadensersatz nach § 286 BGB verlangen. Im Wege des Schadensersatzes wird der Auftragnehmer so gestellt, als habe der Besteller tatsächlich abgenommen. Damit wären folgende Wirkungen eingetreten:

- Leistungs- und Vergütungsgefahr gehen auf den Besteller über,
- Fälligkeitsvoraussetzungen für die Schlusszahlung treten ein,
- Gewährleistungsfrist beginnt.

Die Umkehr der Beweislast tritt hingegen nicht ein.

Die VOB/B regelt in § 12 Nr. 3, dass die Abnahme nur bei „wesentlichen Mängeln" verweigert werden darf. Dabei ist das Wort „wesentlich" ein unbestimmter Rechtsbegriff, also nur für den Einzelfall bestimmbar. Im Allgemeinen kann von Folgendem ausgegangen werden: Wesentlich sind Mängel, die die Sicherheit und die Funktion des Bauwerkes beeinträchtigen.

Allein die Tatsache, dass sich der Auftraggeber ganz persönlich eine Teilleistung „anders vorgestellt hat", als sie dann später erbracht wurde, ist kein hinreichendes Indiz für das Vorhandensein eines wesentlichen Mangels.

Wenn einem Auftraggeber also eine ganz spezielle Ausgestaltung bei der Abnahme als besonders wichtig erscheint, wird das Gericht im Streitfall zunächst intensiv prüfen, ob dieser Wunsch bereits auf dem Vorwege nachvollziehbar und kalkulierbar als ausdrückliche Zielvorgabe formuliert war. Entsprechende besondere Hinweise müssen sich dann in Plänen und Ausschreibung wiederfinden.

Ingenstau/Korbion, „Kommentar zur VOB" [1] B § 12 Nr. 3 Rdn. 105:

*„1. Was als **wesentlicher Mangel** anzusehen ist, ist in Nr. 3 nicht aufgeführt. Insoweit ist von Teil B § 13 Nr. 1 auszugehen und ein wesentlicher Mangel anzunehmen, wenn die Bauleistung die **vertraglich zugesicherten Eigenschaften** nicht hat, **nicht den anerkannten Regeln der Technik (Bautechnik) entspricht** oder sonst mit **beachtlichen Fehlern** behaftet ist, die den Wert oder die Tauglichkeit zu dem gewöhnlichen oder dem nach dem Vertrag vorausgesetzten Gebrauch **aufheben** oder **wesentlich** mindern. Das gilt auch im Hinblick auf vertraglich geschuldete, jedoch noch nicht fertig gestellte Leistungen. Im Allgemeinen ist hier eine weitere Auslegung am Platze. (…) Bei der erforderlichen Bewertung kommt es aber **keineswegs** nur auf **objektive Gesichtspunkte** an, sondern **auch auf dem Auftragnehmer unzweifelhaft erkennbar gemachte subjektive Merkmale unter besonderer Berücksichtigung des Bestellerwillens des Auftraggebers.** Dabei spielt in letzterer Hinsicht der Gesichtspunkt der **Zumutbarkeit der Hinnahme der bisherigen Leistung** für den Auftraggeber eine entscheidende Rolle. Im Einzelfall **können** hier als Bewertungskriterien gelten: Höhe der Mängelbeseitigungskosten, Schwierigkeit und Umfang der Mängelbeseitigungsarbeiten, Grad der Funktionsbeeinträchtigung der Leistung, Umfang und Gewicht der optischen Beeinträchtigung, etwaiges Verschulden des Auftragnehmers, ähnlich wie bei Unverhältnismäßigkeit des Mängelbeseitigungsaufwandes nach Teil B § 13 Nr. 6. (…)"*

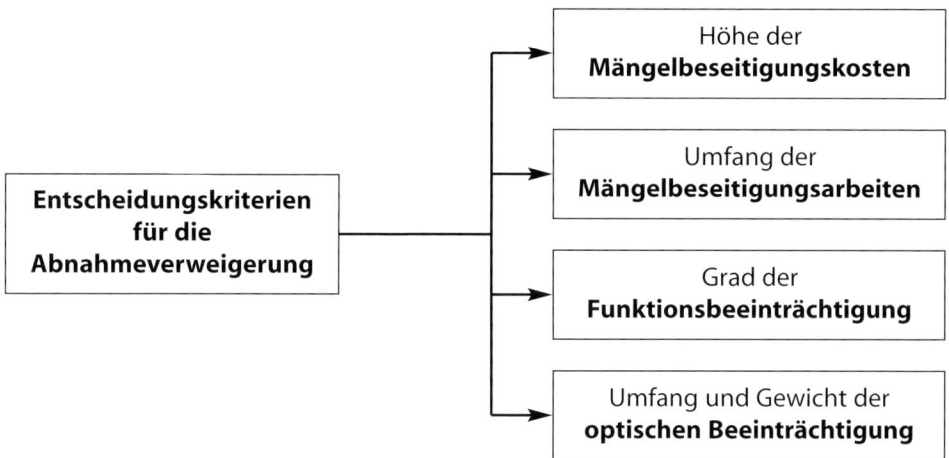

Abb. 2.3: Entscheidungskriterien für die Abnahmeverweigerung

Reproduzierbare verbindliche Regeln für die Entscheidung, ob ein wesentlicher Mangel vorliegt oder nicht, enthalten weder VOB noch BGB. Im Zweifel sollten die oben aufgeführten objektiven Kriterien aus technischer Sicht aufbereitet werden, damit die Abnahmefähigkeit anschließend durch die juristische Vertretung des Bauherrn beurteilt werden kann.

Zitate aus Urteilen von OLG und BGH

„Bei einem VOB-Bauvertrag kann die Abnahme nur wegen wesentlicher Mängel verweigert werden. Maßgeblich ist das Merkmal der Zumutbarkeit: Tritt der Mangel an Bedeutung so weit zurück, dass es unter Abwägung der beiderseitigen Interessen für den Auftraggeber zumutbar ist, eine zügige Abwicklung des gesamten Vertragsverhältnisses nicht länger aufzuhalten und deshalb nicht mehr auf den Vorteilen zu bestehen, die sich ihm vor vollzogener Abnahme bieten, darf er die Abnahme nicht mehr verweigern."
OLG Hamm, Urteil vom 3. 9. 1991 – 26 U 137/90 – IBR 1991, 532 L.

„Ob ein Mangel ,wesentlich' ist und deshalb zur Verweigerung der Abnahme nach § 12 Nr. 3 VOB/B berechtigt, hängt von seiner Art, seinem Umfang und vor allem seinen Auswirkungen ab und lässt sich nur unter Berücksichtigung der Umstände des jeweiligen Einzelfalls beurteilen. Dabei mögen auch subjektive Vorstellungen der Vertragspartner über die Bedeutung bestimmter Einzelheiten bei der Ausführung der Arbeiten eine Rolle spielen, wenn diese Vorstellungen hinreichend zum Ausdruck gekommen sind. Daraus allein, wie ausführlich die zu erbringende Leistung beschrieben worden ist, kann aber noch nicht geschlossen werden, dass beim Fehlen einzelner Merkmale der darin bestehende Mangel dann auch ,wesentlich' sein müsste. Selbst die Höhe der voraussichtlichen Mängelbeseitigungskosten ist zwar ein wichtiger Ansatzpunkt, aber ebenfalls nur einer der zu berücksichtigenden Umstände." *BGH, Urteil v. 26. 2. 1981 – VII ZR 287/79 – OLG Stuttgart LG Stuttgart.*

2.6 Abnahme durch Architekten

Die Abnahme ist ein rechtsverbindlicher Akt zwischen dem Auftraggeber und dem Auftragnehmer und kann daher rechtswirksam nur zwischen natürlichen oder juristischen Personen direkt erfolgen. Bei Gesellschaften ist insofern nur der Geschäftsführer oder eine Person mit entsprechend ausgestatteter Prokura berechtigt, eine verbindliche Abnahmeerklärung abzugeben. Sofern sich eine Partei bei der Abnahme vertreten lässt, muss eine entsprechende verbindliche Vollmacht hierzu vorliegen.

Vor Beginn einer Abnahme sollte daher zwischen den Beteiligten geklärt werden, welche Vollmachten und Befugnisse tatsächlich auf beiden Seiten vorliegen.

Der Architekt mit einem Vertrag nach HOAI § 15 Leistungsphase 8 ist kraft seiner originären Vollmacht nicht zu einer **rechtsgeschäftlichen Abnahme** befugt. Er darf lediglich eine **technische Abnahme** durchführen. Gleiches gilt für die Formulierung von Abnahmevorbehalten. Auch hierzu ist lediglich der Auftraggeber berechtigt.

Sofern der Auftraggeber also an der Abnahme nicht selbst teilnimmt, kann nur eine **technische Begehung zur Vorbereitung der Abnahme** oder eine **Bauzustandsfeststellung zum Zeitpunkt der Abnahme** mit dem Architekten und dem Auftragnehmer gemeinsam durchgeführt werden. Die Abnahmeerklärung muss anschließend in einem gesonderten Akt erfolgen.

Abweichend von diesem Grundsatz kann der Unternehmer möglicherweise von einer erfolgreichen Abnahme ausgehen, wenn der tatsächlich vollmachtlose Architekt bei der Abnahme den Anschein der Befugnis erweckt. Dieser handelt dann als vollmachtloser Vertreter und muss ggf. die volle Verantwortung hinsichtlich entstehender Schäden übernehmen.

Weiterhin muss sich der Auftraggeber eine **originäre Vollmacht, Anscheins- oder Duldungsvollmacht** des Architekten anrechnen lassen, wenn er geduldet hat, dass dieser – ohne Vollmacht – während der Gesamtdauer des Projekts rechtsgeschäftliche Vereinbarungen mit den Vertragspartnern getroffen hat. Der Unternehmer kann i. d. R. nach den Grundsätzen von Treu und Glauben davon ausgehen, dass hier der Wille des Auftraggebers vorliegt, sich vom Architekten rechtsgeschäftlich vertreten zu lassen.

Von einer konkret erteilten Vollmacht kann ausgegangen werden, wenn der Unternehmer die Abnahme bei dem Auftraggeber selbst beantragt hat und der Auftraggeber seinen beauftragten Architekten zum Termin entsendet, selbst aber nicht erscheint.

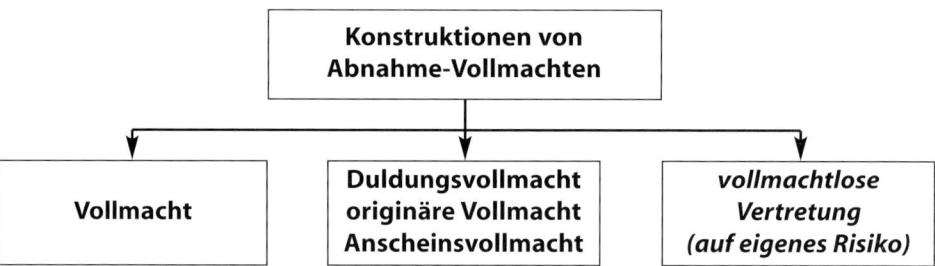

Abb. 2.4: Konstruktionen von Abnahme-Vollmachten

Grundleistungen gem. HOAI § 15: 2002-01:

„8 Objektüberwachung (Bauüberwachung)
Überwachen der Ausführung des Objekts auf Übereinstimmung mit der Baugenehmigung
oder Zustimmung, den Ausführungsplänen und den Leistungsbeschreibungen sowie mit
den allgemein anerkannten Regeln der Technik und den einschlägigen Vorschriften
Überwachen der Ausführung von Tragwerken nach § 63 Abs. 1 Nr. 1 und 2 auf Überein-
stimmung mit dem Standsicherheitsnachweis
Koordinieren der an der Objektüberwachung fachlich Beteiligten
Überwachung und Detailkorrektur von Fertigteilen
Aufstellen und Überwachen eines Zeitplanes (Balkendiagramm)
Führen eines Bautagebuches
Gemeinsames Aufmaß mit den bauausführenden Unternehmen
Abnahme der Bauleistungen unter Mitwirkung anderer an der Planung und Objektüber-
wachung fachlich Beteiligter unter Feststellung von Mängeln
Rechnungsprüfung
Kostenfeststellung nach DIN 276 oder nach dem wohnungsrechtlichen Berechnungsrecht
Antrag auf behördliche Abnahmen und Teilnahme daran
Übergabe des Objekts einschließlich Zusammenstellung und Übergabe der erforderlichen
Unterlagen, zum Beispiel Bedienungsanleitungen, Prüfprotokolle
Auflisten der Gewährleistungsfristen
Überwachen der Beseitigung der bei der Abnahme der Bauleistungen festgestellten
Mängel
Kostenkontrolle durch Überprüfen der Leistungsabrechnung der bauausführenden Unter-
nehmen im Vergleich zu den Vertragspreisen und dem Kostenanschlag"

Die Grundleistungen der HOAI § 15 Leistungsphase 8 sehen es vor, dass der Architekt
die **Abnahme der Bauleistungen unter Mitwirkung anderer an der Planung und
Objektüberwachung fachlich Beteiligter** durchführt. Diese Formulierung ist irre-
führend, da der Architekt ja gerade nicht die rechtsgeschäftliche Abnahme durchführen
kann, wie oben ausgeführt, sondern nur die technische Begehung zur Zustandsfeststellung. Er kann in dieser Funktion allenfalls die sachliche Feststellung treffen, dass das
Objekt **in technischer Hinsicht abnahmereif** ist.

Auch bei den Sonderfachleuten ist in der HOAI in den entsprechenden Leistungsphasen
die Mitwirkung bei der Abnahme vorgesehen.

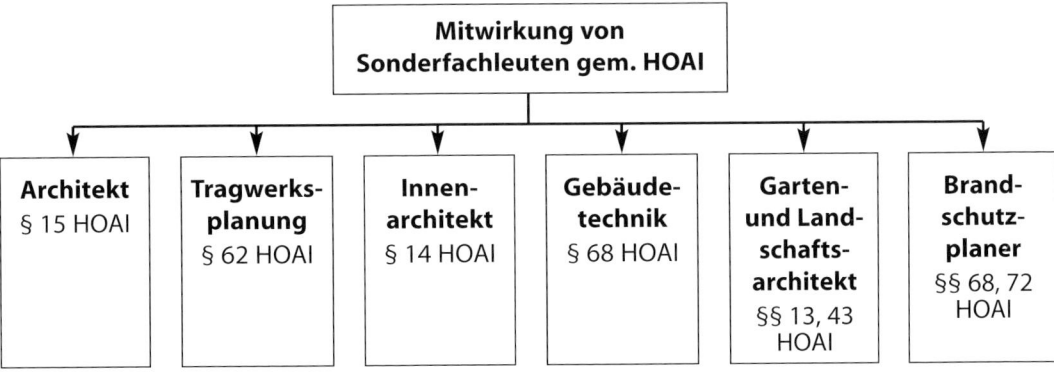

Abb. 2.5: Mitwirkung von Sonderfachleuten

Eine richtungsweisende Entscheidung des BGH vom 7. 2. 2002 (III ZR 1/01) scheint in diesem Zusammenhang bemerkenswert:

Ein Architekt, der im Rahmen einer Bautenstand- oder Rechnungsprüfung per Stempel oder handschriftlich die Formulierung

„Fachtechnisch und rechnerisch geprüft …
Anerkannter Rechnungsbetrag: … €"

verwendet, erklärt, dass er den Bau auf Mangelfreiheit untersucht hat.

2.7   Abnahme durch Sachverständige

Die Frage, ob Beanstandungen hinnehmbar sind oder nicht, lässt sich oft nur durch Hinzuziehung von Sachverständigen klären. Zur Verfügung stehen hierbei 5 mögliche Verfahrensweisen:

Außergerichtliche Gutachten

- **Parteiengutachten**
Der Gutachter wird von einer der Parteien zur Erstattung eines Gutachtens beauftragt. Die Gegenpartei muss sich der Auffassung des Gutachters jedoch nicht anschließen und kann ggf. einen eigenen Parteiengutachter hinzuziehen. Die jeweils beauftragende Partei kommt für die Gutachtenkosten auf.

- **Unparteiischer Sachverständigen-Ratschlag**
Die Parteien einigen sich gemeinsam darauf, einen von beiden Parteien anerkannten Sachverständigen mit der Klärung der Hinnehmbarkeit einer Beanstandung zu beauftragen. Die Parteien sind jedoch nicht an die Entscheidung des Gutachters gebunden.

- **Schiedsgutachten**
Die Parteien verpflichten sich von vornherein, der Entscheidung eines gemeinsam beauftragten Gutachters widerspruchslos zu akzeptieren und sich auch der Kostenquotelung für Mangelbeseitigungskosten und Gutachterkosten zu unterwerfen.

Gerichtliche Gutachten

- **Gerichtliches selbstständiges Beweisverfahren**
Über das zuständige Gericht wird ein öffentlich bestellter und vereidigter Sachverständiger zur Erstellung eines Gutachtens bereits beauftragt, bevor eine Klage eingereicht worden ist. Die Parteien formulieren auf dem Vorwege den Inhalt des Beweisbeschlusses und sind damit in dieser Phase „Herr des Verfahrens". Die Tatsachenfeststellungen gehen im Falle eines nachfolgenden gerichtlichen Verfahrens in das Verfahren unmittelbar ein.

- **Gerichtliches Gutachten**
Im Rahmen einer Klage wird über das zuständige Gericht ein öffentlich bestellter und vereidigter Sachverständiger mit der Klärung der Frage beauftragt, ob die Beanstandungen hinnehmbar sind oder nicht.

Für die außergerichtlichen Gutachten kommt jeder in Frage, der sachkundig ist. Eine Vereidigung oder öffentliche Bestellung des Gutachters ist nicht zwingend erforderlich.

Die Begriffe „Gutachter" und „Sachverständiger" sind in Deutschland nicht gesetzlich geschützt und können insofern frei verwendet werden.

Für die gerichtlich veranlassten Gutachten werden i. d. R. nur **öffentlich bestellte und vereidigte Sachverständige** von den Gerichten beauftragt. Die Bestellung erfolgt für ein oder mehrere Fachgebiete, auf denen der Sachverständige seine besondere Sachkunde nachweisen muss und anschließend schriftlich und mündlich von dem Bestellungsorgan umfassend geprüft wird.

Bestellungsorgane für das Bauwesen

● **Handwerkskammern**
Die Bestellung erfolgt i. d. R. für ein handwerklich geprägtes Fachgebiet, z. B. Klempner-arbeiten. Die Sachverständigen sind i. d. R. Betriebsinhaber als Handwerksmeister und damit Kammermitglieder.

● **Architekten- und Ingenieurkammern**
Die Bestellung erfolgt beispielhaft für Architekten- und Ingenieurhonorare, für Architekten- und Ingenieurleistungen oder auch für Schäden an Gebäuden. Die Sachverständigen sind i. d. R. Architekten und Ingenieure und damit Kammermitglieder.

● **Industrie- und Handelskammern**
Die Bestellung erfolgt für sämtliche Sachgebiete, auf denen Bedarf an Sachverständigen besteht, unter anderem auch für Schäden an Gebäuden. Die Sachverständigen sind i. d. R. freie Selbstständige und hauptberufliche Sachverständige und damit keine Kammermitglieder.

Besonders kritisch sollte daher gerade bei der Vorbereitung von außergerichtlichen Sachverständigengutachten die Wahl des Gutachters im Hinblick auf seine spezielle Kompetenz und seine Unbefangenheit erwogen werden.

Definition Experte:
Ein Experte ist ein Mensch, der in letzter Minute hinzugezogen wird, um einen Teil der Schuld zu übernehmen …

Fertigstellungsbescheinigung gem. § 641a BGB

Durch das zum 1. 5. 2000 in Kraft getretene **Gesetz zur Beschleunigung fälliger Zahlungen** ist es möglich geworden, eine etwaige Abnahmeverweigerung des Bestellers rechtskräftig zu umgehen. Der Unternehmer kann jetzt einen öffentlich bestellten und vereidigten Sachverständigen über die entsprechenden Bestallungsbehörden mit der Anfertigung einer Fertigstellungsbescheinigung gem. § 641a BGB beauftragen.

Der Sachverständige wird den Besteller über die vorgesehene Durchführung seiner örtlichen Inaugenscheinnahme rechtzeitig informieren und ihn zur Teilnahme einladen. Er wird den Besteller außerdem auffordern, etwa bekannte Mängel, Beanstandungen oder Abweichungen vom Vertrag bekannt zu geben.

Es folgt eine Objektbesichtigung, die schriftlich protokolliert wird. Die Anwesenheit des Bestellers ist dabei nicht zwingend erforderlich. Entspricht das fertig gestellte Objekt unter Berücksichtigung aller Einwände dem vertraglich geschuldeten Ziel, stellt der Sachverständige eine Fertigstellungsbescheinigung aus, die in ihren rechtlichen Konsequenzen einer Abnahme durch den Besteller entspricht.

§ 641a BGB: 2002 Fertigstellungsbescheinigung:

„(1) Der Abnahme steht es gleich, wenn dem Unternehmer von einem Gutachter eine Bescheinigung darüber erteilt wird, dass

1. das versprochene Werk, im Falle des § 641 Abs. 1 Satz 2 auch ein Teil desselben, hergestellt ist und

2. das Werk frei von Mängeln ist, die der Besteller gegenüber dem Gutachter behauptet hat oder die für den Gutachter bei einer Besichtigung feststellbar sind (Fertigstellungsbescheinigung). Das gilt nicht, wenn das Verfahren nach den Absätzen 2 bis 4 nicht eingehalten worden ist oder wenn die Voraussetzungen des § 640 Abs. 1 Satz 1 und 2 nicht gegeben waren; im Streitfall hat dies der Besteller zu beweisen. § 640 Abs. 2 ist nicht anzuwenden. Es wird vermutet, dass ein Aufmaß oder eine Stundenlohnabrechnung, die der Unternehmer seiner Rechnung zugrunde legt, zutreffen, wenn der Gutachter dies in der Fertigstellungsbescheinigung bestätigt.

(2) Gutachter kann sein

1. ein Sachverständiger, auf den sich Unternehmer und Besteller verständigt haben, oder

2. ein auf Antrag des Unternehmers durch eine Industrie- und Handelskammer, eine Handwerkskammer, eine Architektenkammer oder eine Ingenieurkammer bestimmter öffentlich bestellter und vereidigter Sachverständiger.

Der Gutachter wird vom Unternehmer beauftragt. Er ist diesem und dem Besteller des zu begutachtenden Werkes gegenüber verpflichtet, die Bescheinigung unparteiisch und nach bestem Wissen und Gewissen zu erteilen.

(3) Der Gutachter muss mindestens einen Besichtigungstermin abhalten; eine Einladung hierzu unter Angabe des Anlasses muss dem Besteller mindestens zwei Wochen vorher zugehen. Ob das Werk frei von Mängeln ist, beurteilt der Gutachter nach einem schriftlichen Vertrag, den ihm der Unternehmer vorzulegen hat. Änderungen dieses Vertrages sind dabei nur zu berücksichtigen, wenn sie schriftlich vereinbart sind oder von den Vertragsteilen übereinstimmend gegenüber dem Gutachter vorgebracht werden. Wenn der Vertrag entsprechende Angaben nicht enthält, sind die allgemein anerkannten Regeln der Technik zugrunde zu legen. Vom Besteller geltend gemachte Mängel bleiben bei der Erteilung der Bescheinigung unberücksichtigt, wenn sie nach Abschluss der Besichtigung vorgebracht werden.

(4) Der Besteller ist verpflichtet, eine Untersuchung des Werkes oder von Teilen desselben durch den Gutachter zu gestatten. Verweigert er die Untersuchung, wird vermutet, dass das zu untersuchende Werk vertragsgemäß hergestellt worden ist; die Bescheinigung nach Absatz 1 ist zu erteilen.

(5) Dem Besteller ist vom Gutachter eine Abschrift der Bescheinigung zu erteilen. In Ansehung von Fristen, Zinsen und Gefahrübergang treten die Wirkungen der Bescheinigung erst mit ihrem Zugang beim Besteller ein.“

2.8   Abnahme durch Behörden

Von Ausnahmen abgesehen, findet bei genehmigungspflichtigen Bauwerken neben der rechtsgeschäftlichen Abnahme auch eine behördliche Abnahme statt. Das Bauordnungsamt lädt hierzu die beteiligten Fachbehörden ein.

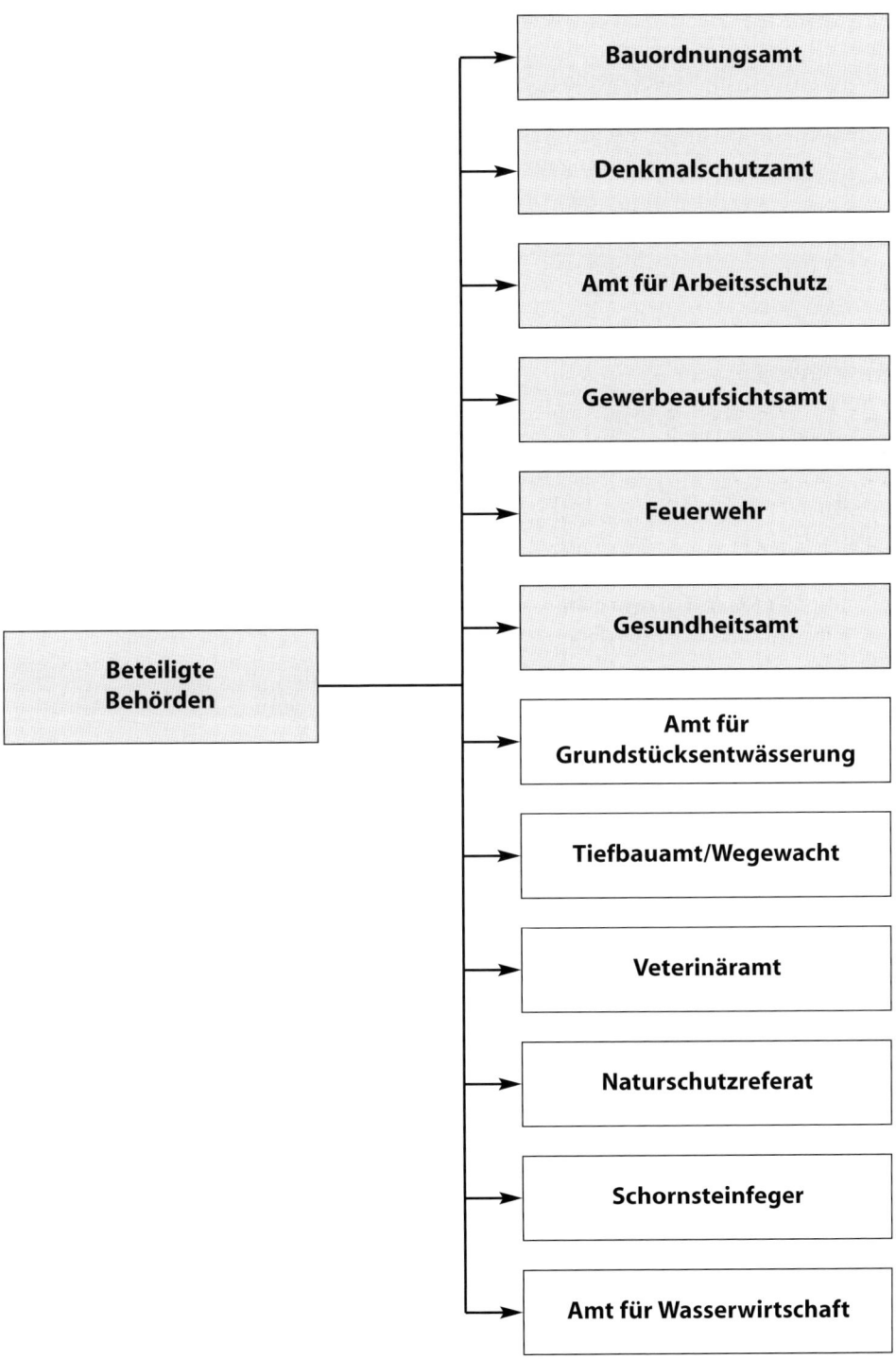

Abb. 2.6: Beteiligte Behörden

Die Bauabnahme durch das Bauordnungsamt und die ergänzend eingeschalteten Fachbehörden ersetzt nicht die rechtsgeschäftliche Abnahme zwischen dem Auftraggeber und dem Auftragnehmer. Sie hat vielmehr einen überprüfenden Charakter hinsichtlich der Einhaltung öffentlich-rechtlicher Bauvorschriften und Auflagen. Die behördliche Abnahme entlastet in keiner Weise den Architekten von seinen vertragsmäßigen Prüfungspflichten. Trotz einer möglicherweise erfolgreichen behördlichen Abnahme kann eine Bauleistung mangelhaft erbracht worden sein. Entsprechende Ansprüche des Auftraggebers gegenüber dem Auftragnehmer und gegenüber den Architekten und Sonderfachleuten bleiben hiervon unberührt. Selbst bei einer fehlerhaften behördlichen Abnahme haften vorrangig die sonstigen Baubeteiligten. Nur für den Fall, dass außer der behördlichen Seite niemand für eine Fehlerhaftigkeit verantwortlich gemacht werden kann, tritt hier der Haftungsfall ein. Geregelt ist die Haftung in § 839 BGB: 2002.

§ 839 BGB: 2002 Haftung bei Amtspflichtverletzung:

„(1) Verletzt ein Beamter vorsätzlich oder fahrlässig die ihm einem Dritten gegenüber obliegende Amtspflicht, so hat er dem Dritten den daraus entstehenden Schaden zu ersetzen. Fällt dem Beamten nur Fahrlässigkeit zur Last, so kann er nur dann in Anspruch genommen werden, wenn der Verletzte nicht auf andere Weise Ersatz zu erlangen vermag. (…)"

In der Praxis ist der Haftungsfall i. d. R. schwierig durchzusetzen, da genehmigungspflichtige Gebäude, bei denen eine Abnahme durch das Bauordnungsamt stattfindet, gewöhnlich durch einen Bauleiter gemäß Landesbauordnung betreut werden.

Die noch nicht erfolgte Behördenabnahme zur Gebrauchsfertigkeit stellt bei genehmigungspflichtigen Bauten i. d. R. einen Grund für die Verweigerung der rechtsgeschäftlichen Abnahme durch den Auftraggeber dar.

Die behördliche Gebrauchsabnahme beendet nach den Versicherungsbedingungen i. d. R. den Versicherungsschutz der **Bauwesenversicherung.** Ersatzweise kann auch die Bezugsfertigkeit und die Innutzungnahme (nach 6 Tagen) zum Ende der Bauwesenversicherung führen.

Häufig sind vertragliche Zahlungspläne oder Finanzierungsraten an die behördlichen Rohbau- und Gebrauchsfertigkeitsabnahmen geknüpft. Hierzu sollte jedoch vor Vertragsabschluss mit der Behörde geklärt werden, ob eine Bauzustandsbesichtigung vom Bauordnungsamt überhaupt durchgeführt wird. Bei genehmigungsfreien Verfahren und bei vereinfachten Verfahren findet i. d. R. keine Bauzustandsbesichtigung durch das Bauordnungsamt statt. Aber auch in den übrigen Fällen besteht keine Verpflichtung zur behördlichen Abnahme.

Maßgeblich ist hierfür die jeweilige **Landesbauordnung.**

Beispiel aus der LBauO Mecklenburg-Vorpommern: 2001-05:

„§ 82 Bauzustandsbesichtigung
(1) (…) Die abschließende Fertigstellung umfasst auch die Fertigstellung der Wasserversorgungs- und Abwasserbeseitigungsanlagen. Der Bauherr hat für die Besichtigung und die damit verbundenen möglichen Prüfungen die erforderlichen Arbeitskräfte und Geräte bereitzustellen.
(2) Ob und in welchem Umfang eine Besichtigung nach Absatz 1 durchgeführt wird, bleibt dem pflichtgemäßen Ermessen der Bauaufsichtsbehörde überlassen. Über das

*Ergebnis der Besichtigung ist auf Verlangen des Bauherrn eine Bescheinigung auszu-
stellen.*
(...)
*(6) Eine bauliche Anlage darf erst genutzt werden, wenn sie ordnungsgemäß fertig
gestellt und sicher nutzbar ist, frühestens jedoch eine Woche nach dem in der Anzeige
nach Absatz 1 genannten Zeitpunkt der Fertigstellung. Die Betriebssicherheit und Brand-
sicherheit der Lüftungsanlagen und der Feuerungsanlagen sowie die sichere Abführung
der Verbrennungsgase der Feuerungsanlagen muss vom Bezirksschornsteinfegermeister
bescheinigt sein. Die Bauaufsichtsbehörde soll gestatten, dass die bauliche Anlage ganz
oder teilweise schon früher genutzt wird, wenn wegen der öffentlichen Sicherheit oder
Ordnung Bedenken nicht bestehen."*

2.9   Abnahme unter versicherungsrelevanten Aspekten

Bezugsfertigkeit, behördliche Abnahme und rechtsgeschäftliche Abnahme sind für
Beginn und Beendigung einiger Versicherungsarten wichtig.

● **Bauwesenversicherung oder Bauleistungsversicherung**
Beispiel aus den Vertragsgrundlagen der Bauleistungsversicherung (BAU): 1995-01:

„§ 8 Ende der Haftung
(...)
*3. Für Schäden an Bauleistungen, die zu Lasten des Versicherungsnehmers gehen, endet
die Haftung des Versicherers spätestens*
a) mit der Bezugsfertigkeit oder
b) nach Ablauf von sechs Werktagen seit Beginn der Benutzung oder
c) mit dem Tage der behördlichen Gebrauchsabnahme.
Maßgebend ist der früheste dieser Zeitpunkte. (...)
*4. Für Schäden an Bauleistungen, die zu Lasten eines versicherten Unternehmers gehen,
endet die Haftung des Versicherers spätestens mit dem Zeitpunkt, in dem die Bauleistung
oder Teile davon abgenommen werden oder nach dem Bauvertrag als abgenommen gelten
oder in dem der Auftraggeber in Abnahmeverzug gerät. Der Unternehmer ist verpflichtet,
den Auftraggeber zur Abnahme aufzufordern, sobald die Voraussetzungen hierfür vorliegen. (...)"*

● **Bauherrenhaftpflichtversicherung**
Beispiel aus einer Haftpflicht-Vertragsbedingung zur privaten Bauherrenhaftpflichtversicherung:

*„Die Versicherung endet mit Beendigung der Bauarbeiten, spätestens drei Jahre nach Ver-
sicherungsbeginn; insoweit finden die Bestimmungen zur Vertragsdauer gemäß Antrag
keine Anwendung."*

● **Rohbaufeuerversicherung**
Beispiel einer Vertragsformulierung zur Rohbauversicherung für Neubauten:

*„Die Rohbauversicherung endet zu dem vereinbarten Zeitpunkt, spätestens mit der
Bezugsfertigkeit des Gebäudes."*

- **Leitungswasserschaden-Versicherung**

Beispiel einer Vertragsformulierung zur Rohbauversicherung für Neubauten:
Prämienfreie Rohbauversicherung:

„Der Versicherungsschutz gegen Leitungswasser beginnt erst mit der bezugsfertigen Fertigstellung des Gebäudes."

- **Gebäudeversicherung**

Für die Gebäudeversicherung sind die verschiedenen Abnahmen ohne Relevanz.

2.10   Das Abnahmeprotokoll

Bei einer förmlichen Abnahme ist ein Protokoll anzufertigen, dieses wird in aller Regel durch den Architekten erfolgen. In das Protokoll gehört zunächst alles, was ohnehin in Protokolle gehört, nämlich:

- Ort der Abnahmebegehung,
- Tag und Stunde der Abnahmebegehung,
- Namen der Anwesenden und ihre Funktion sowie Dauer ihrer Anwesenheit,

außerdem

- eine Liste der bei der Abnahmebegehung festgestellten Mängel (Vorbehalte wegen dieser Mängel),
- Vorbehalte wegen etwaiger Vertragsstrafen,
- eventuelle Einwendungen des Auftragnehmers,
- Vorbehalte wegen fehlender Nachweise des Auftragnehmers, dass die Leistung vertragsgerecht und nach den allgemein anerkannten Regeln der Technik ausgeführt wurde,
- Vorbehalte wegen fehlender Fremdprüfungen (TÜV, Bauordnungsamt etc.),
- die Feststellung, ob die Abnahme erfolgte oder verweigert wurde,
- Frist zur Mängelbeseitigung,
- Unterschrift von Besteller und Unternehmer.

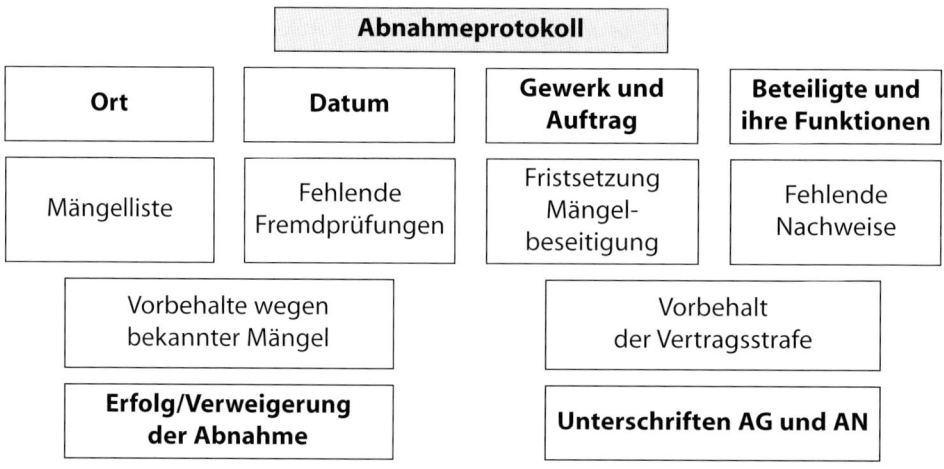

Abb. 2.7: Abnahmeprotokoll

2.11   Folgen der Abnahme

Die Abnahme zieht eine Reihe von rechtlichen Konsequenzen nach sich, nämlich

- die Schlussvergütung ist fällig (§ 641 BGB),
- die Gewährleistungsfrist beginnt (§ 638 BGB und VOB/B § 13 Nr. 4 Abs. 3),
- die Gefahr geht auf den Auftraggeber über (§ 644 BGB, VOB/B § 7, § 12 Nr. 6),
- die Beweislast verschiebt sich (§ 640 [2] BGB, VOB/B § 12 Nr. 4 Abs. 1, Nr. 5 Abs. 3),
- der Unternehmer muss seine Leistung nicht mehr vor Beschädigung schützen (VOB/B § 4 Nr. 5)

Am Tag der Abnahme beginnt die Verjährungsfrist für die Gewährleistung. Je früher also die Abnahme stattfindet, desto früher endet auch die Pflicht der Gewährleistung des Unternehmers.

Am Tag der Abnahme beginnt aber auch die Verpflichtung der Bewirtschaftung für den Besteller. Dies kann von wirtschaftlicher Bedeutung z. B. dann sein, wenn Abnahme und Innutzungnahme einer Immobilie nicht auf den gleichen Tag fallen. Wird die Fertigstellung eines Großprojektes beispielsweise aus steuertechnischen Gründen zum 31.12. eines Jahres geschuldet, aber aus praktischen Erwägungen bereits vor dem 24.12. abgenommen, entsteht dem Besteller ein zusätzlicher Aufwand für die Bewirtschaftung, für die Funktionsüberwachung der technischen Gebäudeausrüstung und für den Versicherungsschutz.

Bei Streitigkeiten über die Ursachen von Mängeln kann die Beweislastverschiebung von erheblicher Bedeutung für den Unternehmer sein. Während er vor der Abnahme voll unter Beweisdruck steht für den Nachweis, dass er seinen Vertrag erfüllt hat, ist durch die Abnahme gerade dies bestätigt worden. Für die nun folgenden Gewährleistungsauseinandersetzungen um Mängel trägt der Auftraggeber die Beweislast, mit Ausnahme der Beanstandungen, bei denen sich der Auftraggeber seine Rechte gem. § 640 Abs. 2 BGB bzw. § 12 Nr. 4 Abs. 1 VOB/B vorbehalten hat.

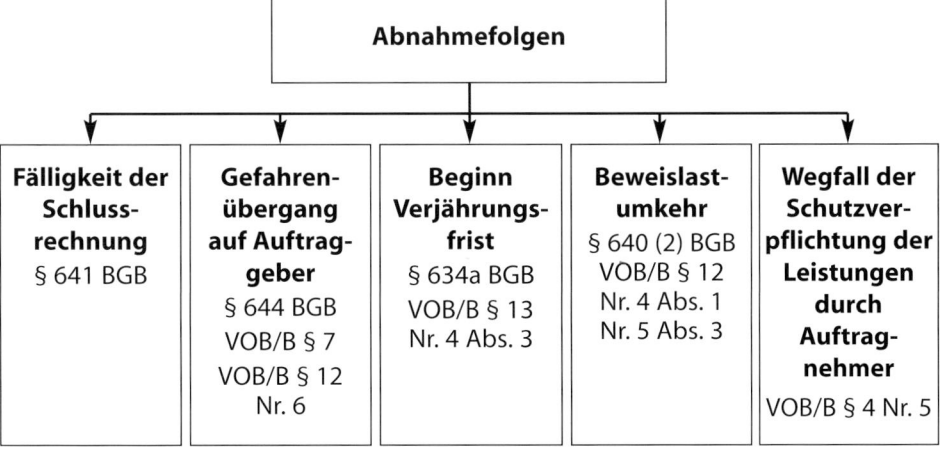

Abb. 2.8: Abnahmefolgen

3 Mangel

3.1 Definition

Ein Mangel ist dann gegeben, wenn die ausgeführte Bauleistung (Ist-Zustand) in negativer Weise vom vertraglich geschuldeten Zustand (Soll-Zustand) abweicht.

Die vertragliche Vereinbarung gilt insofern zunächst als Maßstab für die Beurteilung des Soll-Zustandes, nachfolgend gilt die ansonsten übliche Ausführungsweise.

Mangelbegriff in der VOB

VOB/B § 13 DIN 1961: 2002 Mängelansprüche:

„(1) Der Auftragnehmer hat dem Auftraggeber seine Leistung zum Zeitpunkt der Abnahme frei von Sachmängeln zu verschaffen. Die Leistung ist zur Zeit der Abnahme frei von Sachmängeln, wenn sie die vereinbarte Beschaffenheit hat und den anerkannten Regeln der Technik entspricht. Ist die Beschaffenheit nicht vereinbart, so ist die Leistung zur Zeit der Abnahme frei von Sachmängeln,
a. wenn sie sich für die nach dem Vertrag vorausgesetzte, sonst
b. für die gewöhnliche Verwendung eignet und eine Beschaffenheit aufweist, die bei Werken der gleichen Art üblich ist und die der Auftraggeber nach der Art der Leistung erwarten kann."

Mangelbegriff im BGB

§ 633 BGB: 2002 Sach- und Rechtsmangel:

„(1) Der Unternehmer hat dem Besteller das Werk frei von Sach- und Rechtsmängeln zu verschaffen.
(2) Das Werk ist frei von Sachmängeln, wenn es die vereinbarte Beschaffenheit hat. Soweit die Beschaffenheit nicht vereinbart ist, ist das Werk frei von Sachmängeln,
1. wenn es sich für die nach dem Vertrag vorausgesetzte, sonst
2. für die gewöhnliche Verwendung eignet und eine Beschaffenheit aufweist, die bei Werken der gleichen Art üblich ist und die der Besteller nach der Art des Werks erwarten kann.
Einem Sachmangel steht es gleich, wenn der Unternehmer ein anderes als das bestellte Werk oder das Werk in zu geringer Menge herstellt.
(3) Das Werk ist frei von Rechtsmängeln, wenn Dritte in Bezug auf das Werk keine oder nur die im Vertrag übernommenen Rechte gegen den Besteller geltend machen können."

Gleichwertigkeitsbegriff bei Vertragsabweichungen

Ob eine Leistung, die mit abweichenden Materialien oder in einem abweichenden Arbeitsverfahren im Hinblick auf den Vertragsinhalt ausgeführt worden ist, mangelhaft ist, hängt im Zweifel davon ab, ob sie sich bei vernünftiger Prüfung als gleichwertig herausstellt.

Ingenstau/Korbion, „Kommentar zur VOB" [1] A § 9 Nr. 5
Rdn. 86:

„(…) Gleichwertig sind Erzeugnisse oder Verfahren, wenn sie die Qualität der verlangten Erzeugnisse oder Verfahren nach allgemeiner Anerkennung der betreffenden technischen Fachkreise hinsichtlich ihrer Tauglichkeit und Mängelfreiheit, ausgerichtet nach dem zum Ausdruck gekommenen Auftraggeberwillen, uneingeschränkt erreichen. (…)"

Ausschreibungs- und Planungsmängel

Nicht selten basieren Streitigkeiten auf unklar definierten Leistungsbildern. Vergessene, falsch geplante oder fehlerhaft beschriebene Leistungen werden dann bei der Abnahme zu Unrecht von der Auftraggeberseite als Mängel beanstandet. Nur in entsprechend ausformulierten Generalunternehmerverträgen für schlüsselfertige Projekte kann eine Vollständigkeitsklausel zu einer umfassenden Leistungsschuld des Auftragnehmers führen. In allen übrigen Fällen weist die VOB/C ATV eindeutig aus, welche Leistungen zu den nicht vergütungspflichtigen **Nebenleistungen** zählen und welche Leistungen als **Besondere Leistungen** vergütet werden müssen.

VOB/C ATV DIN 18299: 2000-12 führt hierzu aus:

„4 Nebenleistungen, Besondere Leistungen
4.1 Nebenleistungen
Nebenleistungen sind Leistungen, die auch ohne Erwähnung im Vertrag zur vertraglichen Leistung gehören (§ 2 Nr. 1 VOB/B). (…)
4.2 Besondere Leistungen
Besondere Leistungen sind Leistungen, die nicht Nebenleistungen gemäß Abschnitt 4.1 sind und nur dann zur vertraglichen Leistung gehören, wenn sie in der Leistungsbeschreibung besonders erwähnt sind. (…)"

3.2 Mängelarten

Die Frage, ob es sich bei einer Reklamation um einen Mangel oder vielleicht um einen wesentlichen Mangel handelt, der zur Abnahmeverweigerung berechtigt, hängt von einer Reihe von Umständen ab, die im Hinblick auf den abgeschlossenen Vertrag unter Abwägung des beiderseitigen Interesses geprüft werden müssen.

3.2.1 Wesentliche Mängel im Sinne der VOB/B § 12 Nr. 3

Wesentliche Mängel berechtigen den Auftraggeber zur Abnahmeverweigerung. Ein wesentlicher Mangel liegt z. B. dann vor, wenn die Gebrauchsfähigkeit erheblich beeinträchtigt ist.

Da die betragsmäßige Höhe des Ausgleichs jedoch unberücksichtigt bleibt, sind außerdem auch subjektive Merkmale zu berücksichtigen. Insbesondere ist das spezielle Interesse des Auftraggebers an der vertragsgerechten Leistung hervorzuheben. Das Interesse des Auftraggebers muss jedoch dem Auftragnehmer bekannt sein oder hätte ihm bekannt sein müssen.

Erhebliche Beeinträchtigung der Gebrauchsfähigkeit

Die Gebrauchsfähigkeit wird durch einen Mangel beeinträchtigt, wenn der Wert oder die Tauglichkeit der Leistung zu dem gewöhnlichen oder nach dem Vertrag vorausgesetzten Gebrauch aufgehoben oder spürbar gemindert ist.

Die Beeinträchtigung der Gebrauchsfähigkeit kann sich in einer Gebrauchsminderung oder in einer Gebrauchsaufhebung darstellen. Sie kann in einer Herabsetzung der Funktionsfähigkeit, Lebensdauer oder Gebrauchssicherheit sowie in erhöhten Aufwendungen für Betrieb oder Unterhalt begründet sein **(technischer Minderwert).**

Andererseits kann ein **merkantiler Minderwert** vorhanden sein, der in der Minderung des wirtschaftlichen Wertes einer Sache – trotz völliger und ordnungsgemäßer Instandsetzung – verbleibt.

3.2.2   Mängel auf Grund von Verstößen gegen die allgemein anerkannten Regeln der Technik gem. VOB/B § 13 Nr. 1 (nicht im BGB geregelt)

Abweichungen von DIN-Normen

Die DIN-Normen gelten überwiegend als anerkannte Regeln der Technik. Es gibt DIN-Normen, die als technische Baubestimmungen eingeführt wurden, und DIN-Normen, die nicht eingeführte technische Baubestimmungen sind.

Abweichungen von technischen Regelwerken

Neben den DIN-Vorschriften geben auch die Industrieverbände Regelwerke heraus, die von entsprechenden Ausschüssen entworfen werden und sich im Laufe der Zeit ebenfalls zu allgemein anerkannten Regeln der Technik entwickelt haben.

Abweichungen von Herstellervorschriften

Neben den eingeführten und nicht eingeführten technischen Baubestimmungen gelten die Herstellerrichtlinien oder Herstellervorschriften als allgemein anerkannte Regeln der Technik.

Werden die Herstellerrichtlinien nicht eingehalten, kann es dazu führen, dass der Baustoff in seiner Wirkung negativ beeinflusst wird bzw. die zugesicherten Eigenschaften völlig verliert. Beispielhaft seien hier genannt:

● gemeinsame Verwendung von einzelnen Komponenten unterschiedlicher Systeme,
● Abweichung von den Verarbeitungsvorschriften (Temperatur, Feuchte).

3.2.3 Mängel in Form von Abweichungen von den vertraglich zugesicherten Eigenschaften gem. VOB/B § 13 Nr. 1/§ 633 BGB

Maßstab für die Bewertung ist der abgeschlossene Vertrag. Vertragsbestandteile sind z. B. in nachstehender Rangfolge:

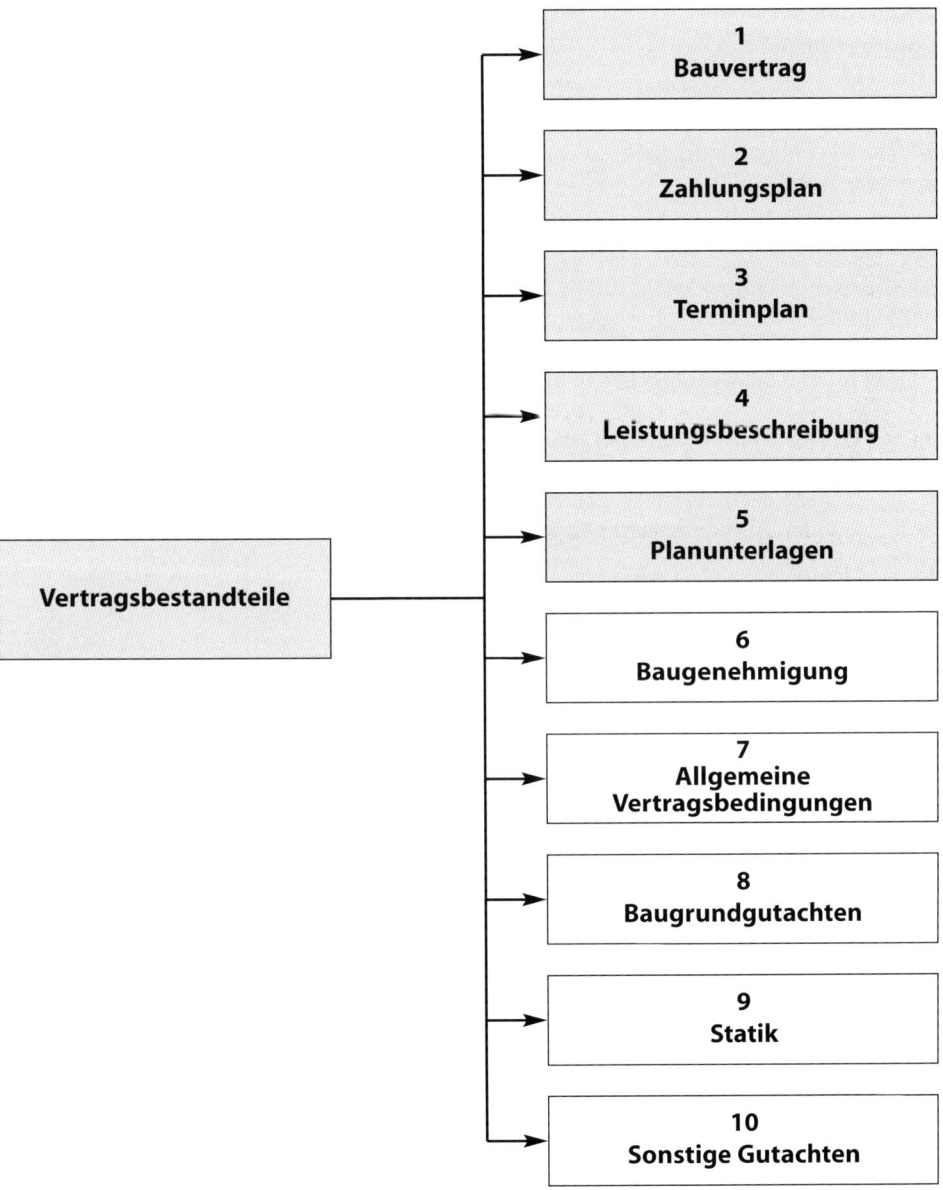

Abb. 3.1: Vertragsbestandteile

Die Überprüfung, ob ein Mangel in diesem Sinne vorliegt, erfordert also die gründliche Kenntnis des Vertragswerkes. Enthalten die einzelnen Vertragsbestandteile widersprüchliche Angaben, entscheidet regelmäßig die Rangfolge über den geschuldeten Leistungsumfang. Eine Ausnahme bildet z. B. die Vertragsklausel: „bei widersprüchlichen Angaben gilt die jeweils höherwertige Qualität".

Optische Mängel

- Farbe
- Struktur
- Oberflächenbeschaffenheit
- Passgenauigkeit

Technische Mängel

- Schallschutzmaßnahmen, soweit sie über die allgemein anerkannten Regeln der Technik hinaus vertraglich vereinbart waren,
- Wärmeschutzmaßnahmen, soweit sie über die allgemein anerkannten Regeln der Technik hinaus vertraglich vereinbart waren.

3.2.4   Mängel auf Grund von Abweichungen vom Vertrag, sonst Nichteignung für die gewöhnliche Verwendung oder Abweichung von der Beschaffenheit, die bei Werken der gleichen Art üblich ist und die der Auftraggeber/Besteller nach der Art der Leistung erwarten kann, gem. VOB/B § 13 Nr. 1 und § 633 BGB

Hierbei handelt es sich um Mängel, die einen anhaltend erhöhten Wartungs- oder Instandsetzungsaufwand verursachen oder die eine vertragsmäßige Nutzung des Gebäudes oder von Teilen davon ausschließen.

Beispiele
- Unzugängliche Glasfassaden, die sich nur von außen unter Zuhilfenahme von technischen Arbeitsbühnen und mit erhöhtem Aufwand reinigen lassen,
- Bauteile, von denen eine latente Unfallgefahr durch z. B. Unterschreitung von lichten Durchgangshöhen ausgeht,
- Nichtbeachtung der Erfordernis von rutschhemmenden Belägen,
- Konstruktion von Bauteilen mit übermäßigem Wartungs- und Pflegeaufwand (z. B. waagerechte Blechabdeckungen von Bauteilen ohne Gefälle, Balkone ohne Gefälle).

3.2.5   Arglistig verschwiegene Mängel

Verschweigt der Auftragnehmer zum Zeitpunkt der Abnahme Mängel an seiner Leistung, die ihm aber nachweislich bekannt sind, handelt es sich im juristischen Sinne um arglistig verschwiegene Mängel im Sinne des § 637 BGB.

Derartige Mängel verlängern die Gewährleistungsfrist unabhängig von den vertraglichen Regelungen nach der Rechtsprechung bis zum 31. 12. 2001 automatisch auf 30 Jahre. Voraussetzung für die Durchsetzbarkeit eines solchen Anspruches ist jedoch immer der **gerichtsverwertbare Nachweis** des Auftraggebers darüber, dass der Auftragnehmer zum Zeitpunkt der Abnahme **Kenntnis vom Mangel** hatte.

Die Novellierung zum 1. 1. 2002 verkürzt die Gewährleistungsfrist für arglistig verschwiegene Mängel auf 5 Jahre. Grund für eine allgemeine Erleichterung ist das jedoch nicht. Einerseits besteht Rechtssicherheit erst dann, wenn zu der Novellierung erste BGH-

Rechtsprechungen vorliegen, andererseits gilt für alle in der Vergangenheit verschwiegene Mängel selbstverständlich das alte Recht, hier wird keine Generalamnestie ausgelöst.

3.2.6 Organisationsverschulden

- Urteil des BGH vom 12. 3. 1992, VII ZR 5/91 (Auszug)

„Ein Unternehmer muss seinen Betrieb so organisieren, dass er beurteilen kann, ob der fertig gestellte Bau bei Abnahme Mängel aufweist oder nicht. Unterlässt er dies und wäre ein offensichtlicher Mangel bei ordnungsgemäßer Organisation entdeckt worden, haftet er trotz Unkenntnis 30 Jahre.
Sind die Mängel derart offensichtlich, dass sie den an der Bauausführung unmittelbar beteiligten Personen (Handwerkern, Polier, Bauleiter) nicht verborgen bleiben konnten, sind sie dem Unternehmer gleichwohl unbekannt geblieben, lässt dies auf fehlerhafte Organisation der Überwachung in seinem Betrieb schließen, was ihn jedoch nicht entlasten kann. Ein Unternehmer darf sich insoweit nicht unwissend halten.“

- Urteil des OLG Köln vom 1. 7. 1994, 11 U 29/94 (Auszug)

„Überwacht der Unternehmer die Herstellung eines Werkes nur mangelhaft, so kann dies einem arglistigen Verschweigen von Mängeln gleichzusetzen sein. Insoweit verletzt der Unternehmer seine Offenbarungspflicht bei Abnahme des Werkes, was nicht die kurze Verjährung des § 638 Abs. 1 BGB (5 Jahre), sondern die allgemeine 30-jährige Verjährung zur Folge hat.
Durch diese Entscheidung wird die Offenbarungspflicht eines Unternehmers von erkennbaren Mängeln bei der Abnahme auch auf solche ausgedehnt, die während der Herstellung offenkundig werden. Danach muss die Arbeit mehrfach und regelmäßig während der Ausführung überprüft werden. Die Einweisung von Arbeitern und die Überprüfung bereits beendeter Arbeiten vor der Abnahme sind nicht ausreichend.“

- Urteil des OLG Frankfurt/M. vom 10. 6. 1998, 15 U 67/97, SHT Heft 2/99 (Auszug)

„Es liegt ein arglistiges Verschweigen auch dann vor, wenn bei arbeitsteiliger Ausführung nicht bereits während der Ausführung gesichert wird, dass deutlich sichtbare und wesentliche sowie massiv auftretende Mängel, insbesondere wenn sie nur über kurze Zeit sichtbar sind und dann durch weiterführende Arbeiten verdeckt werden, gesichert und dem Auftraggeber gemeldet werden. Es liegt dann ein Organisationsverschulden vor. Die Haftung wird in diesem Fall aus der Pflicht des Unternehmers hergeleitet, vor Abnahme die Werkleistung zu überprüfen und fehlerfrei zur Verfügung zu stellen. Der Unternehmer muss dafür organisatorisch die Voraussetzung schaffen, um sachgerecht beurteilen zu können, ob die fertig gestellte Werkleistung keinen Fehler aufweist. Stellt dies der Unternehmer nicht sicher, ist der Auftraggeber so zu stellen, als wäre der Mangel dem Unternehmer bekannt gewesen.“

3.2.7 Versteckte Mängel

Versteckte Mängel gibt es im juristischen Sinne, entgegen einem weit verbreiteten Irrglauben, nicht. Mängel, die also zum Zeitpunkt der Abnahme durch andere Bauteile verdeckt oder unzugänglich waren, unterliegen den üblichen vertraglich vereinbarten Abnahme- und Gewährleistungskriterien.

Bei entsprechenden Verdachtsmomenten sollte man in besonderer Weise die Umkehr der Beweislast beachten und den Auftragnehmer zum Nachweis der ordnungsgemäß erbrachten Leistung auffordern, ggf. durch eine Fachunternehmer-Erklärung.

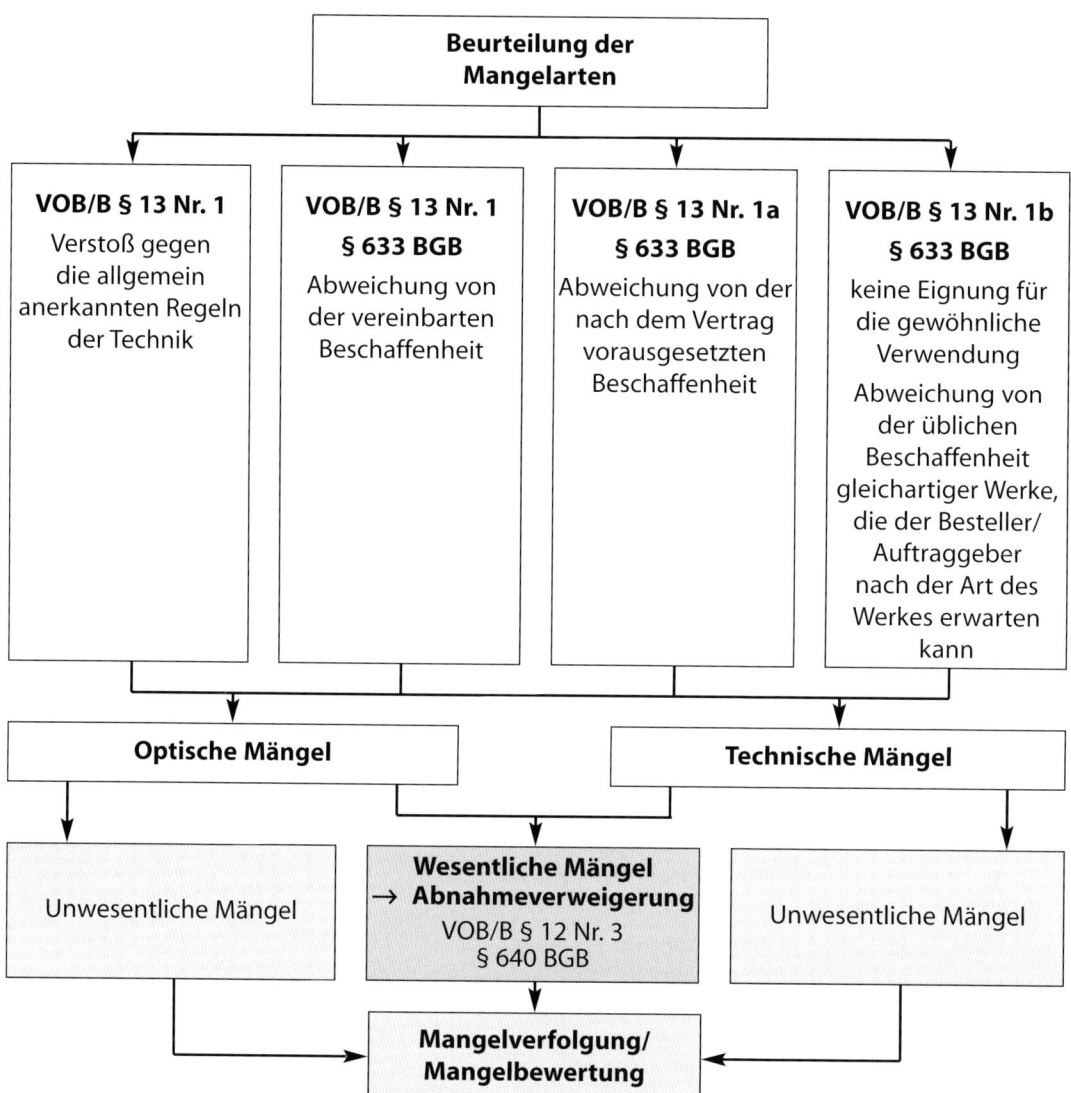

Abb. 3.2: Objektive Mangelbeurteilung

3.3   Mangelbewertung

Ganz unabhängig von der juristischen **Mangelbegründung** der unterschiedlichen
Mängelarten unterliegen die Regeln für die **Mangelverfolgung,** also die rechtliche Würdigung von Mängelbeseitigungsansprüchen, einer eigenständigen Skalierung:

Bei der wirtschaftlichen Bewertung von festgestellten Mängeln geht man zunächst
davon aus, dass eine Sanktion grundsätzlich auf drei verschiedene Arten erfolgen kann:

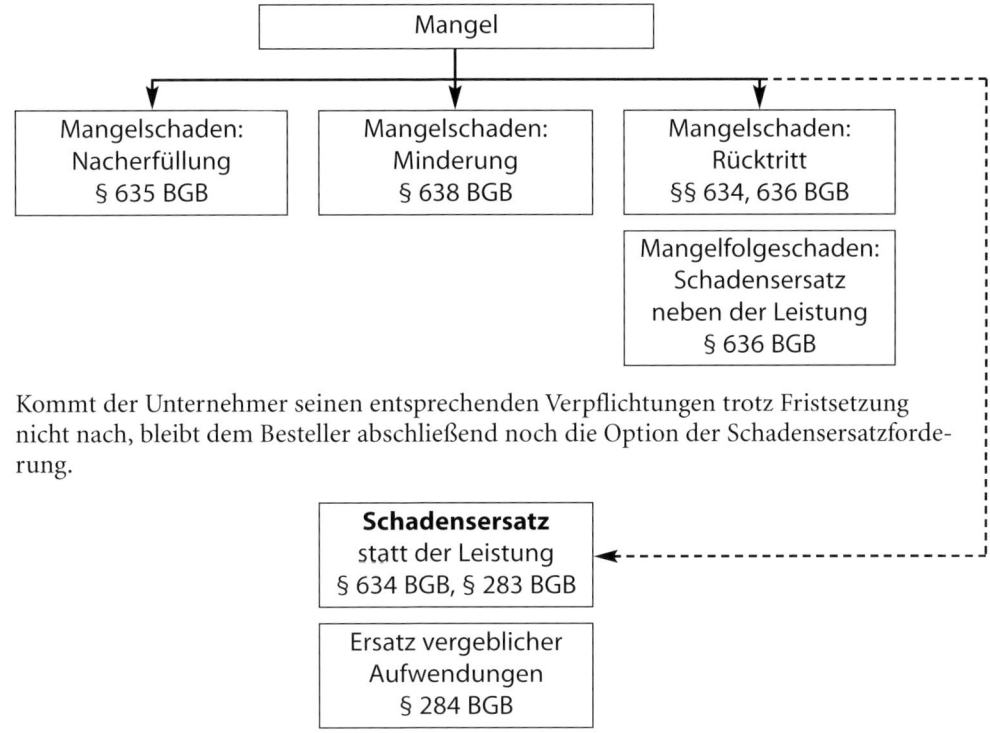

Kommt der Unternehmer seinen entsprechenden Verpflichtungen trotz Fristsetzung nicht nach, bleibt dem Besteller abschließend noch die Option der Schadensersatzforderung.

Abb. 3.3: Mangelverfolgung

3.4 Nacherfüllung

Die **wirtschaftliche Bewertung** der Schadenshöhe richtet sich nach dem gängigen Baupreisermittlungsverfahren und nach den Wertermittlungsrichtlinien für Immobilien. Bewertet werden:

Nacherfüllungskosten

Die Nacherfüllungs- oder Nachbesserungskosten werden nach Zeitaufwand und Materialerfordernis bzw. nach den handelsüblichen Baupreistabellen ermittelt, zuzüglich der Baustelleneinrichtungskosten (Gerüste, Transport- und Hebezeuge, Unterkünfte, Schutzmaßnahmen, Baureinigung) und zuzüglich der erforderlichen Regiekosten (Gutachten, Planung, Ausschreibung, Bauleitung, Sonderfachleute). Hilfreich sind hierbei Baukostentabellenbücher, wie z. B.: Schmitz/Gerlach u. a., „Baukosten 2002" [2]. Dort werden Einzelpreise für Bauleistungen veröffentlicht, die aus abgerechneten Bauprojekten ermittelt worden sind. Im praktischen Gebrauch haben sich die angegebenen Kostenwerte als sehr zuverlässig erwiesen.

Sowiesokosten

Werden im Zuge einer Mängelbeseitigung Leistungen erbracht, die zum Zeitpunkt der Gebäudeerstellung – unter Einhaltung der allgemein anerkannten Regeln der Technik – ohnehin angefallen wären, spricht man von **Sowiesokosten,** die nicht zu den erstattungspflichtigen Schadenskosten zählen. Der Geschädigte muss sich diesen Anteil bei der Ermittlung der Schadenshöhe anrechnen lassen.

Sowiesokosten sind Kosten, die dem Auftraggeber auch entstanden wären, wenn eine Sache von vornherein richtig geplant und ausgeübt worden wäre. Sie sind daher nicht Bestandteil der Schadenskosten. Die Berechnung erfolgt auf Basis der Kalkulation, die dem Hauptauftrag zugrunde liegt und damit nach Einheitspreisen, wie sie zum Zeitpunkt der Auftragslegung Gültigkeit hatten.

Beispiel
Der Unternehmer hat gemäß Ausschreibung eine KSL-Trennwand (Kalksand-Lochstein) in einer Wandstärke von 11,5 cm geliefert. Es stellt sich aber heraus, dass nach den Schallschutz- und Brandschutzanforderungen vielmehr eine KSV-Wand (Kalksand-Vollstein) in einer Wandstärke von 24 cm notwendig ist. Der Auftraggeber muss in diesem Fall bei einer Neuerrichtung der Wand die Differenzkosten zwischen der beauftragten Wand und der erforderlichen Wand selbst vergüten. Der entstandene Schaden beschränkt sich damit auf die Abbruchkosten und auf die verloren gegangene Leistung für die ursprünglich gelieferte Wand.

Zeitwert

Sofern Teile der zu bewertenden Leistungen zur Mängelbeseitigung bereits seit längerer Zeit in Benutzung sind und damit einen Teil ihrer Nutzungsdauer abgeleistet haben, wird eine Kostenkorrektur („alt für neu") vorgenommen.

Beispiel
Im Zuge einer Mangelbeseitigung an Rohrleitungen muss auch die 5 Jahre alte Tapezierung in den betroffenen Räumlichkeiten erneuert werden. Deren vorausgesetzte Nutzungsdauer beträgt 10 Jahre, dann ermittelt sich der Zeitwert folgendermaßen:

$$\text{Zeitwert} = \text{Restnutzungsdauer} \cdot 100 : \text{Gesamtnutzungsdauer}$$

Somit errechnen sich die Schadenskosten wie folgt:

Lohnaufwand		L
Materialaufwand	+	M
= Einzelkosten der Teilleistungen	**=**	**EKT**
Baustellengemeinkosten	+	BGK
Allgemeine Geschäftskosten	+	AG
Wagnis + Gewinn	+	WG
= Baukosten	**=**	**BK**
+ Nebenkosten	+	NK
– Sowiesokosten	–	SWS
– Anteil verbrauchter Nutzungsdauer	–	AN
Schadenskosten	**=**	**SCHK**

Abb. 3.4: Ermittlung der Schadenskosten

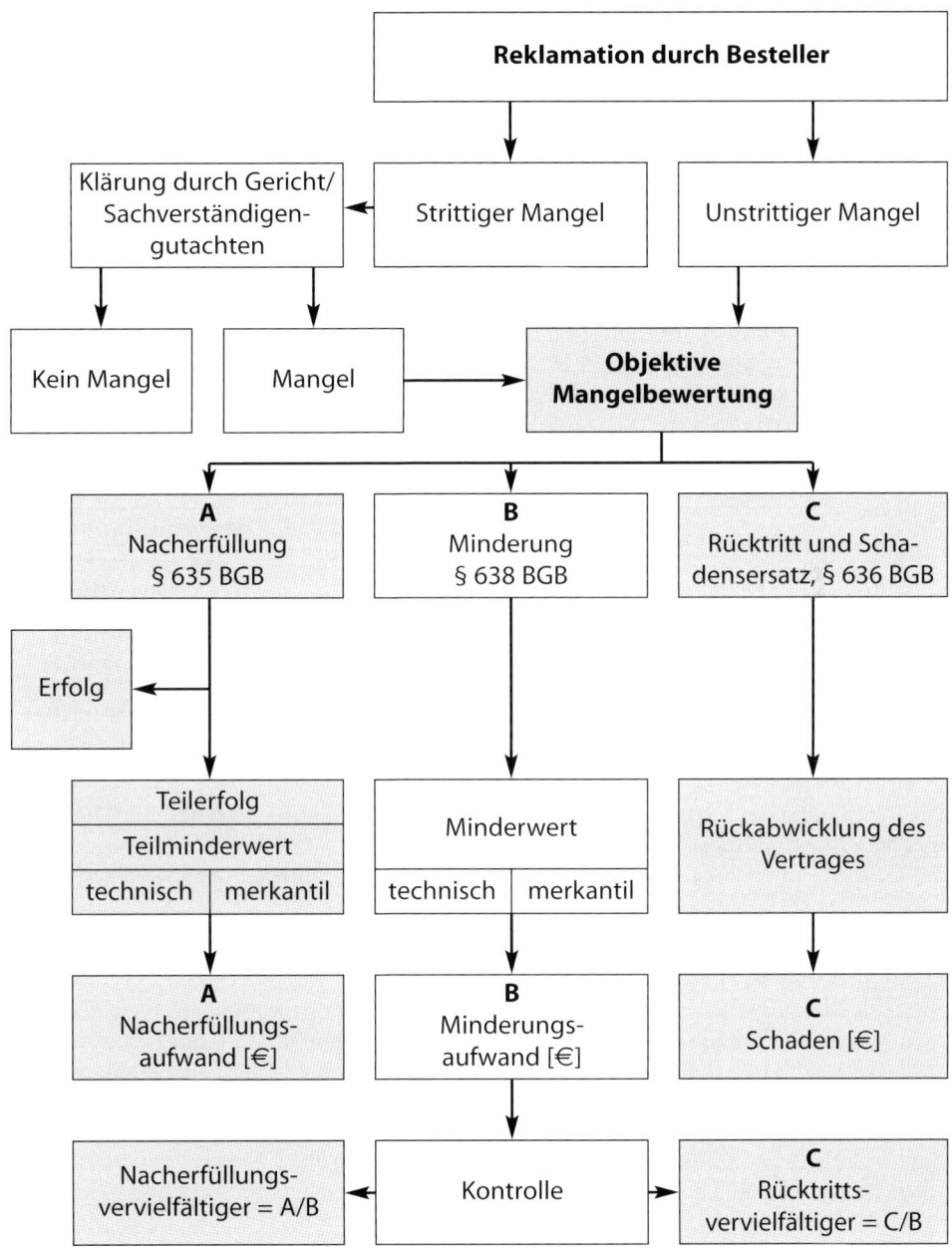

Abb. 3.5: Mangelverfolgung

Mängel, die aufwandsunabhängig beseitigt werden müssen

Mängel mit wesentlicher Schadensfolge, z. B. Dachdurchfeuchtungen, Kellerdurchfeuchtungen, Leitungswasserschäden, Sicherheitsmängel, von denen Gefahr für Leib und Leben ausgehen, sowie Mängel, die inakzeptable Nutzungseinschränkungen bewirken, müssen auf jeden Fall beseitigt werden, der hierfür notwendige Aufwand ist nicht relevant.

3.5   Minderung

Statt der Nacherfüllung (Mangelbeseitigung) oder dem Rücktritt (Rückabwicklung des Vertrages) kann der Auftraggeber eine Minderung entsprechend §§ 634 Abs. 4, 472 BGB, also einen monetären Wertausgleich nur unter folgenden Voraussetzungen erwarten:

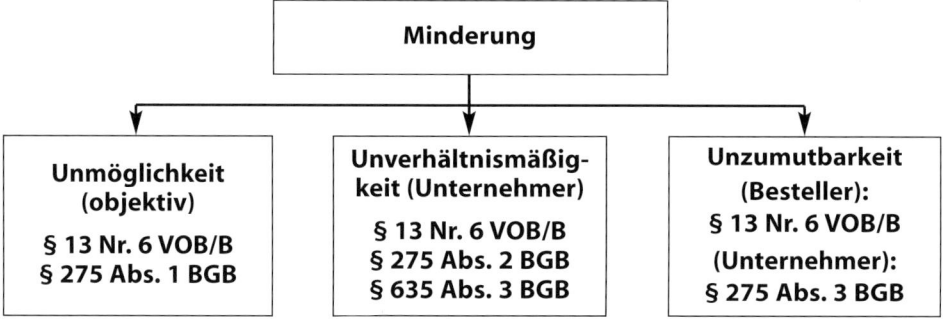

Abb. 3.6: Möglichkeiten, die zur Minderung führen

Unmöglichkeit

Die Beseitigung des Mangels muss objektiv unmöglich sein, d. h., auch andere Unternehmer außer dem Auftragnehmer sind nicht in der Lage, den Mangel zu beseitigen. Neben der technischen Unmöglichkeit kann auch weiterhin eine rechtliche Unmöglichkeit vorliegen (nicht vorliegende Baugenehmigung etc.).

Unverhältnismäßigkeit

Kann die Mängelbeseitigung nur mit unverhältnismäßig hohem Aufwand vorgenommen werden, besteht die Möglichkeit, dass der Auftragnehmer die Mängelbeseitigung verweigert. Dies ist i. d. R. bei geringfügigen **Schönheitsfehlern** der Fall, bei denen die Gebrauchsfähigkeit des Werkes nahezu unbeeinträchtigt ist und die nur mit erheblichem Aufwand beseitigt werden können (Kratzer an Verglasungen, Unebenheiten im Putz außerhalb der Maßtoleranzen etc.). Eine Unverhältnismäßigkeit wird in juristischer Hinsicht im Allgemeinen nicht anerkannt bei Schallschutzmängeln und bei statischen Mängeln.

Sind unter vernünftiger Betrachtungsweise keine derartigen Umstände gegeben, muss der Auftragnehmer den Mangel beseitigen. Er hat nicht das grundsätzliche Wahlrecht zwischen Nacherfüllung und Minderung. Voraussetzung des Minderungsanspruchs des Auftraggebers ist, dass der Auftragnehmer auf Grund des unverhältnismäßig hohen Aufwandes die Mängelbeseitigung zunächst verweigert.

Ein unverhältnismäßig hoher Aufwand kann gegeben sein, wenn zur Mangelbeseitigung andere in sich fertig gestellte Leistungsbereiche in großem Umfang wieder zerstört werden.

Unzumutbarkeit

Ausnahmsweise kann der Auftraggeber eine Minderung der Vergütung verlangen, wenn die Mangelbeseitigung für ihn unzumutbar ist. Der Auftraggeber trägt hierbei die Beweislast für die Unzumutbarkeit in der Form, dass ihm unzumutbare persönliche oder finanzielle Opfer abverlangt werden.

Führt die Nachbesserung nicht dazu, dass der vertraglich geschuldete Erfolg vollständig eintritt, verbleibt ein **technischer**, **merkantiler** oder **betrieblicher** Minderwert.

3.5.1 Minderwertarten

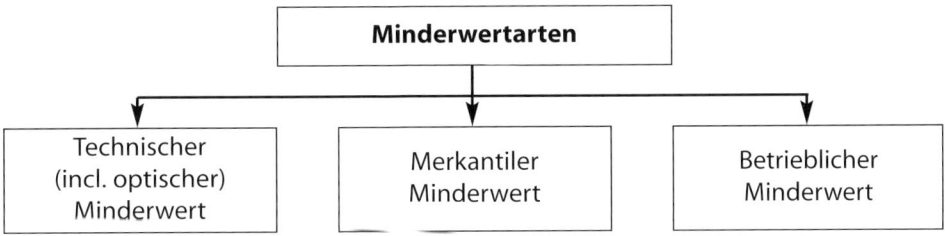

Abb. 3.7: Minderwertarten

● **Technischer Minderwert**
Der technische Minderwert wird damit begründet, dass eine Sache ihre vertraglich geschuldete Funktion nicht erfüllt (z. B. Wärmedämmung, Schallschutz, energiesparende Funktion, Tragfähigkeit). Die Ermittlung des technischen Minderwerts kann über das so genannte **Zielbaumverfahren** erfolgen. Bei der Betrachtung des technischen Minderwerts kann auch ein erhöhter Bewirtschaftungsaufwand ermittelt werden, der dann für die Dauer der Restnutzung des Gebäudes hochgerechnet wird und somit die Höhe des Schadens beschreibt.

Der **optische Minderwert** gehört zu der Kategorie des technischen Minderwerts und wird damit begründet, dass eine Sache den vertraglich zugesicherten Geltungscharakter nicht erreicht (Ebenheit, Farbbild, äußere Anmutung). Die Ermittlung des optischen Minderwerts kann ebenfalls nach dem Zielbaumverfahren erfolgen.

● **Merkantiler Minderwert**
Der merkantile Minderwert bezeichnet den abgeminderten Marktwert auf Grund der Beeinträchtigung einer Sache. Der merkantile Minderwert kann aus dem technischen und optischen Minderwert resultieren.

● **Betrieblicher Minderwert**
Der betriebliche Minderwert ergibt sich aus einer Einschränkung von Produktionsabläufen und Produktivitätsfaktoren und wird daher i. d. R. von betriebswirtschaftlich orientierten Sachverständigen ermittelt.

3.5.2 Minderwertermittlung

Für die Minderwertermittlung stehen 3 Verfahren zur Verfügung:

● Ermittlung nach BGB,
● Ermittlung der Nacherfüllungskosten (siehe Kapitel 3.4 Nacherfüllung),
● Ermittlung über das Zielbaumverfahren.

Ermittlung von Minderwerten nach BGB

Die gesetzliche Regelung hierzu findet sich mit Stand vom 29. 11. 2001 in § 638 BGB (vorher in § 472).

§ 638 BGB: 2002 Minderung:

„(1) Statt zurückzutreten, kann der Besteller die Vergütung durch Erklärung gegenüber dem Unternehmer mindern. Der Ausschlussgrund des § 323 Abs. 5 Satz 2 findet keine Anwendung.
(2) Sind auf der Seite des Bestellers oder auf der Seite des Unternehmers mehrere beteiligt, so kann die Minderung nur von allen oder gegen alle erklärt werden.
(3) Bei der Minderung ist die Vergütung in dem Verhältnis herabzusetzen, in welchem zur Zeit des Vertragsschlusses der Wert des Werks in mangelfreiem Zustand zu dem wirklichen Wert gestanden haben würde. Die Minderung ist, soweit erforderlich, durch Schätzung zu ermitteln.
(4) Hat der Besteller mehr als die geminderte Vergütung gezahlt, so ist der Mehrbetrag vom Unternehmer zu erstatten. § 346 Abs. 1 und § 347 Abs. 1 finden entsprechende Anwendung.“

In mathematischer Hinsicht steht die geminderte Vergütung im gleichen Verhältnis zum Werklohn wie der Wert der mangelbehafteten Leistung im Verhältnis steht zum Wert der mangelfreien Leistung. In eine Formel gebracht bedeutet dies:

$$\text{geminderte Vergütung} = \text{Werklohn} \cdot \frac{\text{Wert der mangelhaften Leistung}}{\text{Wert der mangelfreien Leistung}}$$

Maßgebend für die Kostenermittlung ist der Zeitpunkt der Abnahme.

Mit dieser Anpassung des Minderwerts an den Werklohn wird der Lebenstatsache Rechnung getragen, dass der Werklohn nicht unbedingt gleichzusetzen ist mit dem Wert der mangelfreien Leistung, da ggf. infolge von Markt- und Wettbewerbsbedingungen eine Preisanpassung bei der Beauftragung erfolgt ist.

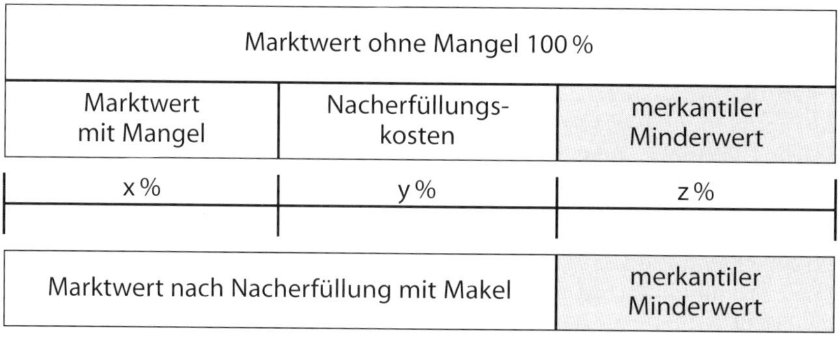

Marktwert ohne Mangel 100 %		
Marktwert mit Mangel	Nacherfüllungs-kosten	merkantiler Minderwert
x %	y %	z %
Marktwert nach Nacherfüllung mit Makel		merkantiler Minderwert

Abb. 3.8: Merkantiler Minderwert

Der merkantile Minderwert kann sich mit diesen beiden Werten überschneiden oder auch für sich allein bestehen (z. B. ein kapitaler Unfallschaden an einem Fahrzeug, der trotz vollständiger Mangelbeseitigung zu einem reduzierten Marktwert führt). Der merkantile Minderwert ist die Differenz zwischen dem üblichen Marktwert einer mangelfreien Sache und dem üblichen Marktwert der makelbehafteten, gleichen Sache. Beide

Größen können ermittelt werden über die Wertermittlungsmethoden für Immobilien
nach

- dem Vergleichswertverfahren,
- dem Sachwertverfahren oder
- dem Ertragswertverfahren.

Insbesondere beim Ertragswertverfahren, bei dem der Jahresnettoerlös einer Immobilie
mit einem Vervielfältiger multipliziert wird, kann auch ein mangelverursachter redu-
zierter Mietzins über den abgeminderten Jahresnettoerlös zu einem merkantilen Minderwert führen.

Wertermittlungsverordnung WertV:

„§ 24 Wertminderung wegen Baumängeln und Bauschäden
Die Wertminderung wegen Baumängeln und Bauschäden ist nach Erfahrungssätzen oder
auf der Grundlage der für ihre Beseitigung am Wertermittlungsstichtag erforderlichen Kos-
ten zu bestimmen, soweit sie nicht nach den §§ 22 und 23 bereits berücksichtigt wurde.“

Es können hierbei nach Kleiber/Simon/Weyers, „Verkehrswertermittlung von Grundstücken" [3] drei unterschiedliche Verfahren für die Ermittlung der Wertminderung
angewandt werden:

- Abschlag nach Erfahrungssätzen (in Prozent der Gebäudeherstellungskosten, nach
  Wertanteilen der betroffenen Gewerke im Verhältnis zu den Gesamtbaukosten [siehe
  Minderung]),
- Verkürzung der Restnutzungsdauer,
- Abschlag in Höhe der Nachbesserungskosten am Wertermittlungsstichtag.

Ermittlung des Vermögensschadens bei andauernd erhöhten Betriebskosten:
Entstehen für den Besteller auf Grund eines Mangels andauernd erhöhte Aufwendungen
für die Bewirtschaftung der Immobilie, muss die Höhe der Schadensumme ermittelt
werden, die sich hieraus ergibt.

Beispiel
Bei einem Objekt ist abweichend vom Vertrag der geschuldete NEH-Standard (Nie-
drigenergiehaus-Standard) gem. **RAL-GZ 965** (Planung und Ausführung von Häusern in Niedrigenergiebauweise) nicht erreicht worden. Durch einen erhöhten unkon-
trollierten Lüftungswärmeverlust entsteht ein zusätzlicher Aufwand an Heizenergiekosten.
Es besteht kein unmittelbar umrechenbarer Zusammenhang zwischen der Luftwechselzahl, die unter Prüfbedingungen von 50 bar erreicht wird, und der praktischen
Luftwechselzahl im Gebrauch. Hierüber liegen auch keine Forschungsergebnisse vor,
da der praktische Luftwechsel im Jahresdurchschnitt signifikant von den individuellen
Wohn- und Nutzungsverhältnissen abhängt.

Die praktische Luftwechselzahl im Jahresdurchschnitt setzt sich zusammen aus:

- unkontrolliertem Luftwechsel durch Luftleckagen der Gebäudehülle,
- zwangsläufigem Luftwechsel infolge von Frequentierung der Gebäudezu- und -aus-
  gänge,
- Zwangsentlüftung durch motorische Abluftanlagen wie Dunstabzugshauben und Ein-
  zelraumlüfter in Nasszellen,

- Zwangsentlüftung durch Kaminbetrieb,
- freiwillige Fensterlüftung.

Die Größenordnung einer angemessenen Minderung ergibt sich im Hinblick auf die Festlegung der Energie-Einsparverordnung (EnEV) unter Einbezug der jährlichen Heizkosten-Mehraufwendungen.

Wenn infolge eines Mangels mit anhaltend überhöhten Bewirtschaftungskosten zu rechnen ist, ergibt sich die Gesamt-Schadenshöhe durch Betrachtung der jährlich anfallenden Mehrkosten, bezogen auf die wirtschaftliche Lebensdauer des Gebäudes oder des betroffenen Bauteils. Nach dem gängigen Verfahren zur Wertermittlung von Gebäuden beträgt beispielsweise die Lebensdauer für ein Einfamilienhaus 80–100 Jahre.

Wird für dieses beispielhafte Einfamilienhaus vertraglich die Einhaltung des Niedrigenergiehaus-Standards gem. NEH nach RAL-GZ 965 mit einer Luftdichtigkeitsrate von $1,0\ h^{-1}$ vereinbart und nicht eingehalten, entsteht im dauerhaften Gebrauch ein höherer Lüftungswärmeverlust, als vertragsmäßig vorausgesetzt worden ist.

Die Heizenergie-Kosten-Differenz ergibt sich unter diesen Voraussetzungen wie folgt: Betrachtet man den beispielhaften Wärmeschutznachweis gem. WärmeschutzV III für das streitbefangene Gebäude, ergeben sich folgende Einzelwerte:

1. Transmissionswärmebedarf Q_T	11.360 kWh/a	=	52 %
2. Lüftungswärmebedarf Q_L	21.811 kWh/a	=	100 %
3. Solare Wärmegewinne Q_S	– 0 kWh/a	=	– 0 %
4. Interne Wärmegewinne Q_I	– 8.969 kWh/a	=	– 41 %
5. Summe	24.202 kWh/a	=	111 %
5. Jahresheizwärmebedarf $Q_H = 0,9 \cdot 24.202 =$	21.782 kWh/a	=	100 %

Die Ermittlung des Lüftungswärmebedarfs ergibt sich für Gebäude mit Lüftungsanlagen ohne Wärmerückgewinnung nach WärmeschutzV III wie folgt:

$$Q_L = f_L \cdot 22,85 \cdot V_L \quad [kWh/a]$$

Eine Erhöhung des Faktors f_L von 0,6 auf 0,7 entspricht einer Steigerung des Lüftungswärmebedarfs von $(0,7 \cdot 100 : 0,6) - 100 = \hfill 17 \%$

Bei dem vorliegenden Lüftungswärmebedarf von 21.811 kWh/a
ergibt sich ein 17 %iger Anteil zu $21.811 \cdot 17 \% =$ 3.708 kWh/a

Bezogen auf den ermittelten Gesamtheizwärmebedarf von 21.782 kWh/a
bedeutet dies eine Steigerung von $3.708 \cdot 100 : 21.782 =$ **17 %**

Bei einem Arbeitspreis von 0,03 €/kWh ergibt sich zunächst für das **1. Jahr** ein jährlich erhöhter Kostenaufwand in Höhe von 3.708 kWh/a $\cdot$ 0,03 €/kWh = **111,24 €/a.**

Dieser Minderwert kommt jedoch nur in Betracht, wenn der Mangel nicht abgestellt wird.

Diese für das 1. Jahr ermittelte Heizkostendifferenz lässt sich noch nicht mit der Nutzungsdauer des Objekts multiplizieren, da die Energieverbrauchskosten nicht konstant sind. Da sich auch keine zuverlässige Prognose über die zukünftigen Energiepreise abgeben lässt, geht man bei der Ermittlung der Schadenshöhe davon aus, dass künftige Preissteigerungsraten eintreten werden, die der Entwicklung der Vergangenheit entsprechen. Auf diese Weise lässt sich der Einheitspreis für die Heizenergie kontinuierlich jährlich fortschreiben.

Aus praktischen Erwägungen wird i. d. R. die rechnerische Ermittlung des Gesamtschadens erforderlich. Hierbei ist zu berücksichtigen, dass sich eine Auszahlung in der Gegenwart erst im Laufe der Zeit verbrauchen wird, in einer jährlichen Größenordnung, die den jeweils ermittelten überhöhten Heizenergiekosten entspricht. Der jeweils verbleibende Kapitalbetrag erwirtschaftet bis zum Ende der Laufzeit einen Kapitaldienst.

Der Kapitaleinsatz muss daher unter Berücksichtigung der Verzinsung am Ende der Laufzeit bei null angelangen. Bei der Ermittlung der Schadenshöhe wird dies durch den **Abzinsfaktor** berücksichtigt:

$$F_{ab,j} = (1 + i)^{-j}$$

Richtig eingesetzt, ergibt sich auf diese Weise für die Restnutzungsdauer des beispielhaften Einfamilienhauses folgender Auszahlungsbetrag:

Tabelle 3.1: **Schadensermittlung für einen überhöhten Heizenergieverbrauch infolge mangelnder Luftdichtheit, Abzinstabelle**

Sollverbrauch:	**20.494 kWh/a**		Ist-Verbrauch:		**24.202 kWh/a**	Differenz:		**3.708 kWh/a**
Zinsfuß i:	**5,5 %**		Teuerungsrate:		**5 %**	Abzinsfaktor $F_{ab,j}$		**$(1 + i)^{-j}$**
Zinsfuß i:	0,055 [Zahl]		Teuerungsrate:		0,05 [Zahl]	Auszahlung Aj:		**10.594,29 €**
Laufzeit j:	**100 a**		Energiepreis aktuell:		**0,03 €/kWh**			
Jahr	Fortge- schriebener Energiepreis	Mehr- verbrauch	Mehr- verbrauchs- kosten	Abzins- faktor	Abgezinster Betrag	Kumulierter Betrag	Kapitalwert
	[€/kWh]	[kWh/a]	[€]		[€]	[€]	[€]
1	2	3	4	5	6	7	8
			2 · 3		4 · 5	Summe 6	Aj – 7
1	0,030	3.708	111,24	0,947867	105,44	105,44	10.488,85
2	0,032	3.708	116,80	0,898452	104,94	210,38	10.383,91
3	0,033	3.708	122,64	0,851614	104,44	314,83	10.279,46
4	0,035	3.708	128,77	0,807217	103,95	418,77	10.175,52
5	0,036	3.708	135,21	0,765134	103,46	522,23	10.072,06
6	0,038	3.708	141,97	0,725246	102,97	625,20	9.969,09
7	0,040	3.708	149,07	0,687437	102,48	727,67	9.866,62
8	0,042	3.708	156,53	0,651599	101,99	829,67	9.764,62
9	0,044	3.708	164,35	0,617629	101,51	931,17	9.663,12
10	0,047	3.708	172,57	0,585431	101,03	1.032,20	9.562,09
.							
.							
.							
100	3,757	3708	13.931,62	0,007604	105,94	10.594,29	0,00

Die Schadenshöhe beträgt also 10.594,29 €.

Ermittlung von Minderwerten über das Zielbaumverfahren

Sofern eine Leistung als mangelhaft erkannt wurde, kommt eine Nacherfüllung, eine Minderung oder auch ein Rücktritt in Frage. Ob der Auftragnehmer die Wahl des Verfahrens hat, hängt zunächst nach VOB/B § 13 Nr. 6 von der Möglichkeit und der Zumutbarkeit einer Mängelbeseitigung ab. Verweigert der Auftragnehmer die Mangelbeseitigung, weil sie unmöglich ist oder einen unverhältnismäßig hohen Aufwand erfordert, kann der Auftraggeber die Minderung der Vergütung verlangen (§ 634 Abs. 4, § 472 BGB).

Für die Ermittlung der Minderwerte kann das sog. Zielbaumverfahren nach Dr. Aurnhammer verwendet werden. Nach dieser Methode kann der Minderwert mangelbehafteter Bauteile ermittelt werden, indem der jeweilige Grad der Beeinträchtigung von

Geltungswert und **Funktionswert**

beurteilt wird und eine Gewichtung dieser beiden Gruppen festgelegt wird.

Der Minderwert des betroffenen Bauteils wird nach folgender Formel ermittelt:

$$\text{Minderwert} = \text{Bauteilwert} \cdot (BG \cdot AG + BF \cdot AF)$$

Mit:

BG =   Beeinträchtigung Geltung (Minderung der Geltung)   [%]
AG =   Anteil Geltungswert (Gewichtung der Geltung)   [%]

BF =   Beeinträchtigung Funktion (Minderung der Funktion)   [%]
AF =   Anteil Funktionswert (Gewichtung der Funktion)   [%]

Der Grad der Beeinträchtigung wird nach folgender Wertungsskala bemessen:

10 = 100 %   wertlos, unbrauchbar
 9 = 90 %   ungenügend, Verwertbarkeit in Frage gestellt
 8 = 80 %   unzulänglich, aber noch zumutbar
 7 = 70 %   nicht ausreichend, schwerwiegender Mangel
 6 = 60 %   ausreichend, erheblicher Mangel
 5 = 50 %   unbefriedigend, mittelschwerer Mangel
 4 = 40 %   noch befriedigend, teilweise mangelhaft
 3 = 30 %   leichter Mangel
 2 = 20 %   sehr leichter Mangel, etwas beeinträchtigt
 1 = 10 %   gut, fast nicht beeinträchtigt
 0 =   0 %   mangelfrei, entspricht der geforderten Leistung

Beispiel 1

Beim Vermauern einer Verblendfassade sind werkseitig die angelieferten Steine aus den Paketen heraus vermauert worden, ohne dass zuvor die notwendige Durchmischung der sehr unterschiedlich ausfallenden Steine erfolgt ist. Es zeigen sich lagenweise erhebliche Farbunterschiede. Die gewollte Gleichmäßigkeit des Farbspiels wird nicht erreicht. Dieser Zustand ist optisch unbefriedigend. Technisch ist die Fassade nicht zu beanstanden. Sie erfüllt ihren vorausbestimmten Zweck. Es verbleibt der optische Minderwert.

Abb. 3.9: Unzulässiges Farbspiel im Verblendmauerwerk

Abb. 3.10: Unzulässiges Farbspiel im Verblendmauerwerk

Bei einer Fassade wird der dekorative Charakter bei der Ermittlung einer angemessenen Wertminderung als gleichwertig bewertet werden mit der Funktion als Schutz der tragenden und wärmedämmenden Konstruktion vor Schlagregen.

Es ergibt sich nach der Zielbaummethode der

Geltungswert zum **Funktionswert**

im Verhältnis von

50 % zu **50 %**

Der Minderwert des Geltungswertes kann eingestuft werden als
unzulänglich, aber noch zumutbar = 80 %

Der Minderwert des Funktionswertes kann eingestuft werden als
mangelfrei, entspricht der geforderten Leistung = 0 %

Der Gesamtwert der betroffenen Bauteile beträgt im
vorliegenden Beispiel ca. 50.000,00 € zzgl. MwSt.

Der Gesamt-Minderwert ergibt sich damit zur
$(0 \cdot 0{,}50) + (0{,}80 \cdot 0{,}50) \cdot 50.000{,}00\ € =$ ca. 20.000,00 € zzgl. MwSt.

Zur exakteren Bestimmung des Minderwerts anhand des Zielbaumverfahrens ist es oft erforderlich, dass Funktionswert und Geltungswert noch in weitere Bezugsebenen untergliedert werden.

Beispiel 2
Die handwerklich gefertigte Holztreppe in einem Einfamilienhaus hat an der Unterseite der Wandwange eine sichtbare unzulässige Aststelle. Vom Eigentümer wird weiterhin die mangelnde Passgenauigkeit zwischen den Geländerstäben und der Unterseite des Handlaufs an der Freiwange beanstandet.
Geltungs- und Funktionswert müssen zunächst in weitere Ebenen aufgeschlüsselt werden, um die Beeinträchtigungen zuordnen und bewerten zu können:

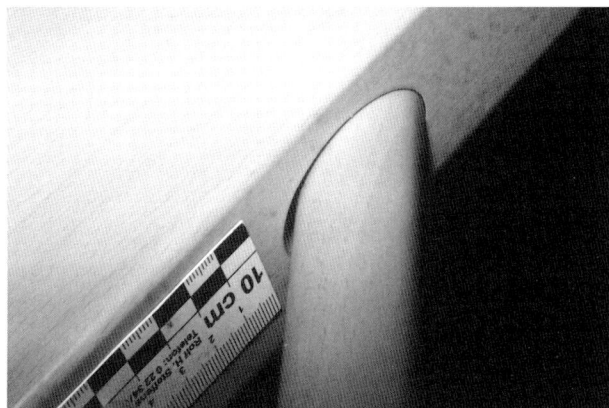

Abb. 3.11: Schlechte Passung der Stabbohrungen im Handlauf

Abb. 3.12: Optische Beeinträchtigung durch Ast

Abb. 3.13: Optische Beeinträchtigung des Gesamtbildes

Tabelle 3.2: **Zielbaumverfahren, Beispiel: Holztreppe**

Holztreppe	Gewichtung in %	Wertung der Minderung der mangelhaften Bauteile in %	Minderung in %
Funktionswert:			
Teilwert a) Funktion: Begehbarkeit, Steigungsmaße	7	0	0,0
Teilwert b) Funktion: Begehbarkeit, Auftrittsbreiten	8	0	0,0
Teilwert c) Funktion: Begehbarkeit, Schwingungen, Knarren	21	0	0,0
Teilwert d) Funktion: Begehbarkeit, Lichte Kopffreiheit	9	0	0,0
Teilwert e) Funktion: Pflege- und Wartungs- eigenschaften	5	0	0,0
Teilwert f) Funktion: Oberflächen- und Materialgüte	3	0	0,0
Teilwert g) Funktion: Geländerhöhe, Stababstand	8	0	0,0
Funktionswert: Gewichtung in % vom Gesamtwert	**61**		**0,0**
Geltungswert:			
Teilwert a) Oberfläche: (Material, Farbe, Beschichtung) von Trittstufen	10	0	0,0
Teilwert b) Oberfläche: (Material, Farbe, Beschichtung) von Setzstufen	5	0	0,0
Teilwert c) Oberfläche: (Material, Farbe, Beschichtung) von Wangen und Geländer	4	30	1,2
Teilwert d) Oberfläche: (Material, Farbe, Beschichtung) von Handläufen	5	0	0,0
Teilwert e) Optische Maßhaltigkeit: aus Fertigung, Ebenheit, lotrechter Einbau, Passung	15	20	3,0
Geltungswert: Gewichtung in % vom Gesamtwert	**39**		**4,2**
Summe Gewichtung	100		
Bauteilwert	9.000,00 €		
Summe Minderung in % vom Bauteilwert			**4,2**
Minderung			**378,00 €**

Der Bauteilwert ergibt sich i. d. R. aus dem Leistungsverzeichnis oder dem Vertrag. Stehen keine Angaben zur Verfügung, weil ein Bauträgervertrag für eine schlüsselfertige Leistung abgeschlossen worden ist, muss der Bauteilwert hilfsweise aus den üblichen Wertanteilen der Gewerke am Gesamtbauwerk zurückgerechnet werden. Hilfreich sind hierbei Baukostentabellenbücher, z. B. Schmitz/Gerlach u. a., „Baukosten 2002" [2]. Dort werden Kostenwerte veröffentlicht, die aus abgerechneten Bauprojekten ermittelt worden sind. Im praktischen Gebrauch haben sich die angegebenen Kostenwerte als sehr zuverlässig erwiesen.

Beispiel 3
Rechnet man die in den Baukostentabellen veröffentlichten Kostenangaben für ein unterkellertes Einfamilienhaus mit ausgebautem Dachgeschoss in prozentuale Wertanteile für die Einzelgewerke um, kommt man zu folgender Verteilung:

Tabelle 3.3: **Wertanteile der Gewerke am Bauwerk**

Objekt: Einfamilienhaus, unterkellert, DG ausgebaut
Zahlen aus: Schmitz/Gerlach u. a., „Baukosten 2002" [2]

Gewerk:	Anteil:
Erdarbeiten	3,0 %
Dränarbeiten	0,3 %
Mauerarbeiten	27,6 %
Beton-/Stahlbetonarbeiten	15,2 %
Naturwerksteinarbeiten	0,3 %
Zimmerer-/Holzbauarbeiten	3,8 %
Abdichtungsarbeiten	0,9 %
Dachdeckerarbeiten	3,6 %
Klempnerarbeiten	1,0 %
Putz-/Stuckarbeiten	2,3 %
Fliesen-/Plattenarbeiten	3,3 %
Estricharbeiten	2,5 %
Tischlerarbeiten/Fenster	4,2 %
Tischlerarbeiten/Türen	3,0 %
Tischlerarbeiten/Treppen	4,5 %
Metallbau-/Schlosserarbeiten	0,2 %
Bodenbelagsarbeiten	2,1 %
Tapezierarbeiten/Maler	3,2 %
Trockenbauarbeiten	2,9 %
Heizungsarbeiten	6,8 %
Gas-/Wasser-/Abwasserinstallation	6,4 %
Elektroarbeiten	2,9 %
Summe Baukosten:	**100,0 %**

Mit den hier ermittelten Wertanteilen lässt sich nun wiederum nach dem Zielbaumverfahren eine Minderung für ein mangelhaftes Gewerk ermitteln.

3.6   Rücktritt

Der Rücktritt ist die vollständige Rückabwicklung des abgeschlossenen Vertrages.
Da sich bei üblichen Bauverträgen das bebaute Grundstück im Eigentum des Bestellers
befindet, würde ein Rücktritt zu einer Rückbauverpflichtung des Auftragnehmers
führen. In der Praxis kommt ein Rücktritt daher i. d. R. nur beim Bauträgervertrag in
Betracht. Die Schadensersatzhöhe richtet sich dann nach den zusätzlichen Kosten, die
trotz erfolgter Rückerstattung der Zahlungsraten beim Erwerber verbleiben würden
(Finanzierungsgebühren, Anwalts- und Gerichtskosten, Sachverständigenkosten,
Notariatsgebühren etc.).

3.7   Mangelverfolgung

Soweit Mängel festgestellt worden sind, kann der Auftraggeber gem. BGB § 641 Abs. 3
den **dreifachen Wert der Mangelbeseitigungskosten** von der Schlussrechnung bis zur
erfolgten Nachbesserung einbehalten (Druckzuschlag).

§ 641 BGB: 2002 Fälligkeit der Vergütung:

*„(...) (3) Kann der Besteller die Beseitigung eines Mangels verlangen, so kann er nach
der Abnahme die Zahlung eines angemessenen Teils der Vergütung verweigern, mindestens in Höhe des Dreifachen der für die Beseitigung des Mangels erforderlichen Kosten.
(...)"*

Der Auftraggeber muss den Nachweis hierüber nicht selbst erbringen. Vielmehr muss
der Unternehmer nach BGH-Rechtsprechung nachweisen, dass ein Einbehalt mehr als
das Dreifache der erforderlichen Mangelbeseitigungskosten ausmacht.

BGH, Urteil vom 4. 7. 1996 – VII ZR 125/95:

*„Ein Besteller, der wegen eines Baumangels die Bezahlung des Werklohns verweigert,
braucht nicht zur Höhe der Mangelbeseitigungskosten vorzutragen. (...) Nach § 320
Abs. 1 BGB kann ein Besteller wegen eines Mangels die Zahlung des noch offenen
Werklohns des Unternehmers verweigern; das Gesetz sieht eine Beschränkung des Leis-
tungsverweigerungsrechtes auf einen dem noch ausstehenden Teil der geschuldeten
Gegenleistung entsprechenden Teil grundsätzlich nicht vor. Es ist Sache des Unternehmers
(Auftragnehmers), darzutun, dass der einbehaltene Betrag auch bei Berücksichtigung des
Durchsetzungsinteresses des Bestellers (Auftraggebers) (sog. Druckzuschlag) unverhält-
nismäßig und deshalb unbillig hoch ist. (...)"*

4   Allgemeine Beanstandungen/Unregelmäßigkeiten

4.1   Geschuldete Präzision

In allen Fällen, in denen die allgemein gültigen Kriterien für die Definition eines **Mangels** nicht zutreffend sind, handelt es sich nur um **Unregelmäßigkeiten**, die grundsätzlich nach allgemein gültiger Rechtsauffassung hinzunehmen sind.

Dieser Umstand trifft beim Verbraucher nicht immer auf Verständnis. Während es das Industriezeitalter in den letzten Jahrzehnten ermöglicht hat, maschinell gefertigte Produkte mit immer größerer Präzision zu produzieren, haben sich die Herstellungsverfahren von Gebäuden im Vergleichszeitraum nicht in ähnlicher Weise entwickelt.

Der erzielbare Präzisionsgrad eines Bauteils hängt zunächst im Wesentlichen von den Optionen der im Gefüge zusammenwirkenden Materialien ab. Insbesondere bei traditionellen Bauweisen sind großformatige, grobkörnige und stark strukturierte Baustoffe nicht selten. Weiterhin erfolgen nahezu sämtliche Produktionsphasen unter labilen klimatischen Verhältnissen. Verarbeiter und Produktionsmittel sind oft unmittelbar der Witterung ausgesetzt.

Die unter Baubedingungen mit angemessenem Zeitaufwand erzielbaren Genauigkeiten sind in den Grenzabmaßen der **DIN 18202 Maßtoleranzen im Hochbau** verbindlich festgelegt.

Abgesehen von Fertigbauweisen, bei denen industriell vorproduzierte Bauteile vor Ort lediglich noch zusammengefügt werden, entstehen nach wie vor konventionell errichtete Gebäude schwerpunktmäßig in Handarbeit.

Hierbei werden oft Naturprodukte direkt oder indirekt (Schalung etc.) verwendet. Die manuelle Verarbeitung dieser Baustoffe oder Bauhilfsstoffe erfolgt nicht selten unter großen körperlichen Anstrengungen. So werden z. B. Mauerziegel immer noch wie vor 100 Jahren durch Hammer-Behau auf Länge gekürzt.

Gleichzeitig verfügen die Bauprodukte über völlig unterschiedliche physikalische und chemische Eigenschaften: Sie quellen und schwinden unter hygroskopischen und thermischen Belastungen bzw. bei der Erlangung ihrer zielgerichteten endgültigen Wesensform.

Die Kombination all dieser Umstände führt in der Konsequenz dazu, dass der Grad einer mit wirtschaftlich vertretbaren Mitteln erreichbaren Präzision eingeschränkt ist.

Auf dem Weg vom „Groben" zum „Feinen" besteht in eingeschränktem Umfang die Möglichkeit, bei allen Arbeitsgängen die wahrnehmbare äußere Anmutung immer weiter zu verbessern. In diesem Sinne lassen sich die unvermeidbar hohen Toleranzen des Rohbaus im Ausbau stufenweise verringern. Der hierbei betriebene Aufwand entscheidet maßgeblich über die zu erzielende ästhetische Wirkung des Endproduktes.

Dieser Umstand wird von den zur Verfügung stehenden technischen Regeln ausreichend berücksichtigt. Die DIN 18202 Maßtoleranzen im Hochbau unterscheidet z. B. bei den zulässigen Ebenheitstoleranzen zwischen den grundsätzlichen Anforderungen und den sog. „erhöhten Anforderungen".

4.2 Mehrkosten durch erhöhte Anforderungen

Sofern die Zielvorgaben des Bauherrn von vornherein erkennbar auf ein hohes Maß an Präzision der handwerklichen Leistungen ausgerichtet sind, müssen die erhöhten Anforderungen primär definiert und vertraglich vereinbart werden. In der Konsequenz muss sich der Auftraggeber gleichwohl darüber im Klaren sein, dass diese erhöhten Anforderungen neben einem größeren Zeitaufwand oft auch einen Material-Mehrbedarf zum Ausgleichen der Ungenauigkeiten des Vorgewerkes erfordern. Dieses führt i. d. R. zu erhöhten Baukosten.

Denn die Baukosten für die Herstellung eines Untergrundes für hochwertige dekorative Oberflächen sind höher als für eine regelgerecht übliche Art der Ausführung. Dem Bauherrn muss insofern zunächst die wirtschaftliche Entscheidung hierüber ausdrücklich abverlangt werden. Gleichzeitig muss er ausführlich über den Grad der erreichbaren Genauigkeit informiert werden.

Das übernimmt i. d. R. der eingeschaltete Architekt. Gerade diese Information sorgt dafür, dass auf der Empfängerseite eine angemessene Erwartungshaltung entsteht.

4.3 Unangemessene Erwartungshaltung

Die vor Gericht ausgetragenen Streitigkeiten zeigen immer wieder, dass die erforderlichen Informationen bei dem Bauherrn als Empfänger angeblich oder tatsächlich nicht vollumfänglich oder nicht rechtzeitig angekommen sind.

In diesem Sinne kann den Architekten und Bauleitern nur dringend die Schriftform ans Herz gelegt werden.

In Unkenntnis baulich bedingter Gesetzmäßigkeiten neigt der Verbraucher dazu, seine Erwartungshaltung an Konsumgütern aus anderen Produktionsbereichen zu orientieren. Er ist es gewohnt, mit geringen Toleranzen, z. B. aus der Kraftfahrzeugindustrie, aus der Möbelindustrie oder im Bereich der Unterhaltungselektronik, umzugehen. Die Passgenauigkeit derartiger industriell gefertigter Produkte liegt heutzutage außerhalb der Einflussgrößen von handwerklichen Ungenauigkeiten und ist demzufolge weitgehend perfektioniert.

Die Kunst des Architekten als Berater liegt also zweifelsfrei darin, dem Bauherrn sein handwerklich erstelltes Bauprodukt schmackhaft zu machen. Hierbei kann er sich den Umstand zunutze machen, dass der Begriff „Handarbeit" als Qualitätsmerkmal bereits in anderen Bereichen zu einem geänderten Anspruchsdenken geführt hat. So gelten z. B. in Handarbeit hergestellte Schuhe, Anzüge, Uhren und Fahrzeuge zu den hochwertigen Dingen, mit denen man sich gerne umgibt. Man akzeptiert und wünscht geradezu den individuellen Charakter einer Einzelanfertigung und ist bereit, gewisse Abweichungen von der Serie hinzunehmen.

Der Architekt hat demnach die Aufgabe, die Erwartungshaltung des Bauherrn dahin zu lenken, dass er den handwerklichen Charme seines fertigen Gebäudes anerkennt und die Leistungen „mit Augenmaß" entgegennimmt.

Der Architekt wird in die späteren, oft langwierigen, Streitigkeiten zwischen dem Bauherrn und dem Handwerksbetrieb immer mit einbezogen. Er kann dabei nur als Zeuge, als „Streitverkündeter" oder gar gesamtschuldnerisch in den Prozess eingebunden werden. Insofern kann nur ausdrücklich davor gewarnt werden, dem Bauherrn in Fällen von falscher Erwartungshaltung aus Gründen von falsch verstandener Solidarität beizupflichten und unhaltbare Positionen gegenüber den Handwerkern einzunehmen.

4.4   Hinnehmbare Unregelmäßigkeiten

Als hinnehmbare Unregelmäßigkeiten bezeichnet man Abweichungen von den Zielvorstellungen des Auftraggebers, die entweder in dem zulässigen Toleranzbereich geltender Normen liegen oder aber auch bei sorgfältiger Arbeitsweise nicht vermieden werden können.

Grenzbereiche zwischen hinnehmbaren Unregelmäßigkeiten und Mängeln

Überall dort, wo die Mangelhaftigkeit eines Werkes als Abweichung von der vertraglich geschuldeten Leistung definiert werden kann, ist die Lage eindeutig: Der Tatsachenfeststellung folgt eine juristische Würdigung.

Strittig werden Beanstandungen immer dann, wenn entweder keine eindeutige vertragliche Regelung existiert, wenn keine technischen Regeln als Bewertungsmaßstab zur Verfügung stehen oder aber wenn diese auslegungsfähig sind.

In der Häufigkeit strittiger Beanstandungen liegen folgende Fallgruppen an der Spitze:

Oberflächenbeschaffenheit wie Farbgebung, Struktur, Ebenheit, Winkligkeit, Verschmutzungen, Beschädigungen.

In den Regelwerken ist keine eindeutige und allgemein gültige Grenze gezogen zwischen den Beanstandungsbegriffen „Mangel" und „hinnehmbare Unregelmäßigkeit".

Oswald hat mit seinem Buch „Hinzunehmende Unregelmäßigkeiten bei Gebäuden" [4] einen lobenswerten Versuch unternommen, die Grenzzone zwischen diesen beiden Bereichen aktuell zu definieren. Für die Leistungsbereiche des Hochbaus hat er Problemhäufigkeiten aufgenommen und Lösungsansätze sowie Literaturverweise zusammengestellt.

Für alle, die sich nicht täglich in gerichtlichem Auftrag mit den allgemein anerkannten Regeln der Technik beschäftigen müssen, liegt damit eine sehr anschauliche Grundlage für die Beurteilung von Beanstandungen vor. Es erspart bei individuellen Problemfällen nicht die eigenen Recherchen und die differenzierende Beurteilung, sondern vereinfacht die systematische Vorgehensweise und schärft den Blick für das Wesentliche.

Prüfkriterien für die Hinnehmbarkeit von Mängeln

Zur Abschätzung, ob eine Beanstandung hinnehmbar ist oder nicht, stehen von Oswald 2 Matrix-Verfahren zur Verfügung:

Tabelle 4.1: **Matrix zur Bewertung der Hinnehmbarkeit optischer Mängel gem. Oswald, „Hinzunehmende Unregelmäßigkeiten bei Gebäuden" [4]**

		Gewicht des optischen Erscheinungsbildes			
		sehr wichtig	wichtig	eher unbe-deutend	unwichtig
Grad der optischen Beeinträch-tigung	auffällig				
	gut sichtbar	nicht hinnehmbar			
	sichtbar			hinnehmbar	
	kaum erkennbar				Bagatelle

Tabelle 4.2: **Matrix zur Bewertung von Mängeln auf Basis einer Prozentskala gem. Oswald, „Hinzunehmende Unregelmäßigkeiten bei Gebäuden" [4]**

Matrix zur Bewertung von Mängeln		Bedeutung des Merkmals										
		sehr wichtig			wichtig			eher unbe-deutend			unwichtig	
		100	90	80	70	60	50	40	30	20	10	5
Grad der Beeinträchtigung durch den Mangel	**sehr stark** 100	100	90	80	70	60	50	40	30	20	10	5
	90	90	81	72	63	54	45	36	27	18	9	4,5
	80	80	72	64	56	48	40	32	24	16	8	4
	deutlich 70	70	63	56	49	42	35	28	21	14	7	3,5
	60	60	54	48	42	36	30	24	18	12	6	3
	50	50	45	40	35	30	25	20	15	10	5	2,5
	mäßig 40	40	36	32	28	24	20	16	12	6	3	2
	30	30	27	24	21	18	15	12	9	6	3	1,5
	20	20	18	16	14	12	10	8	6	4	2	1
	geringfügig 10	10	9	8	7	6	5	4	3	2	1	0,5
	5	5	4,5	4	3,5	3	2,5	2	1,5	1	0,5	0,25
Nachbesserung i. d. R. erforderlich (über 15 %)		Minderung diskutabel (bis max. 15 %)								Bagatellen (unter 2 %)		

5 Allgemeine Grundlagen

5.1 Technische Regeln

Allgemein anerkannte Regeln der Technik

Definition des Begriffes „allgemein anerkannte Regel der Technik" aus Bayerlein, „Praxishandbuch Sachverständigenrecht", § 9 Rdn. 11 [5]:

*„Der Begriff der ‚allgemein anerkannten Regel der Technik' ist nicht in einer Rechtsvorschrift definiert, sondern durch die Rechtsprechung näher festgelegt worden. Nach nahezu allgemeiner Meinung (vgl. hierzu Marburger, § 141 mit entsprechenden Nachweisen) ist der Begriff erfüllt, wenn eine technische Regel nach **wissenschaftlicher Erkenntnis für theoretisch richtig** gehalten wird **und in der Praxis als bewährt** angesehen wird, wobei Mindermeinungen außer Betracht bleiben.*
(…)
In der Praxis bewährt sich eine technische Regel, wenn sie von den einschlägigen Fachkreisen durchweg anerkannt und angewandt wird.
(…)
Die wichtigsten technischen Regelwerke sind folgende:
– DIN-Normen des Deutschen Instituts für Normung e. V.
– VDI-Richtlinien des Vereins Deutscher Ingenieure
– VDE-Bestimmungen des Verbandes Deutscher Elektrotechniker
– DVGW-Regelwerk des Deutschen Vereins des Gas- und Wasserfaches e. V.
– Vorschriftenwerk des Germanischen Lloyds (GL)
– RAL-Gütezeichen des Ausschusses für Lieferbedingungen und Gütesicherung e. V.
– Unfallverhütungsvorschriften der Berufsgenossenschaften aufgrund §§ 708, 709 Reichsversicherungsordnung (RVO)"

Die Regelwerke, insbesondere die DIN-Normen, verwenden zur Erklärung ihrer jeweiligen Sachverhalte sog. modale Hilfsverben, deren Aussagefähigkeit für ein eindeutiges Verständnis des Regelwerks von besonderer Bedeutung ist.

Die nachfolgende Tabelle zeigt eine Auflistung dieser modalen Hilfsverben gem. DIN 820-2: 2000-01 Normungsarbeit, Gestaltung von Normen in gewichteter Reihenfolge:

Tabelle 5.1: **Modale Hilfsverben gem. DIN 820-2: 2000-1**

Modale Hilfsverben	Bedeutung		Gründe, die zur Wahl des Hilfsverbums führen (Beispiele)
muss, müssen	Gebot	unbedingt, fordernd	äußerer Zwang, wie durch Rechtsvorschrift, sicherheitstechnische Forderung, Vertrag, oder innerer Zwang, wie Forderung der Einheitlichkeit oder Folgerichtigkeit
darf nicht, dürfen nicht	Verbot		
soll, sollen	Regel	bedingt, fordernd	durch Verabredung oder Vereinbarung freiwillig übernommene Verpflichtung, von der nur in begründeten Fällen abgewichen werden darf
soll nicht, sollen nicht			
darf, dürfen	Erlaubnis	freistellend	In bestimmten Fällen darf von dem durch Gebot, Verbot oder Regel Gegebenen abgewichen werden, z. B. eine gleichwertige Lösung gewählt werden.
muss nicht, müssen nicht			
sollte, sollten	Empfehlung, Richtlinie	auswählend, anratend, empfehlend	Von mehreren Möglichkeiten wird eine als zweckmäßig empfohlen, ohne andere zu erwähnen oder auszuschließen. Eine bestimmte Angabe ist erwünscht, aber nicht als Forderung anzusehen. Eine bestimmte Lösung wird abgewehrt, ohne sie zu verbieten.
sollte nicht, sollten nicht			
kann, können	unverbindlich		Vorliegen einer physischen Fähigkeit (die Hand kann eine bestimmte Kraft ausüben), einer physikalischen Möglichkeit (ein Balken kann eine Belastung tragen), einer ideellen Möglichkeit (eine Voraussetzung kann bestimmte Folgen haben, eine Feststellung kann schon überholt sein, wenn …)
kann nicht, können nicht			

VOB/C DIN 18299 Allgemeine Regelungen für Bauarbeiten jeder Art

In der VOB/C sind die allgemeinen technischen Vertragsbedingungen für Bauleistungen (ATV) enthalten.

Die Gliederung der allgemeinen technischen Vertragsbedingungen für Bauleistungen (ATV) erfolgt für alle Gewerke ähnlich. Hierbei werden von den „Hinweisen für das Aufstellen der Leistungsbeschreibung" über die Geltungsbereiche „Stoffe, Bauteile", „Ausführung", „Nebenleistungen", „Besondere Leistungen" bis zur „Abrechnung" Bedingungen erläutert.

Für die Abnahme ist jeweils der Unterpunkt 2 „Stoffe, Bauteile" von Bedeutung. In diesem Unterpunkt sind die ergänzend zu den allgemeinen technischen Vertragsbedingungen der DIN 18299 (Allgemeine Regelungen für Bauarbeiten jeder Art) gültigen DIN-Normen aufgeführt. In der DIN 18353 Estricharbeiten sind z. B. unter 2 „Stoffe, Bauteile" die geltenden DIN-Normen für Bindemittel, Kunstharze, Zuschlag und Füllstoffe, Dämmstoffe und Bewehrungen aufgelistet.

Stand der Technik

Im Gegensatz zu den allgemein anerkannten Regeln der Technik gibt der „Stand der Technik" den jeweils gültigen Stand des **technisch Möglichen** zum Zeitpunkt der Ausführung wieder. Wenn z. B. bestimmte Bauprodukte im Handel für ein spezielles Ausführungsverfahren angeboten werden, spiegelt dies den Stand der Technik wider. Die Praxiserfahrung und eine Aufnahme in Regelwerke wird hierbei nicht vorausgesetzt.

Maßtoleranzen – DIN 18201 und 18202

Die **DIN 18201:** 1997-04 **Toleranzen im Bauwesen** – Begriffe, Grundsätze, Anwendung, Prüfung: beschreibt ergänzend die Anwendbarkeit der Normwerte. Die **DIN 18202** 1997-04 **Toleranzen im Hochbau** – Bauwerke legt die zulässigen Maßtoleranzen im Hochbau fest.

DIN 18201: 1997-04 Toleranzen im Bauwesen – Begriffe, Grundsätze, Anwendung, Prüfung:

„4 Grundsätze
4.1 Toleranzen sollten die Abweichungen von den Nennmaßen der Größe, Gestalt und der Lage von Bauteilen und Bauwerken begrenzen.
Für zeit- und lastabhängige Verformungen gilt die Begrenzung der Abweichungen durch die Festlegung von Toleranzen im Sinne dieser Norm nicht.
(…)
5 Anwendung
5.1 Die in DIN 18202 und DIN 18203-1 bis 18203-3 festgelegten Toleranzen stellen die im Rahmen üblicher Sorgfalt zu erreichende Genauigkeit dar. Sie gelten stets, soweit nicht andere Genauigkeiten vereinbart werden.
Werden andere Genauigkeiten vereinbart, so müssen sie in den Vertragsunterlagen, z. B. Leistungsverzeichnis, Zeichnungen, angegeben werden.
5.2 Notwendige Bezugspunkte sind vor der Bauausführung festzulegen.
6 Prüfung
6.1 Die Einhaltung von Toleranzen ist nur zu prüfen, wenn es erforderlich ist.
Die Prüfungen sind so früh wie möglich durchzuführen, um die zeit- und lastabhängigen Verformungen weitgehend auszuschalten, spätestens jedoch bei der Übernahme der Bauteile oder des Bauwerks durch den Folgeauftragnehmer bzw. spätestens bis zur Bauabnahme.
6.2 Die Wahl des Messverfahrens bleibt dem Prüfer überlassen. Das angewandte Messverfahren und die damit verbundene Messunsicherheit sind anzugeben und bei der Beurteilung zu berücksichtigen."

DIN 18202: 1997-04 Toleranzen im Hochbau – Bauwerke:

„1 Anwendungsbereich
*Die in dieser Norm festgelegten Toleranzen gelten baustoffunabhängig für die Ausführung
von Bauwerken unter Berücksichtigung von DIN 18201.*
Es werden festgelegt:
- *Grenzabmaße;*
- *Winkeltoleranzen;*
- *Ebenheitstoleranzen.*
*Für Zahlenwerte, die von dieser Norm abweichen, gilt 4.2 in DIN 18201: 1997-04. Werte
für zeit- und lastabhängige Verformungen sind nicht Gegenstand dieser Norm.*
(…)
3 Grenzabmaße für Bauwerksmaße
Die in Tabelle 1 festgelegten Grenzabmaße gelten für
- *Längen, Breiten, Höhen, Achs- und Rastermaße*
- *Öffnungen, z. B. für Fenster, Türen, Einbauelemente (…)*
4 Winkeltoleranzen
*In Tabelle 2 sind Stichmaße als Grenzwerte für Winkeltoleranzen festgelegt; diese gelten
für*
- *vertikale, horizontale und geneigte Flächen, auch für Öffnungen.*
5 Ebenheitstoleranzen
*In Tabelle 3 sind Stichmaße als Grenzwerte für Ebenheitstoleranzen festgelegt; diese gel-
ten für Flächen von*
- *Decken (Ober- und Unterseite),*
- *Estrichen,*
- *Bodenbelägen und*
- *Wänden,*
unabhängig von ihrer Lage.
Sie gelten nicht für Spritzbetonoberflächen. (…)
*Werden die nach Tabelle 3, Zeile 2, 4 oder 7 ‚erhöhten Anforderungen' an die Ebenheit
von Flächen gestellt, so ist dies im Leistungsverzeichnis zu vereinbaren.*
*Bei Mauerwerk, dessen Dicke gleich einem Steinmaß ist, gelten die Ebenheitstoleranzen
nur für die bündige Seite.*
*Bei flächenfertigen Wänden, Decken, Estrichen und Bodenbelägen sollten Sprünge und
Absätze vermieden werden. Hierunter ist aber nicht die durch Flächengestaltung bedingte
Struktur zu verstehen.*
Absätze und Höhensprünge zwischen benachbarten Bauteilen sind gesondert zu regeln.
*Die bei Baustoffen für die Ebenheit zulässigen Abweichungen sind in den Ebenheitstole-
ranzen nicht enthalten und daher zusätzlich zu berücksichtigen."*

Gemäß Tabelle 1 der DIN 18202: 1997-04 Toleranzen im Hochbau werden die zulässigen Abweichungen der tatsächlichen Ist-Maße von den planmäßigen Soll-Maßen ausgewiesen.

Tabelle 5.2: **Grenzmaße (gem. DIN 18202: 1997-04)**

Spalte 1		2	3	4	5	6
		Grenzabmaße in mm bei Nennmaßen in m				
Zeile	Bezug	bis 3	über 3 bis 6	über 6 bis 15	über 15 bis 30	über 30
1	Maße im Grundriss, z. B. Längen, Breiten Achs- und Rastermaße	+/– 12	+/– 16	+/– 20	+/– 24	+/– 30
2	Maße im Aufriss, z. B. Geschosshöhen, Podesthöhen, Abstände von Aufstandsflächen und Konsolen	+/– 16	+/– 16	+/– 20	+/– 30	+/– 30
3	Lichte Maße im Grundriss, z. B. Maße zwischen Stützen, Pfeilern usw.	+/– 16	+/– 20	+/– 24	+/– 30	–
4	Lichte Maße im Aufriss, z. B. unter Decken und Unterzügen	+/– 20	+/– 20	+/– 30	–	–
5	Öffnungen, z. B. für Fenster, Türen, Einbauelemente	+/– 12	+/– 16	–	–	–
6	Öffnungen wie vor, jedoch mit oberflächenfertigen Leibungen	+/– 10	+/– 12	–	–	–

Gemäß Tabelle 2 der DIN 18202: 1997-04 Toleranzen im Hochbau werden die Winkeltoleranzen dargestellt, also die zulässigen Abweichungen von der Rechtwinkligkeit, der Lotrechtigkeit und der Waagerechtigkeit. Gemessen wird die Abweichung von diesen festen Größen als Stichmaß.

Tabelle 5.3: **Winkeltoleranzen (gem. DIN 18202: 1997-04)**

Spalte 1		2	3	4	5	6	7
		Stichmaße als Grenzwerte in mm bei Nennmaßen in m					
Zeile	Bezug	bis 1	1–3	3–6	6–15	15–30	über 30
1	Vertikale, horizontale und geneigte Flächen	6	8	12	16	20	30

Durch Ausnutzung der Grenzwerte für Stichmaße der Tabelle 2 dürfen die Grenzabmaße der Tabelle 1 nicht überschritten werden.

Gemäß Tabelle 3 der DIN 18202: 1997-04 Toleranzen im Hochbau werden die zulässigen Abweichungen von der Ebenheit behandelt.

Tabelle 5.4: Ebenheitstoleranzen (gem. DIN 18202: 1997-04)

Spalte	1	2	3	4	5	6
		Stichmaße als Grenzwerte in mm bei Messpunktabständen in m bis				
Zeile	Bezug	0,1	1	4	10	15
1	Nicht flächenfertige Oberseiten von Decken, Unterbeton und Unterböden	10	15	20	25	30
2	Nicht flächenfertige Oberseiten von Decken, Unterbeton und Unterböden mit erhöhten Anforderungen, z. B. zur Aufnahme von schwimmenden Estrichen, Industrieböden, Fliesen- u. Plattenbelägen, Verbundestriche Fertige Oberflächen für untergeordnete Zwecke, z. B. in Lagerräumen, Kellern	5	8	12	15	20
3	Flächenfertige Böden, z. B. Estriche als Nutzestriche, Estriche zur Aufnahme von Bodenbelägen Bodenbeläge, Fliesenbeläge, gespachtelte und geklebte Beläge	2	4	10	12	15
4	Flächenfertige Böden mit erhöhten Anforderungen, z. B. mit selbstverlaufenden Spachtelmassen	1	3	9	12	15
5	Nicht flächenfertige Wände und Unterseiten von Rohdecken	5	10	15	25	30
6	Flächenfertige Wände und Unterseiten von Decken, z. B. geputzte Wände, Wandbekleidungen, untergehängte Decken	3	5	10	20	25
7	Wie Zeile 6, jedoch mit erhöhten Anforderungen	2	3	8	15	20

Tipp

„Euro-Norm"
Bei einem typischen Messpunktabstand von 1 m (Wasserwaagenlänge) beträgt das zulässige Maß der Abweichung von der Ebenheit für flächenfertige Wände, Deckenunterseiten 5 mm. Dies entspricht der Höhe von drei übereinander gestapelten Ein-Eurocent-Münzen. Das zulässige Maß für die Abweichung von der Ebenheit für flächenfertige Böden beträgt 4 mm. Dies entspricht der Höhe von zwei übereinander gelegten 10-Eurocent-Münzen.

5.2   Messinstrumente für die Abnahme

Ohne aufwändige Spezialausrüstungen, mit einem preiswerten Sortiment an „Bordmitteln" lassen sich die meisten Überprüfungen vor Ort ausführen.

- **Maßstab/Zollstock**
Kontrolle der Absturzhöhen, Überprüfung der lichten Geschosshöhen, Maßkontrolle

- **Richtscheit/Schnur**
Kontrolle der Planebenheit von Türen, Kontrolle von Muster/Rapportverziehungen in Teppichböden

- **Messkeil**
Überprüfung von Abweichungen aus der Ebene, im Bereich von Kehlen oder Mulden unterhalb des Richtscheites oder unterhalb einer Richtschnur

- **Wasserwaage**
Vor allem zur Überprüfung der gültigen Toleranzen nach DIN 18202 ist eine Wasserwaage unabdinglich.

- **Schlauchwaage**
Überprüfung der Ebenheit von waagerechten Flächen, Kontrolle der erforderlichen Mindestgefälle

- **Rissbreitenlineal/Risslupe**
Überprüfung von Rissbreiten

- **Knetmasse**
Bestimmung des vorhandenen Türfalz-Luftabstandes

- **Schiebelehre/Nanometer**
Überprüfung der Blechdicken von Klempnerarbeiten, Überprüfung der Profilstärken von Fenstern und Türen, Kontrolle der Dicke von Abdichtungsfolien und Dampfsperrfolien

- **Taschenspiegel**
Überprüfung der Lackierung und Imprägnierung von Schnittkanten an unzugänglichen Stellen

- **Taschenlampe**
Ausleuchtung uneinsehbarer Bereiche im Dachboden, in Abseiten und Luftschichten

- **Cuttermesser**
Aufschneiden von elastischen Versiegelungsfugen

- **Metallnadeln**
zerstörungsfreie Überprüfung der Estrichrandfugen durch elastische Versiegelungsfugen hindurch

- **Stanzeisen**
Entnahme von Bitumendickbeschichtungsmaterial zur Messung der Trockenschichtstärke

- **Nass-Schichtmesser**
Überprüfung der Nassschichtstärke von frischem Bitumendickbeschichtungsmaterial

- **Fernglas**
Überprüfung von Fassadenflächen ohne Gerüstgestellung

- **Drahtbürste**

Mit einer Drahtbürste kann bei Ausblühungen von Mauerwerk festgestellt werden, ob es sich bei den Ausblühungen um Salzausblühungen oder Kalkauslagerungen handelt.

- **Billiardkugeln zur Gefälleprüfung**

Billiardkugeln dienen vor allem zur Abnahme von Estrich-, Fliesen-, Platten- und Bodenbelagsarbeiten. So kann z. B. das Gefälle zu Bodenabläufen hin überprüft werden.

- **Untergrund-Härteprüfer**

Gitterritzprüfung, zur Prüfung der Festigkeit der Untergrund-Oberfläche des Fußbodenaufbaus

- **Karsten'sches Prüfröhrchen**

Die Überprüfung der Verblendfassade auf Wasseraufnahmefähigkeit kann mit dem Karsten'schen Prüfröhrchen erfolgen.

Als zerstörungsfreies Prüfverfahren hat sich daher seit den 60er Jahren die „Wassereindringprüfung" nach Prof. Karsten bewährt. Die Prüfung erfolgt zerstörungsfrei, mit Hilfe eines kalibrierten Glasröhrchens, das eine glockenartige Erweiterung am unteren Ende mit einem Durchmesser von 30 mm hat. Das Füllvolumen beträgt 10 ml.

Die offene, glockenförmige Seite wird mit Hilfe einer Abdichtungsmasse auf die Verblendfassade aufgesetzt. Das Prüfröhrchen wird bis zur Messmarke 10 ml aufgefüllt. Es entsteht ein Wasserdruck von 100 mm Wassersäule auf der Prüffläche. Hierdurch wird die Schlagregenbeanspruchung bei einer Windgeschwindigkeit von 100 km/h simuliert. Die auf diese Weise in das Verblendmauerwerk eingedrungene Wassermenge in der ersten Minute ergibt die Aussage über die Wasserdichtigkeit an der Fassadenoberfläche. Grundsätzlich muss heute davon ausgegangen werden, dass bis zu einer Wasseraufnahme von 5–6 ml pro Minute eine geringe Wasseraufnahme zu konstatieren ist.

Nach Brüning [6]sind folgende Werte als angemessen zu erachten:

Tabelle 5.5: **Wassereindringzahlen in Verblendstein gem. Brüning in: Klaas „Schäden an Außenwänden aus Ziegel- und Kalksandstein-Verblendmauerwerk" [6]**

Art der Verblendsteine	Mittelwerte
Klinker[1]	0,5 cm³/Min.
Vormauerziegel Kalksandstein	1 cm³/Min.
Vormauerziegel handformartig[2]	3 cm³/Min.

1) je nach Sinterungsgrad der Oberfläche
2) es sind höhere Werte möglich

Tabelle 5.6: **Grenzwerte für das Wassereindringen in Mörtelfugen von Verblendmauerwerk gem. Brüning in: Klaas „Schäden an Außenwänden aus Ziegel- und Kalksandstein-Verblendmauerwerk" [6]**

Verblend-mauerwerk	Wassersaug-vermögen	Wasser-aufnahme	Wassereindringvermögen in Mörtelfugen (cm^3/Min.)	
		Ziegel/Kalk-sandstein (M-%)	Mittelwert	größter Einzelwert
Klinker	schwach	7[1]	1	2
Vormauerziegel Kalksandstein	mäßig	7[1]–12	2	4
Vormauerziegel handformartig	mäßig	12	4	6

1)   Gemäß DIN 105 bei Brüning [6]

● **Feuchtigkeitsbestimmung mit dem CM-Messgerät**
Das zu prüfende Material wird vor Ort in einer Mörserschale zerkleinert.
Mit Hilfe einer Präzisions-Federwaage wird eine vordefinierte Menge des Prüfgutes (10, 20 oder 50 g) in eine Edelstahl-Druckflasche abgefüllt. Anschließend wird eine Glasampulle mit Kalziumkarbid in die Flasche eingeführt. Zur Zerstörung der Glasampullen dienen 3 unterschiedlich große Stahlkugeln, die sich ebenfalls in der Flasche befinden. Die Flasche wird druckfest verschlossen. Der Verschlussdeckel trägt ein Nanometer. Durch kräftiges Schütteln wird die Glasampulle durch die Stahlkugeln zerstört und das Kalziumkarbid wird freigesetzt.
Nach der Formel

$$\underset{\text{(Wasser im Baustoff)}}{H_2O + CaC_2} \quad \rightarrow \quad \underset{\text{(Gasdruck des Acetylen)}}{Ca(OH)_2 + C_2H_2}$$

reagiert das Wasser, welches in der Probe enthalten war, mit dem Kalziumkarbid und bildet Acetylen. Hierdurch erfolgt ein Druckanstieg in der Messflasche. Anhand des Druckanstieges wird der Wassergehalt ermittelt.
Gegenüber der Feuchtigkeitsbestimmung mit dem elektronischen Messgerät ist das CM-Verfahren genauer, da die Wassermenge der Probe exakter bestimmt wird.
Ein größeres Maß an Genauigkeit bietet allerdings die gravimetrische Feuchtigkeitsbestimmung, d. h. die Bestimmung des Wassergehaltes im Labor-Trockenschrank. Hier wird auch das chemisch locker gebundene Wasser erfasst, sodass die Trockenschrankwerte höher sind als die CM-Werte.
Bei gebotener Berücksichtigung der Ungenauigkeit bietet jedoch das CM-Gerät eine ausreichend genaue und preiswerte Möglichkeit der sofortigen örtlichen Bestimmung des Wassergehaltes in Baustoffen.

● **Nivelliergerät**
optisches Nivelliergerät mit automatischer Kompensation, Laser-Nivelliergerät: Kontrolle der Einhaltung von planmäßigen Höhenvorgaben, Kontrolle von Abweichungen von der Waagerechtigkeit, Kontrolle von Neigungen, Kontrolle auf Abweichungen von der Ebenheit waagerechter Flächen

- **Theodolit**

Kontrolle auf Abweichungen Gebäudekanten von der Lotrichtigkeit, Kontrolle der Einhaltung von Geschosshöhen

- **Kamera/Videokamera**

Dokumentation von Leistungsabschnitten, die durch Nachfolgeleistungen verdeckt werden, Dokumentation von Beanstandungen zum Zeitpunkt der Abnahme. Auf den Dokumentationsfotografien sollte ein reproduzierbarer Maßstab erkennbar sein (Nivellier-Latte, Zollstock, Rissbreitenlineal). Auf dem Foto kann als Beleg des frühesten Aufnahmezeitpunkts die Titelseite einer Tageszeitung mit Schlagzeilen erkennbar sein. Der Aufnahmeort muss reproduzierbar sein (Kennzeichnung am Objekt oder Herstellen einer Aufnahmeserie mit Zoom-Effekt von der Übersicht ausgehend bis ins Detail). Für den Abnahmezeitpunkt sollten ausreichende Bildressourcen sowie Energiequellen für Blitzlichtbeleuchtung etc. bereitgestellt werden.

- **Diktiergerät**

Die Auflistung der Mängel kann als Banddiktat erfolgen, wenn die Abnahmeparteien sich darüber einigen, dass ein laut verständlich diktiertes Diktat anschließend integrativer Bestandteil des Abnahmeprotokolls wird. Das Protokoll selbst wird unabhängig davon am Tag der Abnahme von den Parteien unterzeichnet und enthält den Verweis auf die schriftlich nachzureichende Mängelliste.

5.3   Prüfverfahren als Fremdüberwachung

- **Elektronische Feuchtigkeitsmessung**

Für die Messung der Oberflächenfeuchte von Bauteilen kann z. B. ein elektronisches Messgerät verwendet werden.

Durch die Messung ist festzustellen, ob sich die erforderliche Ausgleichsfeuchte des jeweiligen Bauteils bereits eingestellt hat oder ob noch erhebliche Feuchte im Bau vorhanden ist.

Überprüft werden sollte auch die Einbaufeuchte von sichtbar verbleibenden Holzbauteilen.

- **Helligkeitsmessung mit dem Lux-Meter**

Überprüfung der Ausleuchtung z. B. von Arbeitsplätzen entsprechend DIN 5035

- **„Blower-Door"-Prüfverfahren**

Die Messung der Luftdichtigkeit von Gebäuden lässt sich mit dem sog. „Blower-Door"-Prüfverfahren durchführen.

Bei diesem Prüfverfahren wird eine sog. „Blower-Door" in einen Türrahmen luftdicht eingesetzt. Mit Hilfe dieser „Gebläsetür" wird dann nach hermetischer Abschottung anderer Zugänge und Fugen ein Unterdruck von 50 Pascal (entspricht Windstärke 5–6) im Gebäudeinneren erzeugt. Das Gebläse führt den Volumenstrom ab, der durch Fugen, Löcher und andere Undichtigkeiten nachströmt. Diese stündlich abgeführte Luftmenge bezogen auf das zu beheizende Raumvolumen des Gebäudes ergibt die **Luftwechselrate.**

Tabelle 5.7: **Windgeschwindigkeiten**

Stufe	Beaufort Skala	m/s	km/h	Knoten	Staudruck in kg/m²
0	Windstille	0 – 0,2	1	1	0
1	Leiser Zug	0,3– 1,5	1– 5	1– 3	0 – 0,1
2	Leichter Wind	1,6– 3,3	6– 11	4– 6	0,2– 0,6
3	Schwacher Wind	3,4– 5,4	12– 19	7–10	0,7– 1,8
4	Mäßiger Wind	5,5– 7,9	20– 28	11–15	1,9– 3,9
5	Frischer Wind	8,0–10,7	29– 38	16–21	4,0– 7,2
6	Starker Wind	10,8–13,8	39– 49	22–27	7,3–11,9
7	Harter steifer Wind	13,9–17,1	50– 61	28–33	12,0–18,3
8	Stürmischer Wind	17,2–20,7	62– 74	34–40	18,4–26,8
9	Sturm	20,8–24,4	75– 88	41–47	26,9–37,7
10	Starker Sturm	24,5–28,4	89–102	48–55	37,8–50,5
11	Heftiger starker Sturm	28,5–32,6	103–117	56–63	50,6–66,5
12	Orkan	32,7 und mehr	118 und mehr	64 und mehr	66,6 und mehr

Untere und obere Grenzen der Geschwindigkeits- und Druckstufen im Vergleich zu Beaufortgraden

m/s	=	Meter pro Sekunde
km/h	=	Kilometer pro Stunde
Knoten	=	Seemeilen pro Stunde (1 Seemeile = 1852 Meter)
Staudruck	=	Druck des Windes in Kilogramm pro m² auf einer ebenen, senkrecht zum Winde stehenden Fläche (entsprechend der Normen im Bauwesen DIN 1055)

Die Mängelstellen, Undichtigkeiten, werden mit einem Anemometer (Windgeschwindigkeitsmessgerät) aufgespürt.

Für die Luftdichtigkeit von Bauteilen und Anschlüssen sind gem. DIN V 4108-7: 2001-08 Mindestanforderungen gestellt:

„4 Allgemeine Hinweise (…)
4.4 Anforderungen an die Luftdichtheit
Werden Messungen der Luftdichtheit von Gebäuden oder Gebäudeteilen durchgeführt, so darf der nach DIN EN 13829: 2001-02, Verfahren A, gemessene Luftvolumenstrom bei einer Druckdifferenz zwischen innen und außen von 50 Pa
– bei Gebäuden ohne raumlufttechnische Anlagen:
  – bezogen auf das Raumluftvolumen 3 h⁻¹ nicht überschreiten oder
  – bezogen auf die Netto-Grundfläche 7,8 m³/(m² · h) nicht überschreiten
– bei Gebäuden mit raumlufttechnischen Anlagen (auch Abluftanlagen)
  – bezogen auf das Raumluftvolumen 1,5 h⁻¹ nicht überschreiten oder
  – bezogen auf die Netto-Grundfläche 3,9 m³/(m² · h) nicht überschreiten. (…)"

Gemäß Deutschem Institut für Gütesicherung und Kennzeichnung RAL-GZ 965, „Planung und Bauausführung von Häusern in Niederigenergiebauweise", Stand: Juli 1999 [7] ist für Niederigenergiehäuser hinsichtlich deren erforderlicher Luftdichtheit definiert:

„3.3 Anforderungen an die Luftdichtheit
Niedrigenergiehäuser sind so mit geeigneten Materialien und dauerhaft luftdicht zu errichten, dass bei einer Luftdichtheitsmessung nach dem Differenzdruckverfahren in

Anlehnung an die im Entwurf vorliegende DIN EN ISO 9972 bei 50 Pascal Differenzdruck im Mittel aus Über- und Unterdruckmessung die in DIN 4108-7 für Gebäude mit mechanischer Lüftungsanlage festgelegte Luftwechselrate von 1,0 h^{-1} nicht überschritten wird. (…)"

Dichtigkeitsanforderungen

Grundsätzlich lassen sich die Gründe für die Forderung nach einer luftdichten Gebäudehülle in 3 Bereiche gliedern:

1. Das Vermeiden von Bauschäden

Im Winter kondensiert die warme, feuchte Luft, die ein Bauteil von innen nach außen durchströmt, sodass sich Wasser bildet, in den Bauteilen niedersetzt und dort zu Feuchtigkeitsschäden führen kann.

2. Die Aufenthaltsqualität

Luft, die von außen nach innen strömt, wird als Zugluft bezeichnet und wirkt sich auf das Wohlbefinden negativ aus. Einerseits wird die kalte Zugluft an sich als störend und unangenehm empfunden, andererseits bleibt die kalte Luft oft am Boden, ohne sich mit der warmen Raumluft zu verbinden. Hinzu kommt, dass die Luftqualität sich erheblich verschlechtern kann, sobald die Außenluft durch z. B. Faserdämmstoffe nach innen strömt und so Staub in die Räume transportiert.

3. Die Energieeffizienz

Durch die ständige Zugluft erhöhen sich die Lüftungswärmeverluste erheblich.

Fehlerstellen

1. Wand
   - fehlerhafter oder nicht vorhandener Putz an Innen- und Außenwänden
   - Lufteintrittsstellen bei Versorgungssträngen, z. B. durch unsachgemäß verschlossene Rohrdurchbrüche und elektrische Leitungen
   - undichte Fugen zwischen Fußboden und Wand
   - Balkone und andere Anbauten
   - aufwändige Bauausführungen, z. B. Erker
2. Fenster
   - Undichtigkeiten zwischen Fensterrahmen und Fensterblendrahmen
   - Undichtigkeiten zwischen Fensterrahmen und Mauerwerk
   - Undichtigkeiten im Bereich von Fensterbänken
3. Dach
   - Anschlusspunkte der Luftdichtigkeitsebene
   - Durchbrüche der Dichtungsfolie durch Balken, Träger und andere Installationen
   - nicht überlappend verlegte Dichtungsfolien

● **Schallmessungen**

Bei begründeten Verdachtsmomenten kann im Zuge einer Abnahmevorbereitung auch die Einschaltung eines Prüfinstitutes für die schalltechnische Überprüfung von Bauteilen sinnvoll sein, um die Einhaltung der erforderlichen Schalldämmwerte gem. DIN 4109 zwischen unterschiedlichen Wohn- und Arbeitsbereichen zu kontrollieren. Messungen werden durchgeführt zur Überprüfung von:

- Trittschall
- Luftschall
- Schallübertragung aus gebäudetechnischen Anlagen (Fließ- und Armaturengeräusche)

- **Video-Kanaluntersuchungen**

Erdverlegte Sielleitungen lassen sich i. d. R. nur durch eine Video-Kanalfahrt hinsichtlich folgender Kriterien überprüfen:
- unfachgerechte Anschlüsse
- Rohrversatz
- Absackungen infolge nachgiebigen Untergrundes
- Rohrbeschädigungen, Einbrüche
- unzulässige Richtungsänderungen

- **Elektronisches Klimamessgerät**

Mit derartigen Geräten lassen sich unterschiedliche Messverfahren zur Bestimmung von Temperatur, relativer Luftfeuchtigkeit, Luftgeschwindigkeit durchführen.
Durch einen CO_2-Fühler lässt sich außerdem der CO_2-Gehalt in Räumen messen.
Durch einen Volumenstrom-Messtrichter kann der Volumenstrom von Badlüftern o. Ä. gemessen werden.

- **Schichtdickenmesser**

Mit einem Schichtdickenmessgerät kann z. B. die Schichtdicke von lackierten und beschichteten Bauteilen bestimmt werden.

- **Glasdickenmessgerät**

Der Laser misst von einer Seite die Dicke einzelner Glasscheiben sowie den dazwischenliegenden Scheibenzwischenraum ohne Ausbau der Verglasung.
Außerdem werden angezeigt: Folien bei Verbundsicherheitsglas, Schichterkennung bei Gießharzverbund sowie die Beschichtungsseite bei Sonnen- und Wärmeschutzgläsern.

6 Praktische Hinweise für die Abnahme der Gewerke

6.1 Erdarbeiten (DIN 18300)

Verdichtung der Arbeitsraumverfüllung

Bei der Abnahme ist im Hinblick auf die Erdarbeiten insbesondere interessant, ob die Hinterfüllung der ehemaligen Arbeitsräume unter fachgerechter Verdichtung erfolgt ist.

Gemäß VOB/C ATV DIN 18300: 2000-1 Erdarbeiten gilt:

„3.7 Einbau und Verdichten
(…)
3.7.6 Schüttgut ist von ungeeigneten Stoffen freizuhalten. Es ist lagenweise einzubauen und zu verdichten.
Schütthöhe und Anzahl der Arbeitsgänge beim Verdichten sind nach Art und Größe der Verdichtungsgeräte und der Bodenart so festzulegen, dass der geforderte Verdichtungs-grad des Bodens erreicht wird. Auf Verlangen ist der Nachweis hierfür zu erbringen. (…)"

Gelingt die Verdichtung nicht, kommt es in der Folgezeit zu starken Absackungen entlang der Außenkanten des Gebäudes. Es entstehen Stolperstellen im Oberbelag mit Unfallgefahr.

Abb. 6.1: Abgesackter Plattenbelag an der Gebäudeaußenkante

Auch die erdverlegten Rohrleitungen werden von Absackungen beeinträchtigt. Insbesondere bei Entwässerungsleitungen ist anschließend häufig eine Durchbiegung in der Zone des ehemaligen Arbeitsraumes entlang der Gebäudeaußenkanten zu beobachten. In der Folge entstehen in verstärktem Maße Ablagerungen und Verstopfungen im Rohr.

Entsorgungsnachweise für kontaminierte Stoffe

Nach den Abfallgesetzen der Länder gilt der Grundeigentümer als Abfallerzeuger, wenn kontaminiertes Bodengut aus dem Aushub der Baugrube anfällt. Bei einer unerlaubten

Entsorgung haftet insofern nicht der Entsorger, sondern der Grundeigentümer für entstehende Schäden. Vor diesem Hintergrund muss der Auftragnehmer bei der Abnahme die lückenlosen Entsorgungsnachweise für alle kontaminierten Stoffe übergeben. Dies gilt auch für Erdtanks und deren Inhalte.

Höhenlage

Bei der Abnahme von Erdarbeiten muss insbesondere die Höhenlage der erbrachten Aushub- oder Hinterfüllungsleistungen auf Übereinstimmung mit den Planvorgaben kontrolliert werden.

Füllboden

Angelieferte Füllböden dürfen nicht kontaminiert sein und müssen den vertraglichen Vereinbarungen hinsichtlich der Güte (Verdichtungsfähigkeit, Sieblinie, Mutterbodeneigenschaften) entsprechen. Hierüber ist ggf. vom Auftragnehmer per Lieferschein der Nachweis zu erbringen.

6.2   Dränarbeiten (DIN 18308)

Die Anforderungen an Dränanlagen sind in der DIN 4095 festgelegt. Diese Norm bedarf keiner Erläuterungen. Anhand der auszugsweise nachfolgend aufgeführten Punkte kann untersucht werden, ob die Anlage den Anforderungen entspricht:

Gemäß DIN 4095: 1990-06 Dränung zum Schutz baulicher Anlagen – Planung, Bemessung und Ausführung gilt:

„3 Untersuchungen (…)
3.4 Vorfluter
Es ist zu prüfen, wohin das Wasser abgeleitet werden kann, und zwar in baulicher und wasserrechtlicher Hinsicht.
3.5 Wasseranfall und Grundwasserstände
(…)
Der Wasseranfall ist von der Dränschicht und der Dränleitung aufzunehmen. Die von der Dränung aufzunehmende Abflussspende ist abzuschätzen. Vor erdberührten Wänden wird die Abflussspende q' in l/(s · m) auf die Länge der Wand bezogen. Auf Decken und unter Bodenplatten wird die Abflussspende (…) auf die zu dränende Fläche bezogen.
(…)
4 Anforderungen
4.1 Allgemeines
Der Drän muss filterfest sein. Die anfallende Abflussspende q' in l/(s · m) muss in der Dränschicht drucklos abgeführt und vom Dränrohr bei einem Aufstau von höchstens 0,2 m bezogen auf die Dränrohrsohle aufgenommen werden.
(…)
5.2.2 Dränleitung
(…) Die Rohrsohle ist am Hochpunkt mindestens 0,2 m unter Oberfläche der Rohbodenplatte anzuordnen. In keinem Fall darf der Rohrscheitel die Oberfläche der Rohbodenplatte überschreiten. (…)
Spülrohre (mindestens DN 300) sollen bei Richtungswechsel der Dränleitung angeordnet werden. Der Abstand der Spülrohre soll höchstens 50 m betragen. (…)

5.3.3 Dränleitungen
(…) Sammelleitungen sollen ein Gefälle von mindestens 0,5 % besitzen. Zuleitungen zu ihnen dürfen gefällelos verlegt werden.
(…)
8.2 Sickerschicht
8.2.1 Allgemeines
Der Einbau der Sickerschicht ist vollflächig mit staufreiem Anschluss an die Dränleitung durchzuführen. Die Abdichtung darf nicht beschädigt werden. (…)"

Grundsätzlich ist bereits bei der Planung zu beachten, dass Dränagewasser i. d. R. nicht dauerhaft in das kommunale Abwassersystem eingeleitet werden darf. Dies regeln die Abwassersatzungen der Gemeinden.

HmbAbwG Hamburgisches Abwassergesetz in der Fassung vom Juli 2001 (§ 11 Einleitungsverbote):

„(1) In die öffentlichen Abwasseranlagen dürfen nicht eingeleitet werden
(…)
8. Grundwasser, soweit es nicht aus Grundwasserabsenkungen im Zusammenhang mit Bauarbeiten oder aus Grundwasserförderungen im Zusammenhang mit Maßnahmen der Altlastensanierung oder aus Absenkungsmaßnahmen zur Verhinderung von Bauschäden infolge wesentlich erhöhter Grundwasserstände stammt. (…)"

6.3   Außenanlagen (DIN 18318)

Fugenbreite von Pflasterarbeiten

VOB/C ATV DIN 18318: 2000-12 Verkehrswegbauarbeiten:

„3.3 Betonsteinpflaster
(…)
3.3.2 Verlegen und Versetzen
Die Pflastersteine sind von der verlegten Pflasterfläche aus in einem gleichmäßigen Verband in Reihen mit ausreichender Fugenbreite, je nach Rastermaß 3 mm bis 5 mm, auf das vorbereitete Pflasterbett zu verlegen. Werden die Pflasterfugen mit Vergussmassen vergossen, sind Fugenbreiten von mindestens 8 mm einzuhalten. Fugenachsen müssen einen gleichmäßigen Verlauf aufweisen.
Die Pflasterfläche ist nach dem Verfugen zu reinigen und anschließend gleichmäßig bis zur Standfestigkeit zu rütteln."

Der vorgegebene Wert von 3 mm darf nicht unterschritten werden, damit eine vollständige Füllung der Fugen erreicht werden kann. Der obere Wert sollte nicht überschritten werden, damit sich das Fugenmaterial gut verfestigen kann. Loses Fugenmaterial wird bei maschineller Reinigung der Fläche leicht ausgetragen. Zudem kann oberflächlich abfließendes Wasser zur Ausspülung des losen Fugenmaterials führen.

Eine vollständig gefüllte Fuge von 3–5 mm ist der beste Garant für das Abstützen der Steine untereinander, also für die Aufnahme von Horizontalkräften aus Bremsen, Beschleunigen und Kurvenfahrten. Außerdem können die Fugen die unvermeidbaren Maßtoleranzen bezüglich Steinlängen und -breiten ausgleichen.

Betonpflastersteine werden heute bereits überwiegend mit Abstandshilfen von etwa 1 bis $1^1/_2$ mm (sog. Nocken) geliefert. Diese garantieren eine gewisse Mindestfugenbreite, aber auch diese Tatsache ist kein Ersatz für die DIN 18318.

Der Kontakt „Beton auf Beton" muss vermieden werden, um die nötige Elastizität der Fläche, die nur durch die Fugenfüllung gegeben ist, herzustellen.

Als Fugenmaterial sind Sand 0/2 oder 0/4 mm, Splitt 1/3 mm oder ein kornabgestuftes Brechsand-Splittgemisch 0/5 mm, also die gleichen Materialien wie für die Bettung, geeignet. In jedem Fall, und das ist ausgesprochen wichtig, müssen Bettungs- und Fugenmaterial aufeinander abgestimmt, d. h. gegeneinander filterstabil sein. Somit wird sichergestellt, dass in die Fugen eindringendes Wasser nicht zum Ausspülen von Feinanteilen, zur Kornumlagerung und letztlich zum Abwandern des Fugenmaterials führt. Beste Voraussetzungen für eine dauerhafte Funktion der Pflasterdecke werden geschaffen, indem für die Bettung und die Fuge das gleiche Mineralstoffgemisch ver- wendet wird. Die Fugen werden kontinuierlich mit dem Fortschreiten der Verlegearbei- ten gefüllt, indem das Fugenmaterial eingefegt wird. Auf jeden Fall muss das Fugenma- terial trocken und sauber sein, d. h., es darf keine färbenden Feinstanteile enthalten, die sich in die Poren der Oberflächen setzen können und für eine gewisse Zeit eine Farbveränderung verursachen. Auf keinen Fall dürfen lehmhaltiger Sand oder Mörtel verwendet werden, um eine farbliche Beeinträchtigung der Steinoberfläche zu vermei- den. Vor dem Abrütteln ist überschüssiges Fugenmaterial vollständig abzukehren. Die Pflasterfläche wird danach bis zur Standfestigkeit gerüttelt. Nach dem Rütteln sind die Fugen erneut zu schließen. Hierzu wird das Fugenmaterial eingefegt und abschließend eingeschlämmt. Nach dem letztmaligen Einschlämmen sollte mit der Verkehrsfreigabe gewartet werden, bis das Wasser die Tragschichten passiert hat und in den Untergrund abgewandert ist. Bei durchnässten Tragschichten und gleichzeitiger Beanspruchung durch Fahrzeugverkehr droht Tragfähigkeitsverlust und Verformung der Pflasterkon- struktion.

Gefälle von Pflasterflächen und Natursteinflächen

Bei der Abnahme ist die Konturierung von befestigten Oberflächen daraufhin zu über- prüfen, ob die planmäßig vorgesehenen Mindest- und Maximalgefälle eingehalten wor- den sind.

Das **Mindestgefälle** soll für einen ordnungsgemäßen Abfluss von Oberflächenwasser auf den Oberbelägen sorgen.

VOB/C ATV DIN 18318: 2000-12 Verkehrswegbauarbeiten:

„3.2 Lage, Toleranzen, Dehnungsfugen
(…)
3.2.4 Querneigungen sind wie folgt auszuführen:
– Bei Pflasterdecken aus Naturstein: 3,0 %
– Bei Pflasterdecken aus Betonstein, Schlackenstein und Straßenklinker: 2,5 %
– Bei Plattenbelägen: 2,0 %
Abweichungen dürfen nicht mehr als 0,4 % betragen.
Rinnenbahnen sind im Längsgefälle von mindestens 0,5 % auszuführen."

Das **Maximalgefälle** von Oberbelägen wird in verschiedenen Regelwerken behan- delt:

Gemäß HBauO, § 31 Treppen und Rampen: 2001-12 gilt:

„(1) Treppen, die als Rettungswege vorgesehen sind, müssen in einem Zuge zu allen
angeschlossenen Geschossen führen. Bei Treppen zum Dachraum ohne Aufenthaltsräume

genügt es, wenn die Treppe vom Treppenraum unmittelbar zugänglich ist. Dies gilt nicht für Gebäude geringer Höhe mit nicht mehr als zwei Wohnungen.
(2) Statt Treppen sind Rampen mit flacher Neigung zulässig. Rampen für Menschen mit Behinderungen dürfen nicht mehr als 6 vom Hundert geneigt sein. (…)"

Die Forschungsgesellschaft für Straßen- und Verkehrswesen, Arbeitsgruppe Straßenentwurf, führt in ihren „Empfehlungen für Anlagen des ruhenden Verkehrs EAR 91", Ausgabe 1991 [8] aus:

„4.3.2.3 Rampen
(…) Die Rampenneigung soll im Allgemeinen 15 %, bei Parkrampen 6 %, nicht überschreiten. Rampen im Freien sollen eine Neigung von höchstens 10 % erhalten; die sichere Befahrbarkeit muss auch bei ungünstiger Witterung gewährleistet sein. Dies kann z. B. erreicht werden durch geriffelte Oberfläche, Heizung oder Überdachung. (…)"

DIN 18225: 1988-06 Industriebau – Verkehrswege in Industriebauten:

„3.2 Rampen
3.2.1 Die Neigungen von Rampen für den Fahrverkehr richten sich nach den verschiedenen Fahrzeugarten und deren Einsatz. Im Regelfall beträgt die Neigung 1:12,5 (8 %); eine Neigung von 1:8 (12,5 %) sollte nicht überschritten werden. (…)"

DIN 18025 T1: 1992-12 Barrierefreie Wohnungen:

„5.4 Rampe
Die Steigung der Rampe darf nicht mehr als 6 % betragen. Bei einer Rampenlänge von mehr als 600 cm ist ein Zwischenpodest von mindestens 150 cm Länge erforderlich. Die Rampe und das Zwischenpodest sind beidseitig mit 10 cm hohen Radabweisern zu versehen. Die Rampe ist ohne Quergefälle auszubilden. An Rampe und Zwischenpodest sind beidseitig Handläufe mit 3 cm bis 4,5 cm Durchmesser in 85 cm Höhe anzubringen. Handläufe und Radabweiser müssen 30 cm in den Plattformbereich waagerecht hineinragen. (…) Bewegungsflächen am Anfang und am Ende der Rampe und zwischen den Radabweisern siehe Abschnitte 3.1 und 3.4."
„3.1 Bewegungsflächen
(…) Die Bewegungsfläche muss mindestens 150 cm breit und 150 cm tief sein. (…)"

Maßtoleranzen

VOB/C ATV DIN 18318: 2000-12 Verkehrswegbauarbeiten:

„3.2 Lage, Toleranzen, Dehnungsfugen
(…)
3.2.1 Pflasterdecken und Plattenbeläge sind höhengerecht und im vereinbarten Längs- und Querprofil herzustellen. Abweichungen der Oberfläche von der Sollhöhe dürfen an keiner Stelle mehr als 2 cm betragen.
Randeinfassungen mit Bordsteinen oder anderen Steinen sind höhen- und fluchtgerecht herzustellen. Abweichungen der Oberfläche von der Sollhöhe bzw. dem Sollabstand von der Bezugsachse sollen an keiner Stelle mehr als 2 cm betragen; größere Abweichungen sind nur zulässig, wenn sie zur Vermeidung erheblichen Verschnitts zweckmäßig sind und vor Beginn der Bauausführungen mit dem Auftraggeber vereinbart wurden. Die zulässige Abweichung von der Flucht in den Auftritt- und Vorderflächen beträgt an den Stoßfugen bei Bordsteinen und anderen Steinen mit ebener Oberfläche 2 mm, bei Bordsteinen und andern Steinen mit grobrauer Oberfläche 5 mm.

3.2.2 Unebenheiten der Oberfläche innerhalb einer 4 m langen Messstrecke dürfen bei Pflaster aus künstlichen Steinen, Platten und Mosaikpflaster nicht größer als 1 cm, bei sonstigem Pflaster aus Naturstein nicht größer als 2 cm sein.

3.2.3 Pflasterdecken und Plattenbeläge sind an den Fugen höhengleich herzustellen. Die zulässige Abweichung bei höhengleichen Anschlüssen für Baustoffe mit ebener Oberfläche darf 2 mm, für Baustoffe mit grobrauer Oberfläche 5 mm nicht überschreiten. (…)"

Rampenausrundung/Rampenentwässerung

Rampenanfang und Rampenende dürfen nicht übergangslos an die angrenzenden Fahrbahnflächen angeschlossen werden. Sie müssen angemessen ausgerundet werden, damit Fahrzeuge beim Befahren nicht aufsetzen.

Dränrinnen, die am Ende einer bewitterten und geneigten Rampenfläche, z. B. vor Tiefgarageneinfahrten, angeordnet sind, können bei Starkregenfällen durch das Schwallwasser überlaufen werden. Das mit hoher Fließgeschwindigkeit auf der Fahrbahn herablaufende Wasser gelangt über die Stege der Abdeckroste mit einem Anteil von 40–50 % über die Rinne hinweg und gelangt in den Innenraum. Sofern dort keine weitere Entwässerungsmöglichkeit besteht, muss eine Zweitrinne angeordnet werden oder eine Rostabdeckung ohne Stege.

6.4   Mauerarbeiten (DIN 18330)

6.4.1   Allgemeines zum Verblendmauerwerk

Im Wesentlichen werden Beanstandungen beim äußeren Sichtmauerwerk geltend gemacht. Verblendmauerwerk nach DIN 1053-1 ist das nach außen sichtbare Mauerwerk einer Außenwand.

Verblendmauerwerk hat stets 2 wesentliche Funktionen zu erfüllen:

● Schutz vor Witterungseinflüssen, vor allem als Schlagregenschutz und Schutz vor Durchfeuchtung
● optische Gestaltung von Gebäuden

Bei Planung und Konstruktion müssen insbesondere der Schlagregenschutz und der Schutz vor Durchfeuchtung berücksichtigt werden.

Beide Funktionen machen es erforderlich, Verblendmauerwerk besonders sorgfältig auszuführen.

Im Verblendmauerwerk muss der Mörtel vergleichbare Funktionen erfüllen wie die Mauersteine.

6.4.2   Farbspiel

Auf Grund des natürlichen Baustoffes Ton sind Farbabweichungen vor allem auch wegen der Herstellungsvorgänge und des natürlichen Wechsels in der Zusammensetzung nicht zu vermeiden. Zur Erzielung eines rustikalen Gesamteindrucks sind bei einigen Steinsorten Farbunterschiede gewünscht. Besonders auffällige Abweichungen bestehen zwischen unterschiedlichen Produktions- bzw. Lieferzeiträumen (unterschiedliche Brände).

Im Allgemeinen kann davon ausgegangen werden, dass die Steine aus verschiedenen Lieferungen vor der Verwendung durchmischt werden, um ein befriedigendes Bild zu erhalten. Die Aufwendung notwendiger Sorgfalt ist eine Nebenleistung des Unternehmers, die ohne Erwähnung im Vertrag zur vertraglichen Leistung des jeweiligen Gewerks gehört. Auch die Verpackungsfolien enthalten häufig Hinweise wie z. B. „um Farbunterschiede zu vermeiden, aus mehreren Paletten vermauern".

Wichtig ist jedoch auch, dass die für das gesamte Bauvorhaben benötigten Steine aus einem Brand oder einer Lieferung stammen.

Erfolgt das Vermischen von verschiedenen Lieferungen nicht, so kann es zu Farbabweichungen in Form von auffälliger „wolken-, schachbrett- oder zebrastreifenartiger" Verteilung der Farbnuancen kommen.

Insgesamt ist nicht die Beschaffenheit der einzelnen Steine entscheidend, sondern die ästhetische Gesamtwirkung der Fläche. So darf buntes Mauerwerk selbstverständlich nicht aus unmittelbarer Nähe beurteilt werden, sondern aus üblichem Betrachterabstand.

Während der Bauzeit bleiben Fassaden oft durch Gerüste verdeckt, sodass die Abnahme der Fassade unbedingt bei ausreichendem Tageslicht erfolgen sollte.

Abb. 6.2: Markante Farbzonen auf Grund mangelnder Durchmischung der Verblendsteine

Abb. 6.3: Prominentes Beispiel einer vorsätzlichen Farbabweichung ist der Haupteingang des Hamburger Hanseviertels: Oberhalb des goldenen Schriftzuges ist im Verblendmauerwerk von den polnischen Subunternehmern der Schriftzug „Polen" mit dunklen Steinen eingemauert worden.

6.4.3   Steinbeschädigung

Bei der Abnahme erfolgt die Sichtprüfung aus einem üblichen Betrachterabstand von 3 m, in aufrecht stehender Haltung und bei Tageslicht. Beschädigte Verblendsteine sollen beim Mauern aussortiert werden. Kantenabplatzungen markieren sich bei glatten Steinoberflächen intensiver als bei Handstrichziegeln. Die Zulässigkeit von Beschädigungen ist in den Regelwerken nicht festgeschrieben.

Gemäß Bundesverband der Deutschen Ziegelindustrie e. V., „Ziegelbauberatung, Ziegelwand und -bauteile", Stand: Juli 1999 [9] gilt:

„2 Baustoffe
2.1 Ziegel
(…)
Verblender mit größeren Rissen und solchen, die bei Hochlochziegeln bis zur Lochung reichen, oder Verblender mit größeren Beschädigungen der Sichtfläche dürfen nicht so vermauert werden, dass die Fehlstellen in der Fassade erscheinen.
Die bei Herstellung, Bündelung, Transport, Lagern und Verarbeiten von grobkeramischen Erzeugnissen unvermeidbar auftretenden Minimalschäden können unberücksichtigt bleiben, da sie weder die Funktionsfähigkeit des Materials im Mauerwerk (Verwendbarkeit) noch die gestalterische Wirkung einer Fassade herabsetzen.
Es empfiehlt sich, über die Oberflächenbeschaffenheit und Farbe von Verblendern eindeutig definierte Abmachungen zu treffen. (…)"

Abb. 6.4: Verblendsteine mit Kantenbeschädigungen wirken störend und müssen beim Vermauern aussortiert werden.

Eine DIN-Vorschrift für die maximal zulässigen Maße von Eck- oder Kantenabplatzungen gibt es nicht. Hilfsweise werden daher die Festlegungen der DIN 105 für Einschlüsse herangezogen, bei denen Abplatzungen mit Abmessungen bis zu 10 mm Kantenlänge entstehen können:

Abb. 6.5: Als Grenzwert gelten Kantenbeschädigungen von mehr als 1 cm.

In Klaas, „Schäden an Außenwänden aus Ziegel- und Kalksandstein-Verblendmauerwerk" [6] heißt es:

„7.2.5 Abplatzungen und Risse
7.2.5.1 Abplatzungen
(…)
Mauersteine mit auffälligen mechanischen Kantenabplatzungen (Transportschäden) sind so zu vermauern, dass die beschädigten Stellen von außen nicht mehr sichtbar sind.
Lassen die Steine oder der gewählte Mauerverband dies nicht zu, dann sind die Verblendsteine auszusortieren, insbesondere dann, wenn die Abplatzungen einen Durchmesser von 10 mm oder eine Fläche von 1,0 cm² überschreiten. (…)"

Ob das Kellermauerwerk mit Fugenglattstrich als „Sichtmauerwerk" vertraglich geschuldet wird, ist zwischen den Parteien häufig strittig. Für sichtbar verbleibendes Kellermauerwerk gibt es hinsichtlich der optischen Qualität keine Normung.

Gemäß „Kalksandstein – Planung, Konstruktion, Ausführung" [10] gilt:

„(…) Für Innensichtmauerwerk sind ebenfalls KS-Verblender vorzusehen, wenn erhöhte Anforderungen an das Aussehen gestellt werden.
Sichtflächen sind im wahrsten Sinne des Wortes Ansichtssache. Deshalb sind die Anforderungen an das Erscheinungsbild vom Planer eindeutig zu definieren, damit der Ausführende entsprechend kalkulieren und ausführen kann. Gegebenenfalls sind Musterwände oder -flächen zu vereinbaren.
Sichtmauerwerk ist kein Industrieprodukt. Sein Reiz liegt gerade in der handwerksgerechten Verarbeitung. Nicht die Beschaffenheit der einzelnen Steine entscheidet, sondern die ästhetische Gesamtwirkung der Fläche.
Wird Mauerwerk aus KS nach DIN 106 Teil 1 z. B. aus KS-R-Blocksteinen mit Fugenglattstrich ausgeschrieben, kann im Allgemeinen davon ausgegangen werden, dass kein Sichtmauerwerk mit erhöhten Anforderungen im klassischen Sinn, sondern sichtbar belassenes Mauerwerk gemeint ist, das entsprechend preisgünstiger sein kann. Ein typisches Beispiel hierfür ist z. B. Kellermauerwerk mit Fugenglattstrich. (…)"

Genau diese Formulierung findet sich auch i. d. R. in der zum Vertragsbestandteil gewordenen Baubeschreibung wieder.

Risse im Außenmauerwerk

Risse bis zu einer Breite von 0,2 mm gelten nach allgemeiner technischer Auffassung als unschädlich, da die Netzkraft des Schlagregentropfens dem Eindringen in den Riss entgegenwirkt. Die geringen Mengen an Feuchtigkeit, die in den Mauerwerksquerschnitt gelangen, können anschließend in der Trocknungsphase über die Kapillarwirkung wieder aus dem Mauerwerk heraustrocknen.

Abb. 6.6: Fugenrisse mit einer Rissbreite von 0,2 mm

6.4.4   Feuchteschutz

Schlagregendichte

In der DIN 1053-1: 1996-11 Mauerwerk – Berechnung und Ausführung heißt es:

„9.2.1 Vermauerung mit Stoßfugenvermörtelung
Bei der Vermauerung sind die Lagerfugen stets vollflächig zu vermauern und die Längsfugen satt zu verfüllen bzw. bei Dünnbettmörtel der Mörtel vollflächig aufzutragen. Stoßfugen sind in Abhängigkeit von der Steinform und vom Steinformat so zu verfüllen bzw. bei Dünnbettmörtel der Mörtel vollflächig aufzutragen, dass die Anforderungen an die Wand hinsichtlich des Schlagregenschutzes, Wärmeschutzes, Schallschutzes sowie des Brandschutzes erfüllt werden können. (…)"

Sperrfolien

Bei der Abnahme muss man sich über die Lage und die Qualität der Sperrfolien innerhalb des Mauerwerks erkundigen.

DIN 1053-1: 1996-11 Mauerwerk – Berechnung und Ausführung:

„8.4.3 Zweischalige Außenwände
8.4.3.1 Konstruktionsarten und allgemeine Bestimmungen für die Ausführung
(…)
f) Die Innenschalen und die Geschossdecken sind an den Fußpunkten der Zwischenräume der Wandschalen gegen Feuchtigkeit zu schützen. (…) Die Abdichtung ist im Bereich des Zwischenraumes im Gefälle nach außen, im Bereich der Außenschale horizontal zu verlegen. Dieses gilt auch bei Fenster- und Türstürzen sowie im Bereich von Sohlbänken.

(...) Die Dichtungsbahn für die untere Sperrschicht muss DIN 18195-4 entsprechen. Sie ist bis zur Vorderkante der Außenschale zu verlegen, an der Innenschale hochzuführen und zu befestigen. (...)"

An die Dicke des Materials sind Mindestanforderungen gestellt, weil zu dünnes Material das Risiko einer Perforation unter Belastung oder einer mechanischen Beschädigung bei der Verarbeitung birgt:

Es sind in der DIN 18195-4 neben den Bitumendichtungsbahnen folgende Kunststoff-Dichtungsbahnen nach Punkt 7.2 als waagerechte Abdichtungen in Wänden zugelassen: (unter Bezugnahme auf DIN 18195-2, Punkt 3.7)

1. PIB-Bahn nach DIN 16935   Nenndicke d = 1,5 mm
2. PVC Weich-Bahn, bit.-best. nach DIN 16937   Nenndicke d = 1,2 mm
3. PVC Weich-Bahn, nicht bit.-best. nach DIN 16938   Nenndicke d = 1,2 mm
4. ECB-Bahn nach DIN 16729   Nenndicke d = 1,5 mm

Die Abdichtungsbahnen sind in ein Mörtelpolster einzulegen, damit keine Perforation der Bahn unter Belastung im Bereich von Kanten, Graten und Kieselspitzen des Zuschlagstoffes entstehen können.

DIN 18195-4: 2000-08 Bauwerksabdichtungen – Abdichtungen gegen Bodenfeuchte:

„7 Ausführung
7.1 Allgemeines
(...)
7.2 Waagerechte Abdichtungen in oder unter Wänden
(...) Die Abdichtungen müssen aus mindestens einer Lage bestehen. Die Auflagerflächen für die Bahnen sind mit dem jeweils verwendeten Mauermörtel nach DIN 1053-1 so dick abzugleichen, dass waagerechte Oberflächen ohne für die Bahnen schädliche Unebenheiten entstehen."

Abb. 6.7: Trocken aufgelegte Z-Folie, die in die Lochung der Verblendsteine entwässert

Eine Sperrfolie, die „trocken" aufgelegt worden ist, ohne eine Mörtelschicht, die nicht bis an die Außenkante der Verblendschicht heranreicht und die obendrein zu dünn ist, gilt als nicht hinnehmbarer Mangel.

Entwässerungsöffnungen

Zu überprüfen ist die Anzahl der offenen Fugen, insbesondere für die Entwässerung und ggf. vorhandene Mörtelschwellen auf der Z-Folie, die eine sichere Entwässerung der Luftschale behindern.

DIN 1053-1: 1996-11 Mauerwerk – Berechnung und Ausführung:

„8.4.3.2 Zweischalige Außenwände mit Luftschicht
Bei zweischaligen Außenwänden mit Luftschicht ist Folgendes zu beachten:
(…) b) Die Außenschalen sollen unten und oben mit Lüftungsöffnungen (z. B. offene Stoßfugen) versehen werden, wobei die unteren Öffnungen auch zur Entwässerung die-nen. Das gilt auch für die Brüstungsbereiche der Außenschale. Die Lüftungsöffnungen sollen auf 20 m² Wandfläche (Fenster und Türen eingerechnet) eine Fläche von jeweils etwa 7500 mm² haben.
(…)
8.4.3.4 Zweischalige Außenwände mit Kerndämmung
(…) Entwässerungsöffnungen in der Außenschale sollen auf 20 m² Wandfläche (Fenster und Türen eingerechnet) eine Fläche von mindestens 5000 mm² im Fußpunktbereich haben. (…)
8.4.3.5 Zweischalige Außenwände mit Putzschicht
(…) Bezüglich der Entwässerungsöffnungen gilt 8.4.3.2, Aufzählung b) sinngemäß. Auf obere Entlüftungsöffnungen darf verzichtet werden. (…)“

Verblendverfugung

Anlass zu Beanstandungen ist häufig auch die Qualität der nachträglichen Verblendver-fugung.

Gemäß Klaas, „Schäden an Außenwänden aus Ziegel- und Kalksandstein-Verblendmau-erwerk“ [6] gilt:

„3.1.2.2.1 Mauerwerksfugen
(…) Auch die Verarbeitung des Fugenmörtels trägt zur Schlagregensicherheit bei. Der Mörtel ist im schwach plastischen Zustand mit der Fugenkelle einzubringen, und zwar zunächst in die Stoßfugen und dann in die Lagerfugen. Er ist mit der Fugenkelle fest ein-zubügeln, damit durch den erzeugten Druck eine ausreichende Haftung an den seitlichen Steinflanken und dem rückwärtigen Mauermörtel gewährleistet ist. In einem zweiten Arbeitsgang werden zunächst die Lagerfugen und dann die Stoßfugen bündig liegen. Dabei sollte eine waagerechte vorstehende Kante auf der Oberseite der Mauersteine ver-mieden werden, weil sich dort nicht nur Niederschlagswasser sammeln und in das Innere eindringen kann. Hier lagert sich auch leicht Staub ab, sodass sich Moos und Algen ansie-deln können. (…)“

DIN 1053-1: 1996-11 Mauerwerk – Berechnung und Ausführung:

„8.4.2.2 Unverputzte einschalige Außenwände (einschaliges Verblendmauerwerk)
(…) Soweit kein Fugenglattstrich ausgeführt wird, sollen die Fugen der Sichtflächen min-destens 15 mm tief flankensauber ausgekratzt und anschließend handwerksgerecht ausge-fugt werden.“

Ungünstig ist die um 10 mm zurückliegende Verfugung, weil sich auf der hervorstehen-den Steinkante Niederschlagswasser ansammeln und zu einer Überbeanspruchung der Fuge sowie zur Moos- und Algenbildung führen kann. Bei der Verwendung von Lochsteinen liegen unmittelbar hinter der Fuge die Lochungen oben offen, sodass hier Wasser eindringen kann.

Abb. 6.8: Zurückliegende Verfugung

Auch durch die Detailplanung muss sichergestellt sein, dass eine handwerksgerechte Verfugung möglich ist. Stark gegliederte Fassaden bilden hierbei ein besonderes Ausführungsrisiko.

Abb. 6.9: Stark gegliederte Zierfassade

6.4.5   Ausblühungen/Auslaugungen

Salzausblühungen
Sofern kurz nach Beendigung der Bauzeit Ausblühungen aus leicht löslichen Salzen entstehen, sind diese in begrenztem Umfang hinzunehmen. Sie lassen sich i. d. R. mit einer Messingdrahtbürste abbürsten und erscheinen gewöhnlich nach der zweiten Witterungsperiode nicht mehr.

Kalkauslaugungen, Gipsausblühungen
Hartnäckige, gipshaltige Ausblühungen und kalkhaltige Ausschwemmungen aus den Mörtelfugen haben oft ihre Ursache in einem konstruktiv fehlenden oberen oder rückwärtigen Durchfeuchtungsschutz. Sie müssen nicht hingenommen werden.

Abb. 6.10: Intensive Ausblühungen unmittelbar unterhalb der Entwässerungsöffnungen

Abb. 6.11: Die Z-Folie entwässert in die Lochkammern des Verblenders (Detailaufnahme).

Auch die falsche Lage der Entwässerungsöffnungen in Bezug auf die Sperrfolie innerhalb der Verblendschale führt zu einem Anstau von Wasser in der Kerndämm- oder Luftschicht. Das drückende Wasser gelangt dann durch die Fugen nach außen und transportiert dabei flüssige Kalkbestandteile bis zur Steinoberfläche. In Verbindung mit dem Sauerstoff der Umgebungsluft bildet sich Kalziumkarbonat, das zu harten Krusten verhärtet.

6.4.6   Maßtoleranzen im Fugennetz

Das Wechselspiel zwischen Steinen und Fugen soll so beschaffen sein, dass Betrachter es als gleichmäßig und ansehnlich empfinden. Das trifft zu, wenn auch bautechnische Laien eine Regelmäßigkeit des Mauerwerksverbandes erkennen. Über die Zulässigkeit von Fugendicken oder -breiten wird nicht selten gestritten.

Beispiel 1
Vom Auftraggeber wird beanstandet, dass die Stoßfugen überwiegend bis zu etwa
2 cm breit sind.

Abb. 6.12: Stoßfugen mit einer Breite von 2 cm

Wenn vertraglich nichts anderes vereinbart ist, gilt grundsätzlich:

DIN 1053-1: 1996-11 Mauerwerk – Berechnung und Ausführung:

„9 Ausführung
(…) 9.2.1 Vermauerung mit Stoßfugenvermörtelung (…)
Die Dicke der Fugen soll so gewählt werden, dass das Maß von Stein und Fuge dem
Baurichtmaß bzw. dem Koordinierungsmaß entspricht. In der Regel sollen die Stoßfugen
10 mm und die Lagerfugen 12 mm dick sein. (…)
9.3 Verband
Es muss im Verband gemauert werden, d. h., die Stoß- und Längsfugen übereinander lie-
gender Schichten müssen versetzt sein. (…)
Die Steine einer Schicht sollen gleiche Höhe haben. (…)"

Die zulässigen Toleranzen der Fugenabmessungen sind in der DIN 1053 nicht geregelt.
Die Fuge übernimmt selbst den Ausgleich der unterschiedlich ausfallenden Einzelsteine.
Bei sonstiger Einhaltung der oktametrischen Baurichtmaße gem. DIN 4172 wären damit
die zulässigen Maßtoleranzen der Verblendziegelsteine maßgebend für die zulässigen
Fugenbreiten.

Gemäß DIN 105-1: 1989-08 Mauerziegel – Vollziegel und Hochlochziegel sind die zulässigen Maßabweichungen der einzelnen Mauersteine angegeben:

Tabelle 6.1: **Maßabweichungen (gem. DIN 105-1: 1989-08)**

Spalte	1	2	3	4	5
Zeile	Maße[1]	Nennmaß	Kleinstmaß	Größtmaß	Maßspanne t
1		115	110	120	6
2		145	139	148	7
3	Länge	175	168	178	8
4	l	240	230	245	10
5	bzw.	300	290	308	12
6	Breite	365	355	373	12
7	b	490	480	498	12
8		52	50	54	3
9	Höhe[2]	71	68	74	4
10	h	113	108	118	4
11		238	233	243	6

1) Bei Vormauerziegeln und Klinkern, die für nicht tragende Verblendschalen verwendet werden sollen und die nicht im Verband mit anderem Mauerwerk gemauert werden, dürfen hiervon abweichende Werkmaße, die jedoch in folgenden Grenzen liegen müssen, gewählt werden:

Länge: $190 < l < 290$
Breite: $90 < b < 115$
Höhe: $40 < h < 113$
Die Grenzabmaße von den Werkmaßen sind entsprechend den in Spalte 3 und Spalte 4 angegebenen Maßen (bei geradliniger Einschaltung der Zwischenwerte) einzuhalten.

2) Werden Ziegel mit einer Höhe von 155 bzw. 175 mm hergestellt, so gelten die in Spalte 3 und Spalte 4 angegebenen Maße (bei geradliniger Einschaltung der Zwischenwerte) entsprechend.

Das zulässige Grenzmaß beträgt gem. DIN 18202: 1997-04 Toleranzen im Hochbau – Bauwerke – Tabelle 1, Spalte 2, Zeile 1 bei Stichmaßen bis zu 3 m: ± 12 mm.

Die zulässige Toleranzbreite ist also abhängig von dem sog. Nennmaß der Steine (geplantes Steinformat). Die Maßspanne bezeichnet den maximal zulässigen Unterschied zwischen dem größten und dem kleinsten Stein einer Lieferung. Die zulässigen Maßabweichungen beispielhaft für das Verblendmauerwerk NF haben z. B. folgende Werte:

Das Sollmaß beträgt	240 mm ·	115 mm ·	71 mm;
das Kleinstmaß darf die Abmessungen	230 mm ·	110 mm ·	68 mm und
das Größtmaß darf die Abmessungen	245 mm ·	120 mm ·	74 mm haben.

Diese Werte werden i. d. R. von allen gemessenen Steinen eingehalten. Als Folge wirtschaftlicher Erwägungen der Steinindustrie hat man in der Praxis überwiegend mit untermaßigen Steinen zu rechnen.

Berücksichtigt man die zulässigen Maßabweichungen der Steine, ergeben sich daraus die zulässigen Toleranzen für die maximalen **Stoßfugenbreiten** wie folgt:

Mindestlänge gem. DIN 105:	230 mm
oktametrische Soll-Länge:	240 mm
zulässiges Toleranzmaß:	10 mm
reguläres Fugenmaß:	10 mm
maximal zulässiges Fugenmaß:	20 mm

Hieraus ergibt sich für das **Beispiel 1,** dass 2 cm breite Stoßfugen dann keinen Regelverstoß darstellen, wenn das Steinmaß 23 cm beträgt und gleichzeitig planmäßig ein Oktameter-Rastermaß gefordert ist.

Für die **Lagerfugenhöhen** ergeben sich im Beispielfall die zulässigen Toleranzen wie folgt:

Mindesthöhe gem. DIN 105:	68,00 mm
oktametrische Soll-Höhe:	71,33 mm
zulässiges Toleranzmaß:	3,33 mm
reguläres Fugenmaß:	12,00 mm
maximal zulässiges Lagerfugenmaß:	**15,33 mm**

Beispiel 2

Von einer Architektin war folgende Leistung ausgeschrieben (stichwortartige Auflistung der im Leistungsverzeichnis vorausgesetzten Merkmale):
„Verblendmauerwerk nach DIN 1053, DF, Fugenstärke 3 mm, Lagerfugenbewehrung, Stoßfugen durchlaufend übereinander angeordnet, Überbinder d = 4 mm"

Abb. 6.13: Mauerwerk im „Stapelverband"

Die Ausführung der so ausgeschriebenen Leistung ist objektiv unmöglich.

1. Die Lagerfugen sollen einen vertikalen Ausgleich der unterschiedlichen Steinhöhen ermöglichen. Nach der DIN 105 sind Steinhöhen zulässig von 50 mm bis 54 mm. Eine Lagerfuge mit einer Dicke von 3 mm kann diesen Ausgleich nicht gewährleisten.
2. Die zitierte DIN 1053 setzt voraus, dass im Verband mit einer Steinüberdeckung von 4,5 cm gemauert wird. Gleichzeitig ist aber ein sog. „Stapelverband" gefordert, bei dem Stein auf Stein und Fuge auf Fuge sitzt.
3. Die zitierte DIN 1053 setzt Lagerfugen mit einer Stärke von 12 mm voraus. Der für eine Fugenstärke von 3 mm geeignete Dünnbettmörtel hat keine Zulassung für die Außenverwendung.
4. Die ausgeschriebenen Drahtanker mit einer Stärke von 4 mm passen nicht in die geplanten Lagerfugen mit einer Stärke von 3 mm.
5. Die vorgesehene Lagerfugenbewehrung muss bei einer Dicke von 1,5 mm nach Herstellerangabe mittig in der Lagerfuge eingebettet sein. Es verbleiben somit unterhalb

und oberhalb der Bewehrung 0,75 mm für das Mörtelbett – vorausgesetzt, dass die Steine nicht unterschiedlich hoch sind.

6. Die vorgesehene verzinkte Lagerfugenbewehrung hat eine bauaufsichtliche Zulassung nur für die Verwendung im Hintermauerwerk für eine vorübergehende Feuchtigkeitsbeanspruchung (während der Bauzeit).

7. Für die Herstellung der 3 mm breiten Verblendfugen gibt es kein geeignetes Werkzeug.

Hier hätte die Unternehmerin Bedenken gegen die Art der Ausführung anmelden müssen. Die Leistung wurde jedoch nach besten Möglichkeiten ausgeführt. In Anbetracht des Ergebnisses wurde anschließend durch die Auftraggeberseite mangelnde Schlagregendichte beanstandet und der Abriss der Verblendschale verfügt.

Beispiel 3

Die Mauerwerksabmessungen müssen vom Architekten nach dem Oktametermaß so gewählt werden, dass die Soll-Fugenbreite eingehalten werden kann. Das bedeutet, dass Wandvorlagen in Sichtmauerwerk nicht mit einem Maß von 27 cm geplant werden dürfen, weil bei sonstiger Einhaltung der Verbandsregeln und Verwendung von 24 cm langen Steinen in jeder zweiten Schicht eine überbreite Stoßfuge entsteht mit einer Breite von 27 cm – 24 cm = 3 cm.

Abb. 6.14: Maueranschlagsmaß von 27 cm führt zu überbreiten Stoßfugen

6.4.7   Dehnungsfugen

DIN 1053-1: 1996-11 Mauerwerk – Berechnung und Ausführung:

„8.4.3 Zweischalige Außenwände
8.4.3.1 Konstruktionsarten und allgemeine Bestimmungen für die Ausführung
(…)

h) In der Außenschale sollen vertikale Dehnungsfugen angeordnet werden. Ihre Abstände richten sich nach der klimatischen Beanspruchung (Temperatur, Feuchte usw.), der Art der Baustoffe und der Farbe der äußeren Wandfläche. Darüber hinaus muss die freie Beweglichkeit der Außenschale auch in vertikaler Richtung sichergestellt sein.
Die unterschiedlichen Verformungen der Außen- und Innenschale sind insbesondere bei Gebäuden mit über mehrere Geschosse durchgehender Außenschale auch bei der Ausführung der Türen und Fenster zu beachten. Die Mauerwerksschalen sind an ihren Berührungspunkten (z. B. Fenster- und Türanschlägen) durch eine wasserundurchlässige Sperrschicht zu trennen.
Die Dehnungsfugen sind mit einem geeigneten Material dauerhaft und dicht zu schließen."

Gemäß Bundesverband der Deutschen Ziegelindustrie, „Ziegelbauberatung, Ziegelwand und -bauteile", Stand: Juli 1999 [9] gilt:

„5.1.3 Dehnungsfugen und Materialverhalten
In der Außenschale sollen vertikale Dehnungsfugen angeordnet werden. Ihre Abstände richten sich nach der klimatischen Beanspruchung (Temperatur, Feuchte, Lage des Baukörpers usw.), der Art der Baustoffe und der Farbe der äußeren Wandfläche. Darüber hinaus muss die freie Beweglichkeit der Außenschale auch in vertikaler Richtung sichergestellt sein. (…)
Dehnungsfugen sind mit einem geeigneten Material dauerhaft und dicht zu schließen. (…)
Für Ziegelmauerwerk können die in Tabelle 3 genannten Richtwerte für Dehnungsfugenabstände in der Außenschale angenommen werden."

Tabelle 6.2: **Richtwert für Dehnungsfugenabstände (gem. „Ziegelbauberatung, Ziegelwand und -bauteile")**

Ziegel-Wandsystem	Dehnungsfugenabstand in m	
	Vertikalfugen	**Horizontalfugen bzw. Abfangungen**
Ziegel- Verblendmauerwerk mit Luftschicht, auch mit zusätzlicher Wärmedämmung	10–12[1]	
Kerndämmung	6– 8[1]	12 Bei Schalendicke < 11,5 cm ≥ 9 cm
Verblendmauerwerk mit Putzschicht	10–12[1]	6
Einschaliges Verblendmauerwerk	entspr. Gründung, Form und Abmessungen der Gebäude (Gebäudefugen)	

1) Bei stark besonnten Flächen, dunklen Steinoberflächen, hochwärmedämmendem Untergrund und/oder bei Verblendschalen mit geringer Masse sind die geringeren Abstände zu wählen.

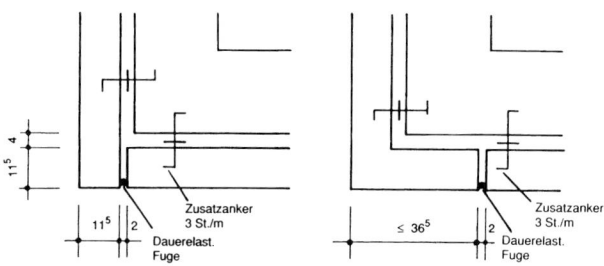

Vertikale Bewegungsfugen an Hausecken

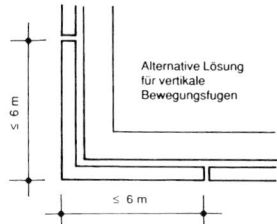

Alternative Lösung
für vertikale
Bewegungsfugen

Abb. 6.15: Bewegungsfugen

Gemäß Wessig, „KS-Maurerfibel" [11] gilt:

„5.4 Wo sind im KS-Mauerwerk Bewegungsfugen erforderlich?
(…) 2. Arten von Bewegungsfugen
(…) Fugen in Verblendschalen
Hier müssen nach DIN 1053 Teil 1 Abschnitt 8.4.3.2 Dehnungsfugen angeordnet wer-
den.
Senkrechte Dehnungsfugen sind an den Gebäudeecken erforderlich, zusätzlich bei langen
Wandflächen Dehnungsfugen im Abstand von ca. 8 m. (…)"

Die Längenänderung errechnet sich nach folgender Formel:

ΔL^T	=	$\alpha T \cdot \Delta T \cdot L$
ΔL^T	=	Längenänderungsdifferenz
αT	=	materialspezifischer Temperaturausdehnungskoeffizient
ΔT	=	planmäßige Temperaturspreizung des Materials im Einbauzustand
L	=	Bauteillänge

6.4.8   Verband

Häufig zu beanstanden und nicht hinnehmbar sind Abweichungen von den Verbandsregeln.

DIN 1053-1: 1996-11 Mauerwerk – Berechnung und Ausführung:

„9.3 Verband
Es muss im Verband gemauert werden, d. h. die Stoß- und Längsfugen übereinander lie-
gender Schichten müssen versetzt sein.
Das Überbindemaß ü (siehe Bild 13) muss ≥ 0,4 h bzw. ≥ 45 mm sein, wobei h die Stein-
höhe (Sollmaß) ist. (…)

Die Steine einer Schicht sollen gleiche Höhe haben. (…) In Schichten mit Längsfugen darf die Steinhöhe nicht größer als die Steinbreite sein.
(…) Dies gilt sinngemäß auch für Pfeiler und kurze Wände."

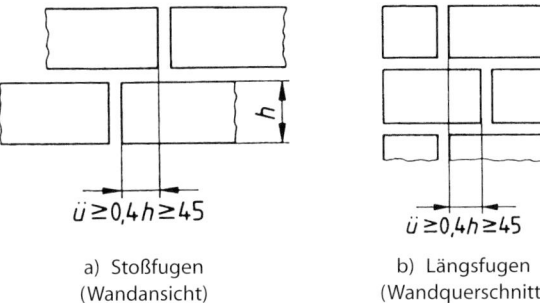

a) Stoßfugen (Wandansicht)

b) Längsfugen (Wandquerschnitt)

Abb. 6.16: DIN 1053-1 Bild 13 a) + b)

Die DIN 1053 schreibt eine Überbindelänge von $0,4 \cdot h$ vor. Dieses ergibt für die 2 DF-Steine eine Überbindelänge von 4,5 cm.

Wird die erforderliche Mindest-Überbindelänge an einer Vielzahl von Stellen nicht eingehalten, liegt ein nicht hinnehmbarer Mangel in Form eines Verstoßes gegen die allgemein anerkannten Regeln der Technik vor, da die notwendige Verzahnung fehlt, um der Wand in statischer Hinsicht eine „Scheibenwirkung" zu verleihen.

Ist planmäßig ein „wilder Verband" vorgesehen, müssen etwa 8 Köpfe/m^2 Verblendfläche unregelmäßig in der Fläche vermauert werden. Das Fehlen dieser Köpfe führt zu einem ungewollt teilregelmäßigen Verband und stellt damit einen Mangel dar.

Abb. 6.17: Regelmäßiger „wilder Verband"

6.4.9 Drahtanker

Gemäß DIN 1053-1: 1996-11 Mauerwerk – Berechnung und Ausführung beträgt der Abstand der Drahtanker von der Innenkante der Außenschale mindestens 50 mm und von der Außenkante der Außenschale mindestens 30 mm.

Sichtbar verbleibende Anker stellen einen Mangel dar, weil die Druckkräfte von der Schale nicht aufgenommen werden können.

Abb. 6.18: Der Drahtanker ist an der Fugenoberfläche sichtbar.

6.4.10   Wärmebrücken

Wärmebrücken in dem Außenwandquerschnitt entstehen bauablaufbedingt oft an den Schnittstellen mehrerer Gewerke. Die Wärmedämmung wird beim Aufmauern der Verblendschale hergestellt. Die Fensteröffnungen bleiben ausgespart bis zum Einbau der Fensterelemente. Ist der Einbau erfolgt, verbleibt eine klaffende Fuge zwischen der Blendrahmen-Unterkante und dem oberen Ende der Dämmschicht im Brüstungsbereich. Selten erfolgt hier eine Nachbesserung vor oder während der Fensterbankmontage. Regelmäßig entsteht dann im Zusammenwirken der Nachfolgegewerke ein Kontakt zwischen der Außenfensterbank und der Innenfensterbank über das jeweilige Mörtelbett. Mit Beginn der Nutzung entsteht dann ein Tauwasserausfall am Untergurt des Blendrahmens und im Bereich des Fensterbank-Leibungsanschlusses.

Abb. 6.19: Wärmebrücke unterhalb des Fensters durch horizontale Lücke der Wärmedämmung

6.4.11   Stürze

Verblendstürze

Verblendstürze können bei kurzen Spannweiten als scheitrechte Bögen gemauert werden. Aus optischen Gründen und zur Verbesserung der Gewölbewirkung sollten handwerklich gemauerte Grenadier-Stürze einen Stich (Aufwölbung nach oben) und geneigte Leibungsanschlüsse erhalten. Werden Verblendfertigteilstürze verwendet, muss ein statischer Nachweis vorliegen. Insbesondere muss hieraus oder aus der Typenzulassung erkennbar sein, welche Auflagerreaktionen zu erwarten sind und ob die Anschlussfuge im Auflagerbereich elastisch ausgebildet werden muss. Besteht eine kraftschlüssige Verankerung mit der tragenden Schale, folgt der Verblendsturz in „Solidargemeinschaft" der Durchbiegungsverformung des Hintermauerwerksturzes. Sofern es dann gleichzeitig in der Verblendschale oberhalb zu einer selbstständigen Gewölbewirkung kommt oder dort Abfangkonsolen vorhanden sind, entsteht bei starrer Verfugung ein Horizontalriss oberhalb des Sturzes. Vorbeugend muss bei diesen Konstruktionen eine elastische Fuge vorgesehen werden, die unauffällig besandet werden kann.

Vorgespannte Flachstürze

Die Verwendung von handelsüblichen vorgespannten Flachstürzen im Hintermauerwerk bedingt die Einhaltung der Herstellervorschriften hinsichtlich der Auflagerlänge und die Beachtung der statisch vorausgesetzten und notwendigen Druckzone im Bereich oberhalb des Sturzes. Versagt die Druckzone, ist der Flachsturz allein statisch nicht mehr tragfähig.

Gemäß „Richtlinie für die Bemessung und Ausfülıung von Flachstürzen" (berichtigte Fassung Juli 1979) [12] gilt:

„5. Herstellung der Druckzone
5.1 Die Druckzone ist aus Mauerwerk im Verband mit vollständig gefüllten Stoß- und Lagerfugen oder aus Beton einer Festigkeitsklasse von mindestens B 15 bzw. LB 15 oder aus Mauerwerk und Beton herzustellen.
5.2 Für die Druckzone aus Mauerwerk dürfen Voll- oder Hochlochziegel A nach DIN 105, Kalksand-Voll- und Lochsteine nach DIN 106 und Vollsteine aus Leichtbeton nach DIN 18152 mit einer Druckfestigkeit von mindestens 15 N/mm² verwendet werden. Hochlochziegel mit versetzten oder diagonal verlaufenden Stegen dürfen nur verwendet werden, wenn ihre Druckfestigkeit mindestens 25 N/mm² beträgt und der Querschnitt keine Griffschlitze aufweist. Der Mauermörtel muss mindestens eine Druckfestigkeit von 2,5 N/mm² (entspr. Mörtelgruppe II nach DIN 1053, Teil 1) aufweisen.
(…) 7. Einbau der Flachstürze
(…) 7.2 Die Zuggurte sind am Auflager in ein Mörtelbett zu verlegen. Die Tiefe des Auflagers muss mindestens 11,5 cm betragen. (…) "

Abb. 6.20: Unzulässige Auflage von Flachstürzen auf Winkelverbindern

6.5   Betonarbeiten (DIN 18331)

6.5.1   Sichtbeton

Da der Begriff „Sichtbeton" häufig in Ausschreibungen selbstständig als vermeintliche Definition eines Qualitätsmerkmals verwendet wird, kommt es regelmäßig zu Beanstandungen an der Ausführung. Entgegen vielfacher Meinung ist aber mit dieser Begrifflichkeit keine gängige Regelung angesprochen. Vielmehr bedarf es immer einer individuellen Vereinbarung z. B. über folgende Kriterien:

- Oberflächenstruktur
- Farbigkeit
- Kantenausbildung
- optische Aufteilung der Schalbrett- und Schalelementstöße
- optische Aufteilung von Fugen
- optische Anordnung und Art des späteren Verschlusses der Ankerlöcher

Bewährt hat sich der konkrete Bezug auf Referenzobjekte, mit der Einschränkung, dass projektspezifische Produktionsmethoden nicht vollständig reproduzierbar sind, da Witterungsbedingungen und Zuschläge Schwankungen unterliegen.

Eine aus praktischer Sicht gute Festlegung der Sichtbetonmerkmale liegt mit dem Merkblatt „Sichtbeton – Merkblatt für Ausschreibung, Herstellung und Abnahme von Beton mit gestalteten Ansichtsflächen", herausgegeben vom Bundesverband der Deutschen Zementindustrie [13] vor.

„4 Beurteilung und Abnahme
4.1 Allgemeines
An Ansichtsflächen werden architektonisch-gestalterische Ansprüche gestellt, die dem individuellen ästhetischen Empfinden des Planers oder Betrachters entsprechen. Daher müssen Anforderungen an das Aussehen in der Leistungsbeschreibung so erschöpfend beschrieben worden sein, dass eine nachträgliche Beurteilung möglich ist. Vergleichsbauwerke oder Musterflächen sind dann in die Beurteilung mit einzubeziehen, wenn sie vertraglich vereinbart wurden. Die objektive Beurteilung setzt gleichermaßen Kenntnisse auf den Gebieten Betontechnologie, Schalungstechnik und Bauausführung voraus. (…)
4.2 Gesamteindruck
Der optische Gesamteindruck eines Bauwerks oder Bauteils sollte aus angemessener Entfernung beurteilt werden. Folgende Betrachtungsabstände haben sich in der Praxis bewährt: Bauwerk: Die angemessene Entfernung entspricht dem Abstand, der erlaubt, das Bauwerk in seinen wesentlichen Teilen zu erfassen. Dabei müssen maßgebende Gestaltungsmerkmale erkennbar sein.
Bauteile: Die angemessene Entfernung entspricht dem üblichen Betrachterabstand des Nutzers.
Es sollte sich ein harmonisches Gesamtbild einstellen. Zufällige Unregelmäßigkeiten der Struktur oder der Farbe sind für die Technologie des Sichtbetons charakteristisch und bei der Beurteilung des Gesamteindrucks zu berücksichtigen. Abweichungen, wie beispielsweise Farbtonunterschiede nebeneinander liegender Schalungs- oder Betonierabschnitte oder ungleichmäßige Porenverteilung innerhalb einer Fläche, dürfen nicht so groß sein, dass sie bei objektiver Betrachtung als störend empfunden werden.
4.3 Einzelkriterien
Bei einer konkreten Bauaufgabe ist es unter Umständen notwendig, Einzelkriterien für die Beurteilung von Betonflächen mit Anforderungen an das Aussehen heranzuziehen. Es

wird aber ausdrücklich darauf hingewiesen, dass für die Beurteilung dieser Flächen der Gesamteindruck maßgebend ist.

Bei der Beurteilung ist zu prüfen, ob das Ergebnis der Ausführung auf der Grundlage der vertraglich zugesicherten Eigenschaften bauart- und baustofftypisch ist.

Negativ ist zu bewerten, wenn bestimmte, mit zumutbarem Aufwand vermeidbare Abweichungen systematisch aufgetreten sind und keine diesbezüglichen Korrekturen während der Bauzeit erfolgten.

Vermeidbare Abweichungen *im Erscheinungsbild der Ansichtsfläche sind:*
– *Verdichtungsfehler (z. B. Kiesnester, unverdichtete Stellen)*
– *Häufung von Rostspuren*
– *Mörtelreste („Nasen") bei vertikalen Bauteilen an Arbeitsfugen*
– *willkürliche Anordnung von Schalungsankern*
– *handwerklich unsaubere Kantenausbildung*
– *sich stark abzeichnende Schüttlagen*
– *starke Versätze an Stößen von Schalelementen und Bauteilanschlüssen*
– *starke Ausblutungen (freiliegende Kornstruktur durch Austreten von Zementleim) an Schalbrett- und Schalelementstößen sowie an Ankerlöchern*
– *starke Schleppwassereffekte*
– *starke Wolkenbildung und starke Marmorierungen*
– *Farbunterschiede infolge verschmutzter oder unsachgemäß gelagerter Schalung, nicht „gealterter" Schalhaut oder bei mit neuen Brettern ausgebesserter Schalhaut*
– *Unsauberer oder nicht einheitlicher Verschluss der Ankerlöcher, falls verlangt.*

Bedingt vermeidbare Abweichungen *im Erscheinungsbild der Ansichtsfläche sind solche, denen zwar durch bestimmte Maßnahmen tendenziell entgegengewirkt werden kann, bei denen jedoch ein Erfolg der Maßnahmen nicht immer eintritt, wie:*
– *Wolkenbildung und Marmorierungen*
– *Farbunterschiede zwischen aufeinander folgenden Schüttlagen*
– *Porenanhäufung im oberen Teil von vertikalen Bauteilen*
– *sich abzeichnende Bewehrung oder sich abzeichnendes Grobkorn infolge Berührung der Bewehrung beim Verdichten (unterschiedliche Wasserzementwerte)*
– *geringe Ausblutungen an Schalbrett- und Schalelementstößen sowie an Ankerlöchern*
– *Schleppwassereffekte in geringer Anzahl und Ausdehnung*
– *einzelne Kalk- und Rostfahnen an vertikalen Bauteilen*
– *Verfärbung an Untersichten von horizontalen Bauteilen durch Rostablagerungen auf der Schalhaut*
– *kleine Kantenabbrüche bei der Ausführung scharfer Kanten*

Herstellungstechnisch nicht zielsicher erfüllbare Forderungen *an die Ansichtsfläche sind:*
– *völlig gleichmäßige Farbtönung aller Ansichtsflächen*
– *völlig gleichmäßige Porenstruktur (Porengröße und -verteilung)*
– *porenfreie Ansichtsflächen*
– *ausblühungsfreie Ortbetonbauteile*

4.4 Ausbesserungen

Es kann bei der Ausführung von Betonflächen mit Anforderungen an das Aussehen trotz größter Sorgfalt zu Fehlstellen kommen. DIN 18217, Abschn. 2.3.1, Abs. (6) [1981-12 Betonflächen und Schalungshaut] lässt deshalb für derartige Flächen eine material- und fachgerechte Ausbesserung zu. (…)"

Abb. 6.21: Unruhige Oberfläche durch Farbunregelmäßigkeiten

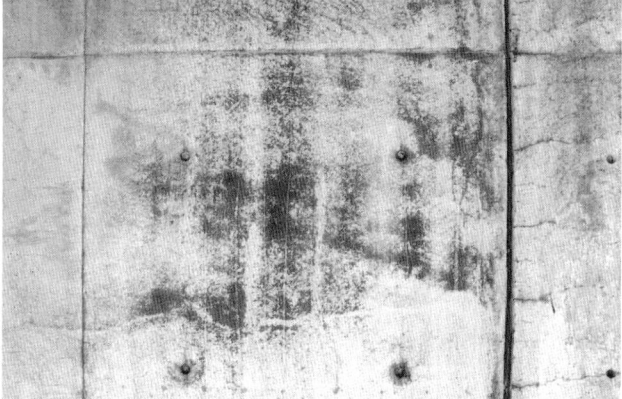

Abb. 6.22: Unruhige Oberfläche durch Farbunregelmäßigkeiten

6.5.2   Weiße Wannen/WU-Beton

Unterirdische Baukörper wie Tiefgaragen und Gebäudekeller, die im Einflussbereich von Grund- oder Schichtenwasser liegen, müssen nach den Regeln der DIN 18195-6 Abdichtung von Bauwerken gegenüber dem Lastfall „drückendes Wasser" geschützt werden. Steht infolge einer funktionsfähigen Drainageanlage gem. DIN 4095 oder auch auf Grund hinreichender Versickerungsfähigkeit des anstehenden Bodens kein drückendes Wasser an, kann die Abdichtung der unterirdischen Bauteile gem. DIN 18195-4 für den Lastfall „Bodenfeuchtigkeit" dimensioniert werden.

Die Regelungen der DIN 18195 beschränken sich auf Außenhautabdichtungen, bei denen die feuchtigkeitsbeanspruchte Außenseite durch bituminöse Abdichtungsbahnen, Kunststoffabdichtungsbahnen, kunststoffmodifizierte Bitumendickbeschichtungen oder anderweitige Alternativbeschichtungen geschützt wird. Die Bauteile selbst (Sohle, Wände und Decke) übernehmen hierbei keine abdichtende Funktion.

Dem Stand der Technik entsprechend kann die Abdichtungswirkung jedoch auch alternativ durch Sperrbeton oder **WU-Beton** (wasserundurchlässiger Beton) sichergestellt werden. Werden hierbei mehrere Bauteile aus WU-Beton nach geeigneten Herstellungsverfahren zu Gebäudeteilen mit einer Wannenwirkung zusammengefügt, spricht man von sog. „weißen Wannen". Nach den gängigen Regelwerken sind für die Konstruktion von weißen Wannen für folgende Bereiche Festlegungen getroffen worden:

- Wasserundurchlässiger Beton
- Rissbewehrung
- Konstruktive Ausbildung von Arbeitsfugen und Anschlüssen

Im Einzelnen sind die entsprechenden Anforderungen nach folgenden Regelwerken zu erfüllen:

- **Wasserundurchlässiger Beton**
Entsprechend dem Merkblatt „Betone mit besonderen Eigenschaften", Zement-Merkblatt Betontechnik, herausgegeben vom Bundesverband der Deutschen Zementindustrie e. V., Stand: Juni 2000 [14] gilt:

„1.1 Anforderungen
Als wasserundurchlässig wird ein Beton bezeichnet, der so dicht ist, dass die größte Wassereindringtiefe bei der Prüfung nach DIN 1048 Teil 1 (Mittel von 3 Probekörpern) 50 mm nicht überschreitet. Bei richtiger Zusammensetzung, einwandfreiem Einbau und guter Nachbehandlung des Betons ergeben sich Wassereindringtiefen von nur 10 bis 20 mm. Wasserundurchlässiger Beton ist auch widerstandsfähig gegen schwachen chemischen Angriff nach DIN 4030 und je nach Zusammensetzung und verwendetem Zuschlag widerstandsfähig gegen Frost."

DIN 1045-2: 2001-07 Tragwerke aus Beton, Stahlbeton und Spannbeton – Beton; Festlegung, Eigenschaften, Herstellung und Konformität:

„5 Anforderungen an Beton und Nachweisverfahren
(…)
5.5 Anforderungen an Festbeton
(…)
5.5.3 Wassereindringwiderstand
Der dritte Absatz wird hinzugefügt:
Wenn der Beton einen hohen Eindrigwiderstand haben muss, so muss er
– bei Bauteildicken über 0,40 m einen Wasserzementwert w/z ≤ 0,70 aufweisen,
– bei Bauteildicken bis 0,40 m einen Wasserzementwert w/z ≤ 0,60 sowie mindestens
einen Zementgehalt von 280 kg/m³ (bei Anrechnung von Zusatzstoffen 270 kg/m³) aufweisen. Die Mindestdruckfestigkeitsklasse C25/30 ist einzuhalten."

- **Rissbewehrung**
Da Stahlbeton-Bauteile trotz der ordnungsgemäßen Verwendung von wasserundurchlässigem Rezeptbeton ihre abdichtende Wirkung durch Risse einbüßen, ist in der DIN 1045 unter Punkt 17.6 definiert, welche Mindestbewehrung zur Beschränkung der Rissbreite bei wasserundurchlässigen Bauteilen erforderlich ist. Feinrisse können auftreten durch:

- Schwinden
- Hydratation des Zements
- Bauwerksverformungen.

DIN 1045-1: 2001-07 Tragwerke aus Beton, Stahlbeton und Spannbeton – Bemessung und Konstruktion:

„11.2 Begrenzung der Rissbreiten und Nachweis der Dekompression
11.2.1 Allgemeines
(1) Rissbildung ist in Betonzugzonen nahezu unvermeidbar. Die Rissbreite ist so zu beschränken, dass die ordnungsgemäße Nutzung des Tragwerks sowie sein Erscheinungs-bild und die Dauerhaftigkeit als Folge von Rissen nicht beeinträchtigt werden.
(…)
(6) Die Anforderungen an die Dauerhaftigkeit und das Erscheinungsbild eines Bauteils gelten im Sinne dieses Abschnitts als erfüllt, wenn die Anforderungen nach Tabelle 18 und Tabelle 19 eingehalten sind. Für Bauteile mit besonderen Anforderungen (z. B. Wasser-behälter) können strengere Begrenzungen der Rissbreite erforderlich sein. Diese sind jedoch nicht Gegenstand dieser Norm. (…)"

Entsprechend dem Merkblatt „Rissbewehrung – Mindestbewehrung zur Beschränkung der Rissbreite bei wasserundurchlässigen Bauteilen", herausgegeben vom Bundesver-band der Deutschen Zementindustrie e. V., Stand: Dezember 1996 [15], sind die Voraus-setzungen beschrieben, die betontechnologisch, konstruktiv und bautechnisch erfüllt werden müssen, um die Mindestbewehrung gem. DIN 1045 z. B. bei Innenbauteilen des üblichen Hochbaus oder bei Bauteilen, bei denen breite Risse unbedenklich sind, gefahrlos unterschreiten zu können.

Zu den konstruktiven Maßnahmen für Bauteile im Grundwasser hingegen gehört die Beurteilung der rechnerischen Rissbreite im Hinblick auf das sog. **Druckgefälle.** Das Druckgefälle ist das Verhältnis der Druckwasserhöhe h^D zur Bauteildicke d^B. Die rech-nerische Rissbreite wird unter der Bezeichnung w^{cal} geführt.

Tabelle 6.3: **Rechnerische Rissbreite**

h^D/d^B	w^{cal}
$\leq 2,5$	0,20 mm
≤ 5	0,15 mm
≥ 5	0,10 mm

● **Konstruktive Ausbildung von Arbeitsfugen und Anschlüssen**
Beton und Stahlbetonbauteile lassen sich i. d. R. nicht in einem Arbeitsgang, sondern in zeitlich getrennten Betonierabschnitten herstellen. Frischbeton trifft hierbei auf bereits abgebundenen oder erhärteten Beton. Auf diese Weise entstehen unvermeidbare Arbeitsfugen zwischen den Betonierabschnitten. Innerhalb von „weißen Wannen" bil-den derartige Arbeitsfugen naturgemäß einen Risikobereich.

DIN 1045-3: 2001-07 Tragwerke aus Beton, Stahlbeton und Spannbeton – Bauausführung:

„8 Betonieren
(…) 8.4 Vorbereiten des Betonierens
(…)
(5) Arbeitsfugen sind so auszubilden, dass alle dort auftretenden Beanspruchungen auf-genommen werden können und ein ausreichender Verbund der Betonschichten sicherge-stellt ist. Vor dem Weiterbetonieren sind Verunreinigungen, Zementschlempe und loser Beton zu entfernen und die Arbeitsfugen ausreichend vorzunässen. Zum Zeitpunkt des

Anbetonierens muss die Oberfläche des älteren Betons mattfeucht sein, damit sich der Zementleim des neu eingebrachten Betons mit dem älteren gut verbinden kann. (...)"

Gemäß dem Merkblatt „Arbeitsfugen", herausgegeben vom Bundesverband der Deutschen Zementindustrie e. V., Stand: September 1998 [16] gilt:

„2 Ausführung der Arbeitsfugen
Erforderliche Maßnahmen beim Herstellen von Arbeitsfugen sind: (...)
– Arbeitsfugen in wasserdichten Bauteilen abdichten (z. B. mit Fugenband oder Fugenblech) (...)
– Arbeitsfuge Fundamentplatte/Wand
Arbeitsfugen zwischen Fundamentplatte und Wand (...) müssen bei wasserdichten Bauwerken besonders sorgfältig ausgeführt werden. Eine zusätzliche Sicherung der Arbeitsfugen ist zweckmäßig. (...)"

Es entspricht dem Stand der Technik, dass die Arbeitsfuge zwischen der Fundamentbzw. Sohlplatte und der aufgehenden Wand entweder mit einem innen liegenden, senkrecht stehenden Fugenblech, einem innen liegenden, senkrecht stehenden Elastomer-Fugenband oder einem außen liegenden Fugenband gegen das Eindringen von Druckwasser gesichert wird. Auch die Verwendung von Injektionsschläuchen ist seit Herausgabe des DBV-Merkblatts „Verpresste Injektionsschläuche für Arbeitsfugen", herausgeben vom Deutschen Beton-Verein e. V. [17] dem Stand der Technik zuzurechnen.

Sofern es sich hinterher unter Druckwasserbelastung herausstellt, dass die planmäßig vorausgesetzte Dichtigkeit in der Praxis partiell nicht erreicht wird, kann von der Raumseite her über eine Druckinjektion flüssiges Abdichtungsmaterial in die Fuge eingepresst werden. Diese Nachverpressung kann entweder über nachträglich in die Fuge eingebohrte „Packer" (Injektionsdüsen) erfolgen oder über sog. Injektions- oder Verpressschläuche, die bereits vor dem Betonieren der aufgehenden Wände als prophylaktische Sicherheitsmaßnahme in die Arbeitsfuge fest eingesetzt worden sind.

Die Verpressschläuche verfügen über seitliche Austrittschlitze, über die die Injektage unter Druck in den Arbeitsfugenraum gelangt und dort in der Lage ist, etwaige Hohlräume oder Betonnester zu verfüllen und abzudichten. Das Verpressmaterial wird mit geeignetem Gerät unter Druck in die Schlauchenden eingebracht, die zu diesem Zweck an einer definierten Stelle im Wandbereich befestigt sind. Unterschieden wird zwischen Systemen mit Einfach-Injektion, bei denen die Schläuche ihre Durchlässigkeit durch das Injektionsmaterial einbüßen, und Produkten, die eine Mehrfach-Verpressung gestatten.

Die Verarbeitungsvorschriften der handelsüblichen Fabrikate sehen für die lagemäßige Fixierung der Schlauchenden die Verwendung von sog. „Verwahr-Dosen" vor. Diese Dosen ähneln den bekannten Elektro-Unterputzdosen. Sie schließen flächenbündig mit der Oberfläche der Stahlbetonwand ab und beherbergen die Verpressschlauch-Enden dauerhaft, damit diese im Bedarfsfall ständig zugänglich sind. Die Installationshöhe der Verwahr-Dosen wird von den Herstellern i. d. R. mit einer planmäßigen Höhe von 30 cm über Oberkante Rohbetonsohle angegeben.

Gemäß DBV-Merkblatt „Verpresste Injektionsschläuche für Arbeitsfugen", Stand: Juni 1996, herausgegeben vom Deutschen Beton-Verein e. V. [17] gilt:

„3.3 Schlauchbefestigung und Schlauchführung
(...) Die Durchgängigkeit, Zugänglichkeit, ggf. Kennzeichnung und die geschützte Lage der Schlauchenden sind für das spätere Verpressen sicherzustellen. Es besteht auch die

Möglichkeit, die Injektionsschlauchenden durch so genannte Nagelpacker, Variopacker oder Verwahrdosen zu befestigen."

Die präzise Position der Dosen wird durch den Verarbeiter in einem reproduzierbaren Protokoll festgehalten, damit die Schlauchenden auch dann noch verfügbar sind, wenn die Dosen selbst später durch den Wandputz verdeckt sein sollten.

Gemäß DBV-Merkblatt „Verpresste Injektionsschläuche für Arbeitsfugen", Stand: Juni 1996 herausgegeben vom Deutschen Beton-Verein e. V. [17] gilt:

„4. Dokumentation
Der Auftragnehmer muss im Rahmen seiner Eigenüberwachung die Ausführung der Arbeiten dokumetieren. Bei Ausführung der Injektionsarbeiten muss ein tägliches Protokoll angefertigt werden, (…)
Nach Abschluss der Arbeiten sollte die Gesamtdokumentation folgende Unterlagen enthalten:
- *Technische Angaben der Materialhersteller für das Injektionsschlauchsystem und das Injektionsmaterial*
- *Lage des Injektionsschlauches und der -anschlüsse*
- *Tägliche Injektionsprotokolle mit Angaben zu Material- und Bauteiltemperatur, Art, Verbrauch und Chargennummer des Injektionsmaterials*
- *Ausführungsanleitung für die Verlege- und Injektionsarbeiten"*

Dehnungsfugen
Dehnungsfugen werden mit Fugenbändern in gleicher Weise ausgebildet wie Arbeitsfugen, mit dem Unterschied, dass hier in Bandmitte eine Hohlkammer angeordnet ist, um die Verformungen aus den angrenzenden Bauteilanschlüssen aufzunehmen. Die Profile bestehen aus **Dehnteilen** zur Aufnahme der Verformungen und **Dichtteilen** zur Verhinderung der Wasserumläufigkeit von einbetonierten Fugenbandschenkeln.

6.5.3   Betonfestigkeitsklassen gem. DIN EN 206-1

Gemäß DIN 1045 unterscheidet man zwischen den Expositionsklassen nach Betonangriff und Bewehrungsangriff:

Tabelle 6.4: **Definition der Expositionsklassen (gem. DIN 1045)**

Expositionsklassen, Definition	
Bewehrungsangriff	**Betonangriff**
Karbonatisierung	**Frost**
XC = Carbonation	XF = Freezing
Chloride	**Chem. Angriff**
XD = Deicing	XA = Aggressive
Meerwasser	**Verschleiß**
XS = Seawater	XM = Mechanical

Bei der Abnahme muss anhand der Expositionsklassen geprüft werden, ob die Zuordnung zum betreffenden Bauteil zutreffend vorgenommen worden ist. Hier hat der Bundesverband der Deutschen Transportbetonindustrie e. V. folgende Aufstellung in Anlehnung an die DIN 1045 vorgenommen:

Tabelle 6.5: **Expositionsklassen, Zuordnung zu den Bauteilen (gem. DIN 1045)**

Klassen-bezeich-nung	Umgebung	Beispiele	Mindest-festigkeits-klasse
kein Korrosions- oder Angriffsrisiko			
X0	Alle Expositionsklassen außer XF, XA, XM	– Fundamente ohne Bewehrung und ohne Frost – Innenbauteile ohne Bewehrung	C8/10
Bewehrungsangriff, ausgelöst durch Karbonatisierung			
XC1	Trocken oder ständig nass	– Bauteile in Innenräumen mit üblicher Luftfeuchte (einschl. Küche, Bad, Waschküche in Wohngebäuden) – Beton, der ständig in Wasser getaucht ist	C16/20
XC2	Nass, selten trocken	– Teile von Wasserbehältern, Gründungsbauteile	C16/20
XC3	Mäßige Feuchte	– Bauteile, zu denen Außenluft häufig oder ständig Zugang hat, z. B. offene Hallen; Innenräume mit hoher Luftfeuchtigkeit, z. B. in gewerblichen Küchen, Bädern, Wäschereien, in Feuchträumen von Hallen-bädern und in Viehställen	C20/25
XC4	Wechselnd nass und trocken	– Außenteile mit direkter Beregnung	C25/30
Bewehrungsangriff, verursacht durch Chloride, ausgenommen Meerwasser			
XD1	Mäßige Feuchte	– Bauteile im Sprühnebelbereich von Verkehrsflächen	C30/37
XD2	Nass, selten trocken	– Solebäder – Bauteile, die chloridhaltigen Industrieabwässern ausgesetzt sind	C35/45
XD3	Wechselnd nass und trocken	– Teile von Brücken mit häufiger Spritzwasserbeanspruchung – Fahrbahndecken, Parkdecks	C35/45
Bewehrungsangriff, verursacht durch Chloride aus Meerwasser			
XS1	Salzhaltige Luft, kein unmittelbarer Kontakt mit Meerwasser	– Außenbauteile in Küstennähe	C30/37
XS2	Unter Wasser	– Bauteile in Hafenanlagen, die ständig unter Wasser liegen	C35/45
XS3	Tidebereiche, Spritz-wasser- und Sprühnebel-bereiche	– Kaimauern in Hafenanlagen	C35/45
Betonangriff, verursacht durch Frostbeanspruchung mit und ohne Taumittel			
XF1	Mäßige Wassersättigung, ohne Taumittel	– Außenbauteile	C25/30

Klassen-bezeich-nung	Umgebung	Beispiele	Mindest-festigkeits-klasse
XF2	Mäßige Wassersättigung, mit Taumittel	– Betonbauteile im Sprühnebel- oder Spritzwasserbereich taumittelbehandelter Verkehrsflächen, soweit nicht XF4 – Betonbauteile im Sprühnebelbereich von Meerwasser	C35/45
XF3	Hohe Wassersättigung, ohne Taumittel	– Offene Wasserbehälter – Bauteile in der Wasserwechselzone von Süßwasser	C35/45
XF4	Hohe Wassersättigung, mit Taumittel	– Verkehrsflächen, die mit Taumittel behandelt werden – Überwiegend horizontale Bauteile im Spritzwasser-bereich taumittelbehandelter Verkehrsflächen – Räumerlaufbahnen von Kläranlagen – Meereswasserbauteile in der Wasserwechselzone	C30/37
Betonangriff, verursacht durch chemische Beanspruchung			
XA1	Chemisch schwach angreifende Umgebung	– Behälter von Kläranlagen – Güllebehälter	C25/30
XA2	Chemisch mäßig angreifende Umgebung und Meeresbauwerke	– Betonbauteile, die mit Meereswasser in Berührung kommen – Bauteile in betonangreifenden Böden	C35/45
XA3	Chemisch stark angreifende Umgebung	– Industriewasseranlagen mit chemisch stark angreifenden Abwässern – Gärfuttersilos und Futtertische in der Landwirtschaft – Kühltürme mit Rauchgasableitung	C35/45
Betonangriff, verursacht durch Verschleißbeanspruchung			
XM1	Mäßige Verschleiß-beanspruchung	– Tragende oder aussteifende Industrieböden mit Beanspruchung durch luftbereifte Fahrzeuge	C30/37
XM2	Starke Verschleiß-beanspruchung	– Tragende oder aussteifende Industrieböden mit Beanspruchung durch luft- oder vollgummi-bereifte Gabelstapler	C35/45
XM3	Sehr starke Verschleiß-beanspruchung	– Tragende oder aussteifende Industrieböden mit Beanspruchung durch elastomer- oder stahlrollen-bereifte Gabelstapler – Oberflächen, die häufig mit Kettenfahrzeugen befahren werden – Wasserbauwerke in geschiebebelasteten Gewässern, z. B. Tosbecken	C35/45

Für die unterschiedlichen Bauteile liegt eine Zuordnung in Expositionsklassen, aufgestellt vom Bundesverband der Deutschen Transportbetonindustrie e. V., wie folgt vor:

Tabelle 6.6: Zuordnung der Bauteile zu den Expositionsklassen (gem. DIN 1045)

Detail	Kurzbezeichnung	(OZ)	Bauteil	Betonfestigkeit Alt	Neu	Expositionsklasse	Betondeckung C_{min} [mm]
2.1	Streifenfundam., nicht bindiger Boden	2.1.1	Streifenfundamente	B15	C12/15	X0 unbewehrt	
		2.1.2	Bodenplatten	B15	C12/15	X0 unbewehrt	
		2.1.3	Wände	B25	C20/25	XC2	20
2.2	Streifenfundam., bindiger Boden	2.2.4	Streifenfundamente	B15	C12/15	X0 unbewehrt	
		2.2.5	Bodenplatten	B15	C16/20	XC1	10
		2.2.6	Wände	B25	C20/25	XC2	20
2.3	Streifenfunda., hochw. genutz. Keller, bind. Boden	2.3.4	Streifenfundamente	B15	C12/15	X0 unbewehrt	
		2.3.5	Bodenplatten	B15	C16/20	XC2	20
		2.3.6	Wände	B25	C20/25	XC2	20
2.10	Bodenpl. und Kelleraußenw., drückendes Wasser	2.10.1	Sauberkeitsschichten	B10	C8/10	X0 unbewehrt	
		2.10.2	Bodenplatten	B25	C25/30	XC4	25
		2.10.3	Aufkantungen	B25	C25/30	XC4	25
2.11	Bodenpl. und Kelleraw., drück. W., hochw. genutzter Keller	2.11.1	Sauberkeitsschichten	B10	C8/10	X0 unbewehrt	
		2.11.2	Bodenplatten	B25	C25/30	XC4	25
		2.11.3	Aufkantungen	B25	C25/30	XC4	25
2.20	Streifenfundam., nicht unterk. Bauteil	2.20.3	Streifenfundamente	B25	C25/30	XF1 unbewehrt	
		2.20.4	Bodenplatten	B25	C25/30	XC2	20
2.21	Übergang von unterkellertem zu nicht unterk. Bauteil	2.21.6	Auffüllungen im Erdreich	B10	C8/10	X0 unbewehrt	
		2.21.7	Streifenfundamente	B15	C12/15	X0 unbewehrt	
		2.21.8	Bodenplatten	B15	C16/20	XC2	20
2.22	Schacht im Fundamentbereich	2.22.1	Sauberkeitsschichten	B10	C8/10	X0 unbewehrt	
		2.22.2	Bodenplatten	B25	C25/30	XC4	25
		2.22.3	Streifenfundamente	B25	C25/30	XC4	25
		2.22.4	Schachtwände	B25	C25/30	XC4	25

Detail	Kurzbezeichnung	(OZ)	Bauteil	Betonfestigkeit Alt	Neu	Expositions-klasse	Beton-deckung c_{min} [mm]
3.1	Kelleraußenwand	3.1.1	Wände	B25	C25/30	XC4/XF1	25
3.2	Kellerinnenwand	3.2.1	Wände	B25	C25/30	XC1	10
3.3	Lichtschacht	3.3.1	Schachtwände	B25	C25/30	XC4/XF1	25
3.4	Flügelwand (Bereich Kellerfenster)	3.4.1	Flügelwände	B25	C25/30	XC4/XF1	25
3.10	Kelleraußentreppe (parallel zur Fassade)	3.10.1.	Streifen-fundamente	B15	C25/30 (LP)	X0/XF2 unbewehrt	
		3.10.2	Wände	B25	C25/30 (LP)	XC4/XD1/XF2	40
		3.10.3	Treppenlauf-platten	B25	C30/37 (LP)	XC4/XD3/XF4	40
3.11	Kelleraußentreppe (rechtw. zur Fassade)	3.11.1	Sauberkeits-schichten	B10	C8/10	X0 unbewehrt	
		3.11.2	Sauberkeits-schichten	B10	C8/10	X0 unbewehrt	
		3.11.3	Auffüllungen im Erdreich	B10	C8/10	X0 unbewehrt	
		3.11.4	Bodenplatten	B25	C25/30	XC2	20
		3.11.5	Wände	B25	C25/30 (LP)	XC4/XD1/XF2	40
		3.11.6	Treppenlauf-platten	B25	C30/37 (LP)	XC4/XD3/XF4	40
3.12	Eingangspodest	3.12.1	Einzel-fundamente	B15	C12/15	X0 unbewehrt	
		3.12.2	Treppenlauf-platten	B25	C25/30	XC4/XF1	25
		3.12.3	Treppenpodest-platten	B25	C25/30	XC4/XF1	25
3.13	Differenzstufen	3.13.1	Einzel-fundamente	B15	C15/15	X0 unbewehrt	
		3.13.2	Differenzstufen	B25	C30/37 (LP)	XC4/XD3/XF4	40
3.20	Schutzraum	3.20.1	Sauberkeits-schichten	B10	C8/10	X0 unbewehrt	
		3.20.2	Bodenplatten	B25	C25/30	XC4	25
		3.20.3	Wände	B25	C25/30	XC4	25
		3.20.4	Wände (WU)	B25	C25/30	XC4	25
		3.20.5	Deckenplatten	B25	C25/30	XC1	10

Detail	Kurzbezeichnung	(OZ)	Bauteil	Betonfestigkeit		Expositions-klasse	Beton-deckung C_{min} [mm]
				Alt	Neu		
3.30	Ausbaukeller in TB-Bauweise	3.30.1	Sauberkeits-schichten	B10	C8/10	X0 unbewehrt	
		3.30.2	Bodenplatten	B25	C20/25	XC2	20
		3.30.3	Wände	B25	C20/25	XC2	20
		3.30.4	Deckenplatten	B25	C20/25	XC1	10
3.31	Ausbaukeller in TB-Bauweise mit Doppelwandtafeln und Deckenplatten	3.31.1	Sauberkeits-schichten	B10	C8/10	X0 unbewehrt	
		3.31.2	Bodenplatten	B25	C20/25	XC2	20
		3.31.9	Füllbeton, vertikal	B25	C20/25	XC1	10
		3.31.14	Aufbeton, horizontal	B25	C20/25	XC1	10
4.1	Kellerdecke	4.1.1	Deckenplatten	B25	C20/25	XC1	10
4.2	Geschossdecke	4.2.1	Deckenplatten	B25	C20/25	XC1	10
4.3	Decke zum nicht ausgebauten Dach	4.3.2	Aufbeton, horizontal	B25	C20/25	XC1	10
4.10	Balkon (auskragend)	4.10.1	Kragplatten	B25	C25/30	XC4/XF1	25
		4.10.2	Aufkantungen	B25	C25/30	XC4/XF1	25
4.11	Balkon (quer gespannt)	4.11.1	Kragplatten	B25	C25/30	XC4/XF1	25
		4.11.2	Aufkantungen	B25	C25/30	XC4/XF1	25
		4.11.3	Konsolen	B25	C25/30	XC4/XF1	25
4.12	Galerie (innen)	4.12.1	Kragplatten	B25	C20/25	XC1	10
		4.12.2	Aufkantungen	B25	C25/30	XC4/XF1	25
		4.12.3	Konsolen	B25	C25/30	XC4/XF1	25
5.1	Außenwand mit Thermohaut	5.1.1	Wände	B25	C20/25	XC1	10
5.2	Außenwand mit Fensteröffnung	5.2.1	Wände	B25	C20/25	XC1	10
5.3	Außenwand mit Fens-teröffn. u. Roll.	5.3.1	Wände	B25	C20/25	XC1	10
5.10	Außenwand mit Vorhangfassade	5.10.1	Wände	B25	C20/25	XC1	10
5.20	Innenwand mit Sanitärber.	5.20.1	Wände	B25	C20/25	XC1	10
5.30	Zweischalige Haus-/ Wohnungsw.	5.30.1	Wände	B25	C20/25	XC1	10

Detail	Kurzbezeichnung	(OZ)	Bauteil	Betonfestigkeit Alt	Neu	Expositions-klasse	Beton-deckung C_{min} [mm]
5.31	Aufzugschacht (für Gehbehinderte)	5.31.1	Schachtwände	B25	C20/25	XC1	10
		5.31.2	Wände	B25	C20/25	XC1	10
5.32	Wohnungstrenn-wand, trag. Innenw.	5.32.1	Wände	B25	C20/25	XC1	10
6.1	Pfettendach	6.1.1	Aufkantungen	B25	C20/25	XC1	10
6.2	Sparrendach	6.2.1	Deckenplatten	B25	C20/25	XC1	10
6.3	Umkehr-Schräg-dach, begrünt	6.3.1	Deckenplatten	B25	C20/25	XC1	10
6.4	Zweite Ebene im Dach	6.4.1	Aufkantungen	B25	C20/25	XC1	10
6.5	Schallschutzdach	6.5.1	Wände	B25	C20/25	XC1	10
		6.5.2	Deckenplatten	B25	C20/25	XC1	10
6.10	Flachdach, nicht belüftet, Bitumen-Schweißbahnen	6.10.1	Deckenplatten	B25	C20/25	XC1	10
		6.10.3	Auffüllung	PLB 08	D1,0	X0 unbewehrt	
6.11	Attika	6.11.1	Ringbalken	B25	C20/25	XC1	10
		6.11.2	Aufkantungen	B25	C20/25	XC1	10
6.12	Flachdach, nicht belüftet, Lichtkuppel	6.12.1	Aufkantungen	B25	C20/25	XC1	10
6.13	Flachdach, nicht belüftet, begrünt	6.13.1	Deckenplatten	B25	C20/25	XC1	10
		6.13.5	Auffüllung	PLB 08	D1,0	X0 unbewehrt	
6.20	Flachdach aus WU-Beton	6.20.1	Deckenplatten	B25	C30/37	XC4	25
		6.20.2	Aufkantungen	B25	C20/25	XC1	10
6.21	Flachdach aus WU-Beton, begrünt	6.21.1	Deckenplatten	B35	C30/37	XC4	25
		6.21.2	Aufkantungen	B35	C30/37	XC4	25
6.22	Flachdach-Durch-dringung	6.22.1	Deckenplatten	B25	C20/25	XC1	10
		6.22.2	Aufkantungen	B25	C20/25	XC1	10
		6.22.3	Auffüllung	PLB 08	D1,0	X0 unbewehrt	
7.1	Platz sparende Geschosstreppe	7.1.1	Treppenlauf-platten	B25	C20/25	XC1	10
		7.1.2	Treppenhaus-wände	B25	C20/25	XC1	10
7.2	Zweiläufige Geschosstreppe	7.2.2	Treppenpodest-platten	B25	C20/25	XC1	10

Detail	Kurzbezeichnung	(OZ)	Bauteil	Betonfestigkeit Alt	Neu	Expositions-klasse	Beton-deckung C_{min} [mm]
8.1	Knotenausbildung	8.1.1	Stützen	B25	C20/25	XC1	10
		8.1.2	Unterzüge	B25	C20/25	XC1	10
		8.1.3	Deckenplatten	B25	C20/25	XC1	10
9.10	Schwimmbecken im Haus	9.10.1	Bodenplatten	B25	C25/30	XC4	25
		9.10.2	Aufkantungen	B25	C25/30	XC4	25
		9.10.3	Wände	B25	C25/30	XC4	25
		9.10.4	Konsolen	B25	C25/30	XC4	25
9.11	Randausbildung Schwimmbecken	9.11.1	Wände	B25	C25/30	XC4	25
		9.11.2	Konsolen	B25	C25/30	XC4	25
		9.11.3	Deckenplatten	B25	C20/25	XC1	10
9.20	Einfahrt zur Tiefgarage Decke, Wand, Boden	9.20.1	Streifen-fundamente	B25	C25/30	XF1 unbewehrt	
		9.20.3	Sauberkeits-schichten	B10	C8/10	X0 unbewehrt	
		9.20.4	Bodenplatten	B25	C30/37 (LP)	XC4/XD3/ XF4/XM1	40
		9.20.5	Deckenplatten	B25	C20/25	XC1	10
		9.20.6	Wände	B25	C20/25	XC1	10
10.1	Stützwand	10.1.1	Sauberkeits-schichten	B10	C8/10	X0 unbewehrt	
		10.1.2	Streifen-fundamente	B25	C20/25	XC1	10
		10.1.3	Stützwände	B25	C25/30	XC4/XF1	25
10.2	Stützwand, geneigt	10.2.1	Sauberkeits-schichten	B10	C8/10	X0 unbewehrt	
		10.2.2	Streifen-fundamente	B25	C20/25	XC1	10
		10.2.3	Stützwände	B25	C25/30	XC4/XF1	25
11.20	Fundament-verbreiterung	11.20.5	Sauberkeits-schichten	B10	C8/10	X0 unbewehrt	
		11.20.6	Unter-fangungen	B25	C20/25	XC1	10
11.30	Tieferlegung des Kellerbodens	11.30.9	Sauberkeits-schichten	B10	C8/10	X0 unbewehrt	
		11.30.10	Unter-fangungen	B25	C20/25	XC1	10
		11.30.11	Bodenplatten	B25	C20/25	XC1	10
11.40	Neue Decke über Untergeschoss	11.40.2	Deckenplatten im Geb.	B25	C20/25	XC1	10

Detail	Kurzbezeichnung	(OZ)	Bauteil	Betonfestigkeit Alt	Neu	Expositions-klasse	Beton-deckung C_{min} [mm]
11.41	Renovierung einer Holzbalkendecke	11.41.3	Auffüllungen	PLB 08	D1,0	X0 unbewehrt	
		11.41.4	Lastvert. Platte	PLB 16	D1,6	X0 unbewehrt	
11.50	Abfangen einer tragenden Wand	11.50.3	Stürze	B25	C20/25	XC1	10
11.70	Einbau eines Treppenhauses	11.70.2	Treppenlauf-platten	B25	C20/25	XC1	10
		11.70.3	Treppenpodest-platten	B25	C20/25	XC1	10

6.5.4   Filigranelement-Deckenplatten

Werden die Filigranelement-Deckenplatten bei der Montage im Randbereich nicht auf Stahljochen zwangsausgerichtet, sondern willkürlich auf die Wandoberkanten aufgelegt, ist eine vollständig planebene Fertigteiluntersicht ohne Stoßversätze dem Zufall überlassen. Regelmäßig kommt es dann zu Beanstandungen wegen sich abzeichnender Plattenstöße innerhalb der Deckenuntersicht. Begünstigt wird dieser Effekt durch natürliches Streiflicht der Fensteröffnungen oder durch seitlich abstrahlendes Kunstlicht. Sofern nicht die „erhöhten Anforderungen" an die Ebenheit gem. DIN 18202 Toleranzen im Hochbau, Zeile 7 vereinbart worden sind, gelten die Toleranzen gem. Zeile 6.

Tabelle 6.7: **Ebenheitstoleranzen (gem. DIN 18202)**

Spalte	1	2	3	4	5	6
		Stichmaße als Grenzwerte in mm bei Messpunktabständen in m bis				
Zeile	Bezug	0,1	1	4	10	15
6	Flächenfertige Wände und Unterseiten von Decken, z. B. geputzte Wände, Wandbekleidungen, untergehängte Decken	3	5	10	20	25
7	Wie Zeile 6, jedoch mit erhöhten Anforderungen	2	3	8	15	20

Schwindrisse entlang der Plattenstöße sind unvermeidbar. Sie werden i. d. R. durch die Tapezierung überdeckt. Bei bauherrenseitigem Verzicht auf die Tapezierung muss daher ein Malervlies flächig verarbeitet werden, um die Risse zu überbrücken.

Haarrisse an den Unterseiten der Filigranplatten können durch verfrühten Transport der Elemente oder infolge von Verladefehlern entstanden sein. Im Einzelfall muss geprüft werden, ob sie in Feldmitte liegen und damit ggf. von statischer Relevanz sind oder innerhalb der Druckzone in Auflagernähe möglicherweise völlig unschädlich sind, weil hier der Aufbeton die wesentliche Funktion übernimmt.

6.5.5   Balkonplatten

Balkonkragplatten werden i. d. R. als Fertigteilplatten aus Stahlbeton hergestellt. Die Fertigteile werden „über Kopf" in der Sichtschalung produziert, damit die Oberfläche als Sichtbeton glatt wird und außerdem ein planmäßiges Gefälle zum Einlauf hin entsteht. Die Montage erfolgt im Hinblick auf die zulässige Durchbiegung mit einer Überhöhung am Ende des Kragarms. Im Einbauzustand liegt die Fertigteilplatte dann theoretisch mit planmäßig vorausgesetztem Oberflächengefälle. Wird die Überhöhung bei wandseitiger Ablaufposition vernachlässigt oder tritt die vorausgesetzte Durchbiegung bei außenseitigem Abfluss nicht ein, wird das werkseitige Oberflächengefälle im Montagezustand aufgehoben.

Es kommt dann nach jedem Regen vorübergehend zu einem Anstau von Niederschlagswasser. Obwohl die Nutzung der Balkone während der Regenfälle nicht vorausgesetzt werden muss, bildet das auf den Balkonen anschließend verbleibende Wasser immer ein Ärgernis. Es kommt zu Sedimentationsablagerungen und gelegentlich zur Zufallsvegetation.

Abb. 6.23: Zufallsvegetation auf Grund unzureichendem Fliesengefälle

Abb. 6.24: Unzureichendes Balkongefälle

Grundsätzlich wird ein Balkongefälle nach den Regelwerken nicht allgemein verbindlich vorausgesetzt.

Dazu heißt es in Frick/Knöll/Neumann/Weinbrenner, „Baukonstruktionslehre Teil 1" [18]:

„9.5 Balkone und Loggien
9.5.3 Abdichtung
(…) Dies und die Oberflächenentwässerung wird am besten erreicht, wenn der gesamte Aufbau des Gehbelags und der Abdichtungen mit einem Gefälle von 1 bis 2 % (bei sehr rauen Oberflächen ggf. mehr!) ausgeführt wird. (…)"

Die Broschüre „Betonfertigteile für den Wohnungsbau", herausgegeben von der Fachvereinigung deutscher Betonfertigteilbau e. V. [19] sagt hierzu:

„5.6 Balkon- und Loggiaplatten
Balkon- und Loggiaplatten erhalten zur kontrollierten Entwässerung i. A. eine umlaufende Aufkantung und ein Innengefälle zum vorgesehenen Ablauf. (…)"

Gemäß „Fachregel für Dächer mit Abdichtungen – Flachdachrichtlinien", Stand: September 2001 [20] gilt:

„1 Allgemeines
1.1 Geltungsbereich
(1) Diese Fachregel gilt für die Planung und Ausführung von Abdichtungen auf
– flachen und geneigten Dachflächen,
– nicht genutzten und extensiv begrünten Dachflächen,
– genutzten Flächen (z. B. Balkonen, Dachterrassen und intensiv begrünten Dachflächen)
(…)
(4) Obwohl die Abdichtung von Balkonen zum Geltungsbereich der DIN 18195-5 gehört, kann sie auch nach den „Fachregeln für Dächer mit Abdichtungen" ausgeführt werden. Die Abdichtung entspricht dann einer Abdichtung für hoch beanspruchte Flächen nach DIN 18195-5.
2 Anforderungen an Dächer mit Abdichtungen
2.1 Dachneigung, Gefälle
(1) Flächen, die für die Auflage einer Dachabdichtung und/oder der damit zusammenhängenden Schichten vorgesehen sind, sollen für die Ableitung des Niederschlagwassers mit Gefälle von mindestens 2 % geplant werden.
(2) Dächer und/oder Dachbereiche (z. B. Kehlen) mit einem Gefälle unter 2 % und begrünte Dächer mit Wasseranstau sind Sonderkonstruktionen. Sie erfordern deshalb besondere Maßnahmen, um eine höhere Beanspruchung in Verbindung mit stehendem Wasser auszugleichen.
(3) Auf Dachflächen mit einer Dachneigung bis ca. 5 % (ca. 3°) ist, bedingt durch die Durchbiegung und/oder zulässige Toleranzen in der Ebenheit der Unterlage, der Dicke der Werkstoffe, durch Überlappungen und Verstärkungen, mit behindertem Wasserablauf und Pfützenbildung zu rechnen. (…)"

Damit liegt eine Regel für die Gefälleausbildung von Balkonen nur für abgedichtete Flächen vor. Gleichwohl kann aus praktischer Sicht auch ein Gefälle bei Betonplatten aus WU-Beton und bei kunststoffbeschichteten Platten vorausgesetzt werden.

Balkoneinläufe müssen zu Reinigungszwecken geöffnet werden können. Eingeflieste Abdeckroste stellen daher einen Mangel dar.

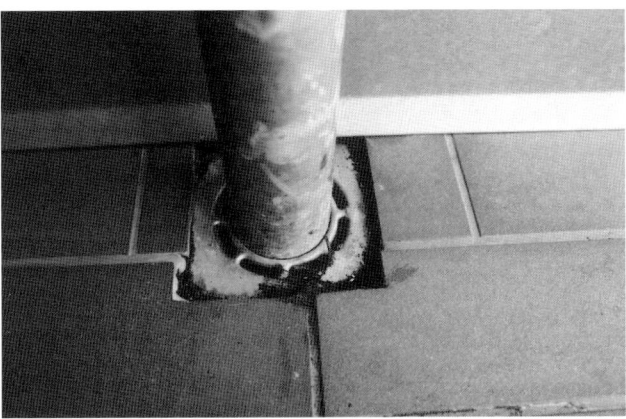

Abb. 6.25: Eingefliester Balkoneinlauf

6.6 Zimmer- und Holzbauarbeiten (DIN 18334)

6.6.1 Windrispenband

Windrispenbänder übernehmen insbesondere bei zeitgenössischen Dachtragwerken aus Holz den Diagonalverband, der die Längenaussteifung des Dachstuhles sicherstellt.

DIN 1052-1: 1988-04 Holzbauwerke; Berechnung und Ausführung:

„*10.4 Abstützung durch Dachlatten und Schalung*
(...) Zur Aufnahme von parallel zur Lattung bzw. Brettrichtung wirkenden Windlasten sind gesonderte Verbände anzuordnen."

Die Windrispenbänder werden als Stahlblech-Bandware in den Abmessungen b/d: 40 mm/2 mm und 40 mm/3 mm auf Rollen angeliefert und vor Ort nach Längenzuschnitt auf der Sparrenoberseite angebracht. Entsprechend der statischen Ausweisung werden sie i. d. R. kreuzweise diagonal auf der Schrägdachoberseite angebracht. Damit der Dachstuhl in Firstlängsrichtung (also quer zur Sparrenrichtung) eine ordnungsgemäße Aussteifung erhält, wird das Lochband zunächst einseitig am Firstende kraftschlüssig mit dem Sparren vernagelt und anschließend, dank der Hebelwirkung eines speziellen Spanngerätes, unter Zugspannung am anderen Ende traufseitig mit dem äußeren Sparrengebinde ebenfalls mit Nägeln verbunden. Kraftschluss wird hierbei nach Herstellerangabe dadurch erzeugt, dass das Lochband am Fußpunkt-Ende um 90° abgeköpft und mit der Sparrenseitenflanken vernagelt wird.

Die längenaussteifende Wirkung wird erreicht, wenn jeder einzelne Sparren von der Oberseite her mit dem Windrispenband kraftschlüssig durch Vernagelung verbunden ist. Es reicht insofern nicht aus, wenn nur einzelne Sparrenverbindungen hergestellt werden.

Unterbleibt die ordnungsgemäße Verspannung während der Montage, sind die Windrispenbänder anschließend in der Praxis schlaff durchhängend anzutreffen.

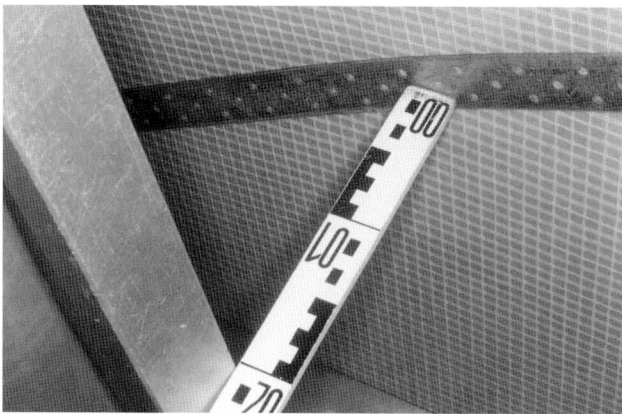

Abb. 6.26: Windrispe nach außen bis an die Lattenebene durchbiegbar

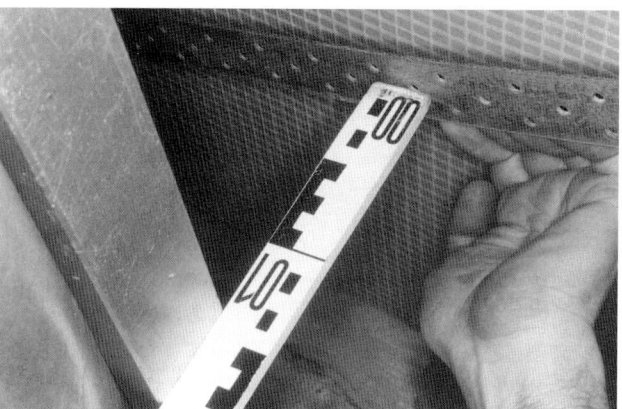

Abb. 6.27: Windrispe nach innen durchgebogen, 6 cm Spiel im Sparrenfeld

Nach Herstellerangabe einer Firma ist ein Bewegungsspiel senkrecht zur Dachebene unzulässig.

Das Maß der rechtwinkligen Auslenkung lässt sich umrechnen in die hieraus resultierende mögliche Längenverschiebung des Dachtragwerks.

Beispiel

Sparrendach, Firstlänge:	6,38 m
Sparrenlänge:	4,67 m
Sparrenabstand:	1200 mm
Örtlich ermittelte Maximal-Auslenkung des schlaffen Windrispenbandes:	60 mm
Windrispenband-Länge (= Soll-Länge): $L = \sqrt{4{,}67 \text{ m}^2 + 6{,}38 \text{ m}^2} =$	7,91 m
Windrispenband-Länge (= Soll-Länge) je Sparrenfeld: 1,2 m · 7,91 m : 6,38 m =	1,49 m

Tatsächliche Windrispenbandlänge unter Berücksichtigung der Auslenkung (= Ist-Länge):

Auslenkung auf halber Windrispenlänge in Feldmitte: 6 cm

Halber Sparrenabstand:	60 cm
Halbe Windrispen-Soll-Länge = 149 cm · 0,5 =	74,5 cm
L = 2 · $\sqrt{(74,5\ cm^2 + 6\ cm^2)}$ =	149,48 cm

Längendifferenz = Diagonallängenänderungsmöglichkeit des Windrispenbandes je Sparrenfeld:	4,8 mm
Bei 5 Sparrenfeldern pro Haus ergibt sich auf diese Weise eine diagonale Längenänderungsmöglichkeit des Windrispenbandes von 5 · 4,8 mm =	24 mm
Umgeändert in die Längenverschieblichkeit des Dachstuhles in Firstebene ergibt dies pro Reihenhaus einen Wert von 24 mm · 6,38 : 7,91 m =	19,36 mm
Bei 4 zusammenhängend ausgeführten Reihenhäusern ergibt dies eine seitliche Verschiebung von 4 · 19,36 mm =	77,4 mm

Die nachträgliche Verspannung der Windrispenbänder ist möglich. Hierzu sind im Handel spezielle Spannschlösser erhältlich, die auf Grund der oberseitigen Vernagelung in jedes Sparrenfeld eingesetzt werden müssen. Die Kosten für derartige Spannfelder betragen ca. 33 €/Stück.

6.6.2   Fachwerk

Häufig beanstandet werden:

Abrisse zwischen Fachwerk und Gefach

Abb. 6.28: Abriss zwischen Fachwerk und Gefach

In Frick/Knöll/Neumann/Weinbrenner, „Baukonstruktionslehre Teil 1" [18] heißt es:

„6.6.3 Ausfachung
(…) Sowohl das Fachwerk als auch die Ausfachung schwinden und dehnen sich bei Wär-
me und Feuchtigkeit unterschiedlich, sodass Risse in den Anschlussfugen unvermeidlich
sind. Fachwerkaußenwände können daher im Sinne von DIN 4108 nicht als schlagregen-
dicht gelten. Dennoch ergeben sich bei Fachwerkbauten mit gepflegtem Bauzustand nur
selten Feuchtigkeitsschäden, weil eingedrungene Feuchtigkeit insbesondere von Lehmaus-
fachungen vorübergehend aufgenommen wird und bei Sonneneinstrahlung wieder ab-
trocknet. Voraussetzung ist jedoch, dass diffusionsoffene und kapillar transportfähige

Baustoffe (z. B. Kalkputze und -anstrich) verwendet werden. Wasserdichte Putze oder Anstriche dürfen also keinesfalls verwendet werden. (…)"

Die Einhaltung der in der DIN 4108 geforderten Schlagregendichtigkeit ist insoweit von Fachwerk-Außenwänden grundsätzlich nicht zu erwarten.

Bei Fachwerkfassaden wirken verschiedenartige Baumaterialien nebeneinander im Zusammenschluss gemeinsam in einer Bauteilebene. Entsprechend den historischen Vorbildern wirkt üblicherweise das aus Holz hergestellte Fachwerk in statischer Hinsicht als Stabtragwerk.

Zwischen den senkrechten Stielen, den waagerechten Riegeln und den Diagonalverstrebungen befinden sich die **Gefache** oder **Ausfachungen.** Während diese bei den historischen Vorbildern aus Lehm und Stroh bestanden, wurden sie bei späteren Bauten mit Ziegelmauerwerk ausgefüllt und meist mit Kalkputz innen und außen verputzt. Außenseitig wurde zusätzlich häufig ein Kalkanstrich mit hoher Wasseraufnahmefähigkeit aufgebracht.

In der jüngeren Vergangenheit wurden häufig auch historisierte Fachwerk-Neubauten unter Zuhilfenahme von modernen Baustoffen errichtet. Insbesondere wurde für die Herstellung der Gefache Mauerwerk aus Blähton oder aus Porenbeton mit einem auf das System abgestimmten Außenwandputz und Anstrichaufbau verwendet.

Der Systemverbund unterschiedlicher Baumaterialien innerhalb einer Bauteilebene bedingt zwangsläufig auch, dass sich die unterschiedlichen Materialeigenschaften wie **Verformungs-, Quell-** und **Schwindverhalten** sowohl auf die Wirkung als auch auf die Funktion des betreffenden Bauteiles auswirken.

Holz ist ein Zellprodukt. Feuchtigkeitszufuhr und Feuchtigkeitsentnahme bedingen eine Volumenvergrößerung bzw. Volumenverkleinerung des Bauteils. Diese Volumenveränderungen finden in unterschiedlicher Intensität in Abhängigkeit von der Faserrichtung statt.

Vom Fraunhofer Institut liegt hierzu ein Untersuchungsbericht „Der Feuchtehaushalt von Holzfachwerkwänden" [21] vor. Untersucht wurde u. a., ob sich eine Abdichtungsfuge zwischen Fachwerk und Gefach im Langzeitverhalten positiv auf den Feuchtehaushalt in Fachwerkwänden auswirkt. Eine Fugenabdichtung wird jedoch abschließend nicht empfohlen.

Abrisse zwischen Fachwerk und Gefach sind unvermeidbare bauphysikalische Vorgänge. Sie gehören insofern zu den hinnehmbaren Unregelmäßigkeiten. Planungsseitig muss vermieden werden, dass über die Risse ein unzulässig hoher Feuchtigkeitseintrag in den Bauteilquerschnitt hinein erfolgen kann.

Risse im Fachwerkholz

Sichtbare Risse im Fachwerkholz sind für die Bauherren oft ein Ärgernis.

Für die Rissbildung bei Vollholz ist in erster Linie das materialspezifische Verhalten bei Austrocknungsvorgängen verantwortlich.

Mit Feuchtigkeitsänderungen ist auch eine Änderung des Holzvolumens verbunden.

Unterhalb des Fasersättigungspunktes verhält sich Holz **hygroskopisch,** d. h., die Holzfeuchte ist von der relativen Luftfeuchtigkeit und der Temperatur der Umgebung abhängig; das Holz strebt stets das Gleichgewicht mit dem Umgebungsklima an.

Abb. 6.29: Trocknungsrisse im Fachwerkholz

Bei Feuchtigkeitszunahme vergrößert sich das Holzvolumen (Quellen), bei Feuchtigkeitsabnahme schwindet Holz infolge des Austrocknens der mit Feuchtigkeit gesättigten Zellwände. Man sagt, das Holz arbeitet.

Es treten innere Spannungen auf, die zu Verformungen wie Verwerfen und Verziehen und zur Entstehung von Rissen führen können.

Unabhängig von der späteren Beanspruchungsart kann der Grad einer Querschnittsschwächung, gemessen an der gerissenen Breitseite eines Querschnittes je nach Einschnittart bis zu 75 % gegenüber einem rissfreien Querschnitt betragen, wobei es dann im Hinblick auf das Tragverhalten unerheblich ist, in welcher Breite sich solche Risse darstellen.

Risse sind häufige und oft gefährliche Erscheinungsformen einer Holzschädigung. Schwindrisse sind keine bauwerksgefährdenden Schäden. Die Grenze, bei welchen Rissen es sich um Schäden handelt, wird folgendermaßen definiert:

„Mindert ein Riss den Gebrauchswert eines Bauwerkes in erheblichem Maße (auch in ästhetischer Hinsicht), dann liegt ein Bauschaden vor. Durch Spannungskonzentration bedingte Risse können zum Bruch führen."

Bauwerksteile mit **statischen Rissen** sind dahingehend zu beobachten, ob eine fortschreitende Schädigung entsteht (Vergrößerung, Ausbreitung). Hölzer, die bereits vor dem Einbau über Kern-, Stern- und Schalenrisse verfügen, dürfen für tragende Konstruktionsteile nicht verwendet werden.

Schwindrisse verlaufen radial von der Oberfläche zum Kern. Sie entstehen bei verändertem Feuchtegehalt unterhalb des Fasersättigungsbereiches als Folge unterschiedlicher Schwindfaktoren in radialer und tangentialer Richtung.

Lange, breite und tiefe Schwindrisse

- entwerten das Holz in statischer Hinsicht,
- sind Zugangswege für Feuchtigkeit, holzschädigende Organismen,
- haben einen ungünstigen Einfluss auf den Feuerwiderstand.

Besonders gefährdet sind waagerecht liegende, vor der Witterung ungeschützte Holzbauteile mit Schwindrissen. Durch Schwindrisse in den Verbindungsbereichen können kraftschlüssig verbundene Hölzer in den Knotenpunkten ihre Wirksamkeit verlieren. Wichtigste Kriterien für die Beurteilung von Schwindrissen sind Länge, Breite und Tiefe, Verlauf sowie der Ort der Schwindrisse im Bauteil.

Kern- und Sternrisse verlaufen von innen nach außen. Die Schäden sind nicht von außen, sondern nur an den Hirnschnitten erkennbar.

Schalenrissiges Holz ist nur an der Hirnfläche durch kreisförmige Risse im Inneren erkennbar. Während des Wachstums können sich Jahresringe gelockert haben.

Von Frech/Waldachtal wurde 1985 ein Forschungsvorhaben durchgeführt und mit der Schrift: „Beurteilungskriterien für Rissbildungen bei Bauholz im konstruktiven Hochbau", in „Holzbau Statik aktuell", Arbeitsgemeinschaft Holz e. V., März 1988 [22] dokumentiert. Als Ergebnis der Untersuchungen werden folgende Risstiefen als zulässig erachtet:

Beanspruchungsart:	Rissneigung:	
	0° bis 45°	45° bis 90°
Biegebeanspruchung:	0,60B, 0,80B	0,8 B bis 0,8 H
Schubbeanspruchung:	0,45B, 0,65B	0,65B, 0,65H

DIN 68800-3: 1990-04 Holzschutz – Vorbeugender chemischer Holzschutz:

„3 Vorbedingungen für die Schutzbehandlung
3.1 Bearbeitung des Holzes
(…) 3.1.2 Holz soll erst nach der letzten Bearbeitung (Abbund, Kürzen, Hobeln, Fräsen usw.) mit Holzschutzmitteln behandelt werden. Ist dies nicht sicherzustellen, so sind die Bearbeitungsflächen nach Abschnitt 8.5 nachzubehandeln. (…)
8 Behandlung eines Holzes nach der Schutzbehandlung
(…)
8.5 Bei einer Nachbehandlung sind Holzschutzmittel in den Mengen anzuwenden, die für sich allein die Schutzbehandlung sicherstellen. Sie müssen mit dem Schutzmittel der Erstbehandlung verträglich sein.
8.6 Ist bei geschützten Hölzern eine nachträgliche Bearbeitung unumgänglich (siehe Abschnitt 3.1.2), so sind die neuen Bearbeitungsflächen entsprechend den Angaben nach Abschnitt 8.5 nachzubehandeln."

Risse in Vollhölzern sind weitgehend unvermeidbar. Soweit also kein Mangel hinsichtlich zu hoher Einbaufeuchte nachgewiesen werden kann und gleichzeitig unter den o. g. Kriterien keine statische Beeinträchtigung zu erwarten ist, handelt es sich um hinnehmbare Unregelmäßigkeiten.

6.6.3   Balkenauflager in Außenwänden und anderen Mauerwerkswänden

Unterschiedlich wurde in der Vergangenheit unter Fachleuten die Auflagersituation von Holzbindern auf Mauerwerk beurteilt. Einerseits soll verhindert werden, dass eine

Übertragung von Feuchtigkeit aus dem Mauerwerk heraus in das Holz hinein erfolgt, andererseits soll Feuchtigkeit aus dem Holz ausdiffundieren können. Balkenauflager in Folientaschen sind inzwischen von der Fachwelt eindeutig als nicht fachgerecht eingestuft worden.

DIN 18330: 2000-12 Mauerarbeiten:

„3.2 Mauerwerk
(…) 3.2.3 Bauteile aus Holz, z. B. Balkenköpfe, die ins Mauerwerk einbinden, sind zum Schutz gegen Feuchtigkeit trocken – ohne Mörtel – zu ummauern."

DIN 68800-2: 1996-05 Holzschutz – Vorbeugende bauliche Maßnahmen im Hochbau:

„6 Feuchte im Gebrauchszustand
(…) 6.3 Feuchte aus angrenzenden Stoffen oder Bauteilen
Das Eindringen von Feuchte in die Holzbauteile aus Bau- und Dämmstoffen angrenzender Bauteile ist zu verhindern.
(…)
10.2 Auflagerung der Balkenköpfe von Holzbalkendecken in massiven Außenwänden
Auch der Kopfbereich solcher Deckenbalken darf der Gefährdungsklasse 0 zugeordnet werden, wenn über die in 6.3 genannten Bedingungen hinaus durch bauliche Maßnahmen dafür gesorgt wird, dass im Bereich der Balkenköpfe keine unzulässige Tauwasserbildung auftreten kann, z. B. in Massivwänden mit zusätzlicher außen liegender Wärmedämmschicht."

DIN 4108-3: 2001-07 Wärmeschutz und Energie-Einsparung in Gebäuden – Klimabedingter Feuchteschutz; Anforderungen, Berechnungsverfahren und Hinweise für Planung und Ausführung:

„4.2 Tauwasserbildung im Inneren von Bauteilen
4.2.1 Anforderungen
Tauwasserbildung im Inneren von Bauteilen, die durch Erhöhung der Stoff-Feuchte von Bau- und Wärmedämmstoffen zu Materialschädigungen oder zu Beeinträchtigungen der Funktionssicherheit führt, ist zu vermeiden. Sie gilt als unschädlich, wenn die wesentlichen Anforderungen, z. B. Wärmeschutz, Standsicherheit, sichergestellt sind. Dies wird in der Regel erreicht, wenn die in a) bis e) aufgeführten Bedingungen erfüllt sind:
a) Die Baustoffe, die mit dem Tauwasser in Berührung kommen, dürfen nicht geschädigt werden (z. B. durch Korrosion, Pilzbefall).
b) Das während der Tauperiode im Innern des Bauteils anfallende Wasser muss während der Verdunstungsperiode wieder an die Umgebung abgegeben werden können, d. h. $m_{W,T} \leq m_{W,V}$.
c) Bei Dach- und Wandkonstruktionen darf eine flächenbezogene Tauwassermasse $m_{W,T}$ von insgesamt 1,0 kg/m² nicht überschritten werden. Dies gilt nicht für die Bedingungen nach d).
d) Tritt Tauwasser an Berührungsflächen mit einer kapillar nicht wasseraufnahmefähigen Schicht auf, so darf eine flächenbezogene Tauwassermasse $m_{W,T}$ von 0,5 kg/m² nicht überschritten werden. Festlegungen für Holzbauteile siehe DIN 68800-2:1996-05, 6.4.
e) Bei Holz ist eine Erhöhung des massebezogenen Feuchtegehaltes u_m um mehr als 5 %, bei Holzwerkstoffen um mehr als 3 % unzulässig (Holzwolle-Leichtbauplatten und Mehrschicht-Leichtbauplatten nach DIN 1101 sind hiervon ausgenommen)."

Gemäß Mönck, „Schäden an Holzkonstruktionen" [23] ist die Umsetzung der Regelungen nach DIN 4108-3, der DIN 18330 und DIN 68800-2 erfüllt, wenn das Auflager entsprechend dem folgenden Detail ausgeführt wird:

„6.6 Konstruktive Einzelheiten
(…) Balken sind so auf Mauwerk zu lagern und einzubauen, dass sie allseitig von Luft umspült sind. Vor der Balkenstirn muss eine ausreichende Wärmedämmung vorhanden sein."

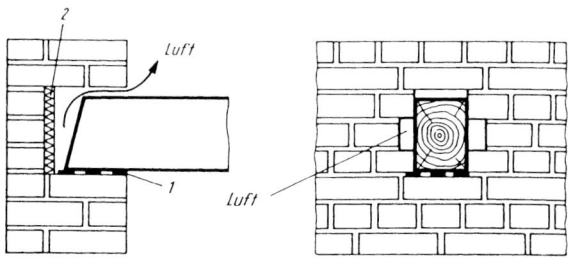

Bild 6.7. Balkenauflager, Balkenstirn schräg geschnitten, Ziegel trocken (ohne Mörtel) angesetzt, Balkenkopf gut belüftet

1 Sperrlage (Bitumenpappe für Ausnahmefälle); *2* Wärmedämmung, z. B. HWL-Platte

Abb. 6.30: Balkenauflager nach Mönck [23]

6.6.4   Ausklinkungen

Die Zulässigkeit von Ausklinkungen von Holzbalken ist in der DIN 1052 ausführlich erörtert. Querschnittsschwächungen tragender Bauteile von mehr als 50 % sind nicht zulässig.

Abb. 6.31: Unzulässig ausgeklinkte Pfette

Für die Ausklinkungen ist nach DIN 1052-1 folgender rechnerischer Nachweis zu führen:

DIN 1052-1: 1988-04 Holzbauwerke – Berechnung und Ausführung:

„8.2.2 Ausklinkungen und Durchbrüche bei Biegeträgern mit Rechteckquerschnitt aus Nadelholz
8.2.2.1 Ausklinkungen und Zapfen
(...) Ka $= 1 - 2,8 \times a/h$
(...) Ka $\geq 0,3$
(...)"

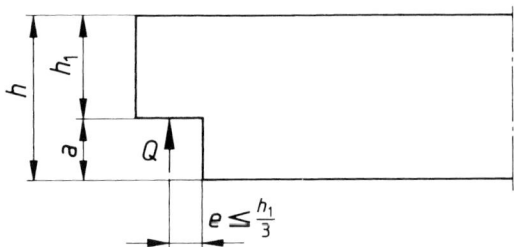

Abb. 6.32: Rechtwinklige Ausklinkung ohne Verstärkung gem. DIN 1052-1

Beispiel
Die vor Ort ermittelten Abmessungen der Ausklinkung sind:
h   =   16,0 cm
a   =   8,0 cm
Hieraus ergibt sich:
Ka   = $1 - 2,8 \cdot 8/16 = -0,4 \rightarrow$ **unzulässige** Ausklinkung

6.6.5   Holzstützen im Außenbereich

Holz ist vor Feuchtigkeit zu schützen, um einer frühzeitigen Zerstörung durch Fäulnisbildung entgegenzuwirken. Die DIN 68800-1: 1974-05 Holzschutz im Hochbau unterscheidet zwischen dem chemischen und dem baulichen Holzschutz. Mit baulichem Holzschutz werden die konstruktiven Maßnahmen angesprochen, die Feuchtigkeit vom Holz fern halten sollen, z. B. Witterungsschutz und Abdeckungen. Gegen Holz zerstörende Insekten ist er jedoch im Allgemeinen wirkungslos. Der konstruktive Holzschutz hat Vorrang vor dem chemischen Holzschutz, weil er einen nachhaltigeren Schutz bietet und geringere Risiken von Verarbeitungsfehlern birgt.

DIN 68800-2: 1996-05 Holzschutz – Vorbeugende bauliche Maßnahmen:

„3 Definitionen
(...)
3.2 Unzuträgliche Veränderung des Feuchtegehaltes
Sie liegt insbesondere dann vor, wenn hierdurch Voraussetzungen für Holz zerstörenden Pilzbefall geschaffen werden oder wenn durch übermäßige Verformungen (Schwinden oder Quellen) die Brauchbarkeit der Konstruktion beeinträchtigt werden kann.
(...)

6 Feuchte im Gebrauchszustand
6.1 Niederschläge
Durch bauliche Maßnahmen sollen Niederschläge vom Holz entweder fern gehalten oder schnell abgeleitet werden. Niederschlägen ausgesetzte Holzwerkstoffe sind mit einem dauerhaft wirksamen Wetterschutz zu versehen.
(…)
6.3 Feuchte aus angrenzenden Stoffen oder Bauteilen
Das Eindringen von Feuchte in die Holzbauteile aus Bau- und Dämmstoffen angrenzender Bauteile ist zu verhindern."

Beispiel
Enden Außen-Holzstützen direkt im Erdreich, sind sie somit dauerhafter Feuchtigkeit ausgesetzt. Unter dieser Voraussetzung muss das Holz der Gefährdungsklasse 4 zugeordnet werden und muss gem. DIN 68800-3 mit chemischem Holzschutz versehen sein.

Gemäß DIN 68800-3: 1990-04 Holzschutz – Vorbeugender chemischer Holzschutz wird Holz in folgende Gefährdungsklassen eingeordnet.

Tabelle 6.8: **Tabellen 1–3 der DIN 68800-3**

Gefährdungsklassen					
Gefährdungs-klasse	Beanspruchung	Gefährdung durch			
		Insekten	Pilze	Aus-waschung	Moderfäule
0	innen verbautes Holz,	nein[1]	nein	nein	nein
1	ständig trocken	ja	nein	nein	nein
2	Holz, das weder dem Erd-kontakt noch direkt der Witterung oder Auswaschung ausgesetzt ist, vorübergehende Befeuchtung möglich	ja	ja	nein	nein
3	Holz der Witterung oder Kondensation ausgesetzt, aber nicht in Erdkontakt	ja	ja	ja	nein
4	Holz in dauerndem Erdkontakt oder ständiger starker Befeuchtung ausgesetzt[2]	ja	ja	ja	ja

1) Vergleiche Abschnitt 2.2.1:
   2.2.1 im Bereich der Gefährdungsklasse 1
   2.2.1.1 Farbkernhölzer verwendet werden, die einen Splintholzanteil von unter 10 % aufweisen oder
   2.2.1.2 Holz in Räumen mit üblichem Wohnklima oder vergleichbaren Räumen verbaut ist
   a) gegen Insektenbefall allseitig durch eine geschlossene Bekleidung abgedeckt ist oder
   b) Holz zum Raum hin so offen angeordnet ist, dass es kontrollierbar bleibt
2) Besondere Bedingungen gelten für Kühltürme sowie für Holz im Meerwasser.

Zuordnung von Holzbauteilen zu Gefährdungsklassen

Gefährdungsklasse	Anwendungsbereiche
Holzteile, die durch Niederschläge, Spritzwasser oder dergleichen nicht beansprucht werden	
0	Wie Gefährdungsklasse 1 unter Berücksichtigung von Abschnitt 2.2.1
1[1)	Innenbauteile bei einer mittleren relativen Luftfeuchte bis 70 % und gleichartig beanspruchte Bauteile
2	Innenbauteile bei einer mittleren relativen Luftfeuchte über 70 % und gleichartig beanspruchte Bauteile Innenbauteile in Nassbereichen, Holzteile wasserabweisend abgedeckt Außenbauteile ohne unmittelbare Wetterbeanspruchung
Holzteile, die durch Niederschläge, Spritzwasser und dergleichen beansprucht werden	
3	Außenbauteile mit Wetterbeanspruchung ohne ständigen Erd- und/oder Wasserkontakt Innenbauteile in Nassräumen
4	Holzteile mit ständigem Erd- und/oder Süßwasserkontakt[2), auch bei Ummantelung

1) Holzfeuchte u < 20 % sichergestellt
2) Besondere Bedingungen gelten für Kühltürme sowie für Holz im Meerwasser.

Anforderungen an anzuwendende Holzschutzmittel in Abhängigkeit von der Gefährdungsklasse

Gefährdungsklasse	Anforderungen an das Holzschutzmittel	erforderliche Prüfprädikate für tragende Bauteile
0	keine Holzschutzmittel erforderlich	
1	insektenvorbeugend	Iv
2	insektenvorbeugend pilzwidrig	Iv, P
3	insektenvorbeugend pilzwidrig witterungsbeständig	Iv, P, W
4	insektenvorbeugend pilzwidrig witterungsbeständig moderfäulewidrig	Iv, P, W, E

Durch Aufständern von Holzstützen im Außenbereich kann hingegen ein ausreichender Holzschutz auf konstruktive Weise erreicht werden, da die Stützenenden so nicht dem feuchten Milieu des Erdreichs ausgesetzt werden und somit ausreichend vor Moderfäulen und Pilzbefall geschützt sind.

In dem Merkblatt des Informationsdienstes Holz „Holz im Außenbereich", Holzbau Handbuch Reihe 1, Teil 18, Folge 2, Dezember 2000 [24] heißt es hierzu:

„2.3 Grundlagen des konstruktiven Holzschutzes
(…)
Weitere Maßnahmen des baulichen Holzschutzes können das Anfasen von Holzkanten,
die Vermeidung waagerechter Holzflächen, Aufständerungen oder die Verwendung rissar-

mer Halbhölzer sein, um eine längere Befeuchtung zu vermeiden. In den nachfolgenden Beispielen werden einige Maßnahmen gezeigt. (…)
3.1 Stützenfüße
Abbildung 4 zeigt eine korrosionsgeschützte Quadratrohrstütze, die in ein Köcherfundament eingespannt ist. (…)"

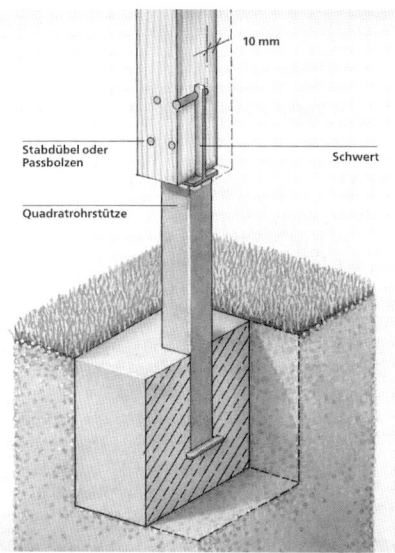

Abb. 6.33: Abbildung 4 aus dem Merkblatt des Informationsdienstes Holz „Holz im Außenbereich" [24]

Abb. 6.34: Stützenfuß mit Schnittkante in der wasserführenden Ebene

Abb. 6.35: Aufgestelzter Stützenfuß

6.6.6 Imprägnierung

Häufig zu beanstanden und nicht hinnehmbar sind örtlich hergestellte Schnittkanten von tauchimprägnierten Hölzern, die nicht nachbehandelt wurden.

DIN 68800-3: 1990-04 Holzschutz – Vorbeugender chemischer Holzschutz:

„3.1 Bearbeitung des Holzes
(…)
3.1.2 Holz soll erst nach der letzten Bearbeitung (Abbund, Kürzen, Hobeln, Fräsen usw.) mit Holzschutzmitteln behandelt werden. Ist dies nicht sicherzustellen, so sind die Bearbeitungsflächen nach Abschnitt 8.5 nachzubehandeln.
(…)
8 Behandlung eines Holzes nach der Schutzbehandlung
(…)
8.5 Bei einer Nachbehandlung sind Holzschutzmittel in den Mengen anzuwenden, die für sich allein die Schutzbehandlung sicherstellen. Sie müssen mit dem Schutzmittel der Erstbehandlung verträglich sein.
8.6 Ist bei geschützten Hölzern eine nachträgliche Bearbeitung unumgänglich (siehe Abschnitt 3.1.2), so sind die neuen Bearbeitungsflächen entsprechend den Angaben nach Abschnitt 8.5 nachzubehandeln.“

Besonderes Augenmerk ist daher erfahrungsgemäß den werkseitig beschichteten und örtlich zugeschnittenen Holzbauteilen zu widmen. Sowohl im Bereich des Dachstuhls, insbesondere bei Grat- und Shiftersparren als auch im Bereich von Dachunterschlägen und Außenverbretterungen werden die Schnittkanten oft nicht gebührend nachbehandelt.

Beispiel
Außenbekleidung eines Fensters mit einer unterseitigen Schnittkante, die 2 cm oberhalb der Fensterbank und damit im unmittelbaren Spritzbereich liegt.

Abb. 6.36: Untere Schnittkante einer äußeren Vertikalverbretterung unmittelbar im Spritzbereich der Fensterbank im Spiegel

6.6.7 Einbaufeuchte

Holz ist ein Zellprodukt. Feuchtigkeitszufuhr und Feuchtigkeitsentnahme bedingen eine Volumenvergrößerung bzw. Volumenverkleinerung des Bauteils. Diese Volumenveränderungen finden in unterschiedlicher Intensität in Abhängigkeit von der Faserrichtung statt.

Die Definitionen für die Feuchtigkeit von Schnittholz sind in der DIN 4074 festgelegt.

DIN 4074-1: 1989-09 Sortierung von Nadelholz nach der Tragfähigkeit – Nadelschnittholz:

„2.2 Holzfeuchte
(…)
2.2.2 Schnittholz gilt als
*a) **frisch,** wenn es eine mittlere Holzfeuchte von über*   *30 % hat*
   (bei Querschnitten von über 200 cm² über   *35 %),*
*b) **halbtrocken,** wenn es eine mittlere Holzfeuchte von über*   *20 %*
   und von höchstens   *30 % hat.*
   (bei Querschnitten über 200 cm² höchstens   *35 %),*
*c) **trocken,** wenn es eine mittlere Holzfeuchte bis*   *20 % hat. (…)"*

Die zulässige Einbaufeuchte von Holz soll dem zu erwartenden Feuchtegehalt im Gebrauch entsprechen.

Gemäß DIN 68800-2: 1996-05 Holzschutz gilt für die Einbaufeuchte von Holz:

„5.2 Einbau
Holz und Holzwerkstoffe sind mit möglichst dem Feuchtegehalt einzubauen, der während der Nutzung als Mittelwert zu erwarten ist. (…)"

Die Gleichgewichtsfeuchte, die sich im Gebrauch bei der überwiegenden Mehrheit von Bauwerken im Bauteil einstellt, ist wiederum in der DIN 1052 festgelegt.

Nach der DIN 1052-1: 1988-04 Holzbauwerke, Berechnung und Ausführung gilt für die Gleichgewichtsfeuchte:

„4.2 Feuchte- und Schwindmaße
4.2.1 (…) Als Gleichgewichtsfeuchte gelten folgende Werte der Holzfeuchte:
a) bei allseitig geschlossenen Bauwerken
   – mit Heizung   *(9 ± 3) %*
   – ohne Heizung   *(12 ± 3) %*
b) bei überdeckten, offenen Bauwerken   *(15 ± 3) %*
c) bei Konstruktionen, die der Witterung allseitig
   ausgesetzt sind   *(18 ± 6) %*
4.2.2 Ist die Holzfeuchte beim Einbau höher als die in Abschnitt 4.2.1 genannten Werte, so darf dieses Holz nur für solche Bauwerke verwendet werden, bei denen es nachtrocknen kann und deren Bauteile gegenüber den hierbei auftretenden Schwindverformungen nicht empfindlich sind."

Aus den zitierten Regelwerken ergibt sich, dass die Holzfeuchte im Hinblick auf die spätere Nutzung vor dem Einbau geprüft werden muss. Bei der Abnahme muss daher vom Unternehmer das entsprechende Messprotokoll über die Einbaufeuchte abverlangt werden. Hierbei genügt nicht der Lieferantennachweis über die erfolgreiche Kammertrocknung des Holzes, da bis zum Einbau bei Lagerung im Milieu mit hoher Luftfeuchtigkeit eine Auffeuchtung des Holzes eintreten kann.

Tabelle 6.9: Quell- und Schwindmaße für Hölzer gem. DIN 1052-1: 1988-04
Holzbauwerke, Berechnung und Ausführung

	Baustoff	Schwind- und Quellmaß für Änderung der Holzfeuchte um 1 % unterhalb des Fasersättigungsbereichs
1	Fichte, Kiefer, Tanne, Lärche, Douglasie, Southern Pine, Western Hemlock, Brettschichtholz, Eiche	0,24[1]
2	Buche, Keruing, Angelique, Greenheart	0,30[1]
3	Teak, Afzelia, Merbau	0,20[1]
4	Azobé (Bongossi)	0,36[1]
6	Bau-Furniersperrholz	0,020[2]
7	Flachpressplatten	0,035[2]

1) Mittelwert aus den Werten tangential und radial zum Jahresring bzw. Zuwachszone
2) Werte gelten in Plattenebene

Gemäß Herzog/Natterer/Volz, „Holzbauatlas" [25] gilt für die rechnerischen Schwind- und Quellmaße bei 1 % Feuchtigkeitsänderung:

zu den Jahresringen:	tangential	radial
Holzart:	αT	αR
Fichte	0,27 … 0,36	0,15 … 0,19
Kiefer	0,25 … 0,36	0,15 … 0,19
Eiche	0,28 … 0,35	0,18 … 0,22

Beispiel 1

Eine Holzbalkendecke mit 24 cm hohen Balkenquerschnitten wurde im Zuge einer Sanierung nachträglich in ein historisches Gebäude eingebaut. Nach Bezug wurden klaffende Fugen zwischen dem Bodenbelag und den umlaufend angrenzenden Bauteilen wie Sockelleisten und Türzargen beanstandet.

Bei einer aus der Praxis als nicht unüblich angenommen Holz-Einbaufeuchte von	25 %
und einer zu erwartenden Wohnraum-Gleichgewichtsfeuchte von	9 %
ergibt sich für die Balkenlage eine Feuchtedifferenz von	16 %

Aus dem Differenzfeuchtegehalt ergibt sich das Schwindmaß für eine 240 mm hohe Holztragkonstruktion zu

0,24 % pro 1 % · 16 % = 3,84 % Volumenveränderung

Dies ergibt ein Absolutmaß von 3,84 % · 240 mm =   9,22 mm

Da die Sockelleisten und die Innentüren fest mit den Massivwänden verbunden sind, folgen sie dieser Verformung nicht, sondern verharren in ihrer Einbaulage. Hieraus ergibt sich eine klaffende Fugenbildung zum Bodenbelag.

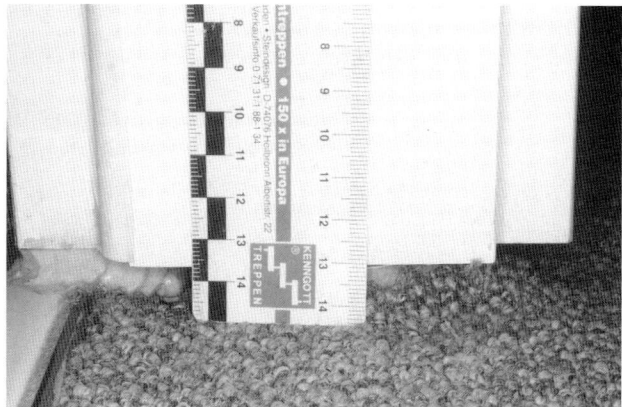

Abb. 6.37: Abgesenkter Fußboden infolge Schwindens der Holzbalkendecke

Beispiel 2

Die sichtbaren Deckenbalken in einem großzügigen Landhaus-Neubau wiesen zwei
Jahre nach Fertigstellung klaffende Verbindungsstöße auf.

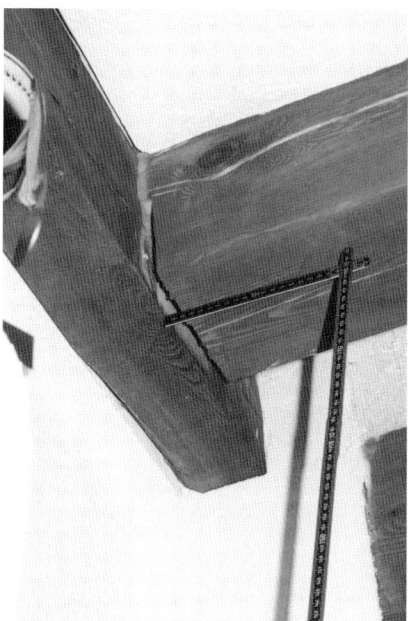

Abb. 6.38: Klaffende Fuge einer sichtbaren Holzbalkendecke im Innenbereich nach Austrocknung

An der Begrenzungslinie des dunklen Lasuranstrichs konnte bereits erkannt werden, dass
die klaffenden Stöße ursprünglich nicht vorhanden waren. Am Deckenputzanschluss
konnte seitlich eine klaffende Fugenbreite von 10 mm gemessen werden. Unter der Voraussetzung, dass die Stoßverbindung bei der Montage kontaktschlüssig hergestellt worden
ist und dass der Deckenputz ursprünglich Kontakt mit dem Balken hatte, kann in Kenntnis der aktuellen Holzfeuchte eine Rückrechnung zu der Einbauholzfeuchte führen.

Bei einer örtlich vorhandenen klaffenden Fugenbreite von	10 mm
bezogen auf eine Balkenbreite von	120 mm
ergibt sich das Schwindmaß in Prozent zu 10 : 120 · 100 =	8,33 %

Bei einem Quell- und Schwindmaß von 0,24 % ergibt sich der
theoretische Feuchte-Differenzgehalt zu 8,33 % : 0,24 % pro % =   34,7 %

Bei einer örtlich angetroffenen Holzfeuchtigkeit von im Mittel   9,6 %
ergibt sich insofern additiv eine rückgerechnete theoretische
Einbaufeuchte von   44 %

Praktisch liegt jedoch für Nadelhölzer der obere Grenzwert des
Quell- und Schwindverhaltens bei einem Holzfeuchtegehalt, der etwa
der Sättigungsfeuchte entspricht, also bei etwa maximal   34 %

Für Holzbauteile, die plangemäß im späteren Einbauzustand
einem Innenraumklima ausgesetzt sind, gilt somit eine zulässige
Einbaufeuchte von   9 % ± 3 %

Hieraus ergibt sich eine maximal zulässige Einbaufeuchte als
Soll-Maximalfeuchte von   12 %

Die örtlich gemessene mittlere Materialfeuchte zum Zeitpunkt der
Inaugenscheinnahme war als **Ist-Wert**   9,6 %

Bei einem Differenzfeuchtegehalt von   2,4 %
ergibt sich im Hinblick auf den gegenwärtigen Feuchtigkeitsgehalt
eine zulässige Volumenveränderung von 120 mm · 0,24 % pro % · 2,4 % =   0,7 mm

Vor diesem Hintergrund ergibt es sich, dass die maximal zulässige Einbaufeuchte des Holzes im Beispielfall ganz offensichtlich maßgeblich überschritten worden ist. Die Überschreitung der maximal zulässigen Einbaufeuchte stellt einen Verstoß gegen die allgemein anerkannten Regeln der Technik dar.

6.6.8 Handwerkliche Holztreppen

Häufige Beanstandungen sind:

- Abweichungen der Stufenabmessungen von den Planvorgaben
- Abweichungen der Stufenabmessungen untereinander
- zu geringe Auftrittsbreite von gewendelten Stufen
- unzureichende Durchgangsbreite
- unzureichende Durchgangshöhe (Kopffreiheit)
- unzureichende Absturzsicherungen, Handläufe und Geländer
- Schwingungen der Treppe
- Knarren der Stufen

Die Abnahme erfolgt nach der DIN 18065, den jeweiligen Landesbauordnungen und ggf. der Arbeitsstättenrichtlinie.

Tabelle 6.10: **Anforderungen an Treppenmaße gem. DIN 18065: 2000-01
Gebäudetreppen – Definitionen, Messregeln, Hauptmaße**

Gebäudeart	Treppenart	Nutzbare Treppen-Laufbreite	Treppen-steigung	Treppen-auftritt
		mindest	$s^{2)}$ max.	$a^{3)}$ min.
Wohngebäude mit nicht mehr als zwei Wohnungen[1]	Treppen, die zu Aufenthaltsräumen führen	80	20	23[4]
	Kellertreppen, die nicht zu Aufenthaltsräumen führen	80	21	21[5]
	Bodentreppen, die nicht zu Aufenthaltsräumen führen	50	21	21[5]
Sonstige Gebäude	Baurechtlich notwendige Treppen	100	19	26
Alle Gebäude	Baurechtlich nicht notwendige (zusätzliche) Treppen	50	21	21

1) schließt auch Maisonette-Wohnungen in Gebäuden mit mehr als zwei Wohnungen ein
2) aber nicht < 14 cm
3) aber nicht > 37 cm
4) Bei Stufen, deren Treppenauftritt a unter 26 cm liegt, muss die Unterschneidung u mindestens so groß sein, dass insgesamt 26 cm Trittfläche (a + u) erreicht werden.
5) Bei Stufen, deren Treppenauftritt a unter 24 cm liegt, muss die Unterschneidung u mindestens so groß sein, dass insgesamt 24 cm Trittfläche (a + u) erreicht werden.

Abweichungen von den Stufenmaßen
DIN 18065: 2000-01 Gebäudetreppen – Definitionen, Messregeln, Hauptmaße:

„8 Toleranzen
8.1 Das Istmaß von Treppensteigung s und Treppenauftritt a innerhalb eines (fertigen) Treppenlaufes darf gegenüber dem Nennmaß (Sollmaß) um nicht mehr als 0,5 cm abweichen.
8.2 Von einer Stufe zur jeweils benachbarten Stufe darf die Abweichung der Istmaße untereinander dabei jedoch nicht mehr als 0,5 cm betragen.
(…)
8.4 Für Treppenläufe in Wohngebäuden mit nicht mehr als zwei Wohnungen darf das Istmaß der Steigung der Antrittsstufe höchstens 1,5 cm vom Nennmaß (Sollmaß) abweichen."

Lichter Abstand zwischen den Trittstufen
Der lichte Abstand zwischen den Trittstufen ist in der DIN 18065 nicht geregelt. Gleichwohl besteht hier bei offenen Treppen, ähnlich wie bei den Geländerabständen die

Gefahr, dass Kinder durch die Freiräume hindurch abstürzen. Bei einem Steigungsmaß von 18,5 cm und einer Trittstufenstärke von 4 cm verbleibt ein Freiraum von 14,5 cm. Regelungen finden sich daher teilweise in den jeweiligen Landesbauordnungen.

In der Landesbauordnung Schleswig-Holstein 2000 (A 2 – LBO Erläuterung §§ 38, 39) heißt es z. B.:

„Absatz 11 stellt zusätzliche Anforderungen an Treppen in Gebäuden, in denen mit der Anwesenheit von Kindern gerechnet werden muss. Zwar verzichtet Absatz 11 auf die Schließung der Unterseite der Treppe. Er besagt aber, dass bei offenen Trittstufen das lichte Maß der Öffnungen 12 cm nicht übersteigen darf. Damit soll verhindert werden, dass insbesondere Kleinkinder durch Trittstufenöffnungen in gefährliche Situationen (im Sinne des § 3 Abs. 2) geraten können. (…)"

LBO § 38:

„(11) In und an Gebäuden, in denen mit der Anwesenheit von Kindern gerechnet werden muss, darf bei Treppen ohne Setzstufen oder ohne geschlossene Unterseiten das lichte Maß der Öffnung zwischen den Trittstufen 12 cm nicht übersteigen."

Unterschneidung

DIN 18065: 2000-01 Gebäudetreppen – Definitionen, Messregeln, Hauptmaße:

„6.7 Unterschneidung
6.7.1 Unterschneidung bei offenen Treppen
Offene Treppen sind um mindestens 3 cm zu unterschneiden. (…)
6.7.2 Unterschneidung bei geschlossenen Treppen
Geschlossene Treppen mit Treppenauftritten a < 26 cm sind so weit zu unterschneiden, dass a + u ≥ 26 cm beträgt. (…) Bei Keller- und Bodentreppen (…), die nicht zu Aufenthaltsräumen führen, muss a + u ≥ 24 cm betragen."

Lichte Höhe

DIN 18065: 2000-01 Gebäudetreppen – Definitionen, Messregeln, Hauptmaße:

„6.4.1
Die lichte Treppendurchgangshöhe muss mindestens 2,0 m betragen. (…)"

Treppenpodesttiefe

DIN 18065: 2000-01 Gebäudetreppen – Definitionen, Messregeln, Hauptmaße:

„6.3.1 Nutzbare Treppenpodesttiefe
Die nutzbare Treppenpodesttiefe muss mindestens der nutzbaren Treppenlaufbreite (…) entsprechen.[5]
(…)

---

[5] *Ist das Treppenpodest (…) als Hauptpodest Teil der Geschossdecke und daher die Podesttiefe nicht erkennbar, so gilt die nutzbare Treppenlaufbreite als Podesttiefe."*

Tabelle 6.11: **Gemäß DIN 18065 Tabelle 2, Treppengeländerhöhen**

Absturzhöhen	Gebäudearten	Treppengeländerhöhe min.
bis 12 m[1]	Wohngebäude und andere Gebäude, die nicht der Arbeitsstättenverordnung unterliegen	90 cm[2]
bis 12 m[1]	Arbeitsstätten	100 cm[3]
über 12 m	für alle Gebäudearten	110 cm

1) außerdem bei größeren Absturzhöhen, wenn das Treppenauge bis 20 cm breit ist
2) nach Bauordnungsrecht
3) nach Arbeitsschutzrecht

Geländerstäbe
DIN 18065: 2000-01 Gebäudetreppen – Definitionen, Messregeln, Hauptmaße:

„6.9.3 Treppengeländer mit Öffnungen
In Gebäuden, in denen mit der Anwesenheit von unbeaufsichtigten Kleinkindern zu rechnen ist, sind Treppengeländer so zu gestalten, dass ein Überklettern des Treppengeländers durch Kleinkinder erschwert wird.
Dabei darf der lichte Abstand von Geländerteilen in einer Richtung nicht mehr als 12 cm betragen. Dies gilt nicht für Wohngebäude mit nicht mehr als zwei Wohnungen.
(...)"

Geländerhöhe
Gemäß der Arbeitsstättenrichtlinie ASR 17/1,2 zu § 17 Abs. 1 und 2 der Arbeitsstättenverordnung [26] gilt:

„5 Geländer und Handläufe
(...)
Die Höhe der Geländer muss lotrecht über der Stufenvorderkante mindestens 1,00 m betragen. Bei möglichen Absturzhöhen von mehr als 12 m muss die Geländerhöhe mindestens 1,10 m betragen. (...)"

Gemäß „Handwerkliche Holztreppen – Regelwerk Holztreppenbau", herausgegeben vom Bund Deutscher Zimmermeister und vom Bundesverband des holz- und kunststoffverarbeitenden Handwerks Februar 1999 [27] gelten nachfolgende Mindestmaße der Treppenteile von handwerklich hergestellten Holztreppen.

Tabelle 6.12: **Mindestmaße der Treppenbauteile nach „Handwerkliche Holztreppen" [27]**

Art der Treppe	Wangen [mm]	Dicke von Trittstufen [mm]	Setzstufen [mm]	Höhe der Wangen [mm]	Besteck oben und unten [mm]
Gestemmte Treppe mit Setzstufen	45	43	14	275	40
Gestemmte Treppe ohne Setzstufen	50	50		260	40
Eingeschobene Treppe	75	43		210	40
Aufgesattelte Treppe mit/ ohne Setzstufen	Mindestdicke der Holme: 55	50	14	Mindesthöhe der Holme: 160	

Die Einstemmtiefe von Tritt- und Setzstufen beträgt 15–20 mm.

6.6.9 Trockenbau

Bewegungsfugen/Gipskartonabrisse

Beanstandet werden oft die Haarrisse im Ichselbereich (Wand-Deckenanschluss) und zwischen Trockenbauwänden und Massivwänden. Der Grund hierfür liegt in einer starren Verbindung zwischen Bauteilen, die zwangsläufig unterschiedlichen Verformungsbestrebungen unterliegen.

Gemäß Merkblatt Nr. 19.1 „Risse in unverputztem und verputztem Mauerwerk, in Gipskartonplatten und ähnlichen Stoffen auf Unterkonstruktionen, Ursachen und Bearbeitungsmöglichkeiten", herausgegeben vom Bundesausschuss Farbe und Sachwertschutz e. V., Stand: August 1991 [28] werden folgende Rissursachen aufgezeigt:

„4.3.3 Risse im Bereich der Anschlüsse z. B. an gemauerte Wände, Beton usw.
Rissursache:
Starre Anschlüsse zu angrenzenden Bauteilen und/oder Baustoffen
4.3.4 Risse im Anschlussbereich gleicher Baustoffe in verschiedenen Ebenen, z. B. Gipskartondecke/Gipskartonwand
Rissursache:
Starre Anschlüsse zwischen Gipskartonplatten oder anderen ähnlichen Baustoffen in verschiedenen Ebenen (geneigt, horizontal, vertikal), Untergrundbewegungen (Holzbalken), Windlast"

Dachtragwerke aus Holz sind – relativ gesehen im Vergleich zu den massiven Außenwänden – labil. Sie verformen sich unter dem Einfluss von Schnee- und Windlasten sowie in Abhängigkeit von ihrer jahreszeitlich veränderlichen Umgebungsfeuchte kontinuierlich.

Sämtliche Bauteile, die an der Holzkonstruktion des Dachtragwerkes befestigt sind, bewegen sich den Verformungen entsprechend mit, während die an Massivwänden behafteten Bauteile in einem Beharrungszustand verbleiben.

Wird die Kontaktfuge zwischen den stabilen und den beweglichen Bauteilen nicht so elastisch ausgebildet, dass sie den ständigen Verformungsbestrebungen der Materialien standhält, kommt es zu typischen Abrissen z. B. zwischen Gipskarton-Unterverkleidungen und den verputzten Innenwand-Oberflächen.

Diese Abrissfuge ist i. d. R. dekorativer Natur und kann gewöhnlich im Zuge üblicher Sanierungsintervalle optisch beseitigt werden. Voraussetzung hierfür ist jedoch, dass die Gipskartonebene nicht plangemäß als „luftdichte Ebene" als Gebäudehülle herangezogen wird. Vielmehr muss sichergestellt sein, dass eine zusätzliche luftdichte Ebene im Hintergrund, z. B. in Form einer stoßverklebten Dampfbremsfolie, vorhanden ist. Diese muss dann wiederum im Wandanschlussbereich nach den allgemein anerkannten Regeln der Technik um eine Anpress-Latte herumgeschlagen sein und mit einem Schaumstoffstreifen zum Massivbaukörper hin luftdicht angeschlossen sein. Nur auf diese Weise wird verhindert, dass durch die zwangsläufig entstehende Abrissfuge zwischen Gipskarton und Putz neben der optischen Beeinträchtigung auch gleichzeitig eine Leckage innerhalb der Gebäudehülle entsteht.

Gemäß Becker/Pfau/Tichelmann „Trockenbau Atlas" [29] gilt:

„9.1.3 Anschlussdetails
(...)
Luftdichte Innenbekleidungen sind Gipsbauplatten mit verspachtelten Fugen. Zur Bewehrung der Fugen sind Papier- und Glasfasergewebebänder einzulegen. Problematisch ist hier allerdings der Anschluss der Plattenscheibe an angrenzende Bauteile, z. B. Giebelwände. Durch Dachbewegungen kann vor allem diese Anschlussfuge aufbrechen. Somit ist auch hier eine zusätzliche vollflächige Folie als Dampfbremse zu empfehlen, oder die Anschlüsse werden mit Folienstreifen abgedichtet. (...)"

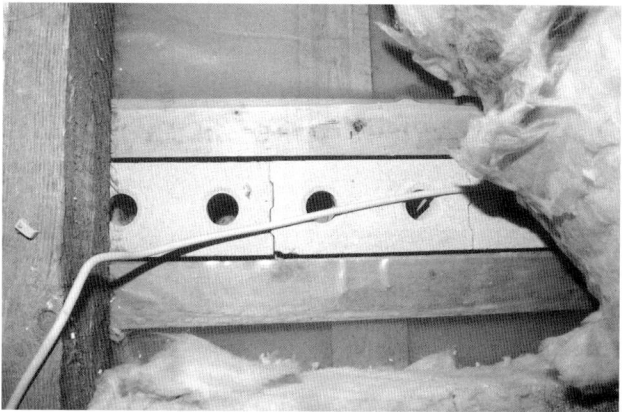

Abb. 6.39: Draufsicht Decke über Dachgeschoss: Dampfbremsfolie als planmäßig luftdichte Schicht, jedoch entlang der Innenwand beschnitten mit klaffend offenen Fugen

Eine derartige Leckage würde gegen die Forderung der DIN 4108 nach einer Luftdichtigkeit der Gebäudehülle und damit gegen die allgemein anerkannten Regeln der Technik verstoßen. Sie führt zu Zugerscheinungen bei entsprechenden äußeren Windverhältnissen, außerdem kann es zum Entweichen feuchtwarmer Raumluft bis in den Dachbodenbereich hinein kommen. Anschließend kommt es an kalten Bauteilen im Dachbodenbereich zum Tauwasserausfall mit der Folge von Tauwasserschäden.

Gleichzeitig erhöht sich der Feuchtgehalt des Dachholzes, welches hierauf mit weiteren Verformungen reagiert.

Eine Abrissfuge zwischen Trockenbau und Massivwänden stellt insofern einen technischen Mangel dar, wenn die Gipskartonebene als luftdichte Ebene geplant war.

Hierzu gilt gem. Merkblatt Nr. 12, Teil 1 „Verarbeitung von Gipskartonplatten", Stand November 1995, herausgegeben vom Bundesausschuss Farbe und Sachwertschutz [30]:

„4.4. Bewegungs-/Dehnfugen und Anschlüsse
(…)
Gipskartonplatten und Bauteile aus anderen Stoffen sind voneinander zu trennen. Dieses gilt auch für thermisch hoch beanspruchte Einbauten, z. B. Einbauleuchten.
Gleichartige Bauteile aus Gipskartonplatten (z. B. Gipskartonwände) dürfen starr miteinander verbunden werden (starre Anschlüsse). Dagegen müssen ungleichartige Bauteile – z. B. Gipskartonunterdecke/Gipskartonwand oder Gipskartonwand/Trockenputz – stets durch eine Fuge getrennt werden. (…)"

Die Übernahme von Dehnungsfugen des Baukörpers in die Bauteile des Trockenbaus und die Trennung zu anderen Bauteilen sind in der DIN 18181 geregelt.

DIN 18181: 1990-09 Gipskartonplatten im Hochbau:

„6 Bewegungsfugen
Dehnfugen des Rohbaues sind in die Konstruktion mit Gipskartonplatten zu übernehmen. (…)
Gipskartonplatten und Bauteile aus anderen Baustoffen sind voneinander zu trennen; das gilt auch für thermisch hoch beanspruchte Einbauten, wie z. B. Einbauleuchten."

Ergänzend gelten die Hinweise des BFS – Bundesausschuss Farbe und Sachwertschutz.

Gemäß Merkblatt Nr. 12, Teil 1 „Verarbeitung von Gipskartonplatten" [30] gilt:

„4.4. Bewegungs-/Dehnfugen und Anschlüsse
Fugen und Anschlüsse sind zu planen, Bewegungs-/Dehnfugen sind auszuschreiben.
Bewegungs-/Dehnfugen des Rohbaus sind in die Konstruktion mit Gipsplatten zu übernehmen. Wand- und Deckenbauteile aus Gipskartonplatten mit Seitenlängen ab etwa 15 m erfordern die Anordnung von Bewegungsfugen. Diese sind ferner erforderlich bei wesentlich eingeengten Deckenflächen, z. B. bei Einschnürungen oder Wandvorsprüngen. (…)
Gleichartige Bauteile aus Gipskartonplatten (z. B. Gipskartonwände) dürfen starr miteinander verbunden werden (starre Anschlüsse). Dagegen müssen ungleichartige Bauteile – z. B. Gipskartonunterdecke/Gipskartonwand oder Gipskartonwand/Trockenputz – stets durch eine Fuge getrennt werden.
Bewegungs-/Dehnfugen können in Abhängigkeit von der zu erwartenden Bewegung als offene (z. B. Schattenfugen, Fugen mit Einfassprofilen) oder als geschlossene Fuge ausgebildet werden (z. B. mit Acryl oder Abdeckprofilen). Anschlüsse und Anschlussfugen sind je nach Konstruktionsart und Bauteil unter Beachtung der Herstellerhinweise auszubilden."

Unabhängig von der technischen Situation liegt insofern eine vermeidbare optische Beeinträchtigung vor, wenn Gipskartonplatten und Tapezierung ohne Trennung stumpf an Massivbauteile angeschlossen worden sind.

Gleitender Deckenanschluss

Eine weitere typische Rissbildung in GK-Wänden stellt sich oft zwischen zwei Massivdecken ein, wenn der obere Anschluss der Wand an die Massivdecke, z. B. aus Fertigteil-Hohlkörperplatten, nicht gleitend ausgebildet ist. Der Riss verläuft hierbei senkrecht von der Unterkante der Decke bis zur Oberkante Fußboden und ist nach unten hin aufgeweitet. Hohlkörperdecken sind werkseitig vorgespannt, sodass sie nach der Fertigung einen leichten Stich zur Oberseite hin haben.

Beispiel

Die Spannweite einer Hohlkörperdecke beträgt: 8,00 m
Nach Herstellerangabe beträgt die Überhöhung für eine Decke
mit z. B. d = 18 cm bei einer Stützweite von 8 m, je nach Grad der
Vorspannung, nach der Fertigung ca.: –11 mm
Das ungefähre Maß der Durchbiegung nach Einbau mit der
Eigenlast der Decke beträgt gem. Herstellerangabe l/600:
also 800/600 13 mm
Das maximal zulässige Maß der Durchbiegung im Endzustand
und unter Belastung beträgt gem. Herstellerangabe l/300:
also 800/300 = 27 mm
Somit ergibt sich vom Zeitpunkt des Einbaus der Decke und der
Montagewände bis zum Zeitpunkt der vollständigen Belastung der
Decke eine Differenz der Durchbiegung von 27 mm – 13 mm = 14 mm
Die Gipskartonständerwände laufen mit ihrer Beplankung zwischen der Oberkante des Hohlraumbodens und der Unterkante der Hohlkörper-Spannbetondecke durch. Durchbiegungsverformungen, die sowohl von der unteren Hohlkörperdecke als auch von der oberen ausgehen, müssen von den Leichtbauwänden scheibenartig aufgenommen werden. Durch den formschlüssigen Verbund zwischen der Gipskarton-Beplankung und der Spannbetondecke entsteht in der Schale ein Verformungsbestreben, für das die Gipskartonschale nicht ausgelegt ist.

Nach den Herstellervorschriften soll die Randfuge der Beplankung zu den Stahlbetondecken hin wie folgt ausgeführt werden:

„Gleitende Rigips-Montagewandanschlüsse an Massivdecken sind immer dann vorzusehen, wenn Deckendurchbiegungen von mehr als 10 mm errechnet wurden. In diesen Fällen muss zwischen OK-Beplankung und UK-Decke eine Bewegungsfuge vorgesehen werden, deren Maß der zu erwartenden Deckendurchbiegung entspricht. (…)
Im Brandschutz darf die Bewegungsfuge 20 mm nicht überschreiten.

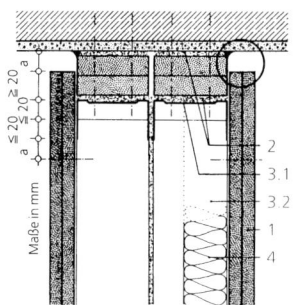

Abb. 6.40: Gleitender Anschluss gem. DIN 18183

DIN 18183: 1988-11 Montagewände aus Gipskartonplatten:

„3 Ausführung (…)
3.3 Befestigung an angrenzenden Bauteilen
3.3.1 Allgemeines
*(…) Die Art des Anschlusses richtet sich nach den Verformungen, die nach dem Einbau
der Montagewände für die angrenzenden Bauteile zu erwarten sind; bei größeren Verformungen sind gleitende Anschlüsse auszuführen. (…)*
3.3.3 Gleitende Anschlüsse
*Gleitende Anschlüsse[1] sind so herzustellen, dass sich die zwischen Montagewand und
angrenzendem Bauteil zu erwartenden Verformungen einstellen können.*
*1) Anforderungen des Schall- und/oder Brandschutzes sind bei der Ausbildung zu
berücksichtigen.“*

Die im Beispiel zu erwartende Deckendurchbiegung wurde mit maximal 14 mm errechnet. Somit hätten die Gipskartonwände um dieses Durchbiegungsmaß verkürzt und mit
einem gleitenden Anschluss eingebaut werden müssen.

Türecken

Bei einlagiger Beplankung führen Gipskarton-Plattenstöße in der vertikalen Verlängerung der Türpfosten-Ständerprofile und in der horizontalen Verlängerung der Türsturz-
profile zu unvermeidbarer Rissbildung, ausgehend von den Türecken. Der Grund hierfür liegt in Verformungen der tragenden Konstruktion wie Durchbiegungen und
Schwindverkürzungen. Die Türständer sind zudem in besonderer Weise den Spannungen ausgesetzt, die aus den statischen Türlasten und dynamischen Türbewegungen
resultieren. An diesen Schwachpunkten angeordnete Plattenstöße bilden somit automatisch eine markante Sollbruchstelle. Dieser Verstoß gegen die Herstellerrichtlinie ist
auch ein Verstoß gegen allgemein anerkannte Regeln der Technik. Die Beplankung
unterliegt unter diesen Beanspruchungen einem eigenen Verformungsbestreben und es
kommt an den labilen Türecken zur Rissbildung.

Dazu heißt es in einer Verarbeitungsrichtlinie eines Herstellers:

„Einbau von Türzargen
*(…) Plattenstöße sind nicht auf die Türständer, sondern immer versetzt [> 15 cm] ober-
halb der Türöffnung zu legen. Dazu werden in das Türsturzprofil 2 Ständerprofile eingestellt, die den Fugenversatz der beiden Wandseiten gewährleisten. (…)“*

DIN 18183: 1988-11 Montagewände aus Gipskartonplatten:

„3 Ausführung
(…)
3.6 Wandöffnungen
*Im Randbereich von Wandöffnungen (z. B. Türen, Fenster) sind zwischen den Ständern
Riegel anzuordnen; soweit erforderlich, ist die Unterkonstruktion auszusteifen (z. B.
durch Profile aus Stahlblech) (…)*
*Bei einfach beplankten Wänden sind Plattenstöße in Verlängerung der Zargenholme zu
vermeiden; bei mehrlagiger Beplankung sind Stöße in den einzelnen Lagen gegeneinander zu versetzen.“*

Verspachtelung

Es liegt ein Verstoß gegen die allgemein anerkannten Regeln der Technik vor, wenn die Gipskarton-Plattenstöße vor einer Verfugung mit VARIO-Spachtel nicht V-förmig aufgeschnitten wurden, um das Spachtelmaterial aufnehmen zu können.

Strittig ist zwischen den Gewerken und auch zwischen Besteller und Unternehmer häufig die Qualität der Gipskartonplatten-Verspachtelung. Unzureichende Verspachtelung wird vom Maler insbesondere dann beanstandet, wenn auf eine nachfolgende Tapezierung verzichtet werden soll. Kellenschläge und Unebenheiten zeichnen sich dann unter Streiflicht markant in der Fläche ab. Vermeiden lässt sich dieser Zwist nur durch eine vorherige förmliche Vereinbarung über die Qualität der Verspachtelung.

In dem Merkblatt Nr. 2 der Industriegruppe Gipsplatten „Klassifizierung von Spachtelarbeiten", Stand: Mai 2000 [31] heißt es:

„(…) Falls entsprechend dieser Norm [18202] erhöhte Anforderungen an die Ebenheit von Flächen gestellt werden, so ist dies vertraglich zu vereinbaren.
(…)
Hinsichtlich der Verspachtelung von Gipsplatten sind 2 Ausführungsstufen zu unterscheiden:
- *Standardverspachtelung*
- *Sonderverspachtelung*
(…)
Standardverspachtelung
Ziel der Verspachtelung ist es u. a., den Fugenbereich der Plattenoberfläche anzugleichen.
Gleiches gilt auch für Befestigungsmittel, Innen- und Außenecken und Anschlüsse.
Dies wird erreicht durch:
- *Vorspachteln (Füllen der Fuge),*
- *Nachspachteln (Finish) bis zum Erreichen eines stufenlosen Übergangs zur Plattenoberfläche.*
Dabei dürfen keine Bearbeitungsabdrücke oder Spachtelgrate sichtbar bleiben. Falls erforderlich, sind die verspachtelten Bereiche zu schleifen. Die Standardverspachtelung genügt den üblichen Anforderungen an Wand- und Deckenflächen.
Diese Oberfläche ist geeignet für:
- *Tapeten, ausgenommen z. B. Seiden-, Vinyl- oder Metalltapeten,*
- *matte strukturierte Anstriche/Beschichtungen*
Bei der Standardverspachtelung sind bei Streiflicht sichtbar werdende Abzeichnungen nicht gänzlich auszuschließen – und nach DIN 18350 Ausgabe 6/96, Abschnitt 3.1.2 auch zulässig (VOB Teil C, Putz- und Stuckarbeiten).
Matte nicht strukturierte Anstriche sollten stets in Verbindung mit der Sonderverspachtelung vorgesehen (geplant und ausgeführt) werden.

Sonderverspachtelung
Werden an die Oberfläche erhöhte Anforderungen gestellt, sind zusätzliche Maßnahmen erforderlich:
- *breites Ausspachteln der Fugen oder*
- *vollflächige Verspachtelung oder*
- *flächiges Überziehen der Gipsplatten mit dafür geeignetem Putz- oder Finishmaterial*
Diese Oberflächen sind geeignet für:
- *glänzende Anstriche (z. B. Farben, Lacke) und Lasuren,*

– Seiden- und Metalltapeten sowie ähnliche hochwertige Tapeten/Beschichtungen
Der angestrebte Endzustand dieser Oberflächen und die Art der Ausführung sind vertrag-
lich gesondert zu vereinbaren. (…)"

Schraubenabstände

Die mindestens erforderlichen Schraubenabstände sind in der DIN 18181 für Wand-
und Deckenbauteile festgelegt.

Gemäß DIN 18181: 1990-09 Gipskartonplatten im Hochbau, Tabelle 3 ist der Abstand
der Schnellbauschrauben begrenzt für:

- Deckenbekleidungen oder Unterdecken auf maximal: 17 cm
- Montagewände auf maximal: 25 cm.

Gleichzeitig bieten die unterschiedliche Hersteller Angaben zur Verarbeitung.

Ein Hersteller von Gipskartonplatten schreibt für die Verschraubung der Gipskartonplatten an der Unterkonstruktion folgende Abstände vor:

- für Dachschrägen mit Holzlattenunterkonstruktion: 17 cm
- für Metallständerwände und einlagige Beplankung: 25 cm
- für Metallständerwände und zweilagige Beplankung in der
  ersten Lage: 75 cm
- für Deckenbekleidung mit Holzunterkonstruktion: 17 cm
- für Deckenbekleidung mit Metallprofil-Unterkonstruktion: 17 cm

Gelb-Braun-Verfärbungen

Wenn Gipskartonplatten über längere Zeit der UV-Bestrahlung oder einer überhöhten
Feuchtigkeit ausgesetzt waren, kommt es häufig zu Braun- oder Gelbverfärbungen, die
auch durch den später applizierten Anstrich durchschlagen.

Hierzu heißt es in dem Aufsatz der technischen Informationsstelle des Deutschen
Maler- und Lackiererhandwerks „Verfärbungen und Rissbildungen bei Gipskarton-
Untergründen" [32] :

„1 Gelb-braune Verfärbungen
Eine nachteilige Eigenschaft des Kartons, durch den ja die Oberflächeneigenschaften der
Platten bestimmt sind, ist die – unter bestimmten Bedingungen auftretende – Abgabe von
verfärbenden Inhaltsstoffen. (…)
Ursache dieser lichtabhängigen Vergilbung ist eine fotochemische Reaktion des Lignins
aus den Holzinhaltstoffen des Kartons. Besonders wirksam sind die kurzwelligen Licht-
strahlen (UV-Bereich). Dabei bilden sich gelbliche bis braune Stoffe, die bei einem
Anstrich oder (seltener) bei einer Tapezierung durchschlagen. Dies geschieht bevorzugt
dann, wenn die gestrichene oder tapezierte Oberfläche lange nass steht oder wenn alkali-
sche Werkstoffe, wie z. B. Dispersionssilikatfarbe, eingesetzt werden. (…)"

Somit sind für das Auftreten von Vergilbungen auf Gipskartonoberflächen folgende Voraussetzungen ursächlich:

- die Einwirkung von **Licht** auf die Kartonoberfläche mit der Folge der Ligninfrei-
  setzung,
- die Einwirkung von **Feuchtigkeit** auf die Kartonoberfläche mit der Folge der Lignin-
  wanderung an die Oberfläche.

Zur Vermeidung der Vergilbungen ist also die Einwirkung von Licht und Feuchtigkeit auf die Gipskartonplatten unbedingt zu verhindern.

Hierzu heißt es in dem Aufsatz der technischen Informationsstelle des Deutschen Maler- und Lackiererhandwerks „Verfärbungen und Rissbildungen bei Gipskarton-Untergründen" [32]:

„(…) In der Norm für die Verarbeitung DIN 18181 wäre außerdem neben dem Feuchtigkeitsschutz bei Lagerung, Transport und Einbau auch auf den notwendigen Lichtschutz hinzuweisen. (…)"

Gemäß Merkblatt Nr. 12, Teil 1 „Verarbeitung von Gipskartonplatten" [30] gilt:

„3.2 Lagerung
Alle zur Anwendung kommenden Stoffe, insbesondere Gipskartonplatten und Spachtelmaterialien sind trocken, vor Beschädigungen und Verschmutzungen geschützt zu lagern. (…)
Die Lagerung soll so erfolgen, dass die Platten vor Lichteinwirkung geschützt sind; ggf. ist eine Abdeckung erforderlich.
(…)
4. Verarbeitung
Durch langzeitige Belichtung vergilbte Platten dürfen in der oberen Beplankung (Sichtfläche) nicht verarbeitet werden. (…)"

Hierzu heißt es weiter in dem Merkblatt Nr. 12, Teil 2 „Oberflächenbehandlung von Gipskartonplatten" [30]:

„2.1 Anforderungen an Gipskartonplatten und -flächen
(…) Unbeschichtete Platten dürfen zur Vermeidung von Gelbverfärbungen nicht längere Zeit dem Licht ausgesetzt sein."

Zu der maximal zulässigen Baufeuchte heißt es in den „Baustellenbedingungen für Trockenbauarbeiten mit Gipskartonsystemen" des Förderkreises Stuck, Putz, Trockenbau, Bayern, Stand: November 1989 [33]:

„1. Gipskartonsysteme sollten nicht bei höherer relativer Luftfeuchtigkeit als 80 % eingebaut werden.
2. Gipskartonsysteme sind vor längerer Durchfeuchtung zu schützen."

Hierzu heißt es weiter in dem Merkblatt Nr. 12, Teil 1 „Verarbeitung von Gipskartonplatten" [30]:

„3.4 Prüfung des Untergrundes
(…) Grund zur Anzeige von Bedenken besteht z. B. wegen
– zu hoher Baufeuchtigkeit (…)"

Weiter heißt es hierzu in dem Merkblatt Nr. 12, Teil 2 „Oberflächenbehandlung von Gipskartonplatten" [30]:

„2.1 Anforderungen an Gipskartonplatten und -flächen (…)
Bei etwaigen Verfärbungen der Gipskartonoberfläche z. B. lichtbedingten Vergilbungen, Wasserflecken oder Schimmelpilzbefall, sind besondere Maßnahmen erforderlich. (…)

3 Prüfung des Untergrundes
Der Untergrund ist vor den Beschichtungs- bzw. Tapezier- und Klebearbeiten sowie vor Bodenbelagarbeiten entsprechend Abschnitt 3.1 (Tabelle) daraufhin zu prüfen, ob er für die Durchführung der vorgesehenen Leistung geeignet ist. Bestehen Bedenken gegen die Beschaffenheit des Untergrundes oder gegen die vorgesehene Art der Ausführung, sind diese nach VOB Teil B, DIN 1961 § 4 Abs. 3 unverzüglich schriftlich geltend zu machen."

In dem Handbuch eines Gipskarton-Herstellers heißt es hierzu ebenfalls:

„(…) Bei Gipskartonplattenflächen, die längere Zeit ungeschützt der Lichteinwirkung ausgesetzt sind, können Gilbstoffe durch den Anstrich schlagen (Vergilbung). Daher wird ein Probeanstrich über mehrere Plattenbreiten einschließlich der verspachtelten Bereiche empfohlen. Zuverlässig verhindern lässt sich das etwaige Durchschlagen von Gilbstoffen nur durch das Aufbringen besonderer sperrender Grundierungen."

In dem Aufsatz der technischen Informationsstelle des Deutschen Maler- und Lackiererhandwerks „Verfärbungen und Rissbildungen bei Gipskarton-Untergründen" [32] heißt es hierzu:

„1 Gelb-braune Verfärbungen
(…) Um nicht erst nach der Grundierung/Tapezierung mit den Verfärbungen konfrontiert zu werden, kann gegebenenfalls durch Auftropfen von Wasser auf die rohe Kartonoberfläche geprüft werden. Nach dem Abtrocknen der Wassertropfen bleibt bei stark vergilbtem Karton ein deutlicher brauner Rand zurück. Bei unbelichtetem Karton ist nach dem Abtrocknen fast kein Rand zu sehen."

Trockenbau in Nassräumen

Werden Gipskarton-Bauteile in Nassbereichen eingesetzt, gelten besondere Regeln zur Vermeidung von Feuchteschäden. Es müssen imprägnierte Gipskartonplatten eingesetzt werden und besondere Beachtung ist der Nachimprägnierung von Schnittkanten und Installationsöffnungen zu widmen:

DIN 18181: 1990-09 Gipskartonplatten im Hochbau – Grundlagen für die Verarbeitung:

„8. Verarbeitung von Gipskartonplatten in Räumen mit höherer Feuchte
In Räumen mit nutzungsbedingt zeitweise hoher Luftfeuchte ist der Einbau von Gipskartonplatten zulässig, wenn durch geeignete Lüftungsmöglichkeiten die anfallende hohe Feuchte innerhalb eines üblichen Nutzungszyklus wieder abgeführt werden kann. Vorzugsweise sind für diese Anwendungsfälle Gipskarton-Bauplatten imprägniert (GKBI) oder Gipskarton-Feuerschutzplatten imprägniert (GKFI) zu verwenden.
Für Räume mit nutzungsbedingt ständig hoher Luftfeuchte sind Gipskartonplatten im Regelfall nicht geeignet.
Ist bei zweckbestimmter Nutzung mit zeitweisem Wasserbeschlag der Flächen zu rechnen, z. B. im Wandbereich häuslicher Duschen, so sind die Oberflächen, Anschlussfugen und freiliegende Schnittflächen (z. B. für Installationsdurchführungen) in geeigneter Weise abzudichten. Es dürfen bituminöse oder nicht bituminöse Abdichtungsstoffe verwendet werden. Abdichtung und Oberflächenbeschichtung, z. B. mit Fliesen, müssen so aufeinander abgestimmt sein, dass sowohl die abdichtende Wirkung als auch der dauerhafte Halt der Beschichtung sichergestellt werden."

Brandschutz

Werden auf Grund von Anforderungen an den Brandschutz Feuerschutzplatten gefordert, muss geprüft werden, ob diese auch eingesetzt werden. Hierzu dienen die Plattenaufdrucke mit Hinweisen auf die DIN 4102.

Tipp
Die Feuerschutzplatten zeigen an der Aufbruchkante freie Glasfasern, sodass im Zweifel auch ohne Plattenaufdruck – ggf. mit einem Mikroskop oder einer Lupe – geprüft werden kann, welche Art von Material vorliegt.

6.7   Abdichtungsarbeiten (DIN 18336)

Beurteilung der Beanspruchung durch Feuchtigkeit

Grundlage für die Bemessung einer Abdichtungsmaßnahme ist zunächst die durchzuführende Bodenerkundung, die in der Verantwortungssphäre des Architekten bzw., wenn kein Architekt eingesetzt ist, in den Aufgabenbereich des Bauträgers fällt.

In Kenntnis der Bodenbeschaffenheiten und des Grundwasserstandes sowie der zu erwartenden Sickerwasserverhältnisse erfolgt eine Einstufung in die Lastfälle der DIN 18195 entsprechend nachfolgender Tabelle 6.14.

Zur Beurteilung, ob der örtlich anstehende Boden im Sinne der DIN 18195 hinreichend versickerungsfähig ist, sollte ein Bodengutachten eingeholt werden.

Anhaltswerte für die Versickerungsfähigkeit von Bodenarten liefert folgende Übersicht:

Tabelle 6.13: **k-Werte von Böden**

Gemäß Simmer, „Grundbau" [34] gelten folgende k-Werte für Böden:

Bodenart	Kurzzeichen	k [m/s]	k [cm/s]
grober Sand	gs	0,5 bis 1,0 x 0,01	0,5 bis 1,0
feiner Sand	fs	0,1 bis 0,3 x 0,01	0,1 bis 0,3
sehr feiner Sand	fs	0,1 bis 0,2 x 0,001	0,01 bis 0,02
Schluff	U	1,0 bis 0,01 x 0,0001	0,01 bis 0,0001
Lehm	L	0,1 bis 1,0 x 0,000001	0,00001 bis 0,0001
Ton	T	0,02 bis 20,0 x 0,000000001	0,000000002 bis 0,000002

Tipp
Um die tatsächliche Versickerungsfähigkeit des Bodens überschlägig zu überprüfen, kann man hilfsweise ein aufrecht stehendes KG-Rohr ($\varnothing$ 30 cm) in den anstehenden Boden einschlagen. Es wird eine Skalierung (Zollstock, Messstreifen) an der Rohrwandung angebracht, anschließend wird Wasser eingefüllt. Die Sinkgeschwindigkeit des Pegels des Wassers wird gestoppt. Der relevante Grenzwert nach DIN 18195 liegt bei > 10^{-4} m/s. Dies entspricht umgerechnet einer Versickerungsgeschwindigkeit von 0,6 cm/Min. Das heißt, sinkt der Pegel in weniger als **1 Minute um 6 mm,** ist die Versickerungsfähigkeit ausreichend, sonst nicht.

Tabelle 6.14: **Lastfälle für die Dimensionierung der Außenwandabdichtung gem. DIN 18195**

Bauteilart	Wasserart	Einbausituation		Art der Wassereinwirkung	Art der erforderlichen Abdichtung nach
Erdberührte Wände und Bodenplatten oberhalb des Bemessungswasserstandes	Kapillarwasser Haftwasser Sickerwasser	stark durchlässiger Boden k > 10^{-4} m/s[8]		Bodenfeuchte und nicht stauendes Sickerwasser	DIN 18195-4: 2000-08
		wenig durchlässiger Boden k > 10^{-4} m/s[8]	mit Dränung[1]		
			ohne Dränung[2]	aufstauendes Sickerwasser	Abschnitt 9 von DIN 18195-4: 2000-8
Waagerechte und geneigte Flächen im Freien und im Erdreich; Wand- und Bodenflächen in Nassräumen[3]	Niederschlagswasser Sickerwasser Anstaubewässerung[4] Brauchwasser	Balkone u. ä. Bauteile im Wohnungsbau, Nassräume[3] im Wohnungsbau[6]		nicht drückendes Wasser, mäßige Beanspruchung	Abschnitt 8.2 von DIN 18195-4: 2000-8
		genutzte Dachflächen[5], intensiv begrünte Dachflächen[4], Nassräume (ausgen. Wohnungsbau)[6], Schwimmbäder[7]		nicht drückendes Wasser, hohe Beanspruchung	Abschnitt 8.3 von DIN 18195-4: 2000-8
		nicht genutzte Dachflächen, frei bewittert, ohne feste Nutzschicht		nicht drückendes Wasser	DIN 18531
Erdberührte Wände und Bodenplatten unterhalb des Bemessungswasserstandes	Grundwasser Hochwasser	jede Bodenart, Gebäude und Bauweise		drückendes Wasser von außen	Abschnitt 8 der DIN 18195-6: 2000-08
Wasserbehälter, Becken	Brauchwasser	im Freien und in Gebäuden		drückendes Wasser von innen	DIN 18195-7

1) Dränung nach DIN 4095
2) bis zu Gründungstiefen von 3 m unter Gebäudeoberkante, sonst Zeile 8
3) Definition Nassraum, siehe DIN 18195-1, 3.3.1
4) bis ca. 10 m Anstauhöhe bei Intensivbegrünungen
5) Beschreibung siehe DIN 18195-5, Abschnitt 7.3
6) Beschreibung siehe DIN 18195-5, Abschnitt 7.2
7) Umgänge, Duschräume
8) siehe DIN 18130-1

Tabelle 6.15: **Anteil abschlämmbarer Teilchen**

Anteil abschlämmbarer Teilchen	
(Gew.-%)	**Bodenart**
< 10	Sand (S)
10 bis 13	anlehmiger Sand (Sl)
14 bis 18	lehmiger Sand (lS)
19 bis 23	stark sandiger Lehm (SL)
24 bis 29	sandiger Lehm (sL)
30 bis 44	Lehm (L)
45 bis 60	lehmiger Ton (lT)
> 60	Ton (T)

Tabelle 6.16: **Grobbestimmung der Kornfraktionen**

Grobe Bestimmung der Kornfraktionen mit Hilfe der Fingerprobe		
Sand (S)	Schluff (U)	Ton (T)
Körnung gut sichtbar und fühlbar, knirschend	Körnung nicht oder wenig sichtbar und fühlbar (samtartig-mehlig)	Körnung nicht sicht- und fühlbar
haftet nicht an den Händen	haftet deutlich in den Handlinien	bindig (klebrig)
nicht formbar	wenig formbar (zerbröckelt)	gut form- und ausrollbar
nicht bindig	raue Gleitfläche	glatte und glänzende Gleitfläche

Abdichtungshöhe und Anschlüsse an aufgehende Bauteile

DIN 18195-4: 2000-08 Bauwerksabdichtungen, Abdichtungen gegen Bodenfeuchte (Kapillarwasser, Haftwasser) und nicht stauendes Sickerwasser an Bodenplatten und Wänden, Bemessung und Ausführung:

„6. Anordnung
6.1 Wände
6.1.1
Alle vom Boden berührten Außenflächen der Umfassungswände sind gegen seitliche Feuchtigkeit nach 7.3 abzudichten. Diese Abdichtung muss planmäßig im Regelfall bis 300 mm über Gelände hochgeführt werden, um ausreichend Anpassungsmöglichkeiten der Geländeoberfläche sicherzustellen. Im Endzustand darf dieser Wert das Maß von 150 mm nicht unterschreiten.
Ist dies im Einzelfall nicht möglich (Terrassentüren, Hauseingänge), sind dort besondere Maßnahmen gegen das Eindringen von Wasser oder das Hinterlaufen der Abdichtung einzuplanen (z. B. durch ausreichend große Vordächer, Rinnen mit Abdeckungen oder Gitterrost).
Oberhalb des Geländes darf die Abdichtung entfallen, wenn dort ausreichend wasserabweisende Bauteile verwendet werden; andernfalls ist sie hinter der Sockelbekleidung hochzuziehen.

6.1.2
Außen- und Innenwände von Gebäuden sind durch mindestens eine waagerechte Abdich-
tung (Querschnittsabdichtung) nach 7.2 gegen aufsteigende Feuchtigkeit zu schützen.
6.1.3
Die Abdichtung nach 6.1.1 muss unten bis zum Fundamentabsatz reichen und so an die
waagerechte Abdichtung nach 6.1.2 herangeführt oder mit ihr verklebt werden, dass keine
Feuchtigkeitsbrücken, insbesondere im Bereich von Putzflächen entstehen können (Putz-
brücken). (…)"

Die vertikale Abdichtung von Balkonflächen muss unmittelbar an die Horizontalsperre
des Mauerwerks anschließen. Verbleibt zwischen der Horizontalsperre des Mauerwerks
und dem oberen Rand des Abdichtungsanschlusses ein Zwischenraum, so ist diese Zone
hinterläufig.

Abb. 6.41: Unzureichende Andichtungshöhe, kein Kontakt zur
Horizontalsperre unterhalb der Entwässerungsöffnungen

Die Horizontalsperre des Mauerwerks muss durchgängig sein und darf nicht, wie auf
der nachfolgenden Abbildung im Bereich unterhalb der Rollschicht von Terrassentüröff-
nungen fehlen. Eine Vertikalsperre fehlt hier völlig.

Abb. 6.42: Fehlende Horizontalsperre unter der Rollschicht, fehlende Vertikalsperre

Besondere Beachtung ist dem Türschwellenbereich zu widmen. Da der Einbau der Hauseingangstür den Abdichtungsarbeiten oft mit wesentlichem Zeitabstand folgt, wird der Abdichtungsanschluss an die Türschwelle regelmäßig vernachlässigt. Kurz vor Bezug wird das Außenpodest hergestellt, ohne dass zuvor in der Türnische eine dreidimensional schlüssige Abdichtungsführung entsteht. Die hieraus entstehenden Schadensfolgen sind oft verheerend.

Abb. 6.43: Fehlende Andichtung an die Türschwelle

Abb. 6.44: Fehlende Andichtung an die Türschwelle, Detail

Werden Terrassentüren mit Sohlbänken ausgerüstet, muss der seitliche Abschluss an das Leibungsmauerwerk ordnungsgemäß angedichtet werden (siehe Klempnerarbeiten).

Abb. 6.45: Fehlende seitliche Versiegelung der Sohlbank

Durch klaffend offene Anschlussfugen wird die Abdichtungsebene hinterlaufen.

Bitumendickbeschichtung (DIN 18195)

Im August 2000 wurden die Teile 1–6 der DIN 18195 neu herausgegeben. Die Teile 8–10 sollen möglichst bald angepasst werden (Teil 8: Stand 8/83, Teil 9: Stand 12/86, Teil 10: Stand 8/83), Teil 7 bedarf einer umfangreichen Änderung und soll in einer zweiten Phase überarbeitet werden.

- Teil 1: Grundsätze, Definitionen, Zuordnung der Abdichtungsarten
- Teil 2: Stoffe
- Teil 3: Anforderungen an den Untergrund und Verarbeitung der Stoffe
- Teil 4: Abdichtung gegen Bodenfeuchte (Kapillarwasser, Haftwasser) und nicht stauendes Sickerwasser an Bodenplatten und Wänden, Bemessung und Ausführung
- Teil 5: Abdichtung gegen nicht drückendes Wasser und aufstauendes Sickerwasser, Bemessung und Ausführung
- Teil 6: Abdichtung gegen von außen drückendes Wasser und aufstauendes Sickerwasser, Bemessung und Ausführung
- Teil 7: Abdichtung gegen von innen drückendes Wasser, Bemessung und Ausführung
- Teil 8: Abdichtungen über Bewegungsfugen
- Teil 9: Durchdringungen, Übergänge, Anschlüsse
- Teil 10: Schutzschichten und Schutzmaßnahmen

Der Grund für die allgemein als erforderlich betrachtete Novellierung der DIN 18195 lag in der Tatsache, dass in dem bisher gültigen Stand von 1983 die Anwendung von kunststoffmodifizierten Bitumendickbeschichtungen für die Lastfälle „nicht drückendes Wasser" und „drückendes Wasser" nicht vorgesehen war.

Gleichwohl wurden jedoch bereits ca. 80 % aller Abdichtungsmaßnahmen mit derartigen Verfahren durchgeführt. Vor diesem Hintergrund wurde eine Normierung dieser Verfahrensweisen angestrebt, die Abdichtungen mit kunststoffmodifizierten Bitumendickbeschichtungen (KMB) wurde in die Teile 4, 5, und 6 mit aufgenommen.

Trockenschichtdicke von Bitumendickbeschichtungen

Anforderungen an die Ausführung von Abdichtungen mit kunststoffmodifizierter Bitumendickbeschichtung sind sowohl in der DIN 18195 als auch in der nachfolgenden Richtlinie festgelegt.

„Richtlinie für die Planung und Ausführung von Abdichtungen erdberührter Bauteile mit Bitumendickbeschichtungen (KMB)", Stand: November 2001, herausgegeben von der Deutschen Bauchemie u. a. [35]:

„Teil B Ausführung der Abdichtungen mit KMB gem. DIN 18195
2 Verarbeitung der Beschichtung
(…) Der Auftrag muss fehlstellenfrei, gleichmäßig und je nach Lastfall entsprechend dick erfolgen. Handwerklich bedingt sind Schwankungen der Schichtdicke beim Auftragen des Materials nicht auszuschließen. Die vorgeschriebene Mindesttrockenschichtdicke darf an keiner Stelle unterschritten werden. Dazu ist die erforderliche Nassschichtdicke vom Hersteller anzugeben. Diese sollte an keiner Stelle um mehr als 100 % überschritten werden. Im Bereich Boden/Wandanschluss mit vorstehender Bodenplatte ist die kunststoffmodifizierte Bitumendickbeschichtung aus dem Wandbereich über die Bodenplatte bis etwa 100 mm auf die Stirnfläche der Bodenplatte herunterzuführen. (…)
6 Anschlüsse
(…)
Damit ein Sockelputz oder Ähnliches angebracht werden kann, sollte bei einschaligem Mauerwerk die Spritzwasserzone mit Dichtungsschlämme ausgeführt werden. Die Überlappung von Dichtungsschlämme mit Bitumendickbeschichtung beträgt mindestens 10 cm."

DIN 18195-4: 2000-08 Bauwerksabdichtungen – Abdichtungen gegen Bodenfeuchte (Kapillarwasser, Haftwasser) und nicht stauendes Wasser an Bodenplatten und Wänden, Bemessung und Ausführung:

„7.3.3 Abdichtung mit kunststoffmodifizierten Bitumendickbeschichtungen (KMB)
Die kunststoffmodifizierte Bitumendickbeschichtung nach DIN 18195-2: 2000-08, Tabelle 9 ist in zwei Arbeitsgängen aufzubringen. Die Aufträge können frisch in frisch erfolgen. Die kunststoffmodifizierte Bitumendickbeschichtung muss eine zusammenhängende Schicht ergeben, die auf dem Untergrund haftet. Die Trockenschichtdicke muss mindestens 3 mm betragen.
Das Aufbringen der Schutzschicht darf erst nach ausreichender Trocknung der Abdichtung erfolgen."

DIN 18195-5: 2000-08 Bauwerksabdichtungen – Abdichtungen gegen nicht drückendes Wasser auf Deckenflächen und in Nassräumen; Bemessung und Ausführung:

„8.2.8 Abdichtung mit kunststoffmodifizierten Bitumendickbeschichtungen (KMB)
Die kunststoffmodifizierte Bitumendickbeschichtung ist in zwei Arbeitsgängen aufzubringen. Sie muss eine zusammenhängende Schicht ergeben, die auf dem Untergrund haftet. Vor dem Auftrag der zweiten Abdichtungsschicht muss die erste Abdichtungsschicht so weit getrocknet sein, dass sie durch den darauf folgenden Auftrag nicht beschädigt wird. Die Trockenschichtdicke muss mindestens 3 mm betragen. An Kehlen und Kanten sind Gewebeverstärkungen einzubauen. Sie sollten auch auf horizontalen Flächen verwendet werden, um die Mindestschichtdicke sicherzustellen.
Das Aufbringen der Schutzschichten darf erst nach ausreichender Trocknung der Abdichtung erfolgen."

DIN 18195-6: 2000-08 Bauwerksabdichtungen – Abdichtungen gegen von außen drückendes Wasser und aufstauendes Sickerwasser; Bemessung und Ausführung:

„7 Arten der Beanspruchung
(…)
7.2 Abdichtungsarten
Nach 7.2.1 und 7.2.2 werden 2 Abdichtungsarten unterschieden:
7.2.1 Abdichtungen gegen drückendes Wasser sind Abdichtungen von Gebäuden und baulichen Anlagen gegen Grundwasser und Schichtenwasser, unabhängig von Gründungstiefe, Eintauchtiefe und Bodenart.
7.2.2 Abdichtungen gegen zeitweise aufstauendes Sickerwasser sind Abdichtungen von Kelleraußenwänden und Bodenplatten bei Gründungstiefen bis 3,0 m unter GOK in wenig durchlässigen Böden ($k < 10^{-4}$ m/s) ohne Dränung nach DIN 4095, bei denen Bodenart und Geländeform nur Stauwasser erwarten lassen. Die Unterkante der Kellersohle muss mindestens 300 mm über dem nach Möglichkeit langjährig ermittelten Bemessungswasserstand liegen.
(…)
9 Ausführung von Abdichtungen gegen aufstauendes Sickerwasser
9.1 Abdichtungen mit kunststoffmodifizierten Bitumendickbeschichtungen (KMB)
Die kunststoffmodifizierte Bitumendickbeschichtung ist in zwei Arbeitsgängen aufzubringen. Nach dem ersten Arbeitsgang ist eine Verstärkungslage einzulegen.
Vor dem Auftrag der zweiten Abdichtungsschicht muss die erste Abdichtungsschicht so weit getrocknet sein, dass sie durch den darauf folgenden Auftrag nicht beschädigt wird. Die kunststoffmodifizierte Bitumendickbeschichtung muss eine zusammenhängende Schicht ergeben, die auf dem Untergrund haftet.
Die Mindesttrockenschichtdicke muss 4 mm betragen (Prüfung nach DIN 18195-3: 2000-08, 5.4.4). Die Abdichtung ist grundsätzlich mit einer Schutzschicht zu versehen. Diese darf erst nach ausreichender Trocknung der Abdichtung aufgebracht werden.
Als Schutzschichten sind vorzugsweise Stoffe nach DIN 18195-10: 1983-08, 3.3.8, z. B. Perimeterdämmplatten, Dränplatten mit abdichtungsseitiger Gleitfolie, zu verwenden.“

Vermeidung mechanischer Beschädigungen der Abdichtung

Bei der Verfüllung des Arbeitsraumes muss darauf geachtet werden, dass keine mechanische Beschädigung der Abdichtung durch Arbeitsgeräte oder durch den Einbau von Bauschutt und Geröll erfolgt.

Dränplatten aus Kunststoff-Noppenbahnen müssen nach Herstellervorschrift für den Verwendungszweck geeignet sein. Auf keinen Fall dürfen die Noppen ungeschützt zum Bitumendickbeschichtungsmaterial hinweisend eingesetzt werden, da sie sich in das noch plastische Material eindrücken können. Im Bereich der Druckstellen wird die mindestens erforderliche Trockenschichtstärke von 3 mm bzw. 4 mm dann erheblich unterschritten.

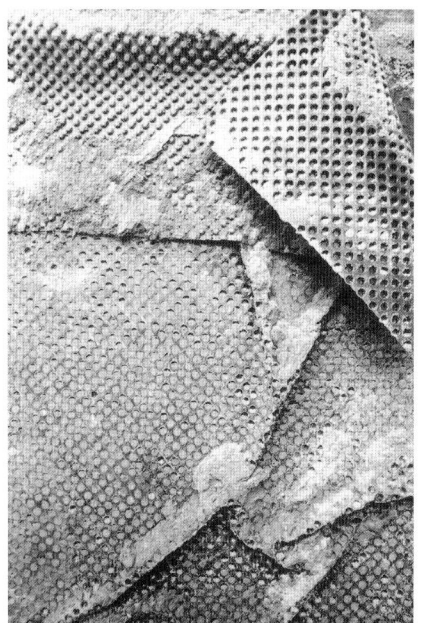

Abb. 6.46: Noppenfolie auf Bitumendickbeschichtung. Die Noppen zeigen im oberen
Bereich zum Erdreich, im unteren Bereich
zum Dickbeschichtungsmaterial hin.

Abb. 6.47: Die Noppenbahn hat sich tief in das Dickbeschichtungsmaterial eingepresst.

Abb. 6.48: Probe mit Noppeneindruck

Auch auf eine sorgfältige Trennung von Bitumendickbeschichtung und dem Dränage-
kies muss geachtet werden, da sich ansonsten einzelne Steine in das plastische Bitumendickbeschichtungsmaterial einpressen. Nicht selten finden sich im Schadensfall nach
erfolgter Aufgrabung tief greifende Einschlüsse insbesondere in der Hohlkehle wieder.
Die perforierte Abdichtung kann ihren bestimmungsgemäßen Zweck dann nicht mehr
erfüllen.

Abb. 6.49: Probe mit Kieselstein, der in die Dickbeschichtung eingedrungen ist

Abb. 6.50: Probe mit Kieselstein, der in die Dickbeschichtung eingedrungen ist und diese durchstanzt hat

Abb. 6.51: Vegetation, die aus der Beschichtung herauswächst

6.8   Dachdeckungs- und Dachdichtungsarbeiten (DIN 18338)

Neben der Feuchtigkeitsschutzfunktion haben Steildachkonstruktionen auch die Funktion des Wärmeschutzes und eine Bedetutung für das Erscheinungsbild des gesamten Gebäudes. Zu den wichtigsten Bedachungsmaterialien des Steildaches gehören Dachziegel und Dachsteine.

Zu den technischen Mangelpunkten gehören hauptsächlich Regendichtheit, Hinterlüftung und Luftdichtheit.

6.8.1   Traufe

Gemäß „Fachregel für Metallarbeiten im Dachdeckerhandwerk", aufgestellt und herausgegeben vom Zentralverband des Deutschen Dachdeckerhandwerks – Fachverband Dach-, Wand- und Abdichtungstechnik e. V., Stand: Februar 1999 [36]:

„6 Abschlüsse (…)
6.2 Traufen
6.2.1 Traufausbildungen bei Deckungen
6.2.1.1 Anforderungen an Traufausbildungen bei Deckungen
(1) An der Traufe kann die Dachdeckung mit oder ohne Traufblech beginnen. Für die Traufausbildung bei Abdichtungen siehe Kapitel 5.5.
(2) Das Traufblech hat die Funktion als Rinneneinlauf- oder Tropfblech.
(3) Bei der Traufausbildung mit Dachrinne, aber ohne Rinneneinlaufblech, soll der Überstand der Deckung (Abtropfpunkt), von der hinteren Aufkantung der Rinne waagerecht gemessen, 1/3 der oberen Öffnungsbreite der Dachrinne betragen. Ist dieser Überstand < 50 mm, so ist ein Rinneneinlaufblech anzuordnen. (…)
(6) Bei Dachdeckungen < 22° Dachneigung ist die einfache Nahtüberdeckung nicht mehr ausreichend. Es müssen zusätzliche Maßnahmen erfolgen (z. B. Löten, Kleben, Falzen). (…)
(8) Die Überdeckungen der Deckwerkstoffe auf das Traufblech betragen in Abhängigkeit von der Dachneigung:
– bei Traufblechen unmittelbar unter der Dachdeckung und bei Unterdeckungen und Unterspannungen
– ≥ 22° mindestens 100 mm
– < 22° mindestens 150 mm
– < 15° mindestens 200 mm.
(Der Überstand der Deckung kann bei der Überdeckung angerechnet werden)."

Der Einstand der Traufpfannen in die vorgehängten Rinnen muss so festgelegt werden, dass diese das anfallende Wasser sicher aufnehmen können. Ist der Einstand am Abtropfpunkt größer als 50 mm, kann auf ein Nackenblech verzichtet werden. Da jedoch der Einstand gleichzeitig maximal 1/3 der lichten Rinnenbreite betragen darf, ergibt sich aus der Kombination beider Regeln folgerichtig, dass erst ab einer Rinnenbreite von ≥ 150 mm (3 x 50 mm) auf ein Nackenblech verzichtet werden kann. Bei kleineren Rinnendurchmessern wird ansonsten immer gegen eine der beiden o. g. Regeln verstoßen.

Ist der Abstand zwischen Pfannenvorderkante an der Ablaufstelle und dem äußeren Rinnenrand zu klein, kann es zum Überschießen des Wassers über den Rinnenrand hinweg kommen. Die Möglichkeiten der Rinnenreinigung werden außerdem eingeschränkt.

Gemäß „Fachregel für Dachdeckungen mit Dachziegeln und Dachsteinen", aufgestellt und herausgegeben vom Zentralverband des Deutschen Dachdeckerhandwerks – Fachverband Dach-, Wand- und Abdichtungstechnik e. V.: Stand: September 1997 [37] gilt:

„4 Dachdetails

4.1 Traufe

(…) (3) Die Vorderkante der Dachdeckung ist so festzulegen, dass die Entwässerung in die Rinne sichergestellt ist. Bei hoch hängenden Rinnen soll die Deckung nicht mehr als 1/3 der Rinnenbreite, waagerecht gemessen, in die Dachrinne ragen. Bei tief hängenden Rinnen ist die Deckung in der Regel zurückzusetzen (siehe Abb. 4.1, 4.2).“

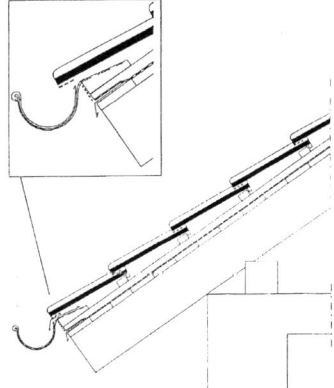

Abb. 6.52: Traufe bei hoch gehängter Rinne gem. „Fachregeln für Dachdeckungen mit Dachziegeln und Dachsteinen" [37], Abb. 4.1: Traufe bei hoch gehängter Rinne

Da die Pfannenverlegung von der Traufe aus erfolgt, rutscht der Pfannenschutt, insbesondere unterhalb von Gaubenanschlüssen und Kehlen auf der glatten Unterspannbahn nach unten hin ab und fängt sich auf der Kammleiste im Traufbereich. Häufig kommt es hier unter dem Gewicht des Pfannenschutts zu einer Wassersackbildung und zu Perforationen der Unterspannbahn. In der Folge tritt Wasser in die Konstruktion ein. Da es sich meistens um nicht einsehbare Abseiten handelt, ist der Schaden erst mit Zeitverzögerung zu erkennen. Die Traufpfannen sollten daher bei der Abnahme nach oben geschoben werden, um die Reinigung des Traufbereichs von Pfannenschutt zu kontrollieren.

Abb. 6.53: Pfannenschutt im Traufbereich

Die Unterspannbahn oder Unterdeckung muss auf dem Traufblech münden, ohne durchzuhängen. Hierfür sind i. d. R. entsprechende Keilbohlen notwendig. Nur so wird gewährleistet, dass eine ordnungsgemäße Entwässerung der Unterspannung oder Unterdeckung in die Rinne stattfindet, ohne dass der Traufbereich unzulässig bewässert wird.

Abb. 6.54: Pfannenschutt im Traufbereich, stehendes Wasser in der entstandenen Mulde

6.8.2   Unterspannbahn

Sämtliche Durchgänge durch Unterspannbahnen und Unterdächer sind dicht herzustellen, vor allem staub- und feuchtigkeitssicher.

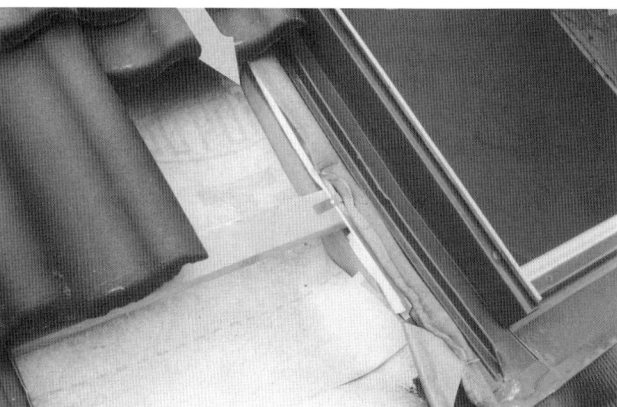

Abb. 6.55: Fehlende Andichtung der Unterspannbahn an das Dachflächenfenster

Prinzipiell gelten für die Ausführung die Herstellervorschriften. Allgemein ist festzuhalten, dass Öffnungen möglichst klein zu halten sind. Oberhalb von durchdringenden Öffnungen sind durch das Umschlagen des Schnittrandes sog. „Folienrinnen" auszubilden. Die Folienausschnitte sind hierfür entsprechend großzügig auszuschneiden.

Abb. 6.56: Falsch ausgeführter Anschluss der Durchdringung an die Unterspannbahn

Durchführungen, wie auf der Abbildung zu sehen, werden oft als „Flickwerk" herge-stellt. Das hat zur Folge, dass von oben her auf der Unterspannbahn ablaufendes Wasser im Bereich der Durchdringung nach unten auf den Dachboden abtropft.

In dem „Merkblatt für Unterdächer, Unterdeckungen und Unterspannungen", aufge-stellt und herausgegeben vom Zentralverband des Deutschen Dachdeckerhand-werks – Fachverband Dach-, Wand- und Abdichtungstechnik e. V. – Stand: September 1997 [38] heißt es:

„4.7 Durchdringungen
(1) Unterdächer und Unterdeckungen sind an Durchdringungen systemgerecht hochzu-führen, anzuschließen und ausreichend zu befestigen.
(2) Bei Unterdächern oder Unterdeckungen muss der Anschluss an die Durchdringung wasserdicht erfolgen, oder die Anschlusshöhe beträgt mindestens 50 mm über Oberfläche Dachdeckung.
(3) Bei Unterspannungen kann der Anschluss an Durchdringungen wie in (1) und (2) ausgeführt werden, oder es muss sichergestellt sein, dass eventuelle Feuchtigkeit aus dem Sparrenfeld mit der Durchdringung oberhalb der Durchdringung seitlich abgeleitet wird. Die Höhen- und Seitenüberdeckungen sind einzuhalten. Stöße dürfen nur auf den Unter-konstruktionen angebracht werden. (…)"

Vollsparrendämmung

Häufig ist erkennbar, dass die Mineralwolldämmung der Dachschrägen des ausgebauten Dachgeschosses direkt an die Unterspannbahn aus Gitterfolie stößt. Die verarbeitete Unterspannbahn ist als Gitterfolie nicht diffusionsoffen. Nur besonders ausgewiesene Produkte sind als Vollsparrendämmung geeignet.

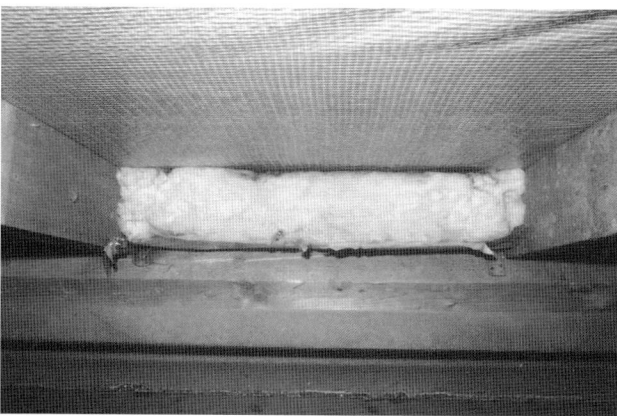

Abb. 6.57: Unzulässiger Kontaktschluss zwischen Dämmung und Unterspannbahn

Die Hinterlüftung der Dachkonstruktion zwischen der Dämmung und der Unterspannbahn ist nicht gewährleistet, sodass es zum Anfall von Feuchtigkeit in Form von Tauwasser kommen kann.

DIN 4108-3: 2001-07 Wärmeschutz und Energie-Einsparung in Gebäuden, Anforderungen, Berechnungsverfahren und Hinweise für Planung und Ausführung:

„4.3.3.3 Belüftete Dächer
Folgende belüftete Dächer bedürfen keines rechnerischen Nachweises
a) Belüftete Dächer mit einer Dachneigung < 5° und einer diffusionshemmenden Schicht mit $s_{d,i} \geq 100$ m unterhalb der Wärmedämmschicht, wobei der Wärmedurchlasswiderstand der Bauteilschichten unterhalb der diffusionshemmenden Schicht höchstens 20 % des Gesamtwärmedurchlasswiderstandes betragen darf.
b) Belüftete Dächer mit einer Dachneigung ≥ 5° unter folgenden Bedingungen:
– Die Höhe des freien Lüftungsquerschnittes innerhalb des Dachbereiches über der Wärmedämmschicht muss mindestens 2 cm betragen.
– Der freie Lüftungsquerschnitt an den Traufen bzw. an Traufe und Pultdachabschluss muss mindestens 2 ‰ der zugehörigen geneigten Dachfläche betragen, mindestens jedoch 200 cm²/m.
– Bei Satteldächern sind an First und Grat Mindestlüftungsquerschnitte von 0,5 ‰ der zugehörigen geneigten Dachfläche erforderlich, mindestens jedoch 50 cm²/m.
ANMERKUNG 1: Bei klimatisch unterschiedlich beanspruchten Flächen eines Daches (z. B. Nord/Süd-Dachflächen) ist eine Abschottung der Belüftungsschicht im Firstbereich zweckmäßig.
ANMERKUNG 2: Bei Kehlen sind Lüftungsöffnungen im Allgemeinen nicht möglich. Solche Dachkonstruktionen – auch solche mit Dachgauben – sind daher zweckmäßiger ohne Belüftung auszuführen.
– Der s_d-Wert der unterhalb der Entlüftungsschicht angeordneten Bauteilschichten muss insgesamt mindestens 2 m betragen.“

Gemäß der Verlege-Anleitung eines Herstellers für Unterspannbahn aus PE-Gitterfolie gilt:

„Beim Einbau der Wärmedämmung sollte ein belüfteter Abstand von mindestens 2 cm eingehalten werden.“

Dieser Abstand ist erforderlich, um eine ausreichende Hinterlüftung und damit Trockenhaltung der Wärmedämmung zu gewährleisten.

Dazu heißt es in Frick/Knöll/Neumann/Weinbrenner, „Baukonstruktionslehre Teil 1" [18]:

„1.8.7.3 Belüftete Dachkonstruktionen:
(…) Voraussetzung für die Wirksamkeit sind ausreichend bemessene Belüftungsquerschnitte mit hindernisfreien, möglichst glatten Belüftungswegen. (…)
Dadurch wird Tauwasserbildung vermieden bzw. werden geringfügig Tauwassermengen abgetrocknet."

6.8.3 Flachdach

Im Gegensatz zum Steildach steht bei Flachdachkonstruktionen in erster Linie die technische Funktion im Vordergrund. Häufige Beanstandungen sind überwiegend Pfützenbildungen, Wellen, Falten und Blasen, aber auch Aufkantungshöhen der Abdichtung in den Dachrändern, also Attiken.

Pfützenbildung

Die Ebenmäßigkeit bzw. das gleichmäßige Gefälle eines Flachdaches lässt sich am besten nach Regenfällen beurteilen. Hilfsweise kann das Dach auch mit einem Gartenschlauch o. Ä. ausreichend bewässert werden.

Sind diese Möglichkeiten nicht gegeben, kann per Nivellement überprüft werden, in welchen Bereichen sich das Gefälle befindet und ob das Gefälle zu den Bodeneinläufen hin verläuft.

Die Dachfläche ist weiterhin auf Blasenbildung, Risse, Hohlstellen und Versprödung hin zu überprüfen.

Pfützenbildung ist bei Dachneigungen unterhalb von 5 % nach den Flachdachrichtlinien nicht zu beanstanden.

Gemäß „Fachregel für Dächer mit Abdichtungen – Flachdachrichtlinien", Stand: September 2001 [20]:

„1 Allgemeines
1.1 Geltungsbereich
(1) Diese Fachregel gilt für die Planung und Ausführung von Abdichtungen auf
– flachen und geneigten Dachflächen,
– nicht genutzten und extensiv begrünten Dachflächen,
– genutzten Flächen (z. B. Balkonen, Dachterrassen und intensiv begrünten Dachflächen) (…)
(…) (4) Obwohl die Abdichtung von Balkonen zum Geltungsbereich der DIN 18195-5 gehört, kann sie auch nach den „Fachregeln für Dächer mit Abdichtungen" ausgeführt werden. Die Abdichtung entspricht dann einer Abdichtung für hoch beanspruchte Flächen nach DIN 18195-5.
2 Anforderungen an Dächer mit Abdichtungen
2.1 Dachneigung, Gefälle
(1) Flächen, die für die Auflage einer Dachabdichtung und/oder der damit zusammenhängenden Schichten vorgesehen sind, sollen für die Ableitung des Niederschlagswassers mit Gefälle von mindestens 2 % geplant werden.

(2) Dächer und/oder Dachbereiche (z. B. Kehlen) mit einem Gefälle unter 2 % und begrünte Dächer mit Wasseranstau sind Sonderkonstruktionen. Sie erfordern deshalb besondere Maßnahmen, um eine höhere Beanspruchung in Verbindung mit stehendem Wasser auszugleichen.
(3) Auf Dachflächen mit einer Dachneigung bis ca. 5 % (ca. 3°) ist, bedingt durch die Durchbiegung und/oder zulässige Toleranzen in der Ebenheit der Unterlage, der Dicke der Werkstoffe, durch Überlappungen und Verstärkungen, mit behindertem Wasserablauf und Pfützenbildung zu rechnen."

Häufig werden dennoch auch bei flachgeneigten Dächern planmäßig die Einläufe an den Außenkanten der Dächer oder im Bereich von innen liegenden Stützen angeordnet. Bei unvermeidbarer statischer Durchbiegung der Dachdecke und der konstruktiven Träger liegt der Tiefpunkt innerhalb der Dachfläche dann in Feldmitte und damit deutlich abseits der Einläufe. Es kommt zu unvermeidbaren Pfützenbildungen.

Anschlüsse

Bei der Abnahme sind insbesondere die Dilatationsausgleiche von Blechbauteilen zu überprüfen. Unzureichende Dehnungsmöglichkeiten führen zu Abrissen von Lötverbindungen und zu Verformungen. Auch die Anschlussverbindungen zwischen Blechbauteilen und Bahnenabdichtungen müssen über Dilatationsausgleiche verfügen, da das unterschiedliche Längenänderungsbestreben der Materialien ansonsten zu einem Abriss an der Fügungsstelle führen kann.

VOB/C ATV DIN 18339: 2000-12 Klempnerarbeiten:

„3.1 Allgemeines
(…)
3.1.5
Verbindungen und Befestigungen sind so auszuführen, dass sich die Teile bei Temperaturänderungen schadlos ausdehnen, zusammenziehen oder verschieben können. Hierbei ist von einer Temperaturdifferenz von 100 K – im Bereich von –20 °C bis + 80 °C – auszugehen. (…)"

Die Abstände von Dehnungsausgleichern sind in Abhängigkeit von deren Ausführung und der Art und Anordnung der Bauteile zu wählen. Für die Abstände der Ausgleicher untereinander gilt Tabelle 1 der DIN 18339:

Tabelle 6.17: **DIN 18339: 2000-12 Tabelle 1, Abstände von Dehnungsausgleichern**

1	in wasserführenden Ebenen für eingeklebte Einfassungen, Winkelanschlüsse, Rinneneinhänge und Shedrinnen	6 m
2	für Strangpress-Profile	6 m
3	außerhalb wasserführender Ebenen für Mauerabdeckungen, Dachrandabschlüsse und innen liegende, nicht eingeklebte Dachrinnen mit Zuschnitt über 500 mm	8 m
	bei Stahl	14 m
4	für Scharen von Dachdeckungen und Wandbekleidungen sowie für innen liegende, nicht eingeklebte Dachrinnen mit Zuschnittbreite unter 500 mm und Hängedachrinnen mit Zuschnitt über 500 mm	10 m
	bei Stahl	14 m
5	für Hängedachrinnen mit Zuschnittbreite bis 500 mm	15 m
Für die Abstände von Ecken oder Festpunkten gelten jeweils die halben Längen.		

Einbauten und Durchdringungen bergen immer die Gefahr, dass in diesen Bereichen Leckagen entstehen, sodass hier besondere Aufmerksamkeit notwendig ist. Vor allem sind dieses Installationsdurchgänge von Lüftungsrohren, Kontrollschächte und auch Lichtkuppelkränze.

Balkongeländerstützen

Balkongeländerstützen, die ohne Gleitschicht und ohne Lastverteilungsplatte direkt auf die Abdichtung montiert und obendrein durch sie hindurch verschraubt werden, entsprechen nicht dem Stand der Technik. In der Folge thermischer Beanspruchung wird es hier zwangsläufig im Laufe der Zeit zu einer Undichtigkeit im Bereich der Verschraubung kommen.

Abb. 6.58: Beschädigung der Abdichtung durch Geländerfuß

Abb. 6.59: Durchdringung der Abdichtungsebene durch Geländer-fuß-Verschraubung

6.9   Klempnerarbeiten (DIN 18339)

Neben der Verwendung von Blechen als Dacheindeckung werden Bleche auch als Fassadenbekleidungen sowie in sehr großem Umfang für die Herstellung von Abdeckungen bei Fensterbänken und Mauerkronen und Anschlussblechen in geneigten und flachen Dächern verwendet. In der Regel handelt es sich dabei um Bleche aus Zink oder Kupfer.

Ortganganschluss

Der Ortganganschluss muss so üppig auskragend ausgebildet werden, dass keine Tropfwasser-Spurenbildung zu einer Fassadenverunreinigung mit z. B. kupfersulfathaltigem Wasser stattfinden kann. Der vertikale Überhang des Dachrand-Abschlusses muss so groß sein, dass – abhängig von der Gebäudehöhe – bei starker Windeinwirkung kein aufgetriebenes Wasser in die Konstruktion eindringen kann.

Gemäß „Richtlinien für die Ausführung von Metalldächern, Außenwandbekleidungen und Bauklempnerarbeiten (Fachregeln des Klempnerhandwerks)", ZVHSK, Stand: Oktober 1998 [39] gilt:

„*10.13 Ortganganschluss*
Die Höhe der Aufkantung am Ortgang richtet sich nach den örtlichen Verhältnissen und klimatischen Bedingungen. Bei Überhangstreifen oder Ortgangleisten reichen im Normalfall Aufkantungen von 40–60 mm aus. Der freie Ortgang ist ausreichend und indirekt auf der Unterkonstruktion zu befestigen. Auch hier genügt ein Abstand von 2–3 mm zwischen der Aufkantung der Schar und dem Ortgang bzw. der Ortgangleiste, um die Querdehnung aufzunehmen. Der Ortgang gehört mit zum Rand- und Eckbereich nach Ziffer 9 und ist entsprechend zu befestigen. Sichtbare direkte Befestigungen sind unzulässig.
Hinsichtlich der Abstände und Höhen am Ortgang werden folgende Empfehlungen gemacht:

| *Gebäudehöhe (m)* | *Maße Ortgang-Abschluss* | | *Abstand[1] Tropfkante vom Bauwerk* |
	h_1[3] *(mm)*	h_2[4] *(mm)*	*(Nach VOB: mind. 20 mm)*
< 8	*40– 60*	*> 50*	*20–30[2]*
8–20	*40– 60*	*> 80*	*30–40[2]*
> 20	*60–100*	*> 100*	*40–60[2]*

1) Bei ungünstiger Lage höherer Mindestabstand
2) Bei Kupfer Mindestabstand 40–60 mm
3) Ortgangaufkantung ab Oberkante Dachbelag
4) Überdeckung senkrechter Bauwerksteile ab Unterkante Schalung (ohne Berücksichtigung von Be- und Entlüftungsöffnungen)"

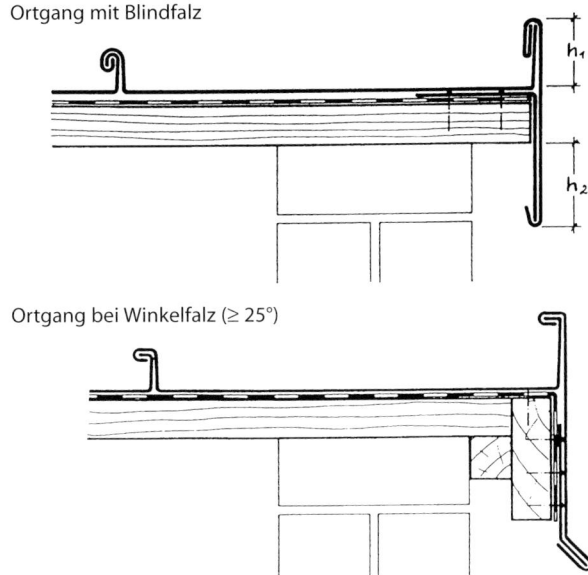

Ortgang mit Blindfalz

Ortgang bei Winkelfalz (≥ 25°)

Abb. 6.60: Abb. 59 und 60 aus den „Fachregeln des Klempnerhand-werks" [39]

In VOB/C ATV DIN 18339: 2000-12 Klempnerarbeiten sind in Tabelle 6 Mindestblech-dicken für gekantete Dachrandabschlüsse, Mauerabdeckungen und Anschlüsse festgelegt.

Tabelle 6.18: **DIN 18339: 2000-12 Tabelle 6, Mindestwerkstoffdicken**

	Werkstoff	Dachrandabschlüsse mindestens	Gekantete Mauerabde-ckungen mindestens	Anschlüsse mindestens
1	Aluminium	1,2 mm	0,8 mm	0,8 mm
2	Kupfer (halbhart)	0,8 mm	0,7 mm	0,7 mm
3	Verzinkter Stahl	0,7 mm	0,7 mm	0,7 mm
4	Titanzink	0,8 mm	0,7 mm	0,7 mm
5	nicht rostender Stahl	0,7 mm	0,7 mm	0,7 mm

Bleianschlüsse am Ortgang

Bleianschlüsse müssen in ausreichender Breite auf den Pfannen aufliegen, damit keine Hinterläufigkeit entsteht. Als Regel gilt, dass der Bleianschluss bis über den nächsten Hochpunkt der Pfanne hinweg geführt wird.

Gemäß der „Fachregel für Metallarbeiten im Dachdeckerhandwerk", herausgegeben vom Zentralverband des Deutschen Dachdeckerhandwerks, Fachverband Dach-, Wand-und Abdichtungstechnik e. V, Stand: Februar 1999 [36] gilt:

„5.3.1.2 Aufliegende und überdeckende Metallanschlüsse (…)
(7) Überdeckende und durchgehende aufliegende Metallanschlüsse müssen ebene Deck-werkstoffe mindestens 120 mm überdecken. (…) Bei konturierten Deckwerkstoffen muss

das Blech den nächsten Hochpunkt ausreichend überdecken, um zu gewährleisten, dass das Wasser vom Anschluss weggeleitet wird."

Attikaabdeckungen

Das Gefälle der Attikaabdeckungen muss so ausgebildet werden, dass beaufschlagtes Regenwasser zur Rückseite geführt wird.

Gemäß der „Fachregel für Metallarbeiten im Dachdeckerhandwerk" [36] gilt:

„8 Abdeckungen
8.1 Allgemeines
(…) Abdeckungen sollten ein ausreichendes Gefälle aufweisen. Bei Attika- oder Dachrandabdeckungen muss das Gefälle zur Dachseite hinweisen. Es wird empfohlen, die dachabgewandte Seite mit einer Aufkantung zu versehen. Gesims- und Fensterbankabdeckungen vom Gebäude weg weisend. (…)"

Zum Tropfkantenabstand sowie zum Überhang gelten die gleichen Regeln wie für den Ortganganschluss.

Mauerabdeckungen

Bei der Ausführung von Mauerabdeckungen im Bewegungsbereich von Personen dürfen keine scharfkantigen Blechteile zur Verletzungsgefahr werden.

Abb. 6.61: Verletzungsgefahr durch scharfkantiges Ende einer Mauerabdeckung auf einem Balkon

Kappleisten

Die Ausführung der Kappleisten-Abschlüsse von Abdichtungen an höher gehende Bauteile ist einer der bemerkenswerten Schwachpunkte innerhalb der Funktionsebene von abdichtenden Bauteilen. Hier überlagern sich gewöhnlich unterschiedliche Beanspruchungen, Lastfälle und Verformungsbestrebungen. Die Oberseite muss wirksam mit einer dauerelastischen Versiegelung vor Hinterläufigkeit geschützt werden, der Anschluss selbst muss an das aufgehende Bauteil nachhaltig angepresst werden.

Abb. 6.62: Fehlende Kappleiste bei einem Wandanschluss

Die Regelwerke liefern hierzu folgende Angaben.

Gemäß der „Fachregel für Dächer mit Abdichtungen – Flachdachrichtlinien, Stand: September 2001 [20] gilt:

„5.2 Anschlüsse an aufgehende Bauteile
5.2.1 Anschlusshöhe
Die Höhe der Abdichtung soll im Hinblick auf Spritzwasser- und Überflutungsschutz
– bei Dachneigungen bis 5° (8,8 %) mindestens 0,15 m und
– bei Dachneigungen über 5° (8,8 %) mindestens 0,10 m
über Oberfläche Belag, z. B. Kiesschüttung, Vegetationsschicht, betragen. In schneereichen Gebieten ist gegebenenfalls eine größere Anschlusshöhe erforderlich.
5.2.2 Anschlüsse mit Abdichtungen (…)
(3) Das obere Ende von Anschlüssen muss regensicher verwahrt werden. Bei nicht regensicheren vorgesetzten Außenwandbekleidungen muss der Anschluss hinter dieser an der Wand hochgeführt werden. Bei Vorsatzmauerwerk, Wärmedämmverbundsystemen oder Putzschichten muss die Hinterläufigkeit der Abdichtung vermieden werden. Hierfür sind z. B. Z-förmige Feuchtigkeitssperren, eingelassene Überhangstreifen oder Z-Profile geeignet. Schädliche Wärmebrücken sind zu vermeiden.
(4) Die Ausführung des regensicheren Anschlusses am aufgehenden Bauteil mit Überhangstreifen oder vorgefertigten Metallprofilen erfolgt entsprechend den „Fachregeln für Metallarbeiten im Dachdeckerhandwerk.
(…)
(10) Bei Dachabdichtungen aus Bitumenbahnen soll der Anschlussbereich mit einer Haftbrücke versehen werden. Anschlüsse aus Bitumenbahnen sind mindestens zweilagig auszuführen. Am Übergang vom Dach zum aufgehenden Bauteil soll ein Keil, z. B. aus Dämmstoff, angeordnet werden. Die Lagen der Flächenabdichtung sollen im Bereich des Keiles abgesetzt werden.
(11) Die Anschlussbahnen werden im Rückversatz in die Lagen der Dachabdichtung eingebunden und an den senkrechten oder schrägen Anschlussflächen bis zur erforderlichen Höhe hochgeführt. Die Verlegung der Anschlussbahnen soll senkrecht zum Anschluss erfolgen. Dabei sollten die Anschlussbahnen die Rollenbreite nicht überschreiten.“

Gemäß der „Fachregel für Metallarbeiten im Dachdeckerhandwerk", aufgestellt und herausgegeben vom Zentralverband des Deutschen Dachdeckerhandwerks – Fachverband Dach-, Wand- und Abdichtungstechnik e. V. [36] gilt:

„5.6 Wandseitige Teile der Anschlüsse (…)
(6) Überhangstreifen (siehe Abb. 21) werden
- *in vorher geschlitzten Fugen eingelassen und abgedichtet,*
- *in Einhangschienen eingehängt, die ins Mauerwerk oder im Beton eingelassen sind,*
- *am Mauerwerk/Beton befestigt und an der Oberkante zusätzlich abgedichtet,*
- *mit eingelegten Dichtungsstreifen angebracht und an der Oberkante zusätzlich abgedichtet oder*
- *mit zusätzlichen Flachprofilen befestigt und an der oberen Kante abgedichtet.*
(7) Eingehängte und eingelassene Überhangstreifen sollen eine Einlasstiefe von mindestens 20 mm und eine Rückkantung aufweisen.
(…)
(9) Die Befestigung von Überhangstreifen erfolgt im Abstand von maximal 250 mm.
(10) Profilschienen kommen zur Fixierung von Abdichtungsbahnen im oberen Bereich des wandseitigen Anschlusses zur Anwendung. Man unterscheidet
- *vorgefertigte Metallprofile (Pressschienen),*
- *Flachprofile, Mindestquerschnitt 30 mm x 4 mm.*
Vorgefertigte Metallprofile mit Dichtungsstreifen können gleichzeitig die Funktion der Regensicherheit übernehmen.
Flachprofile müssen mit einem zusätzlichen Überhangstreifen abgedeckt werden.
Die Befestigung der Schienen erfolgt im Abstand von maximal 200 mm.
(11) Bei genutzten Dachflächen können Schutz- und Abdeckbleche erforderlich werden (siehe Abb. 25). Sie können gleichzeitig die Funktion eines Überhangstreifens übernehmen.
(12) Der obere Abschluss der wandseitigen Anschlussteile kann auch durch eine Außenwandbekleidung oder eine Abdeckung erfolgen."

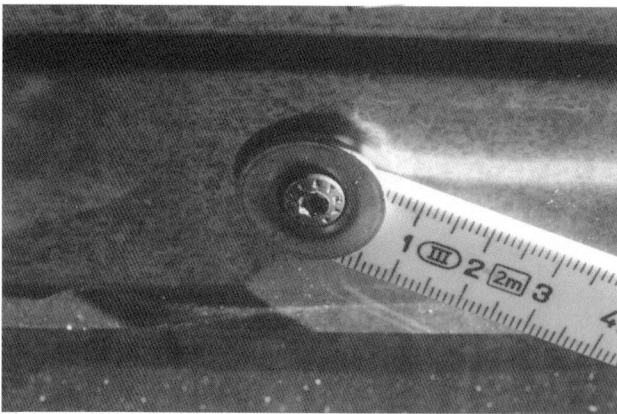

Abb. 6.63: Unzureichender Anpressdruck der Kappleiste

Die Befestigung der Kappleiste am Untergrund muss kraftschlüssig erfolgen, da ohne einen Anpressdruck keine Dichtigkeit des Anschlusses erwartet werden kann.

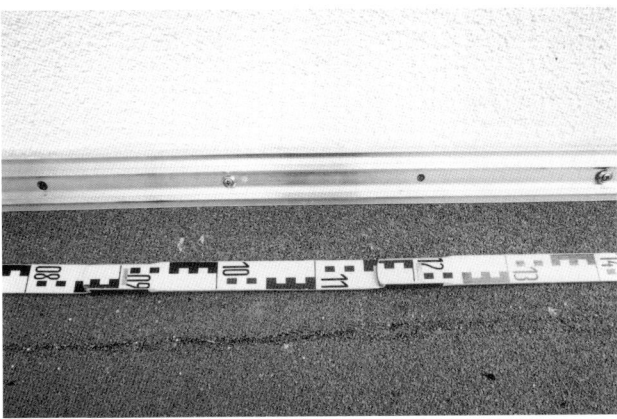

Abb. 6.64: Missachtung der werkseitigen Befestigungsbohrungen im Abstand von 20 cm

Die Befestigungsabstände sind in den o. g. Fachregeln festgelegt. Bei Überschreitung des Maximalabstandes droht der Verlust des erforderlichen Anpressdrucks und es besteht die Gefahr der Hinterläufigkeit. Die Hersteller von Systemprofilen geben nicht willkürlich vorkonfektionierte Befestigungslöcher vor.

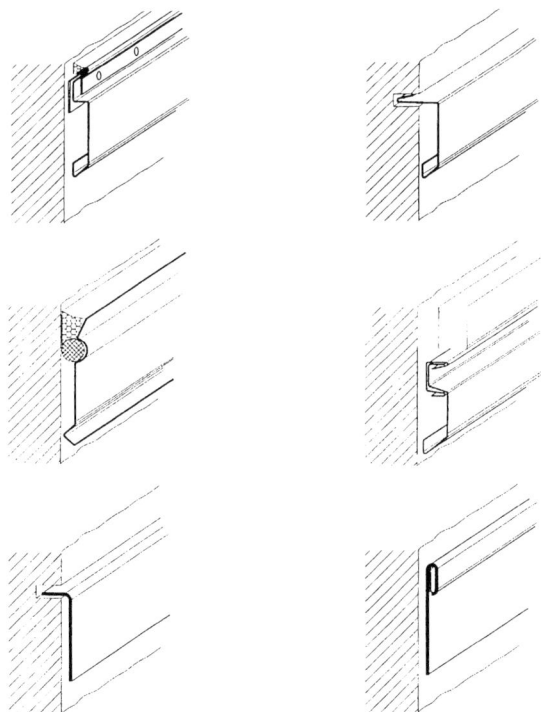

Abb. 6.65: Überhangstreifen gem. Abb. 21 der „Fachregel für Metallarbeiten im Dachdeckerhandwerk" [36]

Die Enden von Kappleisten werden verkröpft und verlötet. Offene Schnittkanten im Fußbereich von Balkonen führen zu einem Verletzungsrisiko.

Abb. 6.66: Kappleistenanschluss an eine Balkontür mit Verletzungs-gefahr durch freie Schnittkante

Die Kappleisten müssen handwerklich herstellbar sein. Hierzu muss planungsseitig ein Freiraum bereitgestellt werden, der die handwerkliche Ausführung der Kappleisten sicherstellt. Die Kappleiste soll unmittelbar unterhalb der Z-Folie des Verblendmauer-werks sitzen, damit nicht in der Zone zwischen Kappleiste und Z-Folie Wasser in das Mauerwerk eindringt und die Andichtungsebene hinter- und unterläuft. Bei Tonnen-dächern ist diese ordnungsgemäße Anbindung der Dachfläche an das Verblendmauer-werk nicht möglich, da die Z-Folie innerhalb des Verblendmauerwerks nicht an die Rundung des Tonnendachs angeformt werden kann. Hier muss planungsseitig für eine andere Lösung gesorgt werden.

Abb. 6.67: Unzureichender Abstand für die handwerkliche Ausbildung des Zugstreifens

Längenausdehnung

Teilweise der Sonnenstrahlung ausgesetzte Bauteile und Baustoffe sind erheblichen Temperaturschwankungen ausgesetzt. Die Dimension zur Bemessung der erforderlichen Ausdehnungselemente ist wie folgt festgelegt:

VOB/C ATV DIN 18339: 2000-12 Klempnerarbeiten:

„3.1.5 Verbindungen und Befestigungen sind so auszuführen, dass sich die Teile bei Temperaturänderungen schadlos ausdehnen, zusammenziehen oder verschieben können. Hierbei ist von einer Temperaturdifferenz von 100 K – im Bereich von –20 °C bis + 80 °C auszugehen."

Tabelle 6.19: **DIN 18339: 2000-12 Tabelle 1, Abstände von Dehnungsausgleichern**

1	in wasserführenden Ebenen für eingeklebte Einfassungen, Winkelanschlüsse, Rinneneinhänge und Shedrinnen	6 m
2	für Strangpress-Profile	6 m
3	außerhalb wasserführender Ebenen für Mauerabdeckungen, Dachrandabschlüsse und innen liegende, nicht eingeklebte Dachrinnen mit Zuschnitt über 500 mm	8 m
	bei Stahl	14 m
4	für Scharen von Dachdeckungen und Wandbekleidungen sowie für innen liegende, nicht eingeklebte Dachrinnen mit Zuschnittbreite unter 500 mm und Hängedachrinnen mit Zuschnitt über 500 mm	10 m
	bei Stahl	14 m
5	für Hängedachrinnen mit Zuschnittbreite bis 500 mm	15 m

Tabelle 6.20: **Richtwerte für die maximalen Abstände von Dehnungsausgleichern für Bleche, Bänder und Metallprofile aus Cu, Zn, Al, S.S, VSt und Pb gem. „Fachregel für Metallarbeiten im Dachdeckerhandwerk" [36] Tabelle 6**

Metall Ausdehnungskoeffizient in [mm/mK]	Cu 0,017	Zn 0,022	Al 0,024	S.S 0,016	VSt 0,012	Pb 0,029
Formteil					**maximaler Abstand**	
eingeklebte Einfassungen, Winkelanschlüsse; Traufbleche; Dachrandeinfassungen und eingeklebte Shedrinnen in der Wasserebene					6 m	
Mauerabdeckungen; Dachrandabschlüsse außerhalb der Wasserebene; innen liegende, nicht eingeklebte Dachrinnen mit Zuschnitt > 500 mm					8 m	
bei verzinktem Stahl und nicht rostendem Stahl					14 m	
bei Scharen für Dachdeckungen und Außenwandbekleidungen						
– aus Cu, Al und Zn					10 m	
– aus S.S und VSt					14 m	
innen liegende, nicht eingeklebte Rinnen < 500 mm Zuschnitt					10 m	
vorgehängte Dachrinnen > 500 mm Zuschnitt						
vorgehängte Dachrinnen ≤ 500 mm Zuschnitt					15 m	
Diese Richtwerte gelten für die gestreckte Länge von Bauteilen.						

zu Tabelle 6.20:

Für die Abstände von Ecken oder Festpunkten gelten jeweils die halben Längen. (…)
Für eine ungehinderte Längenänderung durch Temperaturwechsel ist mit einer Temperaturdifferenz bis 100 K zu rechnen. Dabei geht man davon aus, dass im Winter –20 °C und im Sommer +80 °C erreicht werden. Für eine genaue Berechnung der Längenänderung soll die Verarbeitungstemperatur (Metalltemperatur) berücksichtigt werden.
Die Änderung der Länge errechnet man nach der Formel: $\Delta L = L \cdot \alpha \cdot (\Delta t)$
Hierin ist:

ΔL	=	Längenänderung
L	=	Bauteillänge
α	=	Ausdehnungskoeffizient
Δt	=	Temperaturunterschied zwischen t_{Sommer} und t_{Winter} (…)

Beispiel 1

Bei einer möglichen und rechnerisch zu berücksichtigenden Temperaturspreizung von 100 K ergibt dies beispielhaft bei einer Balkonlänge von 6,75 m eine mögliche Längenausdehnung von $0,017 \cdot 100 \cdot 6,75$ m =   11,5 mm
Dabei ergibt sich an jedem Stoß eine wirksame Längenausdehnung von etwa $0,017 \cdot 100 \cdot 2,0$ m =   3,4 mm
Der seitliche Aufkantungsanschluss der Fensterbänke an die Verblendleibungen wird häufig scharfkantig und kontaktschlüssig ausgeführt. Es wird kein Freiraum belassen für die Aufnahme einer elastischen Anschlussversiegelung mit einer notwendigen Versiegelungsstärke von 10 mm. Die von oben her eingetragene Versiegelung hat hier regelmäßig eine Breite von ca. 1 mm. Das Versiegelungsmaterial verfügt nicht über die erforderliche Flankenbreite, die eine angemessene Haftung sichert.

Beispiel 2

Das Längenänderungsverhalten der Fensterbänke beträgt
$1,25$ m $\cdot$ 100 k $\cdot$ 0,017 mm/mK =   2,125 mm
Hieraus ergibt sich an beiden Fensterbankenden ein Längenveränderungsverhalten von 2,125 mm : 2 =   1,06 mm
Bei einer vorausgesetzten Dehnfähigkeit des Fugenmaterials von 25 % kann die Fuge beansprucht werden für ein Längenänderungsverhalten der Fensterbank bis max. 25 % $\cdot$ 1,0 mm =   0,25 mm
Das Längenänderungsbestreben der Fensterbank ist damit wesentlich größer als das Dehnungsvermögen der hierfür vorgesehenen Fuge. Der Faktor der Überbeanspruchung beträgt
1,06 : 0,25 =   4fach
Die regelmäßige Kontrolle und Nachbearbeitung der Fugen verursacht hier einen erhöhten Wartungsaufwand, der wiederum als Abweichung von der vorausgesetzten Gebrauchstauglichkeit als Mangel behandelt wird.

Funktionstüchtigkeit der Dachentwässerung

Die Kontrolle der Funktionstüchtigkeit der Dachentwässerung wird durchgeführt, indem der Wasserlauf über Rinnenkehlen, Wasserspeier, Dacheinläufe etc. optisch nachvollzogen wird.

Gemäß der „Fachregel für Dächer mit Abdichtungen – Flachdachrichtlinien", Stand: September 2001 [20] gilt:

„2.4 Dachentwässerung (…)
(2) Dachflächen mit nach innen abgeführter Entwässerung müssen unabhängig von der Größe der Dachfläche mindestens einen Ablauf und mindestens einen Notüberlauf erhalten. (…)
Dachflächen ohne Gefälle erfordern besondere Maßnahmen, z. B. Anordnung der Abläufe an den Stellen maximaler Durchbiegung.
(…)
(6) Die Abläufe innen liegender Dachentwässerungen sollen an Tiefpunkten der Dachfläche angeordnet werden und so ausgebildet sein, dass die Dachabdichtung wasserdicht angeschlossen werden kann.
Sie sollen einen Abstand von mindestens 0,30 m von Dachaufbauten, Fugen oder anderen Durchdringungen der Dachabdichtung haben. Maßgebend ist dabei die äußere Begrenzung des Flansches.
(7) Dachabläufe müssen zu Wartungszwecken frei zugänglich sein.
(…)
5.7 Dachentwässerung
5.7.1 Dachabläufe/Notüberläufe (…)
(…)
(3) Flansche von Dachabläufen in der Abdichtungsebene sollen in der Unterlage eingelassen werden. (…)
(6) Bei Terrassenflächen sind über Dachabläufen herausnehmbare Gitterroste anzuordnen. Gitterroste, die im Terrassenbelag fest eingebunden sind, dürfen nicht gleichzeitig mit dem Dachablauf fest verbunden sein. (…)"

Notüberläufe

Bei Flachdächern muss sichergestellt werden, dass es nicht zu vorübergehendem Wasseranstau auf der Dachoberfläche und damit zu einer möglichen Überlastung der tragenden Dachkonstruktion kommt. Neben den regulär dimensionierten Dachabläufen müssen daher bei Flachdachkonstruktionen mit geschlossenen Brüstungen Notüberläufe vorgesehen werden.

DIN EN 12056-3: 2001-01 Schwerkraftentwässerungsanlagen innerhalb von Gebäuden – Dachentwässerung, Planung und Berechnung:

„5.4. Flachdachabläufe
5.4.1 Bei der Entwässerung von Flachdächern ist die Tragfähigkeit und Konstruktion des Daches mit in Betracht zu ziehen.
5.4.2 Jegliche Ableitung und jeglicher Ablauf sollen so sein, dass sich kein Aufstau bilden kann, der die Belastbarkeit des Daches überschreitet, und so, dass kein Wasser in das Dach eindringen kann, z. B. durch Verbindungsstellen. (…)
7.3. Dachrinnenauslässe
7.3.1 Bei Flachdächern mit Brüstungen sind mindestens 2 Dachrinnenabläufe (oder ein Dachrinnenablauf plus ein Notüberlauf) vorzusehen, und zwar für jede Teildachfläche. (…)
7.4. Notabläufe/Notüberläufe
Notabläufe oder Notüberläufe sollten für Flachdächer mit Brüstungen und bei nicht vorgehängten Dachrinnen vorgesehen sein, um das Risiko des Eindringens von Regenwasser in das Gebäude oder der Überlastung der Konstruktion zu verringern."

Rinnen und Fallrohre

Dimensionierung der Rinnen und Fallrohre

Zur Überprüfung der ausreichenden Dimensionierung der Regenwasseranschlussleitungen und Fallrohre ist zunächst die zu entwässernde Dachfläche zu berechnen.

Abweichend von dem alten Regelwerk DIN 1986-2: 1995-03 Entwässerungsanlagen für Gebäude und Grundstücke, bei dem für jeden Fallrohrdurchmesser eine anschließbare Niederschlagsfläche in tabellarischer Form ausgewiesen war, ist in der Nachfolge-Norm **DIN EN 12056-3: 2001-01** der rechnerische Nachweis für die anfallenden Durchflussmengen zu führen. Damit wird die Ermittlung der Regenentwässerungsquerschnitte zu einer Fachplanung.

Einflussgrößen für die Ermittlung der abzuführenden Wassermenge sind:

- Berechnungsregenspende
- Sicherheitsfaktoren für die Schutzbedürftigkeit des Gebäudes
- wirksame Dachfläche

Einflussgrößen für die Ermittlung des Ablaufvermögens der Rinne sind:

- Abflussvermögen der „kurzen Dachrinne"
- Sicherheitsfaktor 0,9
- Querschnitt der Dachrinne unterhalb des Freibords
- Tiefenfaktor für die Rinne
- Formfaktor für die Rinne

Lediglich als Anhaltswerte für den praktischen Kontrollgebrauch werden hier die **nicht mehr anzuwendenden** Tabellenwerte der DIN 1986-2 aufgeführt:

Tabelle 6.21: **Anschließbare Niederschlagsflächen nach der nicht mehr anzuwendenden DIN 1986-2**

Tabelle 17: Anschließbare Niederschlagsflächen an Regenfallleitungen und Regenwasseranschlussleitungen bei Mindestgefälle ($l_{min} = 1,0$ cm/m, $h/d_i = 0,7$)

	DN	Höchstzul. V_r l/s	r = 300 l/(s ha) $\psi = 1,0$ A m²	$\psi = 0,8$ A m²	$\psi = 0,5$ A m²	r = 400 l/(s ha) $\psi = 1,0$ A m²	$\psi = 0,8$ A m²	$\psi = 0,5$ A m²
1	50	0,7	24	30	48	18	23	36
2	60[1]	1,2	40	49	79	30	37	59
3	70	1,8	60	75	120	45	56	90
4	80[1]	2,6	86	107	171	64	80	129
5	100	4,7	156	195	312	117	146	234
6	118[2]	7,3	242	303	485	182	227	364
7	120	7,6	253	317	507	190	238	380
8	125	8,5	283	353	565	212	265	424
9	150	13,8	459	574	918	344	431	689
10	200	29,6	986	1233	1972	740	924	1479

1) Maße nach DIN 18460
   Für Regenfallleitungen aus Blech liegen den Werten der Tabelle trichterförmige Einläufe (Stutzen) zugrunde.
2) Entspricht DN 125 nach DIN 19535-1, DIN 19538, DIN V 19560 und DIN V 19561

In Anlehnung an die DIN 18460: 1989-05 Regenfallleitungen außerhalb von Gebäuden und Dachrinnen; Begriffe, Bemessungsgrundlagen, ersetzt durch DIN EN 12056-3: 2001-01, ergibt sich hiernach folgende Tabelle für die Bemessung der Regenfallleitungen:

Tabelle 6.22: **Bemessung der Regenfallleitungen in Anlehnung an DIN 18460**

Anzuschl. Dachgrundfl. bei max. Regenspende r = 300 l/(s · ha)[1] m²	Regenwasserabfluss[2] $Q_{r\,zul}$ l/s	Regenfallleitung Nenngröße[4]	Querschnitt cm²	Zugeordnete Dachrinne halbrund Nenngröße	halbrund Rinnenquerschnitt cm²	Richtgröße	kastenförmig Nenngröße	kastenförmig Rinnenquerschnitt cm²
37	1,1	60	28	200	25	70 10-teilig	200	28
57	1,7	70	38	–	–	–	–	–
83	2,5	80	50	250	43	100 8-teilig	250	42
				280	63	125 7-teilig		
150	4,5	100	79	333	92	150 6-teilig	333	90
243[3]	7,3	120	113	400	145	180 5-teilig	400	135
270	8,1	125	122	–	–	–	–	–
443	13,3	150	177	500	245	250 4-teilig	500	220

1) Ist die örtliche Regenspende größer als 300 l/(s · ha), muss mit den entsprechenden Werten gerechnet werden (siehe Berechnungsbeispiel).
2) Die angegebenen Werte resultieren aus trichterförmigen Einläufen. Bei zylindrischen Einläufen sind die anzuschließenden Dachgrundflächen um etwa 30 % zu reduzieren.
3) In DIN 1986-02 nicht enthalten.
4) Regional sind auch Regenfallrohre mit den Nenngrößen 76 und 87 noch üblich. Die anzuschließenden Dachgrundflächen sind entsprechend umzurechnen.

Verankerung der Fallrohre
Regenfallrohre sind in bestimmten Abständen mit Rohrschellen zu befestigen. Um ein Abrutschen der Fallrohre zu verhindern, müssen über den Rohrschellen Wulste angeordnet sein.

Gemäß der „Fachregel für Metallarbeiten im Dachdeckerhandwerk", aufgestellt und herausgegeben vom Zentralverband des Deutschen Dachdeckerhandwerks – Fachverband Dach-, Wand- und Abdichtungstechnik e. V. [36] gilt:

„10.2.2 Regenfallrohre (…)
(7) (…) Der Abstand der Rohrschellen untereinander darf bei Fallrohren aus Metall mit einem Innendurchmesser bis 100 mm höchstens 3 m und bei größerem Durchmesser höchstens 2 m betragen. Bei Kunststoffrohren darf der Abstand höchstens 2 m betragen. Um ein Abrutschen der Fallrohre zu verhindern, sind bei allen Einzellängen über den Rohrschellen Wulste, Nasen, Muffen o. Ä. anzuordnen."

Abb. 6.68: Fehlende Abstützung des Fallrohres an der Schelle

Abb. 6.69: Wulst als Abstützung des Fallrohres

6.10 Putz- und Stuckarbeiten (DIN 18350)

6.10.1 Putzrisse

Um eine Beurteilung über mögliche Rissursachen vornehmen zu können, ist zunächst eine Einstufung in folgende Risskategorien notwendig:

Rissarten

● **Bauwerksbedingte Risse**
Mögliche Ursachen hierfür sind lastabhängig (Setzungen, unterschiedliche Lastabtragungen und Ähnliches) oder lastunabhängig (Wärmedehnung, Schwinden, Quellen). Außerdem können Formänderungen durch angrenzende Bauteile oder starke Erschütterungen Ursache für diese Rissbildungen sein.

● **Putzgrundbedingte Risse**
Mögliche Ursachen für die Rissbildungen dieser Art sind in den Wirkungsbereichen unterschiedlicher Putzgründe zu suchen, als Folge stark unterschiedlicher Temperatur- und/oder Feuchtedehnung.
Weitere mögliche Ursachen sind bei großformatigen Steinen mangelnder Verbund zwischen Stein und Mörtel, Überschreitung der unvermörtelten Stoßfugenbreite, unzureichendes Überbindemaß sowie auch der Abtrag der Schwindverformung auf wenige Fugen.

● **Putzbedingte Risse** (wie Schwindrisse, Sackrisse und Spannungsrisse)
Risse dieser Art sind nur oberflächig vorhanden und setzen sich nicht im Putzuntergrund fort.

Beurteilung der Risse

DIN 18550-2: 1985-01 Putz – Putze aus Mörteln mit mineralischen Bindemitteln, Ausführung (Erläuterungen zu Abschnitt 6.1):

„Die Oberfläche des Putzes soll frei von Rissen sein. Haarrisse in begrenztem Umfang sind nicht zu bemängeln, da sie den technischen Wert des Putzes nicht beeinträchtigen. (…)"

Bei wasserabweisenden Putzsystemen mit einem Wasseraufnahmekoeffizienten zwischen 0,3 und 0,5 kg/m² · h^{0,5} können Rissbreiten bis zu 0,3 mm als bauphysikalisch tolerierbar gelten, wenn nicht ein besonders saugfähiger Untergrund die eventuell eindringende Feuchte nach innen weitertransportiert.

Grundsätzlich kann davon ausgegangen werden, dass geringe Schlag-Regenfeuchtigkeit, die durch Putzrisse mit einer Breite bis zu 0,3 mm in die Konstruktion eindringt, während der Verdunstungsperioden auch wieder entweicht.

Ob ein Riss als optischer Mangel zu bezeichnen ist, hängt von der Rissbreite, der Rissanzahl auf der betroffenen Fläche und von der Risslänge ab. Auch die Oberflächenstruktur spielt bei der Beurteilung eine Rolle.

Ein angemessener Beurteilungsabstand von der streitbefangenen Fassade beträgt etwa 3 m. Sobald ein Riss aus dieser Entfernung nicht mehr gut sichtbar ist, gilt die optische Beeinträchtigung als unwesentlich.

Böhm/Künzel, „Wie sind Putzrisse bei außenseitiger Wärmedämmung zu bewerten?" [40]:

„Untersuchungsergebnisse
Im Rahmen eines Forschungsvorhabens wurde das Langzeitverhalten von verschiedenen handelsüblichen Wärmedämm-Verbundsystemen (verschiedene Dämmstoffe und verschiedene Außenputze) auf Ziegelmauerwerk bei natürlicher Bewitterung geprüft (…). In den ersten Untersuchungsmonaten waren bei einigen Prüfwänden unregelmäßige Risse von 0,1 bis 0,2 mm Breite festzustellen, die sich im Verlauf der dreijährigen Bewitterungsdauer nicht wesentlich änderten. Folgeschäden – ausgehend von den Rissen – sind nicht aufgetreten. Bei Versuchsende wurden an den nach Westen orientierten, häufig beregneten Wänden Proben des Dämmstoffes zur gravimetrischen Feuchtebestimmung entnommen, und zwar jeweils an rissfreien Stellen im Außenputz sowie im unmittelbaren Bereich von Rissen. Das Ergebnis ist für Hartschaumplatten in Bild 1 und für Mineralfaserplatten als Dämmung in Bild 2 dargestellt. Daraus ist erkennbar, dass innerhalb üblicher Messwertstreuungen kein Unterschied in der Dämmstofffeuchte bei gerissenen oder intakten Putzflächen besteht: Die Messwerte scharen sich um die Winkelhalbierende. (…)
Beurteilung:
Auf Grund dieser Ergebnisse kann man verallgemeinernd die Aussage machen, dass offensichtlich Risse in Außenputzen in einer Breite von ca. 0,2 mm dann die Funktion des Putzes als Regenschutz nicht wesentlich beeinträchtigen, wenn der Putzgrund nicht kapillarleitend oder wenn er wasserhemmend ist (wasserhemmend: Wasseraufnahmekoeffizient ≤ 2 kg/m² h^{0,5}). Diese Aussage dürfte auch auf andere Dämmstoffe als die hier geprüften übertragbar sein, sofern deren Wasseraufnahme-Eigenschaften vergleichbar mit denen der geprüften Stoffe sind. Unabhängig von dieser den Regenschutz betreffenden Aussage kann natürlich das Aussehen der Putze durch Risse beeinträchtigt werden, insbesondere wenn sich Schmutz in den Rissen ablagert oder andere Folgeschäden auftreten."

Gemäß WTA-Merkblatt 2-4-94 „Beurteilung und Instandsetzung gerissener Putze an Fassaden", Stand: Dezember 1995 [41] gilt:

„2 Beurteilung von Rissen (…)
In der Regel ist bei mineralischen Putzsystemen keine optische Beeinträchtigung gegeben, wenn nachfolgend aufgeführte Rissbreiten nicht überschritten werden:
- *Bis 0,1 mm bei glatter Feinstruktur (z. B. gefilzt, verwaschen, geglättet)*
- *Bis 0,2 mm bei einem strukturgebenden Korn von > 3 mm.*
Breitere Risse stellen dann keinen Mangel dar, wenn sie unter gebrauchsüblichen Bedingungen nicht sichtbar sind und auch sonst keine Beeinträchtigung erfolgt. (…)"

Abb. 6.70: Putzriss

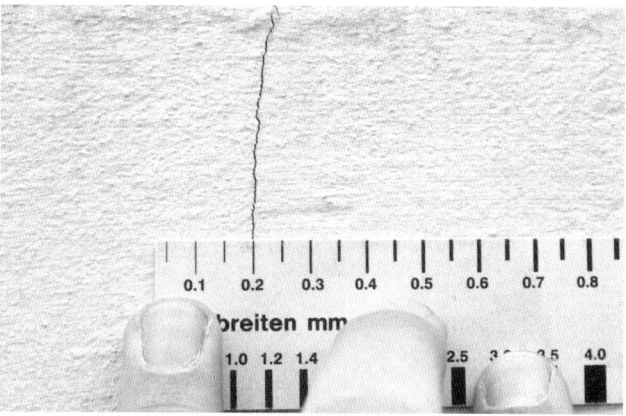

Abb. 6.71: Putzriss mit einer Rissbreite von 0,2 mm

6.10.2 Putzsysteme

Gemäß 18550-1: 1985-01 Putz – Begriffe und Anforderungen gilt:

„5. Auswahl von Putzsystemen
5.1 Allgemeines
Die an einen Putz zu stellenden Anforderungen (siehe Abschnitt 4) sind vom Putzsystem in seiner Gesamtheit zu erfüllen, wobei der Nachweis der Eigenschaften durch Bewährung oder anhand von Eignungsprüfungen (siehe DIN 18557) erfolgen kann.
Die Eigenschaften der verschiedenen Putzlagen eines Systems sollen so aufeinander abgestimmt sein, dass die in den Berührungsflächen der einzelnen Putzlagen und des Putzgrundes z. B. durch Schwinden oder Temperaturdehnungen auftretenden Spannungen aufgenommen werden können.
Diese Forderung kann bei Putzen mit mineralischen Bindemitteln im Allgemeinen dann als erfüllt angesehen werden, wenn die Festigkeit des Oberputzes geringer als die Festigkeit des Unterputzes ist oder beide Putzlagen gleich fest sind. Ausnahmen hierzu siehe DIN 18550 Teil 2, Ausgabe Januar 1985, Abschnitt 4.
Im Allgemeinen ist eine Vorbereitung des Putzgrundes erforderlich, die auf die Art des Putzgrundes und auf die des Putzsystems abgestimmt werden muss. (…)"

Im Nachgang zu der Sanierung von Altbausubstanz werden häufig und insbesondere von den Fensterecken ausgehende Diagonalrisse erkannt. Bei dieser Sanierungsart erfolgt i. d. R. ein Fassaden-Neuverputz mit der Mörtelgruppe P II auf den zuvor freigelegten Oberflächen der Wandsubstanz aus Ziegelmauerwerk mit einer Rohdichte von 1,8 bis 2,0 kg/dm^3 und Mauermörtel der MG II. Eine Stabilisierung des Fugennetzes innerhalb des historischen Mauerwerks erfolgt hierbei gewöhnlich nicht, sodass der relativ spröde neue Außenputz bereits auf geringfügige Verformungen des historischen Mauerwerks mit einer Haarrissbildung reagiert. In besonderer Weise betroffen sind überwiegend die ohnehin von Spannungen beanspruchten Zonen des Mauerwerks im Bereich von Querschnittsschwächungen und Lastumleitungszonen wie Fensterstürzen und -brüstungen.

Bei wasserabweisenden Putzsystemen mit einem Wasseraufnahmekoeffizienten zwischen 0,3 und 0,5 kg/m$^2 \cdot$ h^{0,5} können Rissbreiten bis zu 0,3 mm als tolerierbar gelten, wenn nicht ein besonders saugfähiger Untergrund die eventuell eindringende Feuchte nach innen weitertransportiert.

Die Definitionen der Putzarten sind in der DIN 18550 enthalten.

Gemäß DIN 18550-2: 1985-01 Putz – Putze aus Mörteln mit mineralischen Bindemitteln gilt:

„3.7.1 Außenputz
Außenputz ist auf Außenflächen aufgebrachter Putz. Es werden unterschieden:
a) Außenwandputz auf über dem Sockel liegenden Flächen,
b) Kellerwand-Außenputz im Bereich der Erdanschüttung,
c) Außensockelputz im Bereich oberhalb der Anschüttung oder ähnlich,
d) Außendeckenputz auf Deckenuntersichten, die der Witterung ausgesetzt sind."

Die Festlegung der Schichtenfolge ist hier ebenfalls beschrieben.

Gemäß DIN 18550-2: 1985-01 Putz – Putze aus Mörteln mit mineralischen Bindemitteln, Ausführung gilt:

„4 Putzaufbau
Der Aufbau eines Putzes richtet sich nach den Anforderungen an den Putz und nach der Beschaffenheit des Putzgrundes. (…)
Die in DIN 18550 Teil 1, Ausgabe Januar 1985, Abschnitt 5.1 gestellte Anforderung der Aufnahme der in den einzelnen Putzlagen auftretenden Spannungen kann bei Putzen mit mineralischen Bindemitteln im Allgemeinen dann als erfüllt angesehen werden, wenn die Festigkeit des Oberputzes geringer als die Festigkeit des Unterputzes ist oder beide Putzlagen gleich fest sind.
(…)
Bei der Festigkeitsabstufung zwischen dem Putzgrund und dem Unterputz ist diese Regel sinngemäß anzuwenden. (…)"

Bei der Dimensionierung eines Wandaufbaus im Zusammenhang mit monolithischem Mauerwerk gilt die Konstruktionsregel der nach außen hin stetig „weicher" werdenden Schichten. Mit diesem Funktionsprinzip wird sichergestellt, dass sich die Verformungen der tragenden Massivbauteile nicht auf den anhaftenden filigranen Oberflächenschichten durch Risse oder Abplatzungen abzeichnen.

Gleichzeitig wird wirksam verhindert, dass die wärmeexponierte Putzschicht infolge von thermischen Längenänderungen Spannungen gegenüber dem Mauerwerk aufbaut, die zur Putzrissbildung führen würden.

Kombiniert man hingegen eine – relativ gesehen – weiche tragende Wand kontakt- und kraftschlüssig mit einer ebenfalls – relativ gesehen – härteren, jedoch dünneren Außenschale, kommt es bei Verformungen jeglicher Art zum Bruch der dünnen, spröden Außenhaut, während der Wandbildner selbst die Verformungen über sein feingliedriges Fugennetz sozusagen „elastisch" absorbiert.

6.10.3   Toleranzen

Ebenmäßigkeit

Der zulässige Grenzwert der Ebenheitstoleranz für flächenfertige Wände und Unterseiten von Decken beträgt gem. DIN 18202: 1997-04 Toleranzen im Hochbau – Bauwerke:

Tab 3, Spalte 2, Zeile 6 bei Stichmaßen bis zu 0,1 m: 3 mm
Tab 3, Spalte 3, Zeile 6 bei Stichmaßen bis zu 1 m: 5 mm
Tab 3, Spalte 4, Zeile 6 Bei Stichmaßen bis zu 4 m: 10 mm

Hieraus ergibt sich durch Interpolation:
bei Stichmaßen von 2,0 m ein zulässiges Toleranzmaß von 6,6 mm,
bei Stichmaßen von 0,17 m ein zulässiges Toleranzmaß von 3,15 mm

Gemessen wird zwischen zwei definierten Punkten im Abstand von 1 m, deren (gedachte) Verbindungslinie als Bezugshorizont gilt. Alle Abweichungen von dieser Ebene als Aufwölbungen wie Kuppen und Grate oder als Vertiefungen wie Mulden und Kehlen werden durch Messung ermittelt und mit dem o. g. zulässigen Wert verglichen.

Putzdicke

Für die Mindestputzstärken sind Festlegungen in der DIN 18550 getroffen.

DIN 18550-2: 1985-01 Putz – Putze aus Mörteln mit mineralischen Bindemitteln, Ausführung:

„5 Putzdicke
Die mittlere Dicke von Putzen, die allgemeinen Anforderungen genügen, muss außen 20 mm (zulässige Mindestdicke 15 mm) und innen 15 mm betragen (zulässige Mindestdicke 10 mm), bei einlagigen Innenputzen aus Werk-Trockenmörtel sind 10 mm ausreichend (zulässige Mindestdicke 5 mm). Die jeweils zulässigen Mindestdicken müssen sich auf einzelne Stellen beschränken. (…)"

Struktur/Ansätze

Grundsätzlich gilt, dass zusammenhängende Flächen über die Gerüstlagen hinweg „frisch in frisch" ohne Arbeitsunterbrechung und damit ohne vermeidbare Arbeitsansätze geputzt werden. Die Arbeitsabschnitte der Tagewerke müssen also entsprechend vorausgeplant werden. Strukturen und Ansätze sind aus einer angemessenen Betrachterposition zu beurteilen. Fallen sie optisch ins Gewicht, liegt ein Mangel vor.

Winkligkeit und Leibungen

Der zulässige Wert der Winkeltoleranz für vertikale, horizontale und geneigte Flächen beträgt gem. DIN 18202: 1997-04 Toleranzen im Hochbau – Bauwerke:

Tab 2, Spalte 2, Zeile 1 bei Stichmaßen bis zu 1 m: 6 mm
Tab 2, Spalte 3, Zeile 1 bei Stichmaßen von 1,0 bis zu 3 m: 8 mm

Hierzu heißt es in Bludau/Ertl/Weber, „Maßgerechtes Bauen" [42]:

„2.2.2 Abweichungen von der Vertikalen, Horizontalen und vom Winkel (Winkeltoleranzen)
(…) Nennmaße bis 0,5 m
Die Tabelle 2 der DIN 18202 gibt für Nennmaße bis 1 m ein konstantes Stichmaß von
6 mm als Grenzwert an. Bei kurzen Bauteilabmessungen, z. B. bei Leibungen und Treppenstufen, die allgemein im Bereich von ca. 15 bis 30 cm liegen, können bei diesem Grenzwert Winkelabweichungen auftreten, die optisch auffällig und auch funktionell störend sein können. Von den Verfassern wird deshalb vorgeschlagen, für Nennmaße bis 0,5 m den halben Wert der Zeile 1, d. h. ein Stichmaß von 3 mm als Grenzwert anzusetzen und das Stichmaß von maximal 6 mm erst für Nennmaße von 0,5 bis 1 m auszuweisen."

Abb. 6.72: Nicht rechtwinklig ausgeführte Außenleibung

Da auch die Mauersteine nicht in der abgebildeten Größenordnung von der Rechtwinkligkeit abweichen, spricht aus handwerklicher Sicht überhaupt nichts dagegen, dass geputzte Leibungen maximal 3 mm von der Rechtwinkligkeit abweichen.

6.10.4 Wärmedämmverbundsysteme

Eine Normung von Wärmedämmverbundsystemen besteht hinsichtlich deren Verarbeitung nicht. Hier sind die einzelnen Verarbeitungsvorschriften der Hersteller sowie die Prüfzeugnisse und bauaufsichtlichen Zulassungsbescheide vorrangig maßgebend.

Tabelle 6.23: **Wärmedämmverbundsysteme**

Verschiedene Wärmedämmverbundsysteme im Überblick

	Befestigungs-art	Dämm-stoff	Wärme-leitfähig-keit gem. DIN 4108	Brand-verhal-ten gem. DIN 4102	Dämm-platten-format	Dämm-platten-dicke	Anwendungs-bereich	Schlussbe-schichtungen
I	Klebeverfahren (mechanische Befestigung je nach Erfordernis)	PS 15 SE/ PS 20 SE/	0,04/ 0,035	B1	100 x 50 cm	2–20 cm	Bis Anwendungs-grenze (i. d. R. bis 22 m Gebäudehöhe)	Org. geb. Putz Silicon-Putz Flachverblender Silikat-Putz oder Mineral-Leicht-putz
II	Mechanische Befestigung	PS 15 SE/ PS 20 SE	0,04/ 0,035	B1	50 x 50 cm	5–20 cm	Bis Anwendungs-grenze (i. d. R. bis 22 m Gebäudehöhe)	Org. geb. Putz Silicon-Putz Flachverblender Silikat-Putz oder Mineral-Leicht-putz
III	Klebeverfahren und mechanische Befestigung	Mineralwolle	0,04	A2	80 x 62,5 cm	2–14 cm	bis 100 m Gebäudehöhe	Mineral-Leicht-putz
IV	Klebeverfahren (mechanische Befestigung je nach Erfordernis)	Mineralwolle (Lamelle)	0,04	A2	120 x 20 cm	6–20 cm	bis 100 m Gebäudehöhe	Mineral-Leicht-putz
V	Mechanische Befestigung	Mineralwolle	0,04	A2	80 x 62,5 cm	6–12 cm	bis 100 m Gebäudehöhe	Mineral-Leicht-putz
VI	Klebeverfahren (mechanische Befestigung je nach Erfordernis)	PS 30 SE	0,035	B1	100 x 50 cm	5–12 cm	Sockelbereich und bis 3 m unter Gelände-oberfläche	Org. geb. Putz Silicon-Putz Flachverblender Buntsteinputz bzw. Bitumen-emulsion

Untergrund

Der Untergrund muss für eine Verklebung der Dämmplatten geeignet sein. Mauerwerk nach DIN 1053 ohne Putz und Beton nach DIN 1045 ohne Putz erfüllen diese Voraussetzung i. d. R. ohne weiteren Nachweis. Generell ist für die Verklebung eine Abrissfestigkeit von 0,08 N/mm^2 nachzuweisen. Kreidende Untergründe sind nicht geeignet. Untergrund-Unebenheiten dürfen durch den Kleber nur bis zu einer Stärke gem. Zulassungsbescheid ausgeglichen werden, i. d. R. in der Größenordnung von 1 bis 2 cm.

Verarbeitungstemperatur

Die gängigen Systemkomponenten dispersionsgebundener Produkte dürfen nach Herstellerangabe nur bei Temperaturen oberhalb von **+5 °C** verarbeitet werden. Bei hydraulisch abbindenden Produkten gilt als Untergrenze häufig +3 °C. Auch während der Aushärtungsphase darf diese Temperatur nicht unterschritten werden. Der nächtliche Temperaturverlauf muss daher beobachtet werden. Insbesondere bei hohen, windbeanspruchten Gebäuden entwickeln sich kritische Temperaturen auch dann schon, wenn die am Boden gemessenen Temperaturen augenscheinlich noch ausreichend sind. Zudem entsteht an der feuchten, noch frischen Putzoberfläche je nach Windlast Verdunstungskälte, die die Oberflächentemperatur um bis zu 1,5 °C zusätzlich herabsetzt. Sofern die Applikationen unter kritischen Witterungsbedingungen durchgeführt werden, sollte mit einem an der kritischen Einsatzstelle montierten „Minimum-Maximum-Thermometer" der Temperaturverlauf während der gesamten Erhärtungsphase des Materials dokumentiert werden, dass die Mindesttemperatur nicht unterschritten wurde. Die gemessenen Temperaturen sollten sich im Bautagebuch ablesen lassen. Die Temperaturen lassen sich nachträglich beim Deutschen Wetterdienst abfragen z. B. unter: **www.wetteronline.de.** Frostschäden zeichnen sich häufig durch Oberflächenabplatzungen und Schichtablösungen ab.

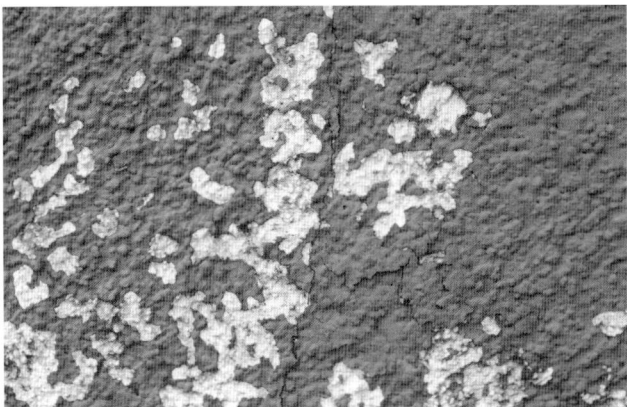

Abb. 6.73: Typisches Schadensbild für einen Frostschaden

Dämmplattenverarbeitung

Die Dämmplatten müssen im Verband mit versetzten Plattenstößen angesetzt sein. Die Befestigung erfolgt nach Herstellervorschrift:

- Klebeverfahren in Randwulst-Punkt-Technik
- Klebeverfahren in Streifen-Technik
- Klebeverfahren mit vollflächiger Zahnspachtelung
- Dübelbefestigung
- Klebe- und Dübelbefestigung

Der Kleberanteil muss nach den bauaufsichtlichen Zulassungen mindestens 40 % betragen. Erreicht wird dies nur durch ein Anpressen der Dämmplatten in das Kleberbett hinein. Ein typischer Verarbeitungsfehler ist das „Aufmauern" der Platten ohne Anpressdruck.

In Verlängerung der Fensterecken dürfen weder horizontal noch vertikal Plattenstöße vorhanden sein, wegen der dort wirkenden Kerbspannungen. Plattenfugen > 2 mm müssen vor Aufbringen der Armierungsschicht mit Dämmmaterial verschlossen werden. Baupraktisch üblich und technisch akzeptabel ist insbesondere auch bei Polystyrolpartikelschaum als Dämmstoff ein Ausschäumen offener Fugen mit B1 Polyurethanbauschaum.

In den bauaufsichtlichen Zulassungen der Systeme heißt es:

„Bei Dämmstoffplatten mit Dicken über 100 mm bis 200 mm muss aus Brandschutzgründen oberhalb jeder Öffnung im Bereich der Stürze ein mindestens 200 mm breiter und mindestens 300 mm seitlich überstehender (links und rechts der Öffnung) nicht brennbarer Mineralfaser-Lamellendämmstreifen (Baustoffklasse DIN 4102-A1) vollflächig angeklebt werden, im Kantenbereich ist das Bewehrungsgewebe zusätzlich mit Gewebe-Eckwinkeln zu verstärken. Werden hierbei auch Laibungen gedämmt, ist für die Dämmung der horizontalen Laibung im Sturzbereich ebenfalls nicht brennbarer Mineralfaser-Dämmstoff (Baustoffklasse DIN 4102-A1) zu verwenden."

Armierung

Die Armierung soll nach den übereinstimmenden Herstellervorschriften im äußeren Drittel der Armierungsschicht eingebettet sein. In den Eckbereichen soll eine Überlappung des Armierungsgewebes um etwa 10 cm sichergestellt werden. In den Fensterecken müssen zusätzlich Diagonalpflaster aus Gewebe eingebettet werden, um den Kerbverformungen entgegenzuwirken. Sofern Bereiche besonders stoßgefährdet sind, muss zusätzlich eine spezielles Panzergewebe eingesetzt werden.

Dicke der Armierungsschicht

Grundsätzlich gilt die Regel, dass die Armierung im äußeren Drittel der Armierungsschicht angeordnet werden muss. Eine generelle Mindestschichtstärke ist nicht festgelegt. Die vorausgesetzte Schichtstärke ergibt sich aus dem Zulassungsbescheid des eingesetzten Materials.

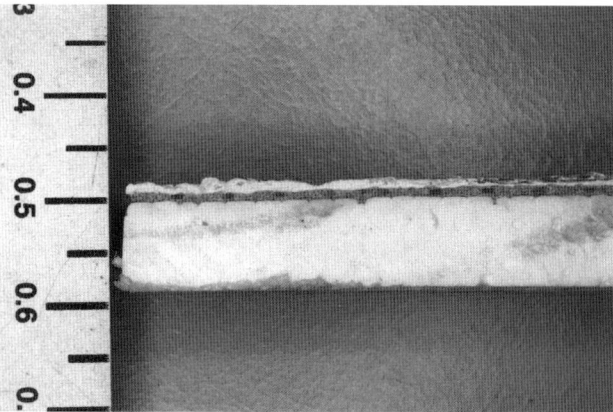

Abb. 6.74: Armierungsschicht mit unzureichender Stärke von 0,5 mm

Tabelle 6.24: **Soll-Armierungs-Schichtstärken handelsüblicher Systeme**

Produkt	Armierungsschicht gem. Produktbeschreibung/Zulassung			
Alsecco ANB Putz	ca.	7	mm	
Alsecco Armierungsmörtel L		5	mm– 7	mm
Alsecco Armatop MP	ca.	3	mm	
Alsecco Armatop OZ	≥	2	mm	
Brillux WDVS Kleber 3578 + 20 % Zement		2	mm– 3	mm
Brillux WDVS Armierungsmasse zf 3585		2	mm	
Brillux WDVS Pulverkleber 3550		4	mm– 4,5 mm	
Brillux WDVS Armierungsputz 3501		4	mm– 7	mm
Capatect Klebe- und Spachtelmasse 190		3	mm– 4	mm
Capatect Klebe- und Spachtelmasse 191 M		3	mm– 4	mm
Capatect Armierungsputz 133		6	mm–10	mm
Capatect ZF – Spachtel 690		2	mm– 3	mm
Heck Klebe- und Armierungsspachtel		3	mm– 5	mm
Heck K+A		4	mm– 8	mm
Sto Armierungsputz (Ausführung Classic)		1,5 mm– 3	mm	
StoLevell Uni (Ausführung Classic)		2,5 mm– 5	mm	
Sto Armierungsputz (Dämmstoff Polystrol--Hartschaumplatte, Schienenbefestigung)		1,5 mm– 3	mm	
StoLevell Uni (Dämmstoff Polystrol-Hartschaumplatten, Schienenbefestigung)		2,5 mm– 5	mm	
ISPO SL 540 Armierungs-Leichtputz	≥	5	mm–10	mm
	optimal	6	mm– 8	mm

Eine Unterschreitung der Armierungsschichtstärke stellt grundsätzlich einen Mangel in Form einer Abweichung von den vertraglich zugesicherten Eigenschaften dar.

Fensterbänke

Häufige Beanstandung ist der fehlende Einstand der Sohlbank-Aufschieblinge in den Leibungsputz und damit die fehlende Abtropfmöglichkeit des Schlagregenwassers im Leibungsbereich. Weiterhin beanstandet werden fehlende Profilabdichtungen im Kontaktbereich zwischen allen Sohlbankteilen und dem WDVS als regendichter Verschluss der zwangsweise entstehenden Dilatations-Abrisse. Empfehlenswert sind daher Bordprofile, die wegen ihrer speziellen Ausführung die thermische Längenänderung der überwiegend eingesetzten Aluminium-Fensterbänke aufnehmen und die somit nicht die ohnehin vorhandenen Kerbspannungen am Fensterinneneck erhöhen. Fensterbänke aus Aluminium-Strangprofilen sollen mit einer auf der Unterseite aufgeklebten Antidröhn-Beschichtung ausgestattet sein, damit bei Regenfällen keine Prasselgeräusche entstehen.

Gemäß BFS-Merkblatt Nr. 21 „Technische Richtlinien für die Verarbeitung von Wärmedämm-Verbundsystemen", Stand: Oktober 1995 [43] gilt für Anschluss- und Bewegungsfugen Folgendes:

„2.3.5 Ergänzungsprodukte
(…) Anschluss- und Bewegungsfugen
An regenbeaufschlagten Flächen sind die Anschlüsse zu angrenzenden Bauteilen dicht auszubilden. Neben elastischen bzw. plastischen Fugendichtmassen inkl. Hinterfüllmaterial zur nachträglichen Versiegelung der Fugen kommen vorzugsweise spezielle Fugenpro-

file oder Fugendichtbänder zum Einsatz, welche – ggf. durch Expansion – die jeweilige Fuge selbstständig verpressen (siehe BFS-Merkblatt Nr. 23).
Im Bauwerk vorhandene Bewegungsfugen müssen auch im Wärmedämm-Verbundsystem übernommen und ausgebildet werden."

Weiter besagt die Detailzeichnung Nr. 7, dass seitlich um die Fensterbankenden herum ein Dichtband eingelegt werden muss.

Außerdem muss der seitliche Leibungsputz des WDVS von oben herab über die seitlichen Fensterbank-Aufschieblinge überstehen.

Abb. 6.75: Wegen fehlender Längenausdehnungsmöglichkeit abgerissenes Fensterbankende

Dehnungsfugen/Anschlussfugen

Dehnungsfugen des Gebäudes werden mit speziellen Fugenprofilen im WDVS übernommen. Anschlussfugen werden schlagregendicht mit Systemprofilen und vorkomprimierten Fugenbändern hergestellt. Die untere Kante von vertikalen Flächen muss eine Tropfkante als Systemprofil erhalten. Fensteranschlüsse werden i. d. R. mit werkseitig hergestellten Profilen hergestellt, bei denen Kunststoffschienen einseitig mit einem Putzträger und auf der anderen Seite mit aufkaschierten vorkomprimierten Fugenbändern ausgerüstet sind. Je nach Art der zu erwartenden Beanspruchung können hier Anputzprofile mit unterschiedlichen Leistungsmerkmalen eingesetzt werden.

Sockelabschlussprofile

Die Längenstöße von Sockelabschlussprofilen müssen mit Systemverbindern untereinander verbunden werden, da sie hohen thermischen Belastungen ausgesetzt sind. Ohne kraftschlüssige Verbindung kommt es zu einer Rissbildung des Putzes im Stoßbereich der Schienen.

Struktur/Ansätze

Häufig beanstandet wird der Arbeitsansatz zwischen verschiedenen Gerüstlagen innerhalb einer Fassade, häufig erst erkannt nach dem Abrüsten.

Arbeitsansätze sind durch Vorauswahl der Arbeitsabschnitte vermeidbar und gehören zu den nicht hinnehmbaren Unregelmäßigkeiten, wenn sie aus einem „üblichen Betrachterabstand, in Aufrecht stehender Position und bei Tageslicht" unter vernünftigen Gesichtspunkten als störend empfunden werden.

Das Gleiche gilt für Strukturabweichungen verschiedener Teilbereiche innerhalb einer Fassadenfläche untereinander oder vom Vertragsmuster.

Dübel

Gelegentlich wird beanstandet, dass sich lange nach Fertigstellung die Dübellagen hell abzeichnen, während die Umgebungsflächen allmählich infolge zunehmender Algenbildung nachdunkeln. Die Dübel bilden hierbei punktuelle Wärmebrücken innerhalb der ansonsten gut gedämmten Fläche. Rechnerisch sind die Wärmebrücken weniger relevant, sie können jedoch zu optischen Beeinträchtigungen führen, wenn insbesondere die über dem Dübelteller liegenden Mörtelschichten sehr gering sind und damit das Mikroklima oberhalb des Dübeltellers deutlich vom Umgebungsbereich abweicht. Einfluss auf dieses Phänomen haben auch die gewählte Dämmstoffdicke und die thermischen Eigenschaften des verwendeten Dübels.

Die Dübel sind laut Herstellervorschriften so auszuführen, dass sie oberflächenbündig innerhalb des Dämmstoffes sitzen. Handwerklich lässt sich dieses durch Schrauben/Bohren in einer steifen Polystyroldämmung mit hinreichender Präzision erreichen.

Bei Mineralwolldämmung und eingeschlagenen Dübeln gestaltet sich die exakte Einhaltung der Oberflächenbündigkeit jedoch als schwieriger, sodass die Dübel oft tiefer in der Fassade liegen. Es entsteht ein Matratzen-Effekt. Die Unebenheiten werden durch Überspachteln der Dübelköpfe ausgeglichen. Lokal liegt eine Abminderung der Wärmedämmung im Bereich des Dübels vor. Gleichzeitig entscheidet nur ein geringer thermischer Schwellenwert über die Ansiedlung von Algenbewuchs, was allmählich vor allem auf Nord-, Süd- und Westseiten des Gebäudes dazu führt, dass sich die Dübellagen insbesondere unter Algenbildung abzeichnen.

Bei Mineralwolledämmplatten, mit Ausnahme von Lamellendämmplatten, sind i. d. R. nur bauaufsichtlich zugelassene Schraubdübel zulässig, sodass der vorgenannte Effekt durchaus vermeidbar ist.

Algenbildung

Die vergleichsweise guten Dämmwerte des WDVS führen dazu, dass von der Raumseite her nur noch in geringem Maße Wärmeenergie bis an die Fassadenoberfläche gelangt. In der Folge ist die Fassadenoberfläche von WDVS i. d. R. insbesondere in den Nachtstunden sehr kühl. Untersuchungen der Eidgenossischen Materialprüfungs- und Forschungsanstalt Schweiz haben ergeben, dass die Oberflächentemperaturen von Wärmedämmverbundsystemen im Winterhalbjahr im Zeitraum nach Sonnenuntergang bis zum Sonnenaufgang ca. 2–3 °C unterhalb der Lufttemperatur und ca. 1 °C unterhalb der Taupunkttemperatur lagen. Während eines Zeitraumes von 24 Std. wurde dort die Taupunkttemperatur während rund 15 Std. unterschritten. Währenddessen waren die physikalischen Voraussetzungen für Tauwasserniederschlag gegeben. Der Tauwasserniederschlag wurde während dieser Zeitdauer auch angetroffen.

Die physikalischen Gesetzmäßigkeiten, die diesem Phänomen zugrunde liegen, entsprechen z. B. der nächtlichen Tauwasserbildung auf Fahrzeugen, die im Außenbereich abgestellt wurden: Zwischen der Fahrzeugoberfläche und dem Nachthimmel besteht ein Temperaturgefälle. Durch Wärmestrahlung gibt das wärmere Fahrzeug an den Nachthimmel Energie ab. Die Oberflächentemperatur des Fahrzeugs sinkt bis zu einem Gleichgewichtszustand, bei dem die abstrahlende Wärmemenge der nachfließenden Wärme aus dem Fahrzeug bzw. aus der umgebenden Luft entspricht.

Die Oberflächentemperatur des Fahrzeugs kann bei klarem Nachthimmel unter die Lufttemperatur absinken. Sofern hierbei die Taupunkttemperatur der Umgebungsluft unterschritten wird, bildet sich Tauwasser. Der Effekt bei Wärmedämmverbundfassaden ist analog.

Zu den Grundkomponenten der Lebensbedingungen für Mikroorganismen gehören einerseits Nährstoffe, die in der Umgebungsatmosphäre ohnehin ständig existent sind, andererseits wird **Wasser** bzw. eine hohe relative **Luftfeuchtigkeit** benötigt, welches z. B. an Fassadenoberflächen in unterschiedlichen Mengen auftritt.

Stark bewitterte Teile von Fassaden unterliegen in gewissem Umfang einem Selbstreinigungseffekt, der dazu führen kann, dass sich Mikroorganismen nur mit erheblicher Verzögerung ansiedeln können.

Abb. 6.76: Zunehmende Algenbildung unterhalb der Fensterbank wegen fehlender Selbstreinigung

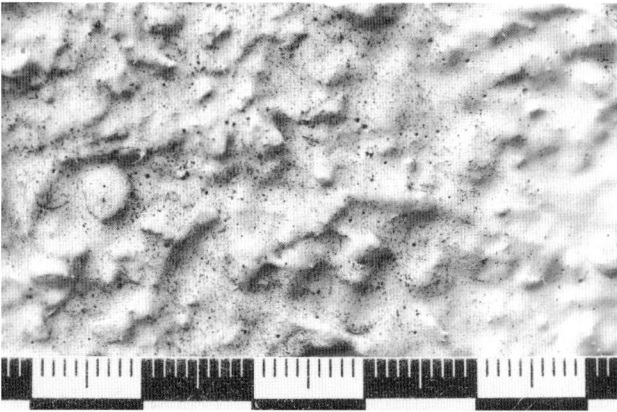

Abb. 6.77: Stark befallener Bereich unterhalb der auskragenden Fensterbank

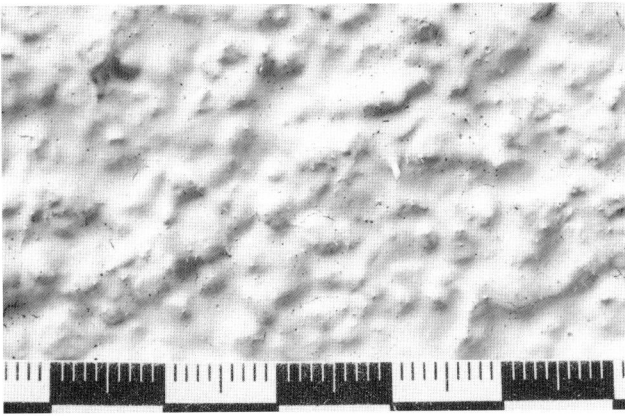

Abb. 6.78: Wenig befallener Pfeilerbereich mit Selbstreinigungs-effekt

Vor diesem Hintergrund ist insbesondere an Nord- und Ostfassaden und vor allem in Zonen mit üppiger Vegetation immer mit einer Algenbildung, teilweise auch mit einer Pilzbesiedlung zu rechnen. Von den Herstellern können die organischen Oberputze und die Egalisationsanstriche werkseitig algizid und fungizid auf Wunsch des Bestellers eingestellt werden.

Nach vorliegenden OLG-Urteilen stellen vermeidbare Verschmutzungen von Fassaden einen Mangel dar, insofern ist der Verzicht auf eine algizide bzw. fungizide Ausrüstung des Materials bei erkennbarem Algenrisiko als Mangel zu beanstanden.

Tipp
Algenverunreinigungen lassen sich leicht und preiswert mit in Wasser aufgelöstem Sodapulver aus der Drogerie und einem Schrubber entfernen.

6.11 Fliesen- und Plattenarbeiten (DIN 18352)/Naturwerksteinarbeiten (DIN 18332)/ Betonwerksteinarbeiten (DIN 18333)

6.11.1 Untergrundhaftung

Elastische Versiegelung

Wird ein Fliesenbelag auf schwimmendem Estrich verlegt, so kann es auf Grund der ungenügenden Festigkeit der Dämmung zu einem Mangel in Form von Abreißen der Versiegelung im Randbereich und der Sockelfliese kommen. Die Dämmung tritt sich auf Grund von Belastung zusammen, dies mitunter um mehr als einen Zentimeter. Die elastische Versiegelung zwischen Boden- und Sockelfliese muss fähig sein, diesen Höhenunterschied aufzunehmen. Ist sie das nicht, kommt es zu einem Abriss.

Um diesen Mangel zu vermeiden, muss die Ausführung der Dämmung in zwei Schichten erfolgen, wobei die untere Schicht als trittfeste Dämmung auszuführen ist.

Hohlstellen

Bei Fliesen- und Plattenarbeiten ist besonders zu kontrollieren, ob die Fliesen und Platten vollständig auf dem Untergrund haften, sodass keine Hohlschichten entstehen. Das lässt sich durch Abklopfen feststellen.

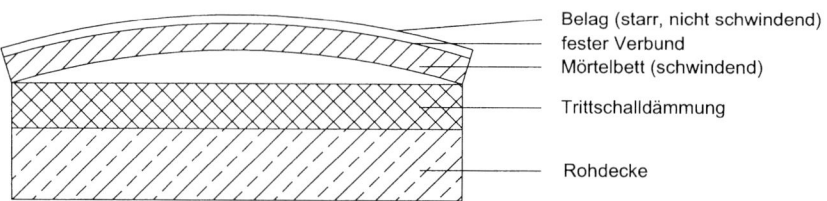

Abb. 6.79: Verwölbung bei schwimmendem Estrich

Verwölbungen

Bei Estrichen auf Trennschicht oder Dämmung können Verwölbungen durch ungleich starkes Schwinden der oberen Zone gegenüber der unteren Zone des Estrichs entstehen, z. B. bei zu schnellem Austrocknen der oberen Zone. In diesem Fall wird auch häufig vom „Schüsseleffekt" gesprochen, da die konkave Verformung eine derartige Form annimmt.

In der Regel legt sich der Randbereich des Estrichs auf die übrige Fläche herab, sobald eine vollständige Austrocknung erfolgt ist.

Erfolgt jedoch eine vorzeitige Belegung mit Fliesen, bevor die „Belegreife" erreicht ist, wird die Schwindverkürzung zwangsbehindert und es kommt zur Aufwölbung der belegten Estrichplatte. Anschließend erfolgt der Bruch der mittig hohl liegenden Estrichplatte unter Belastung und somit zur Rissbildung.

Der gleiche Effekt entsteht, wenn Verbundestriche keine ausreichende Haftung am Untergrund haben und infolgedessen eine Abtrennung erfolgt.

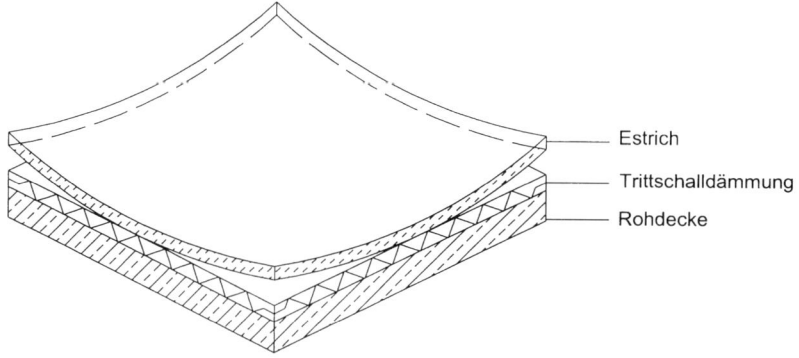

Abb. 6.80: Schüsselung von schwimmendem Estrich beim Austrocknen

Werden frühzeitig die Sockelfliesen an der Wand entlang der noch verformten Estrichoberkante angebracht, entsteht später nach vollständiger Rückbildung der Verformung eine übergroße Fuge zwischen der Unterkante der Sockelfliesen und der Oberkante des Bodenfliesenbelags. Dieser Effekt ist in den Raumecken am intensivsten ausgeprägt, da hier eine Überlagerung der Verformungen stattgefunden hatte. Es kommt dabei regelmäßig zu einer Überbeanspruchung des elastischen Dichtstoffs und in der Folge zum Fugenabriss.

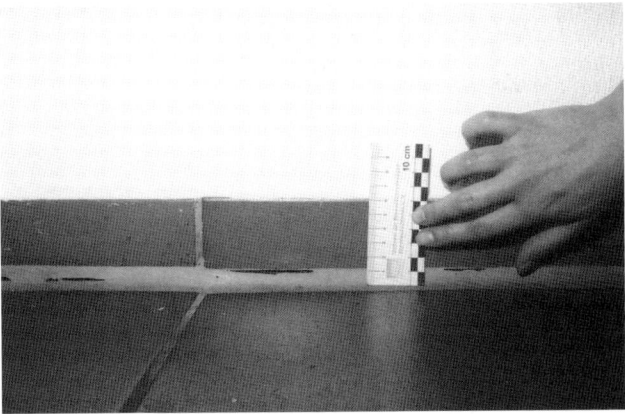

Abb. 6.81: Überbeanspruchung der elastischen Fuge unterhalb der Sockelfliesen, in Raummitte: 15 mm

Abb. 6.82: Überbeanspruchung der elastischen Fuge unterhalb der Sockelfliesen, in Raumecke: 20 mm

Putzprofile

Putzprofile in Feuchtbereichen müssen über einen ausreichen Korrosionsschutz verfügen. Insbesondere innerhalb von Gipsputzen besteht eine besondere Korrosionsgefahr, verbunden mit dem Risiko einer Volumenveränderung des Metalls und nachfolgenden Abplatzungen und Rissen.

6.11.2 Ebenheit, lot- und waagerechte Oberfläche

Neben der Ebenmäßigkeit nach DIN 18202 ist für Fliesen- und Plattenarbeiten mit Bodeneinläufen zu überprüfen, ob das Gefälle entsprechend ausgebildet worden ist.

Für die Oberflächen der Fliesenbeläge gelten die Anforderungen der DIN 18202. Beispielhaft seien folgende zulässige Toleranzmaße genannt:

- Abweichungen von der Ebenheit
  Fußböden, bei einem Messpunktabstand von 1 m: 4 mm
  Wände, bei einem Messpunktabstand von 1 m: 5 mm

- Abweichungen von der lot- und waagerechten Oberfläche sowie
  von der Rechtwinkligkeit
  Fußböden und Wände bei einem Messpunktabstand von 1 m: 6 mm

Abb. 6.83: Unzulässige Abweichung von der Ebenheit bei Wandfliesen: 10 mm bei einem Messpunktabstand von 1 m

Überzähne

Häufig wird beanstandet, dass Unebenheiten in Form von sog. „Überzähnen" vorhanden sind, d. h., Einzelecken oder Einzelkanten ragen erhaben aus der Umgebungsfläche heraus.

Abb. 6.84: Überzahn bei Bodenfliesen

Gemäß Bludau/Ertl/Weber, „Maßgerechtes Bauen" [42] gilt:

„Höhenversätze benachbarter Fliesen und Platten:
In DIN 18352 sind für Stoßstellen benachbarter Platten keine Regelungen hinsichtlich
zulässiger Höhenversätze aneinander angrenzender Fliesen oder Platten enthalten. DIN
18202, Abschnitt 5 führt hierzu aus, dass bei flächenfertigen Bodenbelägen Sprünge und
Absätze vermieden werden sollen. (…)
Für die Beurteilung von Stoßstellen benachbarter Fliesen und Platten können nach bau-
praktischer Erfahrung aus der Sicht des Verfassers folgende Vorschläge gegeben werden:
– bei Fliesen und Platten mit geschliffener oder polierter Oberfläche oder vergleichbarer
* Glasuroberfläche: ca. 1,0 bis 1,5 mm als Toleranzmaß für Höhenversätze (…)"*

Gemäß DIN 18202: 1997-04 Toleranzen im Hochbau – Bauwerke gilt entsprechend
Tabelle 3 Ebenheitstoleranzen, Zeile 3, Spalte 4, Flächenfertige Böden, Bodenbeläge, Fliesenbeläge: bei einem Messpunktabstand von 1 m liegt der zulässige Grenzwert bei 4 mm.

In dem Merkblatt „Höhendifferenzen in keramischen Belägen und Natursteinbelägen"
des Fachverbandes Deutsches Fliesengewerbe im ZDB [44] ist definiert:

„(…) Bei der Ausführung von Fliesen- und Plattenarbeiten setzt sich die [max. zulässige]
Höhendifferenz benachbarter Fliesen und Platten zusammen aus der handwerklichen
Verlegetoleranz und der (vorhandenen) baustoffbedingten Maßtoleranz der Fliesen und
Platten. Für die handwerkliche Verlegetoleranz gilt allgemein ein Wert von 1,0 mm als
[max.] zulässige Obergrenze. (…)"

DIN EN 159: 1991-12 Trockengepresste Fliesen und Platten mit hoher Wasseraufnahme
E > 10 % – Gruppe BIII:

„Tabelle 3 Maße und Oberflächenbeschaffenheit
(…) Ebenflächigkeit
Maximale Abweichungen in %. Für Fliesen und Platten mit Abstandhaltern gelten die in
Klammern angegebenen Werte in mm.
a) Mittelpunktwölbung, bezogen auf die über
*   das Werkmaß berechnete Diagonale:*   + 0,5/– 0,3 (+ 0,8/– 0,1 mm)
b) Kantenwölbung, bezogen auf das zugehörige
*   Werkmaß:*   + 0,5/– 0,3 (+ 0,8/– 0,1 mm)
c) Windschiefe, bezogen auf die über das   ± 0,5 (Oberfläche < 250 cm²: 0,5 mm)
*   Werkmaß berechnete Diagonale:*   ± 0,5 (Oberfläche < 250 cm²: 0,5 mm)
         (Oberfläche ≥ 250 cm²: 0,75 mm)"

Für die Kantenwölbung beträgt nach DIN EN 159 das maximale Maß der Abweichung
in %: + 0,5/– 0,3 bezogen auf das zugehörige Werkmaß.

Das Werkmaß beträgt	20 · 25 cm
Bei einer Kantenlänge von 25 cm beträgt damit das zulässige	
Maß der Kantenwölbung als Obergrenze 250 mm · (+ 0,5 %) =	+ 1,25 mm
Das zulässige Maß als Untergrenze beträgt 250 mm · (– 0,3 %) =	– 0,75 mm
Materialtoleranz als Bandbreite:	2,00 mm
Zuzüglich Verlegetoleranz:	1,00 mm
Zulässige Gesamttoleranz als Überzahn-Maß:	3,00 mm

Voraussetzung ist jedoch, dass beide untersuchten Fliesen jeweils an der Obergrenze
ihrer spezifischen Materialtoleranz liegen.

Gemäß ZH 1/571 –Ausgabe Oktober 1993 „Merkblatt für Fußböden in Arbeitsräumen und Arbeitsbereichen mit Rutschgefahr", herausgegeben vom Fachausschuss Bauliche Einrichtungen [45] gilt:

„4 Weitere bauliche Anforderungen an Fußböden
Fußböden dürfen keine Stolperstellen aufweisen. Sie müssen nach § 20 Abs. 1 UVV Allgemeine Vorschriften (VBG 1) eben ausgeführt sein. (…) Als Stolperstellen gelten im Allgemeinen Höhenunterschiede von mehr als 4 mm."

Tipp
Die volle Funktionsfähigkeit von Trennfugen lässt sich mit Hilfe von Prüfnadeln ermitteln, die in die Fuge eingestochen werden und nach dem Entfernen keine sichtbaren Spuren hinterlassen.

6.11.3   Rutschfestigkeitsklassen

Es ist zu überprüfen, ob die ausgeschriebene Rutschhemmung auch ausgeführt worden ist. Dieses lässt sich durch einen Herstellernachweis belegen.

Auszug aus ZH 1/571 – Ausgabe Oktober 1993 „Merkblatt für Fußböden in Arbeitsräumen und Arbeitsbereichen mit Rutschgefahr", herausgegeben vom Fachausschuss Bauliche Einrichtungen [45]:

„Anhang 1
Arbeitsräume und -bereiche mit Rutschgefahr
(…) Die Bewertungsgruppe dient als Maßstab für den Grad der Rutschhemmung, wobei Bodenbeläge mit der Bewertungsgruppe R9 den geringsten und mit der Bewertungsgruppe R13 den höchsten Anforderungen an die Rutschhemmung genügen. (…) Die Arbeitsräume und -bereiche, in denen wegen des Anfalls besonderer gleitfördernder Stoffe ein Verdrängungsraum unterhalb der Gehebene erforderlich ist, sind durch ein V in Verbindung mit der Kennzahl für das Mindestvolumen des Verdrängungsraums gekennzeichnet. (…)"

Tabelle 6.25: **Arbeitsräume und -bereiche mit Rutschgefahr gem. ZH 1/571 (Auszug)**

Nr.	Arbeitsräume und Arbeitsbereiche	Bewertungsgruppe der Rutschgefahr (Richtwert)	Verdrängungsraum mit Kennzahl für das Mindestvolumen
0	Allgemeine Arbeitsräume und -bereiche		
0.1	Eingangsbereiche [soweit Feuchtigkeit von außen auf den Belag gelangen kann]	R9	
0.2	Treppen [soweit Feuchtigkeit von außen darauf gelangen kann]	R9	
0.3	Sanitärräume (z. B. Toiletten, Umkleide- und Waschräume) (…)	R10	
(…)			
9	Küchen, Speiseräume		
9.1	Gastronomische Küchen (Gaststättenküchen, Hotelküchen)		
9.1.1	bis 100 Gedecke je Tag	R11	V4
9.1.2	über 100 Gedecke je Tag	R12	V4
9.2	Küchen für Gemeinschaftsverpflegung in Heimen, Schulen, Kindertagesstätten, Sanatorien	R11	

Nr.	Arbeitsräume und Arbeitsbereiche	Bewertungsgruppe der Rutschgefahr (Richtwert)	Verdrängungsraum mit Kennzahl für das Mindestvolumen
9.3	Küchen für Gemeinschaftsverpflegung in Kranken-häusern, Kliniken	R12	
(…)			
9.7	Kaffee- und Teeküchen, Küchen in Hotels Garni, Stationsküchen	R10	
(…)			
9.9	Speiseräume, Galträume, Kantinen einschließlich Bedienungs- und Serviergängen	R9	
(…)			
11	Verkaufsstellen, Verkaufsräume		
11.1	Warenannahme Fleisch	R11	
11.2	Warenannahme Fisch	R11	
(…)			
11.6	Fleischvorbereitungsraum	R12	V8
(…)			
11.8	Verkaufsbereiche mit ortsfesten Backöfen	R11	
11.9	Verkaufsbereiche mit ortsfesten Fritteusen oder ortsfesten Grillanlagen	R12	V4
11.10	Verkaufsräume, Kundenräume	R9	
11.11	Vorbereitungsräume für Lebensmittel zum SB-Verkauf	R10	
11.12	Kassenbereiche, Packbereiche	R9	
11.13	Bedienungsgänge für Brot und Backwaren, unverpackte Ware	R10	
11.14	Bedienungsgänge für Käse und Käseerzeugnisse, unverpackte Ware	R10	
(…)			
23	Werkstätten für Fahrzeug-Instandhaltung		
23.1	Instandsetzungs- und Wartungsräume	R11	
23.2	Arbeits- und Prüfgrube	R12	V4
23.3	Waschhalle	R11	V4
(…)			
25	Abwasserbehandlungsanlagen		
25.1	Pumpenräume	R12	
25.2	Räume für Schlammentwässerungsanlagen	R12	
25.3	Räume für Rechenanlagen	R12	
(…)			
27	Geldinstitute		
27.1	Schalterräume	R9	
28	Garagen (mit Ausnahme der unter Nummer 0 dieses Anhanges bezeichneten Bereiche)		
28.1	Garagen, Hoch- und Tiefgaragen	R10	
29	Schulen und Kindergärten		
29.1	Eingangsbereiche, Flure, Pausenhallen	R9	
29.2	Klassenräume, Gruppenräume	R9	
29.3	Treppen	R9	

Nr.	Arbeitsräume und Arbeitsbereiche	Bewertungsgruppe der Rutschgefahr (Richtwert)	Verdrängungsraum mit Kennzahl für das Mindestvolumen
29.4	Toiletten, Waschräume	R10	
29.5	Lehrküchen in Schulen (siehe auch Nummer 9)	R10	
29.6	Küchen in Kindergärten (siehe auch Nummer 9)	R10	
29.7	Maschinenräume für Holzbearbeitung	R10	
29.8	Fachräume für Werken	R10	

6.11.4   Fugen

Fugenbreiten

VOB/C ATV DIN 18352: 2000-12 Fliesen- und Plattenarbeiten:

„*3.5 Fugen*
3.5.1 Die Fugen sind gleichmäßig breit anzulegen. Maßtoleranzen der Belagstoffe sind in den Fugen auszugleichen.
3.5.2 Bekleidungen und Beläge sind mit folgenden Fugenbreiten anzulegen:
- *trockengepresste keramische Fliesen und Platten*
  bis zu einer Seitenlänge von 10 cm: *1 mm bis 3 mm,*
- *trockengepresste keramische Fliesen und Platten*
  mit einer Seitenlänge über 10 cm: *2 mm bis 8 mm,*
- *stranggepresste keramische Fliesen und Platten:*   *4 mm bis 10 mm,*
- *stranggepresste keramische Fliesen und Platten*
  mit Kantenlängen über 30 cm: *min. 10 mm,*
- *Bodenklinkerplatten nach DIN 18158:*   *8 mm bis 15 mm,*
- *Solnhofener Platten, Natursteinfliesen:*   *2 mm bis 3 mm,*
- *Natursteinmosaik, Natursteinriemchen:*   *1 mm bis 3 mm.*"

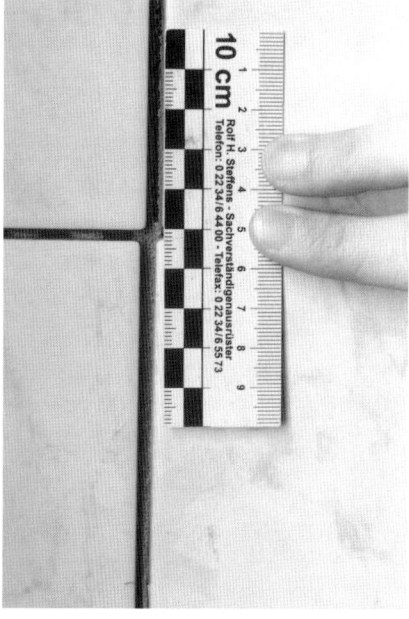

Abb. 6.85: Fugenversatz

Abb. 6.86: Ungleichmäßiges Fugenbild

Als optischer Mangel werden in einer Vielzahl von Fällen stark unterschiedliche Fugenbreiten innerhalb einer Fläche beanstandet.

Eine DIN-Regelung für die zulässige Schwankungsbreite von Fliesenfugen gibt es nicht. Hilfsweise muss das Toleranzmaß für die Fliesen herangezogen werden. Gemäß VOB/C DIN 18352, Fliesen- und Plattenarbeiten gilt gem. Abschnitt 3.5.1, dass die Maßtoleranzen der Fliesen mit den Fugen auszugleichen sind. Das zulässige Toleranzmaß für die Unterschiedlichkeit der Fugenbreiten ergibt sich insofern aus dem zulässigen Toleranzmaß der Fliesen.

DIN EN 159: 1991-12 Trockengepresste Fliesen und Platten mit hoher Wasseraufnahme E > 10 % – Gruppe BIII:

„Tabelle 3 (Auszug)
Anforderungen
Maße und Oberflächenbeschaffenheit
Länge und Breite
a)   Abweichung in % des Mittelwertes
*   jeder Fliese und Platte (2 oder 4   l ≤ 12 cm: ± 0,75[1]*
*   Kanten) vom Werkmaß (W)   l > 12 cm: ± 0,5*
f)   Abweichung in % des Mittelwertes
*   jeder Fliese und Platte (2 oder 4   l ≤ 12 cm: ± 0,5[1]*
*   Kanten) vom Mittelwert der 10*
*   Proben (20 oder 40 Kanten)   l > 12 cm: ± 0,3*
(…)

1) für Fliesen und Platten mit einer oder mehreren überglasierten Kanten.“

Beispiel
Gemäß DIN EN 159 gilt als Abweichung im vorliegenden Fall
ein Toleranzmaß von +/– 0,3 %. Bei einer Kantenlänge von
250 mm ergibt sich auf diese Weise ein zulässiges Toleranzmaß
auf Grund ggf. unterschiedlicher Fliesen-Kantenlängen
in der Höhe 250 mm · +/– 0,3 % von   0,75 mm
Es sind damit übermaßige Fliesen mit einer vertikalen
Kantenlänge zulässig von 250 mm + 0,75 mm =   250,75 mm
Und es sind untermaßige Fliesen zulässig mit einer
Kantenlänge von: 250 mm – 0,75 mm =   249,25 mm
Bei einer planungsseitig vorgegebenen **Soll-Fugenbreite** von   6,00 mm
errechnet sich die zulässige minimale **Ist-Fugenbreite** bei
dieser Fliese wie folgt: 6 mm – 0,75 mm =   5,25 mm
Gleichzeitig errechnet sich die zulässige maximale
Ist-Fugenbreite bei dieser Fliese wie folgt: 6 mm + 0,75 mm = 6,75 mm
Größere Abweichungen sind nicht zulässig.

Rand- und Anschlussfugen

VOB/C ATV DIN 18352: 2000-12 Fliesen- und Plattenarbeiten:

„3.5 Fugen
(…) 3.5.5
Bewegungsfugen, wie Gebäudetrennfugen, Feldbegrenzungsfugen, Rand- und Anschluss-
fugen, sind beim Ansetzen und Verlegen im Dünnbettverfahren entsprechend DIN 18157-1,

DIN 18157-2 und DIN 18157-3 und bei Fassadenbekleidungen entsprechend DIN 18515-1 und DIN 18515-2 anzuordnen und mit Fugendichtungsmassen oder Profilen zu schließen. (…)"

Starr verfugte Randfugen oder kontaktschlüssig verklebte Wandfliesen im Bereich von Innenecken stellen einen Mangel dar, weil sämtliche Bauteilverformungen sich über den starren Kontakt übertragen und zu Rissbildungen führen.

Abb. 6.87: Kontaktschluss zwischen den Fliesen in der Raumecke

DIN 18157-1: 1979-07 Ausführungen keramischer Bekleidungen im Dünnbettverfahren:

„9 Bewegungsfugen in den Bekleidungsflächen (…)
9.3 Anschlussfugen
Anschlussfugen sind erforderlich, wenn die im Dünnbettverfahren hergestellte keramische Bekleidung an andere Bauteile oder Baustoffe, z. B. Holz, Glas oder Stahl, anschließt. Anschlussfugen sind ferner in senkrechten Innenecken vorzusehen sowie dort, wo die Bekleidung zwischen Bauteilen eingespannt oder belastet werden könnte. Sie sind mindestens 5 mm breit auszuführen und mit [elastischen] Dichtstoffen zu verfüllen."

DIN 18157-2: 1982-10: gleicher Text unter 8.3

DIN 18157-3: 1986-04: gleicher Text unter 8.3

Fehlende Randfugen zwischen Natursteinbelägen von frei aufgelagerten Treppenläufen und Sockelfliesen, die kraftschlüssig mit den aufgehenden Wänden verbunden sind, stellen einen Mangel dar, weil sie eine Trittschallübertragung in die Wohnbereiche hinein begünstigen.

Abb. 6.88: Unzureichende Fuge zwischen Treppenbelag und Sockelfliesen

Auch bei Installationsdurchgängen schwimmender Bodenkonstruktionen darf die Fliesenverfugung keinen Kontakt mit den durchdringenden Rohren haben, da ansonsten die schalldämmende Wirkung des schwimmenden Estrichs weitgehend außer Kraft gesetzt wird und über die Rohre eine Trittschallübertragung stattfindet. Die Lastverteilungsschicht muss sich zweidimensional in alle Richtungen frei bewegen können. Behindert man das Verformungsbestreben der Platte durch kraftschlüssigen Kontakt zwischen der Installation und dem Fliesenbelag, kann es zu Spannungen und zur Rissbildung kommen.

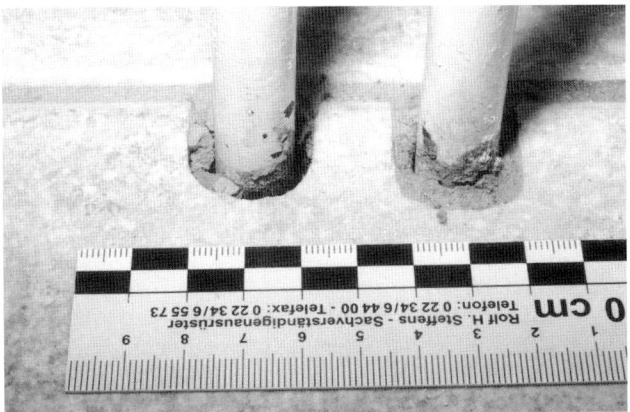

Abb. 6.89: Kontaktschluss zwischen Fliesenmörtel und Heizungsrohren

Gemäß Merkblatt „Keramische Fliesen und Platten, Naturwerkstein und Betonwerkstein auf beheizten zementgebundenen Fußbodenkonstruktionen" vom Fachverband Deutsches Fliesengewerbe, Stand: September 1995 [46] gilt:

„8 Bewegungsfugen
In der Fußbodenkonstruktion sind Bewegungsfugen anzuordnen:
(…) als Randfugen an allen angrenzenden Bauteilen und festen Einbauten, sodass hierdurch eine Bewegung von mindestens 5 mm ermöglicht wird. Bei größeren thermischen Ausdehnungen sind ggf. breitere Fugen zur Aufnahme der Bewegungen erforderlich.
(…)"

Gemäß Niemer, „Praxis-Handbuch Fliesen" [47] gelten folgende Richtwerte für erforderliche Fugenbreiten von Feldbegrenzungsfugen, Randfugen und Anschlussfugen:

„4.4.3 Hinweise für die Ausführung und Dimensionierung von Bewegungsfugen
(…)
Richtwerte für die Fugenbreite:
- *Feldbegrenzungsfugen und Randfugen innen*   *5 bis 10 mm*
- *Feldbegrenzungsfugen und Randfugen außen*   *10 mm*
- *Feldbegrenzungsfugen und Randfugen bei*
  Bodenbelägen auf Dämmschicht   *8 bis 10 mm*
- *Feldbegrenzungsfugen und Randfugen bei*
  Schwimmbecken innen und außen   *10 mm*
- *Anschlussfugen in allen Belägen und Bekleidungen*
  (außer in Außenwandbekleidungen) mindestens   *5 mm"*

Die Erfahrung zeigt, dass insbesondere schwimmende Estrichkonstruktionen in der Anfangsphase, unmittelbar nach ihrer Fertigstellung, unterschiedlichen Verformungsbestrebungen unterliegen.

Einerseits wird infolge der Auflast die Wärme- und Trittschalldämmung unterhalb der Estrichplatte in zulässiger Weise komprimiert. Dies ist in den eingesetzten Dämmstoffen begründet, die sich unter Last zusammendrücken lassen. Das zulässige Maß dieser Verformung wird vom Hersteller mit der Typenbezeichnung angegeben, z. B. bezeichnet die Angabe   28/25
eine unbelastete Plattenstärke von   28 mm
und eine Plattenstärke unter Nennlast von   25 mm

Trittschalldämmstoffe werden i. d. R. mit einem „Zusammendrückmaß" von 5 mm dimensioniert, mit der Folge, dass sich die gesamte Estrichplatte um bis zu 5 mm nach unten hin absenkt.

Andererseits entsteht beim Austrocknen des Estrichbelags eine temporäre Konvex-Verformung der Platte zum Raum hin, da sich der zementgebundene Estrich beim Austrocknen durch Schwindvorgänge verkürzt. Die Oberfläche der Estrichplatte trocknet auf Grund des Luftkontaktes schneller aus als die auf der Estrichfolie aufliegende Unterseite. Hierdurch kommt es zu dem Effekt der sog. „Estrich-Schüsselung". Dieser Effekt bewirkt, dass die Estrichränder vorübergehend nach oben hochgebogen sind. Nach weiterer Estrich-Austrocknung und einem gleichmäßigen Feuchtegehalt innerhalb der Estrichplatte stellt sich diese Estrich-Schüsselung wieder zurück und die Estrichplatte liegt anschließend wieder planeben.

Wird in diesem Zustand der verwölbten Estrichplatte eine umlaufende Randversiegelung zwischen der Bodenverfliesung und der aufgehenden Wandverfliesung eingebracht, so wird diese Fuge nach der Rückbildung des Schüsseleffekts über das zulässige Maß hinaus beansprucht.

Diese Beanspruchung wird kumulativ ergänzt durch die zulässige Bewegung der Estrichplatte in Richtung der zusammendrückbaren Wärme- und Trittschalldämmung.

IVD-Merkblatt Nr. 3, „Konstruktive Ausführung und Verarbeitung der Fugen im Nassbereich", Stand: Juli 1996 [48]:

„3 Konstruktive Ausbildung der Fuge
(…) Fugenabmessungen

(…) Im Folgenden werden die verschiedenen Fugenarten exemplarisch aufgezeigt:
(…)

	Mindestbreite
Keramische Platten, Kunst- und	
Natursteinplatten, Kunststoffe,	
Naturwerkstein und Betonwerkstein	*5–10 mm*
Beton	*10 mm*
Randfugen (Material s. o.)	*8 mm*

(…)"

Bei einer regelgerechten Randfugenbreite von **8 mm** muss also ein Dichtstoff eingesetzt werden, der die zu erwartenden Dehnspannungen aufnehmen kann.

IVD-Merkblatt Nr. 1, „Abdichtung von Bodenfugen mit elastischem Dichtstoff", Stand: Januar 1997 [49]:

„3 Konstruktive Voraussetzung zur Fugengestaltung
3.1 Dimensionierung der Bodenfuge
Die Fugenabmessungen ergeben sich aus der Summe der Beanspruchungen und den mechanischen Eigenschaften der Baustoffe. Sie werden vom Planer festgelegt unter Berücksichtigung der zulässigen Gesamtverformung der vorgesehenen Dichtstoffe.
(…)
5 Anforderungen an den Dichtstoff
Die Prüfdehnungen (Abschnitte 5.6.2, 5.6.3, 5.7, 5.10.2) sowie der Dehn-Stauchzyklus (Abschnitt 5.8) und die Scherbeanspruchung (Abschnitt 5.9) werden entsprechend der zulässigen Gesamtverformung nach Tabelle 2 durchgeführt."

Tabelle 6.26: **Tabelle 1 und 2 gem. IVD-Merkblatt Nr. 1**

Fugenabstand	Mindestfugenabmessungen zulässige Gesamtverformung			
	25 %	20 %	15 %	12,5 %
für ΔT = 80 °C	Breite/Tiefe	Breite/Tiefe	Breite/Tiefe	Breite/Tiefe
2,0 m	10/10	12/10	15/12	18/15
4,0 m	15/12	18/15	25/20	30/25
6,0 m	20/15	25/20	35/25	40/30
8,0 m	30/25	35/25	50/35	60/45
für ΔT = 40 °C				
2,0 m	10/10	10/10	10/10	10/10
4,0 m	10/10	10/10	12/10	15/12
6,0 m	10/10	15/12	20/15	20/15
8,0 m	15/12	20/15	25/20	30/25

Mindestfugenabmessungen in mm:
Fugenbreite/Tiefe des Dichtstoffes für häufige Temperaturdifferenzen (Δ)
ΔT = 80 °C (z. B. bei Außenfugen)
ΔT = 40 °C (z. B. bei Außenfugen)

Zulässige Gesamtverformung und Prüfdehnung

Zulässige Gesamtverformung nach Angabe des Herstellers	Prüfdehnung um …	Prüfdehnung von 12 mm auf … mm	Scherbeanspruchung mm	Dehnung/ Stauchung im Dehn-Stauchzyklus
12,5 %	50 %	18	+/−3	+/−25 %
15 %	60 %	19,2	+/−4	+/−30 %

zu Tabelle 6.26:

Zulässige Gesamtverformung nach Angabe des Herstellers	Prüfdehnung um …	Prüfdehnung von 12 mm auf … mm	Scherbeanspruchung mm	Dehnung/ Stauchung im Dehn-Stauchzyklus
20 %	80 %	21,6	+/−5	+/−40 %
25 %	100 %	25	+/−6	+/−50 %

Für Dichtstoffe mit einer zulässigen Gesamtverformung von ± 25 % ergibt sich für das elastische Fugenmaterial eine maximale Dehnfähigkeit von 8 mm · 25 % = ± 2 mm.

Verbreitert sich die Randfuge infolge der vorgenannten Estrich-Verformungen und Bewegungen um mehr als 2 mm, kommt es zur Überbeanspruchung der Randfuge und es entsteht ein Flankenabriss.

Elastische Fugen gelten entsprechend dem Stand der Technik als sog. „Wartungsfugen". Ihre Lebens- und Funktionsdauer richtet sich nach der jeweiligen intervallartigen Beanspruchung auf Dehnung sowie nach der äußeren Beanspruchung durch Chemikalien und Reinigungsmittel.

Sämtliche **dauerelastischen Fugen** sind zu überprüfen. Dazu gehören z. B. Eckbereiche, Sockelanschlüsse oder auch die Badewannenanschlüsse.

Tipp
Die volle Funktionsfähigkeit von Trennfugen lässt sich mit Hilfe von Prüfnadeln ermitteln, die in die Fuge eingestochen werden und nach dem Entfernen keine sichtbaren Spuren hinterlassen.

6.11.5   Fliesenausschnitte

Trotz moderner Hilfsmittel und Gerätetechnik geraten Fliesenausschnitte für Installationsauslässe immer wieder zu üppig und werden anschließend von den Abdeckrosetten nicht vollständig überdeckt. Da die Sanitär-Endmontage i. d. R. zu einem sehr späten Zeitpunkt unmittelbar vor der Abnahme erfolgt, wenn der Fliesenleger schon nicht mehr vor Ort ist, kann folgendes Bild in einer Vielzahl von Bädern unter den Waschtischen angetroffen werden:

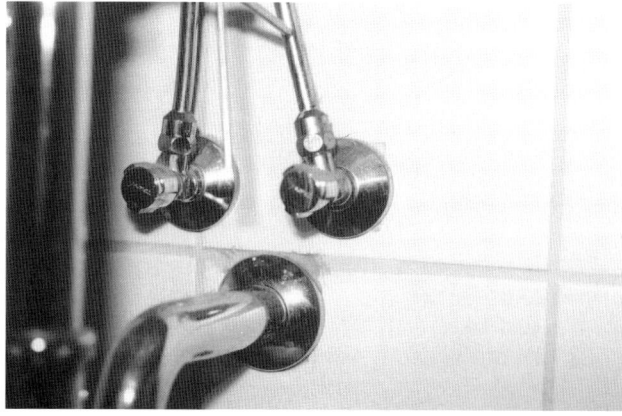

Abb. 6.90: Übergroßer Fliesenausschnitt, der nicht durch die Rosette abgedeckt wird

Fugenkreuz

Einbauteile, wie z. B. Handwaschbecken, Wandarmaturen, WC-Becken, sind hinsichtlich der Lagerichtigkeit zu überprüfen, d. h., ob die Objekte in das Fugenbild (Fugenkreuz oder Fugenmitte) passen.

6.11.6   Vollflächigkeit des Mörtelbetts

Ein vollflächiger Mörteluntergrund ist insbesondere erforderlich bei Außenbauteilen wegen der Frostgefahr und bei Schwimmbadverfliesungen wegen der Hygieneanforderungen. Bei dem Auftrag des Ansetz- oder Klebemörtels wird unterschieden zwischen:

- **Floating-Verfahren,** nach DIN 18156-1, 3.4.1, bei dem der Mörtel auf den Untergrund mit einem Zahnspachtel aufgetragen wird
- **Buttering-Verfahren,** nach DIN 18156-1, 3.4.2, bei dem die Fliesenrückseite mit Mörtel eingestrichen wird
- **Floating-Buttering-Verfahren** nach DIN 18156-1, 3.4.3, oder Kombiniertes Verfahren, als Kombination beider Techniken.

Nur mit dem Floating-Buttering-Verfahren ist ein nahezu vollständig geschlossenes Klebe- oder Mörtelbett erreichbar.

Dünnbettmörtel

Unterschieden wird nach:

- **Hydraulisch erhärtendem Dünnbettmörtel DIN 18156-2:** 1978-03
  Frost-Tauwechselprüfung vorgesehen
- **Dispersionsklebstoffe DIN 18156-3:** 1980-07
  Frost-Tauwechselprüfung nicht vorgesehen – **daher nicht außentauglich!**
- **Epoxidharzklebstoffe DIN 18156-4:** 1984-12
  Frost-Tauwechselprüfung vorgesehen

6.11.7   Abdichtung unter Fliesenbelägen in Nassräumen

Gemäß Merkblatt „Hinweise für die Ausführung von Abdichtungen im Verbund mit Bekleidungen und Belägen aus Fliesen und Platten für den Innen- und Außenbereich", Fachverband Deutsches Fliesengewerbe im Zentralverband des Deutschen Baugewerbes e. V., Stand: Mai 1997 [50] ist zu beachten:

„1.2 Feuchtigkeitsbeanspruchungsklassen
Feuchtigkeitsbeanspruchungsklasse I
Die Beanspruchung wirkt nur zeitweise und kurzzeitig als Spritzwasser.
Anwendungsbeispiele:
Bäder ohne Bodenablauf
– Duschtasse/mit Badewanne
(…)
3.2 Untergründe für Bodenbeläge
Feuchtigkeitsbeanspruchungsklasse I
Beton nach DIN 1045, Zement- und Gussasphaltestriche als schwimmende Estriche, als Estriche auf Trennschichten und als Verbundestrich gem. DIN 18560 sowie Anhydrit- und Anhydritfließestriche, Gipskartonplatten, Gipsfaserplatten, Verbundelemente aus extrudiertem Polystyrol mit Mörtelbeschichtung

(...) 3.3 Anforderungen an Untergründe
(...) Kalkputze, Holz- und Holzwerkstoffe, Gipsputze sowie Anhydritestriche mit Bodenablauf sind als Untergründe für diese Abdichtungen nicht geeignet."

Gemäß Niemer, „Praxis-Handbuch Fliesen" [47] ist zu beachten:

„4.6 Besondere Untergründe und Anwendungen (...)
4.6.5 Abdichtungen im Verbund mit keramischen Fliesen und Platten (...)
– der Untergrund darf sich nach dem Auftragen der Abdichtung/Bettung der Keramik-teile nur begrenzt verformen, (...)"

Das Merkblatt „Ergänzende technische Hinweise für das Belegen von Anhydritfließestrichen mit keramischen Oberbelägen", Deutsche Bauchemie e. V., Stand: Januar 1994 [51] sagt dazu:

„(...) Anhydrit-Fließestriche sollten in Feuchträumen eigentlich nicht eingesetzt werden. Wird jedoch darauf bestanden, so ist eine geeignete Abdichtung (...) unbedingt notwendig. Besonders ist dabei auf eine einwandfreie Abdichtung im Bereich der Bewegungsfugen, an Durchdringungen und Einbauteilen zu achten. (...)"

Die Verwendung von Anhydrit-Estrich für Feuchträume ist also generell nicht zu empfehlen. Ist **trotzdem** ein Anhydrit-Estrich vorhanden, ist der fachgerechten Abdichtung **besondere** Aufmerksamkeit zu schenken.

Nur so ist ein Aufquellen des Anhydrit-Estrichs bei einer möglichen Feuchtigkeitsbelastung durch eindringendes Wasser durch Haarrisse im Fliesenbelag oder in den Fugen zu verhindern. Sofern eine systembedingte Zulassung vorliegt, kann auch ein kunststoffmodifizierter Klebemörtel als Abdichtungsebene herangezogen werden, vorausgesetzt, er erfüllt die Herstellerbedingungen (z. B. d = 3 mm) und ist auch ansonsten Bestandteil eines schlüssigen Abdichtungskonzeptes.

Die fehlende Abdichtung des Anhydrit-Estrichs unterhalb von Fliesen in Nassräumen ist ein Mangel in Form eines Verstoßes gegen die allgemein anerkannten Regeln der Technik.

Gemäß Czieselski/Bonk, „Schäden an Abdichtungen in Innenräumen" [52] heißt es unter:

„1.2.4.2 Abzudichtende Bereiche
Bei der Planung von Nassraumbereichen sollte zunächst versucht werden, die Wasserbelastung auf abgegrenzte Bereiche einzuschränken. Dies kann zum Beispiel durch das Anordnen von Dusch- bzw. Wandabtrennungen erfolgen. Durch derartige Maßnahmen besteht die Möglichkeit, die Abdichtung auf diese direkt beanspruchten Bereiche zu beschränken. (...)
Im Bereich hinter der Wanne bzw. Duschtasse ist die Abdichtung weiterzuführen, da es ansonsten, wie in Abschnitt 2.2.1.3.3 an einem Schadenfall erläutert wird, zu erheblichen Feuchtigkeitsschäden kommen kann. Im Einzelnen sind hinsichtlich der erforderlichen Höhen der Abdichtung über der Fußbodenoberkante bzw. über Wasserentnahmestellen folgende Vorschriften der DIN 18195 Teil 5 zu beachten:
(...)
Abschnitt 7.1.7:
Abdichtungen von Wandflächen müssen im Bereich von Wasserentnahmestellen mindestens 20 cm über die Wasserentnahmestelle hochgeführt werden."

In DIN 18195-5 wird der Begriff der Feucht- und Nassräume nicht mehr verwendet. Es wird lediglich zwischen einer hohen und einer mäßigen Beanspruchung durch Brauchwasser unterschieden. Teile der Fachwelt verstehen die Herausnahme der eindeutigen Zuordnung der Feucht- bzw. Nassräume so, dass DIN 18195-5 nicht zwangsweise für Wohnungsbäder anwendbar sei. Für Wohnungsbäder ist eine geringe und nicht ständige Wasserbeanspruchung jedoch kaum zu bestreiten. Gemäß Glas, „Feuchtigkeitsschutz in Nassräumen. Fliesen und Platten", Heft 5/1988, hat der Normenausschuss der DIN 18195 auf Anfrage mit Schreiben vom 5. 8. 1987 auch bestätigt, dass die häuslichen Bäder bzgl. der Abdichtung mäßig beansprucht seien und somit die DIN 18195-5 anzuwenden sei.

DIN 18195-5: 2000-08 Bauwerksabdichtungen – Abdichtungen gegen nicht drückendes Wasser auf Deckenflächen und in Nassräumen, Bemessung und Ausführung:

„5 Anforderungen
5.1 Abdichtungen nach dieser Norm müssen Bauwerke oder Bauteile gegen nicht drückendes Wasser schützen und gegen natürliche oder durch Lösungen aus Beton oder Mörtel entstandene Wässer und in Pfütze stehendes Wasser unempfindlich sein. Sind besondere chemische Beanspruchungen durch das einwirkende Wasser zu erwarten, müssen die Abdichtungsstoffe darauf abgestimmt sein. (…)
5.2 Die Abdichtung muss das zu schützende Bauwerk oder zu schützende Bauteil in dem gefährdeten Bereich umschließen oder bedecken und das Eindringen von Wasser verhindern.
5.3 Die Abdichtung darf bei den zu erwartenden Bewegungen der Bauteile, z. B. durch Schwingungen, Temperaturänderungen oder Setzungen, ihre Schutzwirkung nicht verlieren. Die hierfür erforderlichen Angaben müssen bei der Planung einer Bauwerksabdichtung vorliegen.
5.4 Die Abdichtung muss Risse in dem abzudichtenden Bauwerk, die z. B. durch Schwinden entstehen, überbrücken können. Durch konstruktive Maßnahmen ist jedoch sicherzustellen, dass solche Risse zum Entstehungszeitpunkt nicht breiter als 0,5 mm sind und dass durch eine eventuelle weitere Bewegung die Breite der Risse auf höchstens 2 mm und der Versatz der Risskanten in der Abdichtungsebene auf höchstens 1 mm beschränkt bleiben. Sinngemäß gilt das Gleiche für aufklaffende Arbeitsfugen u. Ä."

Die unvollständige Abdichtung des Nassbereichs stellt einen Verstoß gegen die allgemein anerkannten Regeln der Technik dar, nach der novellierten DIN 18195 aus dem Jahre 2000 immer dann, wenn eine hohe Beanspruchung des Bodens vorausgesetzt werden muss. Dies ist der Fall, wenn Bodeneinläufe vorhanden sind.

6.11.8   Naturwerkstein: Materialprüfung

Für die Zulässigkeit von Rissen, Einschlüssen oder Beschädigungen in Natursteinmaterialien gibt es kein Regelwerk, das hierüber Grenzwerte vorgibt. In der Oberfläche des Natursteins vorkommende Risse sollten laut Auskunft des Deutschen Naturwerkstein-Verbands eine **Tiefe von 0,3 mm** nicht überschreiten.

Weiterhin sind Risse, die $2/3$ der Plattendicke überschreiten bzw. ihre Festigkeit beeinträchtigen, nicht zulässig.

6.12   Estricharbeiten (DIN 18353)

6.12.1   Ebenmäßigkeit

Es gelten die Ebenheitstoleranzen nach DIN 18202, Tabelle 3, Zeile 2 für fertige Oberflächen bei Nutzung zu untergeordneten Zwecken sowie nach Zeile 2 für flächenfertige Böden.

Bei erhöhten Anforderungen an die Ebenmäßigkeit gilt DIN 18202, Tabelle 3, Zeile 4.

Für die Estrichoberfläche bedeutet dieses konkret: bei 1 m Messpunktabstand eine Ebenheitstoleranz von 4 mm sowie bei erhöhten Anforderungen von 3 mm.

6.12.2   Verwölbungen

Bei Estrichen auf Trennschicht oder Dämmung können Verwölbungen durch ungleich starkes Schwinden der oberen Zone gegenüber der unteren Zone des Estrichs entstehen, z. B. bei zu schnellem Austrocknen der oberen Zone.

Das Maß der Schwindverkürzung beträgt überschlägig 0,3 mm/m. Ein 6 m breites Feld verkürzt sich somit um 1,8 mm. Der Schwindvorgang ist erst nach etwa 1 Jahr zu 80 % abgeklungen, nach 2 Jahren zu 90 %.

In belüfteten Räumen trocknet zunächst die Estrichoberfläche überproportional schnell aus, während die Unterseite z. B. auf einer Trennfolie – relativ betrachtet – in einem anhaltend feuchten Zustand verharrt. Die Längenverkürzung durch „schwinden" findet zunächst nur an der Oberseite statt, mit der Folge, dass sich die Ränder der Estrichplatte nach oben hin aufwölben. In diesem Fall wird auch häufig vom „Schüsseleffekt" gesprochen, da die konkave Verformung eine schüsselartige Form annimmt. Das größte Maß der Verformung liegt im Eckbereich, da sich die Randverkürzungen hier überlagern.

In der Regel legt sich der Randbereich des Estrichs auf die übrige Fläche herab, sobald eine vollständige Austrocknung des gesamten Querschnitts erfolgt ist. Der Vorgang bleibt ohne Schadensfolge, wenn er nicht durch vorzeitigen Fliesen- oder Natursteinbelag zwangsweise behindert wird. Häufig wird der Effekt erstmalig sichtbar, wenn frühzeitig mit der Wand verbundene Sockelrandfliesen etwa ein Vierteljahr nach der Belegung plötzlich klaffende Fugen zum Bodenfliesenbelag aufweisen und die Eckversiegelung abreißt.

6.12.3   Trennfugen/Randfugen/Risse

Die DIN 18560-1: 1992-05 Estriche im Bauwesen – Begriffe, Allgemeine Anforderungen, Prüfung unterscheidet 3 Arten von Fugen:

- Bewegungsfugen
- Scheinfugen
- Randfugen.

Die richtige Anordnung der vorgenannten Fugen muss sicherstellen, dass die materialbedingten unterschiedlichen Schwindvorgänge und andere Formänderungen des Estrichs stattfinden können, ohne dass es zu Einzwängungen kommt.

Eine **Bewegungsfuge** trennt die Fußbodenkonstruktion vollständig in 2 Teile.

Eine **Scheinfuge** ist eine Fuge im Estrich, die bis zur Hälfte der Estrichdecke in den frischen Estrich eingeschnitten wird. Die Scheinfuge ist eine vorproduzierte „Sollbruchstelle", um die Schwindverformungen des Estrichs beim Austrocknen kontrolliert aufzunehmen und um eine unkontrollierte Rissbildung im Estrich zu verhindern. Scheinfugen werden nach Beendigung des Schwindvorganges mit Reaktionsharzen kraftschlüssig verschlossen, ggf. unter Einsatz von profilierten oder gewellten Dübeln.

Randfugen trennen den Estrich von seitlich angrenzenden und von eingebauten Bauteilen, um zu verhindern, dass sich der Estrich beim Schwinden oder infolge von thermisch bedingten Längenveränderungen an den angrenzenden festen Bauteilen unzulässig verzahnt.

Risse, deren Ursache in diese Kategorie fällt, verlaufen immer von dem einengenden Bauteil aus in den Raum hinein.

Risse sind regelmäßig „vergessene Fugen", die sich nach Aushärtung und Beendigung der Schwindverkürzungen sowie beim erstmaligen Aufheizen von Heizestrich einstellen. Der Rissverschluss muss zwingend vor der Belegung mit Oberbelägen erfolgen. Er entspricht im Wesentlichen dem kraftschlüssigen Verschluss von Scheinfugen. Der Riss wird durch Stemmen von Hand oder mit einer Trennscheibe von oben her aufgeweitet. Er wird dann in einem Abstand von 25–30 cm quer zum Rissverlauf verdübelt. Hierzu werden Einfräsungen mit der Flex vorgenommen, die nach Reinigung der Schlitze mit Wellenankern oder Sanierungsklammern bestückt und mit niedrigviskosem Reaktionsharzmaterial vergossen werden. Für den Kraftschluss zum nachfolgenden Belag sorgt eine Bestreuung mit feuergetrocknetem Quarzsand in einer Körnung von 0,3 mm bis 0,7 mm, wobei der Überschuss nach Aushärtung entsorgt wird.

DIN 18560-2: 1992-05, Estriche im Bauwesen – Estriche und Heizestriche auf Dämmschichten (schwimmende Estriche):

„6.2 Randstreifen
An Wänden und anderen aufgehenden Bauteilen, z. B. Türzargen, Rohrleitungen, sind vor dem Einbau des Estrichs schalldämmende Randstreifen (Randfugen) anzuordnen.
Bei Gussasphaltestrichen genügt in der Regel das Hochziehen der Abdeckung. Soll jedoch auf Gussasphaltestrichen Holzpflaster oder Parkett verlegt werden, muss der Randstreifen so dick sein, dass die Fuge zwischen Estrich und Wand etwa 10 mm beträgt.
Die Randstreifen müssen vom tragenden Untergrund bis zur Oberfläche des Belages reichen und bei Heizestrichen eine Bewegung von mindestens 5 mm ermöglichen.
Bei mehrlagigen Dämmschichten muss der Randstreifen vor dem Einbringen der obersten Dämmschicht verlegt sein. Der Randstreifen muss gegen Lageveränderung beim Einbringen des Estrichs gesichert sein.
Die überstehenden Teile des Randstreifens und der hochgezogenen Abdeckung dürfen erst nach Fertigstellung des Fußbodenbelages bzw. bei textilen und elastischen Belägen erst nach Erhärtung der Spachtelmasse abgeschnitten werden."

6.12.4 Schallbrücken

In schalltechnischer Hinsicht ist es erforderlich, dass der schwimmend verlegte Estrich keinen Kontakt zu den angrenzenden Wandflächen hat. Die Estrichplatte soll sich in alle Richtungen frei bewegen können. Eine relativ häufige Ursache für mangelnden Trittschallschutz beim schwimmenden Estrich sind die mangelhaften Randfugen in Form nicht vollständiger Trennung der Estrichplatte von angrenzenden Wänden, Türzargen, Türschwellen u. a.

Werden z. B. die Randdämmstreifen bereits vor dem Verkleben von Bodenbelägen abgeschnitten, so kann ein direkter Kontakt des Bodenbelages mit der Wand (z. B. bei Fliesenbelag) eine Körperschallbrücke bilden. Weiter kann auch Spachtelmasse oder Kleber in die Randfuge einlaufen, sodass sich in diesem Bereich Körperschallbrücken bilden.

Tipp

Überprüfen lässt sich die Trennung einfach per Abklopfen des Estrichs durch einen Hammer mit Hartkunststoff-Kopf. Schallbrücken und unzulässige Einzwängungen der freien Beweglichkeit des Estrichs (z. B. in Türleibungen) lassen sich auf diese Weise leicht lokalisieren, da hier der Resonanzklang hörbar heller wird. Anschließend kann mit einer Prüfnadel durch die Versiegelung hindurch ertastet werden, ob ein fester Widerstand spürbar ist. Die Versiegelung nimmt hierdurch keinen Schaden. Die Oberfläche schließt sich wieder.

6.12.5   Trockenestrich

Ausführungsfehler bei Unterböden aus Holzspanplatten entstehen regelmäßig durch unzureichende Randfugen und überhöhte Schraubenabstände.

DIN 68771: 1973-09 Unterböden aus Holzspanplatten:

„6.2 Verlegen und Befestigen
(…)
Beim Verlegen [der Platten] ist auf einen ausreichenden Randabstand zwischen Fußboden und Wand zu achten, der ≈ 2 bis 3 mm je m Raumtiefe, mindestens jedoch 10 bis 15 mm betragen sollte. Dadurch kann sich der Fußboden in seiner Ebene bewegen. (…)
6.2.1 Verlegen auf Lagerhölzern oder Deckenbalken
(…) Die Platten werden auf die Auflager geschraubt; Abstand der Schrauben untereinander: an den Plattenrändern ≈ 20–30 cm, an übrigen Auflagern ≈ 40–50 cm.“

Werden die Lagerhölzer oder die Deckenbalken mit einer überhöhten Einbaufeuchte montiert, bewirkt der Volumenschwund beim Austrocknen Knarrgeräusche der nachgiebigen Spanplatten. Hier kann dann nur nachverschraubt werden.

Trockenestriche aus Gipskartonverbundplatten werden i. d. R. nach Herstellervorschrift schwimmend verlegt. Auch hier muss die funktionsfähige Randfuge beachtet werden. Ein kraftschlüssiger Kontakt mit der Unterkonstruktion muss bei der schwimmenden Verlegung zwingend vermieden werden. Vergleichsweise labil sind die Plattenstöße. Erfolgt hier eine partielle Verschraubung, kommt es zu Verformungsspannungen, die sich bis in den Oberbelag markieren.

6.13   Tischlerarbeiten (DIN 18355)

6.13.1   Fenster

Verglasung (Verkratzung, Einschlüsse)

Die Beurteilung der Qualität von Isolierglasscheiben erfolgt grundsätzlich nur im endgereinigten Zustand und bei hellem, aber diffusem Tageslicht. Die Kriterien für die Zulässigkeit von Kratzern und Einschlüssen sind in dem Merkblatt aufgelistet.

Gemäß „Richtlinie zur Beurteilung der visuellen Qualität von Isolierglas“, herausgegeben vom BIV des Glaserhandwerks, Hadamar u. a., Stand: Oktober 1996 [53] gilt (Auszüge):

„1 Geltungsbereich
Diese Richtlinie gilt für die Beurteilung der visuellen Qualität von Isolierglas für das Bauwesen. Die Beurteilung erfolgt entsprechend den nachfolgend beschriebenen Prüfgrundsätzen mit Hilfe der in der Tabelle nach Abschnitt 3 angegebenen Zulässigkeiten. Bewertet wird die im eingebauten Zustand verbleibende lichte Glasfläche.

(...)

2 Prüfung

Generell ist bei der Prüfung auf Mängel die Durchsicht durch die Scheibe, d. h. die Betrachtung des Hintergrunds und nicht die Aufsicht maßgebend. Dabei dürfen die Beanstandungen nicht besonders markiert sein.

Die Prüfung der Verglasungseinheiten gemäß Tabelle nach Abschnitt 3 ist in einem Abstand von ca. 1 m zur betrachteten Oberfläche aus einem Betrachtungswinkel, welcher der allgemein üblichen Raumnutzung entspricht, vorzunehmen. Geprüft wird bei diffusem Tageslicht (z. B. bedeckter Himmel) ohne direktes Sonnenlicht oder künstliche Beleuchtung.

3 Zulässigkeiten

Tabelle aufgestellt für Isolierglas aus Floatglas

Zone	Zulässig pro Einheit sind:	
F	*Außen liegende flache Randbeschädigungen bzw. Muscheln, die die Festigkeit des Glases nicht beeinträchtigen und die Randverbundbreite nicht überschreiten. Innen liegende Muscheln ohne lose Scherben, die durch Dichtungsmasse ausgefüllt sind.*	
	Punkt- und flächenförmige Rückstände sowie Kratzer uneingeschränkt	
R	*Einschlüsse, Blasen, Punkte, Flecken etc.:*	
	Scheibenfläche ≤ 1 m²:	*max. 4 Stück à ≤ 3 mm ∅;*
	Scheibenfläche > 1 m²:	*max. 1 Stück à ≤ 3 mm ∅ je umlaufenden m Kantenlänge*
	Rückstände (punktförmig) im Scheibenzwischenraum (SZR):	
	Scheibenfläche ≤ 1 m²:	*max. 4 Stück à ≤ 3 mm ∅;*
	Scheibenfläche > 1 m²:	*max. 1 Stück à ≤ 3 mm ∅ je umlaufenden m Kantenlänge*
	Rückstände (flächenförmig) im SZR:	
	weißlich grau bzw. transparent:	*max. 1 Stück ≤ 3 cm²*
	Kratzer:	
	Summe der Einzellängen:	*max. 90 mm – Einzellänge: max. 30 mm*
	Haarkratzer: nicht gehäuft erlaubt.	
H	*Einschlüsse, Blasen, Punkte, Flecken etc.:*	
	Scheibenfläche ≤ 1 m²:	*max. 2 Stück à ≤ 2 mm ∅;*
	1 m² < Scheibenfläche ≤ 2 m²:	*max. 3 Stück à ≤ 2 mm ∅;*
	Scheibenfläche > 2 m²	*max. 5 Stück à ≤ 2 mm ∅*
	Kratzer:	
	Summe der Einzellängen:	*max. 45 mm - Einzellänge: max. 15 mm*
	Haarkratzer: nicht gehäuft erlaubt.	
R + H	*max. Anzahl der Zulässigkeiten wie in Zone R*	
	Einschlüsse, Blasen, Punkte, Flecken etc. von 0,5–1,0 mm sind ohne Flächenbegrenzung zugelassen, außer bei Anhäufungen. Eine Anhäufung liegt vor, wenn mindestens 4 Einschlüsse, Blasen, Punkte, Flecken etc. innerhalb einer Kreisfläche mit einem Durchmesser von ≤ 20 cm vorhanden sind.	

Hinweise:

Die Beanstandungen ≤ 0,5 mm werden nicht berücksichtigt. Vorhandene Störfelder (Hof) dürfen nicht größer als 3 mm sein.

Verbundglas:

1. *Die Zulässigkeiten der Zone R und H erhöhen sich in der Häufigkeit je Verbundglasscheibe um 50 %.*

2. *Bei Gießharzscheiben können produktionsbedingte Welligkeiten auftreten.*
Einscheiben-Sicherheitsglas:
1. *Die lokale Welligkeit auf der Glasfläche darf 0,3 mm bezogen auf eine Länge von 300 mm nicht überschreiten.*
2. *Bei einer Nenndicke von 6 mm bis 15 mm darf bei Einscheiben-Sicherheitsglas aus Floatglas die Wölbung bezogen auf die Glaskantenlänge nicht größer als 3 mm pro 1000 mm Glaskantenlänge sein.*
F = Falzzone
Breite 18 mm (mit Ausnahme von mechanischen Kantenbeschädigungen keine Einschränkungen)
R = Randzone
Fläche 10 % der jeweiligen lichten Breiten- und Höhenmaße (weniger strenge Beurteilung)
H = Hauptzone
(strengste Beurteilung)"

Der vollständige Text der Richtlinie steht unter der Rubrik „Institut des Glaserhandwerks"/ „Veröffentlichungen" auf der Plattform www.glaserhandwerk.de als Download zur Verfügung.

Tipp

Feuerzeugtest zur Feststellung der Art der Verglasung
Die Frage, ob die vertragsgemäß geschuldeten Fensterverglasungen eingebaut worden sind, kann hilfsweise wie folgt getestet werden:
Ein Feuerzeug wird mit offener Flamme vor die Verglasung gehalten. Die Anzahl der reflektierenden Flammen gibt die Anzahl der Oberflächen an (bei Isolierverglasung: 4 Flammen). Ist eine Oberfläche beschichtet, so zeichnet sich eine der Flammen bläulich ab (z. B. bei Isolierverglasung: 2. Flamme) und markiert damit die Oberfläche, auf der sich die Beschichtung befindet (zur vorgeschriebenen Lage der Beschichtung Herstellerangaben beachten). Auch bei VSG-Verglasungen zeichnet sich zusätzlich zu den Reflexionen der Oberflächenflammen eine mittlere (dünnere) Flamme ab.

Rahmen

Häufige Beanstandungen gelten der Beschaffenheit von Glashalteleisten und Rahmen von Holzfenstern. Glashalteleisten müssen raumseitig angeordnet sein, da ansonsten eine unbefugte Scheibendemontage von außen erfolgen kann.

Gemäß der „Richtlinie zur visuellen Beurteilung einer fertigbehandelten Oberfläche bei Holzfenstern und -fenstertüren", herausgegeben vom BIV des Glaserhandwerks, Hadamar u. a., Stand: September 2000 [54] gilt (Auszüge):

„1 Geltungsbereich
Diese Richtlinie gilt für die visuelle Beurteilung einer fertig behandelten Oberfläche bei Holzfenstern und -fenstertüren für deckende und nicht deckende Beschichtung.
Die fertigbehandelte Oberfläche stellt bei neuen Holzfenstern den Zustand nach der Schlussbeschichtung dar.
Der Beschichtungsaufbau hat nach Angabe des Herstellers zu erfolgen. Die erforderliche Schichtdicke muss durch die Schlussbeschichtung erreicht sein.
In der Richtlinie sind nicht erfasst:
– *Nach der Schlussbeschichtung erkannte mechanische und/oder chemische Schädigungen durch äußere Einwirkungen.*
– *Unverträglichkeit zwischen Beschichtungsträger und Beschichtung.*

Solche Beschädigungen sind in der Verursachung zu klären.

2 Prüfung

Bei der Prüfung auf Fehler ist die visuelle Draufsicht auf die fertig behandelte Beschich-tungsoberfläche maßgebend.

Die Prüfung wird in der Regel in einem Abstand von ca. 1 m zur zu betrachtenden Ober-fläche aus einem Betrachtungswinkel, der der üblichen Raumnutzung entspricht, vorge-nommen. Geprüft werden sollte möglichst unter Lichtverhältnissen, die denen des diffu-sen Tageslichtes entsprechen.

3 Angaben

Für die Beurteilung der Holzmerkmale gilt DIN EN 942, Holz in Tischlerarbeiten, Allge-meine Sortierung nach der Holzqualität'.

4 Anforderungen

(…)

4.4 Ausrisse

Kantenausrisse im Falzbereich ≤ 3 mm bis zu einer Länge von 30 mm sind zugelassen, ausgenommen an Anlageflächen für Dichtprofile.

4.5 Holzfasern

Holzfasern müssen durch die Beschichtung vollständig abgedeckt werden.

4.6 Leimreste

Leimreste an Leimfugen, z. B. von Rahmenverbindungen, sind bis maximal 3 mm Breite erlaubt; auf der Fläche sind Leimflecken nicht zugelassen.

4.7 Befestigungsmittel für Glashalteleisten

Befestigungsmittel dürfen nicht rosten und müssen nicht versenkt werden. Sobald Befesti-gungsmittel zur Befestigung von Glashalteleisten vorgesehen sind und versenkt werden, müssen die entstehenden Löcher mit einem geeigneten Material aufgefüllt werden, wobei eine punktuelle Abzeichnung der Befestigungsstellen nicht zu vermeiden ist. Die Versen-kung muss dabei tief genug (> 1 mm) erfolgen. Soweit eine Verschraubung der Glashalte-leiste technisch erforderlich ist oder gewünscht wird, ist diese sichtbar zulässig.

(…)

4.10 Hirnholz

Bearbeitungsfläche

•• In diesem Bereich muss Hirnholz nicht geschliffen sein. Hier sind auch die Rundungen an Kanten und Rahmenverbindungen zuzuordnen.

Bearbeitungsbedingte Ausrisse an Hirnholzflächen sind mit geeignetem Material zu ver-füllen.

(…)

4.12 Beschichtungsaufbau

Auffällige Farbläufer in der Beschichtung sind nicht zugelassen. Unterschiedliche Schicht-dicken müssen sich im Bereich der üblichen Toleranzen bewegen. Sie dürfen sich im Bereich ••• nicht als Wolkenbildung bemerkbar machen.

4.13 Druckstellen

Druckstellen mit einer Fläche ≤ 2 cm² oder einer Tiefe ≤ 1,5 mm sind in Bereichen, die an geschlossenen Fenstern nicht mehr sichtbar sind, zugelassen.

4.14 Poren

Poren müssen vollständig und ausreichend beschichtet sein. Sie dürfen sich aber je nach Holzart verschieden abzeichnen.

4.15 Jahrringverläufe

Durch das unterschiedliche Verhalten des Holzes sind sich reliefartig abzeichnende Jahr-ringverläufe zugelassen.

(…)
4.18 Unterschiede in Farbe und Glanzgrad
Stark auffallende Farbunterschiede des Holzes, die durch die letzte Schlussbeschichtung nicht ausgeglichen werden können, sind nicht zugelassen.
Unterschiedlicher Glanzgrad ist im Bereich • • • nicht zugelassen, jedoch im Bereich • • zugelassen, soweit bei geschlossenem Fenster der Unterschied optisch nicht als störend aufgefasst wird. Schattierungen, die aus dem Holz resultieren, dürfen nicht zur Beurteilung der Farbunterschiede im Holz mit herangezogen werden (siehe auch DIN EN 942). (…)"

Der vollständige Text der Richtlinie steht unter der Rubrik „Institut des Glaserhandwerks"/ „Veröffentlichungen" auf der Plattform www.glaserhandwerk.de als Download zur Verfügung.

Farbbeschichtung

Beanstandet wird häufig die Farbbeschichtung von Fenstern, da sie wesentlichen Einfluss auf die Beständigkeit der Fenster ausübt. Bereits nach wenigen Jahren kann eine Störung der Beschichtung zu einer vollkommenen Zerstörung des Fensterholzes führen.

Abb. 6.91: Abgängiges Fensterholz auf Grund Konstruktionsfuge mit eingedrungenem Spritzwasser, Bauteilalter: 4 Jahre

Oft handelt es sich bei derartigen Schäden aber ursächlich um eine vernachlässigte Wartung der Konstruktionsfugen. Liegen Profilstöße z. B. im unmittelbaren Spritzwasserbereich, muss sichergestellt werden, dass thermische Längenänderungen nicht zu klaffend offenen Fugen führen. Thermisch bedingt entstandene Risse in der Beschichtung müssen umgehend fachgerecht verschlossen werden. Da die thermische Beanspruchung von dem Absorbtionsvermögen des Farbanstrichs abhängig ist, dürfen dunkle Farben nur in Verbindung mit solchen Hölzern verwendet werden, die unempfindlich gegen thermische Veränderungen sind. Nadelholz gehört zu den Materialien, die für dunkle

Farbanstriche nicht geeignet sind. Die thermischen Beanspruchungen führen zu einer Abrissbildung im Stoßbereich. Über die klaffend offene Fuge im Stoßbereich dringt Wasser in den Holzquerschnitt ein und führt zu erheblicher Schädigung.

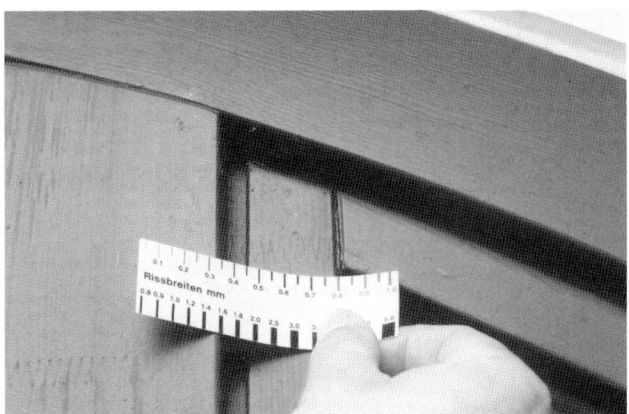

Abb. 6.92: Klaffende Konstruktionsfuge auf Grund falscher Kombination von dunkler Farbe mit Kiefernholz

Auch der Harzaustritt wird bei entsprechend vorgeprägten Hölzern in Verbindung mit dunklen Beschichtungen gefördert. Statt einer üblichen Oberflächentemperatur von 60 K entsteht hier eine Temperatur von 80 K. Auskunft über die Harzhaltigkeit von Hölzern geben die Tabellen des BFS Bundesausschuss Farbe und Sachwertschutz.

Abb. 6.93: Harzaustritt auf Grund zu dunkler Farbwahl bei Kiefernholz

Die Überprüfung der Farbbeschichtung erfolgt gem. RAL-GZ 424/1 „Holzfenster – Fertigung und Montage", Deutsches Institut für Gütesicherung und Kennzeichnung e. V. , Stand: Januar 1996 [55]:

„2.4.8 Holzoberfläche – Oberflächenbehandlung
Die Holzoberfläche muss DIN 68360-1 Punkt 4.2 entsprechen:
Die Oberfläche muss eben sein, d. h.:
zulässig: nur geringe Faseraufrichtung
unzulässig: Sägespuren und Hobelschläge an den nach dem Einbau sichtbaren
*   Flächen, soweit nicht eine bestimmte Bearbeitung der Oberfläche ver-*
*   einbart ist.*
(…)
Die Schichtdicke des fertigen Anstriches an den sichtbar bleibenden Flächen muss im Mittel bei nicht deckendem Anstrich (Lasur) mindestens 60 µm und bei deckendem Anstrich mindestens 100 µm betragen.
Die Anstrichbehandlung muss vor dem Einbau der Fensterelemente auf den Flächen im Mittel eine Schichtdicke von 30 µm aufweisen.
Erfolgt nur ein Anstrichauftrag vom Fensterhersteller, so muss ein Hinweis gegeben werden, dass vor dem Einbau ein ausreichender Schutz des Holzes sichergestellt wird. (…)
Zur Gewährleistung einer ausreichenden Schichtdicke im Bereich der Kanten sind die Kanten auf der Witterungsseite zu runden. Der Radius muss mindestens 2 mm betragen. (…)"

Der Verband der Fenster- und Fassadenhersteller e. V. gibt in Zusammenarbeit mit dem Institut für Fenstertechnik, dem Fraunhofer-Institut für Holzforschung Wilhelm-Klauditz-Institut und dem Technischen Arbeitskreis industrielle Fensterbeschichtung im Verband der Lackindustrie e. V. folgende Vorgaben in seinem VFF Merkblatt HO.01, Stand: September 2001 „Klassifizierung von Beschichtungen für Holzfenster und -Haustüren" [56] (Auszüge):

„2 Geltungsbereich
Dieses Merkblatt gilt für die werksseitige Erstbeschichtung von Fenstern und Außentüren aus Massivholz einschließlich lamellierter und keilverzinkter Hölzer. (…)
Für die Haltbarkeit der Beschichtung, d. h. also auch für die Beurteilung der zu erwartenden Renovierungsintervalle sind die natürliche Dauerhaftigkeit der gewählten Holzart und ihre Feuchteangleichgeschwindigkeit (siehe VFF Merkblatt HO.06) von besonderer Bedeutung.
Daher ist der Einsatz von resistenten Hölzern in den besonders gefährdeten Bereichen, wie in der Abbildung angedeutet, besonders wichtig.

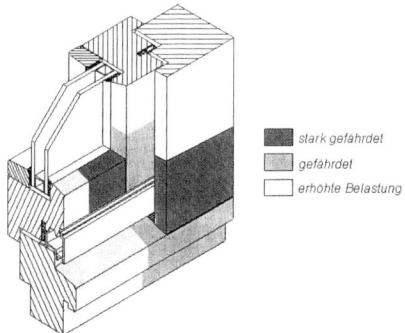

Abb. 6.94: Feuchtebelastete Bereiche mit besonderer Gefährdung

Anmerkung: Splintholz weist eine sehr niedrige natürliche Dauerhaftigkeit und eine beschleunigte Feuchteaufnahme auf. Es ist daher zur Verwendung in Bereichen mit erhöhter Belastung und Gefährdung grundsätzlich ungeeignet. Soll es dennoch eingesetzt werden, ist es ausreichend zu schützen (z. B. durch einen chemischen Vollschutz), und hinsichtlich Konstruktion und Verarbeitung ist die extrem geringe Fehlertoleranz zu berücksichtigen. (…)

3 Klassifizierung

Unter Berücksichtigung der Haupteinflussfaktoren ergibt sich die in der nachfolgenden Tabelle 1 aufgeführte Klassifizierung der Beschichtungssysteme im Hinblick auf die erforderlichen bzw. zu erwartenden Renovierungsintervalle. Die in der Tabelle aufgeführten Intervalle gelten als Anhaltswerte für die durchzuführende Renovierung bei Normalbelastung innerhalb der jeweiligen Beanspruchungskategorie. Voraussetzung für diese Angaben ist ein ordnungsgemäß aufgebrachter Anstrich, z. B. sind die Mindestschichtdicken einzuhalten. Durch die Ausrichtung (Himmelsrichtung) und Bewitterung können sich bei stärker belasteten Fassadenseiten bzw. weniger stark belasteten Fassadenseiten durchaus unterschiedliche Renovierungsintervalle der Oberfläche ergeben. Auch durch die Auswahl besonders geeigneter (resistenter) Holzarten können die Renovierungsintervalle positiv beeinflusst werden.

Anmerkung: Nach heutigem Erkenntnisstand sind farblose oder gering pigmentierte Lasuren ohne ausreichenden UV-Schutz ungeeignet und sollten daher vermieden werden.

Klassifizierung der Beschichtungssysteme in Hinsicht auf zu erwartende Renovierungsintervalle				
Oberflächenschutz		*Lasierender Anstrich*		*Deckender Anstrich*	
Holzarten		*Nadelhölzer[1)]*	*Laubhölzer*	*Nadelhölzer[1)]*	*Laubhölzer*
Beanspruchung	*Farbton*				
indirekte Bewitterung	*ohne Einschränkung*	*6 Jahre*	*6 Jahre und mehr*	*6 Jahre und mehr*	*6 Jahre und mehr*
normale direkte Bewitterung	*Hell*	*nicht geeignet*	*nicht geeignet*	*5 Jahre*	*6 Jahre*
	Mittel	*3 Jahre*	*4 Jahre*	*5 Jahre*	*6 Jahre*
	Dunkel	*3 Jahre*	*4 Jahre*	*5 Jahre*	*6 Jahre*
extreme direkte Bewitterung	*Hell*	*nicht geeignet*	*nicht geeignet*	*5 Jahre*	*6 Jahre*
	Mittel	*2 Jahre*	*3 Jahre*	*4 Jahre*	*5 Jahre*
	Dunkel	*2 Jahre*	*3 Jahre*	*4 Jahre*	*5 Jahre*

1) Unabhängig von der Oberflächenbeschichtung, jedoch mit steigendem Risiko bei dunkleren Beschichtungen, ist bei Verwendung harzreicher Holzarten, z. B. bei Kiefer oder Lärche, aber auch Red Meranti, Harzaustritt nicht zu vermeiden. Geringe Harzaustritte sind naturbedingt und stellen grundsätzlich keinen Mangel dar.

Legende:
Außenraumklima/indirekte Bewitterung:
Die Bauteile sind durch konstruktive Gegebenheiten gegen Niederschläge und direkte Sonneneinstrahlung geschützt. Die übrigen Klimaeinflüsse, wie z. B. Luftfeuchtigkeit oder Temperatur, können ungehindert auf die Fenster und Türen einwirken.
Freiluftklima bei normaler direkter Bewitterung:
Die Bauteile befinden sich in Gegenden mit normaler Klimabeanspruchung in Gebäuden bis zu drei Stockwerken. Witterungseinflüsse können unmittelbar auf Fenster und Türen einwirken.

Freiluftklima bei extremer direkter Bewitterung:
Die Bauteile sind in Gegenden mit starker Klimabeanspruchung bzw. bei Gebäuden mit mehr als drei Stockwerken eingebaut. Oder Fenster und Türen sind nicht durch konstruktiven Holzschutz geschützt (z. B. fassadenbündiger Einbau der Fenster), d. h., extreme Witterungseinflüsse wirken direkt auf die maßhaltigen Holzbauteile ein.

4 Beschichtungsaufbau
Es dürfen nur Beschichtungsstoffe mit Eignung für die Fensterbeschichtung gemäß Empfehlungen der jeweiligen Hersteller eingesetzt werden. Weitere Hinweise zu Kriterien, mit denen die Eignung von Beschichtungssystemen für Holzfenster bewertet werden kann, finden sich im VFF-Merkblatt HO.03.
Nach dem heutigen Stand der Technik empfiehlt sich ein dreischichtiger Aufbau, wobei die Grundierung im Flut- oder Tauchverfahren mit der vom Hersteller vorgegebenen Menge aufgebracht werden soll.
Anmerkung: Ist aus anlagentechnischen Gegebenheiten nur ein Zweischichtaufbau möglich, muss insbesondere auf die Einhaltung der Aufbringmengen und Mindestschichtdicken geachtet werden.
Holzschutzimprägnierungen sind nicht Bestandteil der Beschichtung.
Die Mindest-Trockenschichtdicken betragen:
– ≥ 30 µm bei vorbehandelten Fenstern und an nicht zugänglichen Teilen/Flächen
– ≥ 80 µm bei lasierender Beschichtung
– ≥ 100 µm bei deckender Beschichtung
5 Schutzmaßnahmen und Wartung
Nach dem Einbau der fertig beschichteten Fenster finden auf der Baustelle weitere Arbeiten statt, welche die Fenster mehr oder weniger stark belasten (z. B. Putz-, Maler- oder Estricharbeiten). Daher müssen die Fenster gegen solche Einflüsse geschützt werden (siehe VFF Merkblatt HO.08). Die Gewerke, z. B. Putz-, Maler- und Estrichfirmen sind auf ihre Schutzpflicht hinzuweisen und der Auftraggeber/Bauherr über seine allgemeine Schutzpflicht zu informieren. Mit der Übergabe der Leistung setzt die regelmäßige Inspektion und Pflege ein, die nach der Wartungsanleitung des Fensterherstellers mit den von ihm empfohlenen Pflegemitteln erfolgen sollte."

Die Beschichtungsstärke kann durch Probeentnahme („Spanprobe") und anschließende Laboruntersuchung unter dem Auflicht-Mikroskop (Trockenschicht-Dickenbestimmung) mit dem Okularmikrometer überprüft werden. Hierzu wird als Präparat ein präziser Anschnitt oder ein Anschliff der Probe rechtwinklig zur Oberfläche hergestellt.

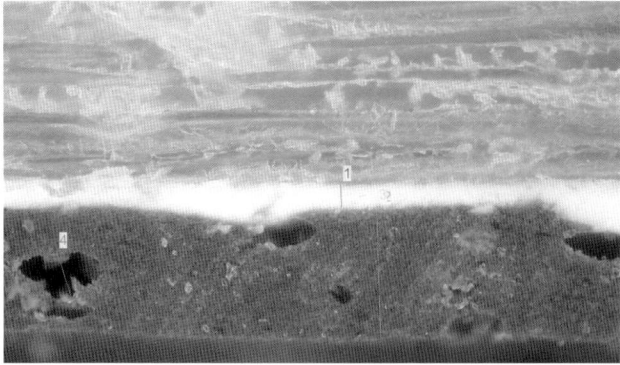

Abb. 6.95: Beispiel: Kiefernholz, weiß grundiert und im Tauchverfahren blau in einem Arbeitsgang beschichtet, Beschichtungsstärke: 100 µm = 0,1 mm

Unter dem Mikroskop kann der Schichtenaufbau geprüft werden und mit dem Okular-mikrometer ist eine Schichtdickenmessung möglich.

Übliche Beschichtungsstärken sind: [1 μm = 1 Mikrometer = 0,001 mm]

Dünnschichtlasuren:	20 μm bis 25 μm
Dickschichtlasuren:	40 μm bis 50 μm
Deckende Anstriche:	80 μm bis 120 μm
Übliche Fassadenfarben:	150 μm bis 300 μm
Rissüberbrückende Fassadensysteme:	300 μm bis 500 μm
Spezialbeschichtungen:	≥ 500 μm

Dichtungen

Die Anzahl der gem. Ausschreibung und Schallschutznachweis geforderten Dichtungen, die Passgenauigkeit und die schlüssige Eckverschweißung der Fensterdichtungen sind als häufige Beanstandungen zu benennen.

DIN 18055: 1981-10 Fenster; Fugendurchlässigkeit, Schlagregendichtheit und mechani-sche Beanspruchung; Anforderungen und Prüfung:

3.3 Schlagregendichtheit
„Unter gleichzeitiger Beanspruchung durch Wind und Regen (Schlagregen) darf nach den gegebenen Prüfbedingungen kein Wasser durch das geschlossene Fenster in den Raum eindringen. Es muss sichergestellt sein, dass in die Rahmenkonstruktion eingedrungenes Wasser unmittelbar und kontrollierbar abgeführt wird, um Schäden am Fenster und am Baukörper zu vermeiden. Die Schlagregendichtheit muss sichergestellt sein für die Bean-spruchungsgruppe entsprechend Tabelle 2. Prüfung nach DIN EN 86."

Nach den Verglasungsrichtlinien eines Herstellers ist definiert:

„5. Allgemeines zu Verglasungssystemen
(…)
5.10 Verwendung von Dichtprofilen
Dichtprofile müssen auf das Fenstersystem abgestimmt sein, sie müssen witterungsseitig an Ecken und Stößen dauerhaft dicht sein. Sie müssen die Dickentoleranzen der verwen-deten Isoliergläser ohne Verlust der Dichtkraft aufnehmen können (Rückstellvermögen). Die Wahl eines Dichtsystems im Einzelfall hat gemäß den Angaben der Dichtmittel- und der Rahmen-Hersteller zu erfolgen.
Die Profile können aus Chloroprene, APTK (EPDM) oder Silikon bestehen. Sie sollten an der Witterungsseite bzw. bei Hallenbädern und Feuchträumen (auch klimatisierten Räu-men) beidseitig an den Ecken, je nach Material, vulkanisiert oder mit vom Hersteller als geeignet bezeichnetem Kleber verbunden sein."

Nach den technischen Richtlinien des Glaserhandwerks Nr. 13, „Glaserarbeiten – Ver-glasen mit Dichtprofilen" [57] ist definiert:

„7. Anforderungen an Dichtprofile
(…) Dichtprofile müssen
- *auf Dauer die auf das Mehrscheiben-Isolierglas von beiden Seiten einwirkenden Belas-tungen ohne Funktionseinbußen an den Rahmen übertragen;*
- *auch bei hohen Belastungen und im Eckbereich auf Dauer das Eindringen von Wasser zwischen Glas und Rahmen verhindern;*

– *auf Dauer eine elastische Lagerung zwischen der Verglasungseinheit und dem Rahmen sicherstellen."*

Klaffende Fugen im Eckbereich der wetterseitigen Dichtlippen sind insofern als Verstoß gegen die allgemein anerkannten Regeln der Technik zu bezeichnen.

Beschläge

Bei der Bauabnahme sollte auf die richtige Einstellung der Beschläge entsprechend der Angaben des Herstellers geachtet werden.

Im Zuge der Instandhaltung des Fensters ist eine regelmäßige Wartung der Beschläge unumgänglich.

Nach den technischen Regelwerken sind sicherheitsrelevante Instandhaltungsarbeiten an Holzfenstern mindestens in nachfolgend aufgeführten Wartungsintervallen erforderlich, die sich auch gleichartig in dem VFF Merkblatt WP. 02, herausgegeben vom Verband der Fenster- und Fassadenhersteller e. V., Stand: April 1998 wiederfinden [58].

Gemäß dem Forschungsbericht „Alterung und Instandhaltung von Holzfenstern" des Instituts für Fenstertechnik [59] gilt:

„6 Wartungsvertrag
(…) Eine regelmäßige Wartung der Fensterelemente soll die Gebrauchstauglichkeit der Fenster erhalten und teure Instandhaltungsarbeiten oder Instandsetzungsarbeiten vermeiden. Wartungsarbeiten erhöhen darüber hinaus die Nutzersicherheit. (…)
Empfehlung für Wartungsintervalle bei Fenstern

	Sicherheitsrelevante Instandhaltung	*Allgemeine Instandhaltung*
Schul-/Hotelbau	*1/2-jährlich*	*1/2- bis 1-jährlich*
Büro- und öffentlicher Bau	*1/2- bis 1-jährlich*	*1-jährlich*
Wohnungsbau	*1- bis 2-jährlich*	*1- bis 2-jährlich, Wartung nach Anforderung durch den Auftraggeber*

(…)
Die sicherheitsrelevante Instandhaltung und Instandsetzung enthält die Prüfung und bei vorhandenen Schäden die Abstellung von Schäden im Bereich der Beschläge, wobei auch die Befestigung der Beschläge mit einbezogen ist. (…) Die sicherheitsrelevante Instandhaltung und Instandsetzung erfordert auf jeden Fall eine Abstellung der Mängel. (…)"

Falzluftabstand

Der europäische Standard-Falzluftabstand für Fenster und Fenstertüren beträgt 12 mm. Dieser Abstand, gemessen zwischen Unterkante der Innenseite des Blendrahmens am Falz und der Außenseite des Flügelrahmens, ebenfalls am Falz, ist maßgebend für die ordnungsgemäße Funktion der Flügelverriegelung.

Die im Falz angebrachten Schließbleche der Verriegelung haben eine Stärke von 8 mm und sind am Blendrahmen angeschraubt. Ordnungsgemäße Montage vorausgesetzt, verbliebe zwischen der Oberfläche des Schließbleches und dem Flügelfalz ein Zwischenraum ein „Spiel" von

Falzluftabstand abzgl. Schließblechhöhe: 12 mm – 8 mm = 4 mm.

Hieraus ergibt es sich, dass eine Unterschreitung des Falzluftabstandes von mehr als 4 mm dazu führt, dass der Flügelrahmen in Drehrichtung auf das Schließblech aufläuft, anstatt es frei beweglich zu passieren. Diese Beeinträchtigung entsteht i. d. R. infolge des Flügelrahmeneigengewichtes an der Unterseite (Hängen). Sofern die Maßdifferenz zwischen der Flügelrahmenaußenabmessung und dem lichten Blendrahmen-Innenmaß am Falz ordnungsgemäß, also mit 2 · 12 mm = 24 mm, ausgeführt worden ist, kann ein nach unten durchhängender Flügelrahmen in seiner Höhenlage nachjustiert werden, da nach oben hin eine hinreichende Justiermöglichkeit von ± 4 mm, also insgesamt 8 mm, besteht.

Die **Messung** des Falzluftabstandes kann auf zwei Weisen erfolgen:

- durch das Einlegen von Knetmasse in den Falz, Fensterverschluss und anschließendes Abgreifen des Maßes vom entnommenen Knetmassen-Formkörper,

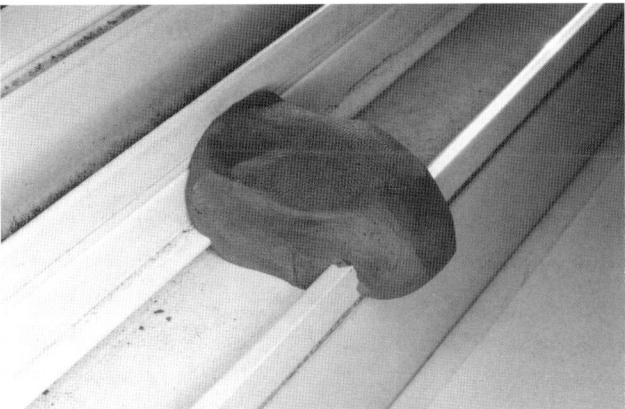

Abb. 6.96: Platzieren der Knetmasse im Fensterfalz

Abb. 6.97: Abgreifen des Falzluftabstandes an der verformten Knetmasse

- durch Anreißen der äußeren Flügelrahmen-Kontur an der Innenseite des Blendrahmens mit einem spitzen Bleistift.

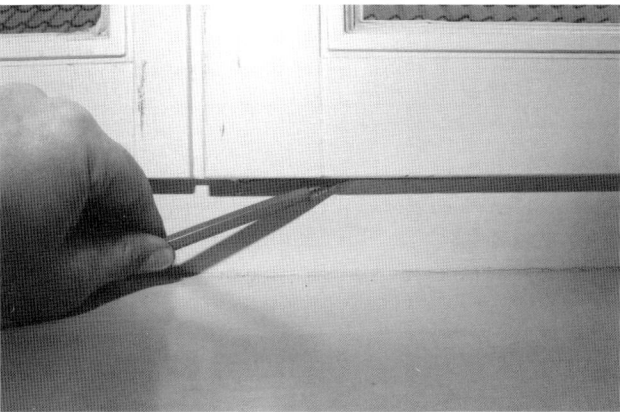

Abb. 6.98: Anreißen der Flügelkontur am Blendrahmen

Der bei geöffnetem Flügel messbare Abstand zwischen dem Bleistiftstrich und der Falz-kante des Blendrahmens stellt das Überdeckungsmaß dar.

Abb. 6.99: Ermittlung des Überdeckungsmaßes

Das Falzmaß wird am Flügelrahmen gemessen. Der Falzluftabstand ergibt sich rechne-risch zu: **Falzmaß – Überdeckungsmaß = Falzluftabstand**

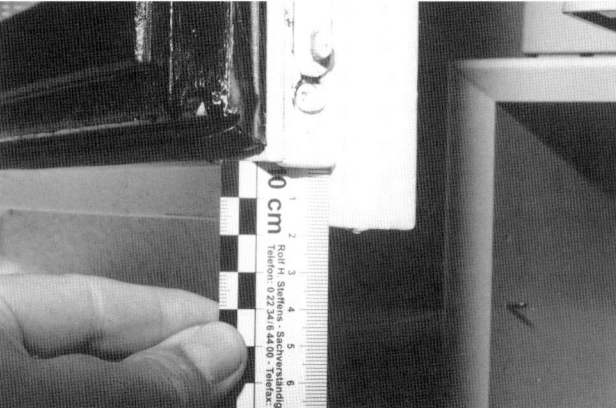

Abb. 6.100: Ermittlung des Flügelfalzmaßes

Längenänderungsverhalten von Kunststoffprofilen

Gemäß RAL-RG 716/1, „Kunststofffenster – Einbaurichtlinien für Kunststofffenster", Deutsches Institut für Gütesicherung und Kennzeichnung e. V., Stand: Februar 1985 [60] gilt:

Tabelle 6.27: **Temperaturbedingte Längenänderung je Fuge in Abhängigkeit des Rahmenmaterials**

Werkstoff der Fensterprofile	Temperaturbedingte Längenänderung je Fuge (mm/m)
PVC hart (weiß), (Abschnitt I, Teil 1)	1,6
Harter PUR-Integralschaumstoff (Abschnitt I, Teil 2)	1,0
PVC hart und PMMA (farbig koextrudiert), (Abschnitt I, Teil 3)	2,4
PVC hart und PMMA (koextrudiert) mit vollmassivem, duroplastartigem Kernmaterial, verstärkt mit Glasfaserstäben (Abschnitt I, Teil 4)	0,8

Die temperaturbedingte Längenänderung beträgt nach RAL-RG 716/1 für weiße PVC-Kunststofffenster: 1,6 mm/m.

Hieraus ergibt es sich, dass z. B. bei einem Terrassentürfensterflügel das vertikale Flügelrahmen-Außenmaß sich im Sommer unter permanenter Sonneneinstrahlung vergrößert um maximal: 2,125 m · 1,6 mm/m = 3,4 mm.

Befestigungen

Bereits während der Ausführung, vor dem Verschließen der Konstruktionsfuge muss geprüft werden, ob die gewählte Verankerung sämtliche vom Fenster ausgehenden Lasten ordnungsgemäß auf das Bauwerk übertragen kann.

Gemäß dem Leitfaden zur Montage, Stand: Januar 1999, „Der Einbau von Fenstern, Fassaden und Haustüren mit Qualitätskontrolle durch das RAL-Gütezeichen" [61] gelten folgende Befestigungsabstände:

A   Ankerabstand
    bei Aluminiumfenstern: max. 800 mm
    bei Holzfenstern: max. 800 mm
    bei Kunststofffenstern: max. 700 mm

E   Endabstand von der Innenecke
    Abstand von der Rahmeninnenecke und bei Pfosten
    und Riegeln von der Innenseite des Profils: 100 bis 150 mm

Lastaufnahme

Fenster werden i. d. R. nicht für die Aufnahme von Lasten aus dem Bauwerk dimensioniert, sondern vielmehr müssen die Blendrahmen, die auf das Fenster einwirkenden, äußeren Kräfte (z. B. aus Windbeanspruchung) umleiten und auf den Baukörper übertragen.

Abb. 6.101: Eine Fußpfette, die selbst durch Sparren belastet wird und sich daher durchbiegen wird, darf nicht kontaktschlüssig auf den Blendrahmen eines Fensters aufgelegt werden.

DIN 18056: 1996-06 Fensterwände – Bemessung und Ausführung:

„5.3 Bemessung
5.3.1 Fensterkonstruktionen sind nicht dazu bestimmt, Kräfte aus dem Bauwerk aufzunehmen. Die zu erwartenden Formänderungen der anschließenden Bauwerksteile sind bei der Planung zu berücksichtigen. Deshalb sind Rahmen, Pfosten und Riegel so einzubauen, dass sie nur auf die Fensterwände einwirkende Kräfte aufnehmen und auf das Tragwerk des Bauwerkes übertragen."

Vor diesem Hintergrund muss durch ausreichende Bewegungsmöglichkeit zwischen Blendrahmen und den angrenzenden Bauteilen dauerhaft sichergestellt werden, dass auch im Falle einer späteren Durchbiegung keine Lasten auf das Fenster übertragen werden können, da ansonsten irreparable Funktionsstörungen drohen.

Abdichtungen der Konstruktionsfuge

Geprüft wird bei der Abnahme, ob umlaufend innenseitig eine Versiegelung und außenseitig eine Abdichtung mit vorkomprimiertem Fugenband ausgeführt ist, gem. dem „Leitfaden zur Montage – Der Einbau von Fenstern und Fassaden mit Qualitätskontrolle durch das RAL-Gütezeichen".

Grundsätzlich schreibt bereits die DIN 4108 vor, dass die Konstruktionsfuge zwischen dem Blendrahmen des Fensters und dem Baukörper luftdicht verschlossen werden muss.

DIN 4108-2: 2001-03 Wärmeschutz und Energie-Einsparung in Gebäuden – Mindestanforderungen an den Wärmeschutz:

„4.2.3 Hinweise zur Luftdichtheit von Außenbauteilen und zum Mindestluftwechsel
Durch undichte Anschlussfugen von Fenstern und Außentüren sowie durch sonstige Undichtheiten, z. B. Konstruktions-Fugen, insbesondere von Außenbauteilen und Rollladenkästen treten infolge des Luftaustauschs Wärmeverluste auf. Die Außenbauteile müssen nach den allgemein anerkannten Regeln der Technik luftdicht ausgeführt werden. Sie tragen in keinem Fall zum erforderlichen Luftaustausch des Gebäudes bei. Eine dauerhafte Abdichtung von Undichtheiten erfolgt nach DIN V 4108-7."

In der o. g. DIN 4108-2: 1996 heißt es:

„6.2 Begrenzung der Wärmeverluste infolge Undichtheiten
(…) 6.2.1.2 Der Eindichtung der Fenster in die Außenwand ist besondere Aufmerksam-
keit zu schenken. Die Fugen müssen entsprechend dem Stand der Technik dauerhaft und
luftundurchlässig abgedichtet sein."

Der gleiche Wortlaut fand sich übrigens schon in der DIN 4108-2: 1981-08.

Der Stand der Technik ergibt sich beispielsweise aus den Güte- und Prüfbestimmungen
des RAL-Güteausschusses.

Gemäß den Güte- und Prüfbestimmungen Gütesicherung RAL-GZ 424/1, „Holzfenster
– Fertigung und Montage", [55] heißt es:

„1.5 Anschluss
1.5.1 Raumseitige Abdichtung
Eine raumseitige Abdichtung zwischen Bauteil und Wand ist erforderlich. Sie ist so auszu-
führen, dass sie umlaufend luftdicht ist und dass Raumluft nicht in Bereiche eindringen
kann, deren Temperatur unter der Taupunkttemperatur der Raumluft liegt.
Der Diffusionswiderstand gegen Wasserdampf muss an der raumseitigen Abdichtung
höher sein als an der außenseitigen Abdichtung. Der Einfluss benachbarter Randbereiche
ist zu beachten.
Die Abdichtung muss dauerhaft sein. Das eingesetzte Abdichtsystem muss mit den
angrenzenden Bereichen verträglich sein und darf sich bei zu erwartender Belastung
nicht lösen."

Die allgemein anerkannten Regeln der Technik finden sich in der DIN 4108-7: 2001-08.

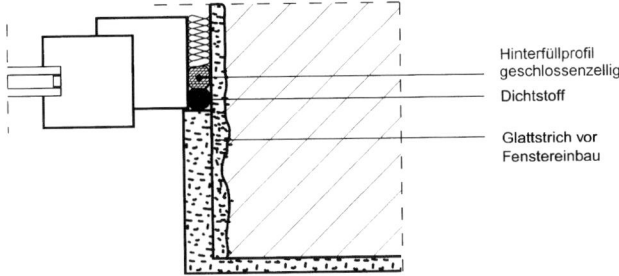

Abb. 6.102: DIN 4108-7 Bild 21: Prinzipskizze zur Abdichtung der
Fuge zwischen Fensterblendrahmen und Mauerwerk mit spritzbaren,
elastischen Fugendichtmassen und Hinterfüllmaterial

Auch in dem Leitfaden zur Montage ist der Stand der Technik zu der Abdichtung von
Konstruktionsfugen dargestellt.

Die äußere Abdichtung der Konstruktionsfuge kann nur dann fachgerecht hergestellt
werden, wenn zwischen Blendrahmen und Mauerwerksanschlag ein hinreichender Freiraum verbleibt, um den Dichtstoff aufzunehmen. Die erforderliche Dimension dieser
Fuge ist in dem Leitfaden zur Montage des RAL-Ausschusses geregelt.

Dem Leitfaden zur Montage, Stand: Mai 2002, „Der Einbau von Fenstern, Fassaden
und Haustüren mit Qualitätskontrolle durch das RAL-Gütezeichen" [61] ist zu entnehmen:

„2.4 Zusammenfassung
Um den Anforderungen an die Gebrauchstauglichkeit des Fensters und der Fassade zu
genügen, gilt für die Anschlussausbildung:
– klare Trennung der Funktionsebenen und des Funktionsbereiches,
– Schutz der Anschlussfuge vor außen- und raumseitigen Belastungen.
Die Konstruktion muss raumseitig umlaufend luftdicht ausgeführt werden (Ebene (1)).
Eine Luftströmung von der Raum- zur Außenseite durch die Anschlussfuge muss ausge-
schlossen werden.
Die Trennung von Raum- und Außenklima (Ebene (1)) ist dampfdiffusionsdichter auszu-
führen als der Wetterschutz (Ebene (3)). Um Feuchtigkeitsschäden im Anschlussbereich
zu vermeiden, müssen Fenster – Fuge – Wand als Gesamtsystem gesehen werden. Das
Gesamtsystem muss in Bezug auf die Wasserdampfdiffusion nach dem Prinzip ‚innen
dichter als außen' ausgeführt werden.
Die Regendichtheit der äußeren Wetterschutzebene (Ebene (3)) ist sicherzustellen, eventu-
ell eingedrungene Feuchtigkeit muss kontrolliert nach außen abgeführt werden können.
(…)
5. Abdichtung
Die fachgerechte Abdichtung der Anschlussfuge von Fenstern und Fassaden zum Baukör-
per sichert die Gebrauchstauglichkeit. Eine mangelhafte Abdichtung ist meist die Haupt-
ursache von Bauschäden. Die wichtigsten Funktionen der Abdichtung (…) sind:
– Trennung zwischen Raum- und Außenklima – Funktionsebene (1) – mit Dampfbrem-
* se, Windsperre und Luftdichtheit,*
– Schallschutz,
– Wärmeschutz (Tauwasserschutz) in der Fuge – Funktionsbereich (2),
– Regensperre – Funktionsebene (3). (…)
5.1 Dichtebenen
Bei Planung und Ausführung der Dichtebenen müssen die unterschiedlichen Feuchte-
transportmechanismen (…) beachtet werden.
(…) Durch die wasserdampfdiffusionsdichtere Ausbildung der inneren Abdichtungsebene
wird ein Diffusionsstau in der Anschlussfuge vermieden.
Das Eintreten von Raumfeuchte in die Fuge muss verhindert werden bzw. eingetretene
Feuchte muss kontrolliert nach außen entweichen können.
Die Abdichtung gegen Raumluftfeuchtigkeit ist grundsätzlich auf der Raumseite anzuord-
nen. Sie verhindert, dass Raumluft und -feuchte in die Konstruktion eindringt und diese
dann an Stellen, deren Oberflächentemperaturen unterhalb der Taupunkttemperaturen
liegen, als Tauwasser ausfällt. (…)
5.5.1 Dichtstoffe
Die Anschlussfuge zwischen Fenster und Baukörper ist eine Bewegungsfuge und darauf
ist der Dichtstoff und die Fugenausbildung abzustimmen.
Die Tabelle 5.1 ‚Mindestfugenbreiten' gilt für folgende Voraussetzungen:
Die Dimensionierung der Fugenbreiten auf der Außenseite ist für einen Dichtstoff mit
einer zulässigen Gesamtverformung von 25 % ausgelegt. Bei anderen zulässigen Gesamt-
verformungen ist die Mindestfugenbreite zu ermitteln. (…)
– Der Fugenquerschnitt ist in Abhängigkeit der zu erwartenden thermischen Längenän-
* derungen der Fensterprofile bzw. der Außenfensterbank (abhängig von Material, Farbge-*
* bung, Länge der Fensterprofile bzw. der Fensterbank) und der Eigenschaften des einge-*
* setzten Dichtstoffes ausreichend zu dimensionieren. (…)*
(…) Die Spannungen, die im Dichtstoff auftreten, wirken direkt auf die Haftflächen. Ver-
sagt die Verklebung oder wird der Dichtstoff spröde, so kann der Dichtstoff die auftreten-
den Kräfte nicht mehr an die Haftflächen weiterleiten; die Fuge wird undicht. (…)

Tabelle 5.1: Mindestfugenbreiten b für Anschlussfugen mit Dichtstoff

	b_{Sta} für Dichtstoffe mit einer zulässigen Gesamtverformung von 25 %			b_{Aa} für Dichtstoffe mit einer zulässigen Gesamtverformung von 25 %		
	b_{Sti} für Dichtstoffe mit einer zulässigen Gesamtverformung von ≥15 %			b_{Sti} für Dichtstoffe mit einer zulässigen Gesamtverformung von ≥ 15 %		
	Elementlänge in m					
	bis 1.5	bis 2.5	bis 3.5	bis 4.5	bis 2.5	bis 3.5	bis 4,5
Werkstoff der Fensterprofile	Mindestfugenbreite für stumpfen Anschlag b_S in mm				Mindestfugenbreite für Innenanschlag b_A in mm		
PVC hart (weiß)	10	15	20	25	10	10	15
PVC hart und PMMA (dunkel, farbig extrudiert)	15	20	25	30	10	15	20
harter PUR-Integral-schaumstoff	10	10	15	20	10	10	15
Aluminium-Kunststoff-Verbundprofile	10	10	15	20	10	10	15
Aluminium-Kunststoff-Verbundprofile, dunkel	10	15	20	25	10	10	15
Holzfensterprofile	10	10	10	10	10	10	10

b_S: Mindestfugenbreite für stumpfe Anschläge, raumseitig
b_{Sta}: Mindestfugenbreite für stumpfe Anschläge, außenseitig
b_{Aa}: Mindestfugenbreite für Innenanschläge, außenseitig

Dichtstoffe sind nur mit einem nicht saugenden, geschlossenzelligen Hinterfüllmaterial zu verwenden. Das eingelegte Hinterfüllmaterial bildet die Begrenzung der Fuge im Fugengrund (Bild 5.6). Es soll sich ein Tiefen- zu Breitenverhältnis ergeben von:
t 0,5 x b ≥ 6 mm
t = Tiefe des Dichtstoffes in der Fuge
b = Breite des Dichtstoffes in der Fuge (Tabelle 5.1)

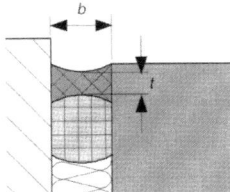

Abb. 6.103: Bild 5.7 Ausbildung einer Bewegungsfuge mit Dichtstoff und Hinterfüllmaterial aus „Leitfaden zur Montage – Der Einbau von Fenstern, Fassaden und Haustüren mit Qualitätskontrolle durch das RAL-Gütezeichen" [61]

Sowohl Dreiflankenfugen als auch Dreiecksfugen sind nicht in der Lage, Bewegungen aufzunehmen, da keine Trennung im Fugengrund gegeben ist. Diese Fugengeometrien versagen im Anschlussbereich. (…)
5.5.5 Abdichtungsempfehlungen
Die Trennung von Raum- und Außenklima (Ebene 1) muss dampfdiffusionsdichter sein als der Wetterschutz (Ebene 3). (…)"

Abb. 6.104: Unzureichende Fugenbreite, fehlende Abdichtung der Konstruktionsfuge

Beispiel 1

Die Mindestfugenbreite von 10 mm wurde nicht eingehalten. Das Fenster wurde ohne Dichtstoff montiert. Die nachträgliche Herstellung einer geeigneten äußeren Abdichtung der Konstruktionsfuge ist nicht möglich.

Abb. 6.105: Unvollständig geschlossene Konstruktionsfuge

Beispiel 2
Die Außenseite der Konstruktionsfuge ist zwar ordnungsgemäß mit vorkomprimiertem Fugendichtband verschlossen, aber nicht auf der gesamten Länge.

Fensterbänke

Die Fensterbänke müssen eine vordere Abkantung haben, die einen Tropfkantenabstand gem. VOB von mindestens 20 mm sicherstellt. Sie müssen rückwärtig und seitlich über eine Aufkantung verfügen, die das Eindringen von Schlagregen in den Bauteilquerschnitt wirksam verhindert. Der Anschluss an die Fenster-Blendrahmen erfolgt unter Beachtung des konstruktiven Witterungsschutzes in eine unterschnittene Aufnahmenut an der Blendrahmenvorderseite, damit herablaufendes Regenwasser unmittelbar vom Fenster auf die Fensterbank abgeleitet wird. Ungünstig sind frontal angesetzte Fensterbänke mit elastisch versiegelter Kontaktfuge, weil sie Wartungsfugen darstellen.

Dem „Leitfaden zur Montage – Der Einbau von Fenstern, Fassaden und Haustüren mit Qualitätskontrolle durch das RAL-Gütezeichen" [61] ist zu entnehmen:

„6.1 Fensterbank
6.1.1 Konstruktionsdetails
Die äußere Fensterbank muss das ablaufende Oberflächenwasser von Fenster und Fassade kontrolliert ableiten. Um diese Funktion sicherzustellen, ist es notwendig, dass die Fensterbank durch seitliche Endstücke oder Aufkantungen eine wannenförmige Ausprägung erhält. Die Ausführung der äußeren Fensterbank muss eine ungehinderte thermische Längenänderung sicherstellen. Die Fensterbank muss das Fenster- oder Fassadenprofil hintergreifen. (…)"

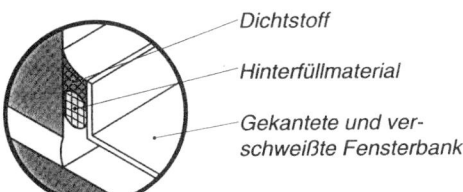

Dichtstoff

Hinterfüllmaterial

Gekantete und ver-
schweißte Fensterbank

Abb. 6.106: Bild 6.5 Seitlicher Fensterbankanschluss aus dem „Leitfaden zur Montage – Der Einbau von Fenstern, Fassaden und Haustüren mit Qualitätskontrolle durch das RAL-Gütezeichen" [61]

Der seitliche Anschluss der Fensterbank an die Leibung muss so hergestellt werden, dass thermische Längenänderungsbestrebungen der Bank nicht zu Schäden an angrenzenden Bauteilen führen.

Abb. 6.107: In die Leibung einschneidende Fensterbank ohne seitliche Verschiebemöglichkeit mit der Folge von Rissbildung

Gleichzeitig muss das obere Ende der seitlichen Aufkantung regensicher an die Leibung angeschlossen werden.

Abb. 6.108: Der Anschluss der Fensterbank an die Leibung ist nicht regensicher hergestellt.

Eine Besonderheit stellen Rundfenster dar, weil der untere Halbkreis als Sohlbank konstruiert werden muss, während der obere Halbkreis als Sturzprofil funktionsfähig sein muss. Der formschlüssige, dichte Anschluss zwischen den Sohlbänken und den angrenzenden Wandflächen muss bei der Abnahme sorgfältig kontrolliert werden.

Abb. 6.109: Das obere Ende der halbrunden Sohlbank muss regensicher an den Baukörper angeschlossen werden.

Abb. 6.110: Fehlender Anschluss der halbrunden Sohlbank an den Baukörper

Dachflächenfenster

Bei Dachflächenfenstern aus Holz wird oft eine im Gebrauch entstehende Schimmelpilz-bildung in den unteren Ecken des Flügelrahmens beanstandet. Grundsätzlich gehen die Hersteller-Empfehlungen dahin, dass in Nassbereichen ausschließlich Holzkern-Fenster mit Kunststoffummantelung eingebaut werden, die am unteren Flügelrahmen raumseitig über eine Ablaufrinne für Tauwasser verfügen. Außerdem soll nach den Herstellerempfehlungen eine waagerecht ausgebildete Innenfensterbank vermieden werden, da die Warmluft hierdurch daran gehindert wird, an die raumseitige Fensteroberfläche in ausreichendem Maß zu gelangen. Vielmehr soll eine untere Anschrägung der Konstruktion rechtwinklig zur Scheibenebene erfolgen. Eine Heizkörperanordnung unmittelbar unterhalb des Fensters wird als besonders günstig erachtet.

Abb. 6.111: Ungünstiger Einsatz eines Holz-
fensters ohne Tauwasserableitung im Nassraum

Abb. 6.112: Schimmelbildung durch abge-
laufenes Tauwasser in den unteren Fensterecken

6.13.2   Türen und Zargen

Allgemeines

Bei der Abnahme erfolgt die Überprüfung der Maßhaltigkeit von Innentüren entsprechend.

Güte- und Prüfbestimmungen RAL-RG 426 „Innentüren aus Holz und Holzwerkstoffen", Stand: Februar 2002 [62], Teil I, Türblätter aus Holz und Holzwerkstoffen:

„1.3 Anforderungen zur Klassifizierung
(…)
1.3.2 Grenzwerte (Klassifizierungskriterien)
1.3.2.1 Zustandsprüfung nach Anlieferung
Die zulässigen Maßabweichungen müssen DIN EN 1529 Toleranzklasse 3 entsprechen.
Breite: Nennmaß +/– 1 mm
Höhe: Nennmaß +/– 1 mm
Dicke: Zulässige Dickenabweichung zwischen verschiedenen Türblättern gleichen Types:
Nennmaß +/– 1 mm.
Der Mittelwert aus sechs Messungen innerhalb eines Türblattes ist zu ermitteln; die sechs
Messwerte dürfen +/– 0,5 mm um den Mittelwert schwanken.
Rechtwinkligkeit: Zulässige Abweichung 1 mm, bezogen auf 500 mm Schenkellänge.
1.3.2.2 Hygrothermische Prüfungen
Verwindung und Durchbiegung: Bei der Prüfung darf im Durchschnitt der Mittelwert aus
drei Türen die maximal zulässigen Verformungen (T, B und C) aus DIN EN 12219: Klas-
se 2 (4,0 mm) nicht überschreiten. Eine der drei Türen darf eine Maximalabweichung von
5,5 mm aus der Bezugsebene aufweisen, wobei die beiden anderen Türen die Grenzwerte
nach DIN EN 12219: Klasse 2 nicht überschreiten dürfen."

Die Überprüfung der Einbausituation richtet sich nach der DIN 18101.

Gemäß DIN 18101: 1985-01 Türen für den Wohnungsbau sind folgende zulässigen Falz-luftabstände definiert:

	Minimal zulässig	Maximal zulässig
Seitlicher Falzluftabstand gesamt:	5,0 mm	9,0 mm
Seitlicher Falzluftabstand einzeln:	2,5 mm	6,5 mm
Oberer Falzluftabstand:	2,0 mm	6,5 mm

Hinweise zur praktischen Überprüfung des Falzluftabstandes finden sich im Kapitel Fenster.

Der **untere Luftspalt** der Tür wird mit einem Messkeil gemessen. Das zulässige Maß ergibt sich aus den zulässigen Toleranzmaßen der lichten Zargenhöhe, gemessen zwischen der Soll-Einstandsmarkierung (unten), der UK. Falz (oben) und dem Türblatt-falzmaß in der Höhe. Die tatsächliche Ist-Fertigfußbodenhöhe ist für die Überprüfung zulässiger Toleranzen nicht ausschlaggebend, sondern relevant ist nur das Soll-Maß des Bodeneinstandes. Gemessen wird insofern ab der Bodeneinstandsmarkierung oder über die unveränderbare Meterriss-Markierung an der Stahlzarge.

Das Nennmaß des unteren Luftspaltes beträgt nach DIN 18101: 7 mm.

Die theoretischen Werte für den maximal und den minimal zulässigen unteren Luftspalt lassen sich von den folgenden Soll-Maßen und deren zulässigen Toleranzen ableiten:

Gemäß DIN 18101: 1985-01 Türen für den Wohnungsbau ist definiert:

Bandbezugslinie an der Zarge:	241 ± 1 mm
Bandbezugslinie am Türblatt:	237 ± 1 mm
Bandabstand untereinander:	1435 ± 0,5 mm
Zargenfalzhöhe:	1983 – 2 mm / + 0 mm
Türfalzhöhe:	1972 – 0 mm / + 2 mm

Der theoretisch zulässige **Maximal-Luftabstand** errechnet sich insofern:

Soll-Maß Luftabstand:	7	mm
zzgl. zulässige Toleranz Bandbezugslinie an der Zarge:	1	mm
zzgl. zulässige Toleranz Bandbezugslinie am Türblatt:	1	mm
zzgl. zulässige Toleranz Bandabstand untereinander:	0,5	mm
= theor. zulässiger größter Luftspalt ohne Türblatt-Abmaß:	9,5	mm
zzgl. zul. Türblatt-Abmaß:	2,0	mm
= theor. zulässiger größter Luftspalt inkl. Türblatt-Abmaß:	11,5	mm

Der theoretisch zulässige **Minimal-Luftabstand** errechnet sich weiterhin:

Soll-Maß Luftabstand:	7	mm
abzügl. zulässige Toleranz Bandbezugslinie an der Zarge:	– 1	mm
abzügl. zulässige Toleranz Bandbezugslinie am Türblatt:	– 1	mm
abzügl. zulässige Toleranz Bandabstand untereinander:	+ 0	mm
= theor. zulässiger kleinster Luftspalt o. Türblatt u. Zargen-Abmaß:	5,0	mm
abzügl. zulässiges Türblatt-Abmaß:	– 2,0	mm
abzügl. zulässiges Zargen-Abmaß:	– 2,0	mm
= theor. zulässiger kleinster Luftspalt inkl. Abmaße:	1,0	mm

Diese beiden Extremwerte kommen allerdings bei der Herstellung von Türblättern und Türzargen kaum vor und entsprechen somit nicht den baupraktischen Gesichtspunkten. Gleichzeitig muss beachtet werden, dass die DIN 18101 eine Maßnorm für die Herstellung von Türen und Zargen ist und nicht den Einbau behandelt. Der untere Luftspalt soll eine reibungslose Funktion der Tür auch dann gewährleisten, wenn sich Verunreinigungen (z. B. Splittkörner) auf dem Fußboden unterhalb des Türblattes einfinden. Vor diesem Hintergrund können folgende als baupraktisch erreichbare Werte angesehen werden:

Maximal-Luftspalt: 10 mm

Minimal-Luftspalt: 4 mm

Abweichend hiervon kann ein größerer Luftspalt bei innen liegenden Nassräumen erforderlich werden, wenn die nach DIN 18017-3 erforderliche Zuluftöffnung mit einer Fläche von 150 cm^2 in der Tür untergebracht werden muss. Bei einer Türblattbreite von 76 cm ergäbe sich dann ein notwendiger unterer Luftspalt von 2 cm.

Gemäß DIN 18082-1: 1991-12 Feuerschutzabschlüsse; Stahltüren T 30-1; Bauart A beträgt der zulässige Falzluftabstand:

oben und seitlich:	4 ± 1 mm
unten:	5 ± 1 mm

Der **Abstand der Türzarge von der Wandoberfläche** richtet sich nach den Bedingungen der DIN 18202.

Bei einem Messpunktabstand von 2 m (Türhöhe) ergibt sich als zulässiges Maß der Winkeltoleranz nach Tabelle 3, Zeile 6 (Flächenfertige Wände) nach Interpolation ein Wert von: 7 mm

Bei einem Messpunktabstand von 2 m (Türhöhe) ergibt sich als zulässiges Maß der Ebenheitstoleranz nach Tabelle 2, Zeile 1 (Flächenfertige Wände) nach Interpolation ein Wert von: 7 mm

Hieraus ergibt sich der maximal zulässige Wandabstand der Türzarge von der Wandoberfläche zu: 7 mm

Türzargen

● **Stahlzargen**
Da eine optimale Passung der Tür nur erreicht werden kann, wenn die Zarge lotrecht, rechtwinklig und nicht in sich verwunden ist, müssen diese Kriterien bei der Abnahme untersucht werden.

Gemäß „Richtlinie für den Einbau von Stahlzargen", Industrieverband Tore, Türen, Zargen, Stand: August 1997 [63] gilt:

„*3 Ausführung*
(…) Vor dem Einbau ist die Winkeligkeit der Zarge zu überprüfen. Falls die Winkeligkeit nicht vorhanden ist, muss durch vorsichtiges Aufstoßen des rechten oder linken Seitenteils über Eck nachgerichtet werden. (Bild C)"

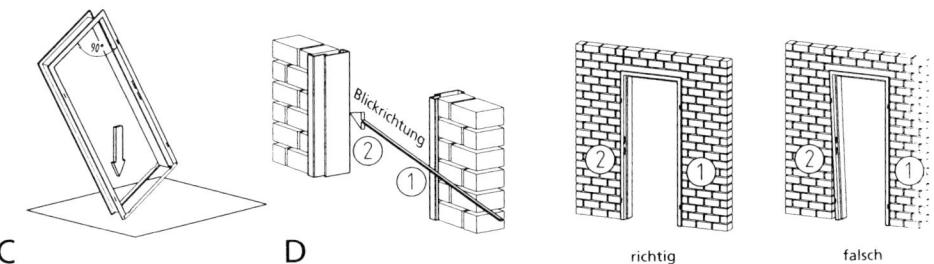

Abb. 6.113: Richtlinie für den Einbau von Stahlzargen, Industrieverband Tore, Türen, Zargen TTZ [63]

Stahlzargen in Massivwänden müssen mit Mörtel hinterfüllt sein.

DIN 18111-1: 1985-01 Stahlzargen – Standardzargen für gefälzte Türen:

*„8 Einbau
(…) Die Zarge ist mit Mörtel nach DIN 1053 Teil 1 zu hinterfüllen."*

E DIN 18111-4: 2002-04 Türzargen-Stahlzargen, Einbau von Stahlzargen:

„5.3.3 Als Hinterfüllstoffe eignen sich:
– Mörtel nach DIN 1053-1; erdfeucht verarbeitet, völlig hinterfüllt;
(…)
– Zweikomponenten-Expansionsklebstoffe (Montageschäume) entsprechend Prüfzeugnis und Eignungsnachweis, völlig hinterfüllt. [keine Einhaltung der Brandschutzbestimmungen]
(…)"

Durch Klopfbefund kann geprüft werden, ob der Zwischenraum zwischen Mauerwerk und Umfassungszarge ordnungsgemäß mit Mörtel verfüllt ist.

● **Holzzargen**

Abb. 6.114: Holzbekleidungen von Türzargen passen sich nicht den Sockelfliesen an, sondern umgekehrt

Bekleidungen von Holztürzargen müssen auf dem Bodenbelag aufstehen. Ein Toleranzmaß für den unteren Luftspalt von Zargen wird in den Regelwerken nicht festgelegt. Häufig führt die Einbautoleranz des Estrichs und der Bodenbeläge zu übergroßen

Fugen. Auch die Rückbildung einer Estrichschüsselung und die Komprimierung der Estrichdämmung führen zu unansehnlichen Anschlussfugen. Ein Luftspalt von bis zu 2 mm kann an dieser Stelle aus baupraktischer Sicht als hinnehmbar gelten.

Abb. 6.115: Unterer Luftspalt der Türzarge

Bei Bodenfliesen, wenn mit einer Feuchtebelastung der Zargenschnittkante gerechnet werden muss, bedarf es einer regelrechten Versiegelung der Konstruktionsfuge. Hierfür ist eine größere Fuge erforderlich.

Abb. 6.116: Von der Unterseite her aufgequollene Türzarge

Ungeplant klaffende Fugen zwischen Bodenbelag und der Unterkante der Türzarge entstehen beispielsweise dann, wenn neue Holzbalkendecken mit überhöhtem Feuchtegehalt eingebaut werden und anschließend unter raumklimatischen Bedingungen auf die Gleichgewichtsfeuchte herabtrocknen. Hier können Höhenveränderungen in einer Größenordnung von 8 mm entstehen (siehe Kapitel Zimmererarbeiten).

Außentüren

Zwischen den Klimaten des Treppenhauses und der Wohnung bestehen i. d. R. gravierende Abweichungen. Das Deutsche Institut für Gütesicherung hat Klimaklassen definiert und die Türen verwendungsspezifisch klassifiziert. Bei der Abnahme muss überprüft werden, ob die Klimaklasse I, II oder III ausgeführt worden ist entsprechend der RAL-RG 426 Teil I und ob es sich dabei in Anbetracht der örtlichen Verhältnisse um die zutreffende Klasse handelt.

Das Deutsche Institut für Gütesicherung und Kennzeichnung e. V. gibt in seinem Merkblatt „Innentüren aus Holz und Holzwerkstoffen Gütesicherung RAL-RG 426, Teil I: Türblätter aus Holz- und Holzwerkstoffen", Stand: Februar 2002 [62] in Anhang 1 Einsatzempfehlungen für Türblätter aus Holz- und Holzwerkstoffen.

Tabelle 6.28: Klimaklassen gem. RAL-RG 426, Teil I: Türblätter [62]

Beanspruchung	Wohnungstüren			Objekttüren			
	Wohnungseingangstüren	Wohnungsinnentüren	Bad/WC	Kindergarten Krankenhaus Hotelzimmer	Schulraum Herbergen Kasernen	Schulungsräume Sprechzimmer Verwaltung Praxis	Großküchen Kantinen Labor Bad/WC
Hygrothermische Beanspruchung I		x					
II			x	x	x	x[4]	
III	x						x[4]
Mechanische Beanspruchung[5] N		x	x				
M				x		x	
S	x			x[4]	x		x[4]
E							
Feuchtebeständigkeit Feuchtraumtür			x[4]				x[4]
Nassraumtür							x[4]
Einbruchhemmung WK 1/WK 2	x[3,4]			x[4]	x[4]	x[4]	x[4]
Schalldämmung[1] SSK 1 $R_{W,R}$ = 27 dB	x[2]						
SSK 2 $R_{W,R}$ = 32 dB				x[2]	x[4]	x[2]	
SSK 3 $R_{W,R}$ = 37 dB	x[2]						

1) Nachweis durch Prüfung durch eine Prüfstelle für die Erteilung allgemeiner bauaufsichtlicher Prüfzeugnisse der Bauregelliste A: $R_{W,R} \geq$ erf. R_W.
2) Je nach Einsatzort sind die Angaben in DIN 4109, Tabelle 3 zu beachten.
3) Sind keine Anforderungen an die Einbruchhemmung gestellt, so sollten mindestens Zargen der Klasse S zum Einsatz kommen.
4) Auswahl unter Berücksichtigung der zu erwartenden mechanischen Beanspruchung.
5) Türblatt und Türzarge sollten aus korrelierender Beanspruchung stammen. In Bereichen mit langfristig höherer Luftfeuchtigkeit oder bei Türblättern mit einer Höhe über 2,11 m werden Türen der nächst höheren Klimaklasse empfohlen.

Die Einsatzempfehlungen sollen eine Erleichterung bei der Wahl der für Bauvorhaben geeigneten Klassen von Türblättern sein, d. h. eine Arbeitshilfe für Architekten, ausschreibende Stellen und Bauherren. Es soll mit ihr auch vermieden werden, dass für einen Einsatzzweck ungeeignete Türblätter verwendet werden. Nachfolgend ist aufgeführt, welche Türenklassen als geeignet für welche Einsatzfälle empfohlen werden.

Innentüren

Bei Innentüren ist im Allgemeinen zu überprüfen, ob die Tür sich ohne weiteres öffnen und schließen lässt. Schließt eine Tür nicht ordnungsgemäß, so hängt dies häufig vom Sitz der Dichtung oder Bodendichtung ab.

Bei RS-Türen, T-30 Türen etc. erfolgt die Überprüfung der geforderten selbstschließenden Einstellung mit Spannbändern innerhalb von gemauerten Wänden und mit Türschließern in Gipskartonständerwänden. Hier muss auch die Dichtung der Türen untersucht werden. Hierzu gehört auch die Überprüfung, ob eine Schwelle, eine erforderliche Bodentürschiene oder eine selbsttätige Bodenabsenkdichtung vorhanden ist.

Wohnungseingangstüren

Wohnungseingangstüren müssen dicht schließend sein. In der Regel wird dies über eine dreiseitige Lippendichtung in Kombination mit einer Bodenabsenkdichtung (Schall-Ex) erreicht.

Tipp
Die Funktion der **Bodenabsenkdichtung** lässt sich mit einem auf dem Bodenbelag im Schwellenbereich ausgelegten Blatt Papier einfach prüfen. Nachdem die Tür verschlossen wurde, darf sich das Blatt in seitlicher Richtung nur unter Widerstand bewegen lassen. Bewegt es sich leichtgängig, greift die Dichtung nicht ordnungsgemäß. Ähnlich lässt sich auch die Funktion aller Lippendichtungen prüfen.

Einbruchhemmende Türen nach DIN V ENV 1627

Gegenwärtig gilt die Vornorm DIN V ENV 1627: 1999-04 Fenster, Türen, Abschlüsse – Einbruchhemmung – Anforderungen und Klassifizierung als Ersatz für die DIN V 18103: 1992-03 Türen, Einbruchhemmende Türen, Begriffe, Anforderungen, Prüfungen und Kennzeichnung. Als Nachweis für die einbruchhemmenden Eigenschaften von Türen muss bei dem Auftragnehmer ein Prüfzeugnis abgefordert werden, das für die Dauer der Existenz von Vornorm DIN ENV 1627 als Übergangsregelung den Kriterien der ersetzten DIN V 18103 entspricht.

Gemäß V-DIN 18103: 1992-03 Türen, Einbruchhemmende Türen, Begriffe, Anforderungen, Prüfungen und Kennzeichnung muss ein Prüfzeugnis folgende Angaben enthalten:

„9 Prüfzeugnis
9.1 Neben dem Prüfbericht nach Abschnitt 8 ist von der Prüfstelle (nur bei positivem Ausgang der Prüfung) ein Prüfzeugnis auszustellen.
Dies gilt auch, wenn der Hersteller der einbruchhemmenden Tür nicht der Antragsteller ist (z. B. bei Lizenzfertigung).

9.2 Das Prüfzeugnis muss mindestens folgende Angaben enthalten:
a) Prüfstelle,
b) Antragsteller (Auftraggeber und zusätzlich Hersteller, falls beide nicht identisch sind),
c) Türelement (Bauart),
d) Produktbezeichnung nach Herstellerangabe,
e) Angriffseite,
f) zulässige Maße:
   – Größen in Baurichtmaßen,
   – lichte Zargenmaße,
   – Türflügelgröße,
g) Konstruktionsfugen,
h) zu verwendende Schlösser und Beschläge,
i) Normbezeichnung nach Abschnitt 3.2,
j) Datum, Unterschrift.
Die Einbauanleitung ist Bestandteil des Prüfzeugnisses.
Dieses Prüfzeugnis darf nur so lange verwendet werden, wie
– diese Vornorm DIN V 18103/03.92 und
– die geprüfte Bauart der einbruchhemmenden Tür
nicht verändert wurden."

Außerdem muss die eingebaute Tür gekennzeichnet sein, dieses ist bei der Abnahme zu überprüfen.

DIN V ENV 1627: 1999-04 Fenster, Türen, Abschlüsse – Einbruchhemmung – Anforderungen und Klassifizierung:

„NA.4 Kennzeichnung
Nach Abschnitt NA.3 zertifizierte einbruchhemmende Bauteile nach dieser Vornorm sind dauerhaft zu kennzeichnen, zum Beispiel durch ein Schild im Falzbereich. Das Kennzeichnungsschild muss leicht lesbar (in deutscher Sprache), in einer Mindestgröße von 105 mm x 18 mm sein und mindestens folgende Angaben enthalten:
a) Einbruchhemmendes Bauteil ENV 1627,
b) Erreichte Widerstandsklasse,
c) Produktbezeichnung des Herstellers,
d) Überwachungszeichen,
e) Hersteller,
f) Prüfbericht Nummer …, Datum …,
g) Prüfstelle (gegebenenfalls verschlüsselt),
h) Herstellungsjahr."

Balkon-/Terrassentüren

Die Schwellenandichtung von Balkon- und Terrassenabdichtungen zählt zu den brisanten Details. Einerseits verlangen die Bauherren einen komfortablen Austritt auf die Außenflächen, andererseits kann eine Schwelle, die den Eintritt von Wasser in die Wohnräumlichkeiten wirksam verhindert, gar nicht hoch genug sein.

DIN 18195-5: 2000-08 Bauwerksabdichtungen – Abdichtung gegen nicht drückendes Wasser auf Deckenflächen und in Nassräumen, Bemessung und Ausführung:

„8 Ausführung
(…) 8.1.5 Die Abdichtung von waagerechten oder schwach geneigten Flächen ist an anschließenden, höher gehenden Bauteilen im Regelfall mindestens 150 mm über die Schutzschicht, die Oberfläche des Belages oder der Überschüttung hochzuführen und dort zu sichern (siehe DIN 18195-9). Ist dies im Einzelfall nicht möglich, z. B. bei Balkon- oder Terrassentüren, sind dort besondere Maßnahmen gegen das Eindringen von Wasser oder das Hinterlaufen der Abdichtung einzuplanen (z. B. ausreichend große Vordächer, Rinnen mit Gitterrosten). (…)“

DIN 18195-9: 1986-12 Bauwerksabdichtungen – Durchdringungen, Übergänge, Anschlüsse:

„4.2 Bei Abdichtungen gegen nicht drückendes Wasser
(…)
Abschlüsse an aufgehenden Bauteilen sind zu sichern, indem der Abdichtungsrand in Nuten eingezogen oder mit Klemmschienen versehen oder konstruktiv abgedeckt wird. Die Abdichtung ist in der Regel mindestens 150 mm über die Oberfläche eines über der Abdichtung liegenden Belages hochzuziehen.“

Gemäß „Fachregel für Dächer mit Abdichtungen – Flachdachrichtlinien“, Stand: September 2001 [20] gilt:

„5.3 Anschlüsse an Türen
(1) Die Anschlusshöhe soll 0,15 m über Oberfläche Belag oder Kiesschüttung betragen. Dadurch soll möglichst verhindert werden, dass bei Schneematschbildung, Wasserstau durch verstopfte Abläufe, Schlagregen, Winddruck oder bei Vereisung Niederschlagswasser über die Türschwelle eindringt.
(2) Eine Verringerung der Anschlusshöhe ist möglich, wenn bedingt durch die örtlichen Verhältnisse zu jeder Zeit ein einwandfreier Wasserablauf im Türbereich sichergestellt ist. Dies ist dann der Fall, wenn sich im unmittelbaren Türbereich Terrassenabläufe oder andere Entwässerungsmöglichkeiten befinden. In solchen Fällen sollte die Anschlusshöhe jedoch mindestens 0,05 m betragen (oberes Ende der Abdichtung oder von Anschlussblechen unter dem Wetterschenkel/Sockelprofil). (…)
(5) Der Anschluss an Türschwellen kann durch Hochziehen der Dachabdichtung wie an Wandanschlüssen oder durch das Einbauen von Türanschlussblechen erfolgen. Anschlüsse müssen hinter Rollladenschienen und Deckleisten durchgeführt werden. (…)
(7) Hochgezogene Abdichtungen sollen am Türrahmen entsprechend Abschnitt 5.2.2 gesichert werden.
(8) Anschlüsse mit Blechen an Türrahmen müssen in allen Ecken sorgfältig eingepasst, alle Nähte dicht gelötet und seitlich mindestens 0,12 m in die gerade Wandanschlussfläche fortgeführt werden.“

Abb. 6.117: Detail: unzureichende Anschlusshöhe; der Gräting-
Oberbelag liegt absehbar oberhalb der Türschwelle

Abb. 6.118: Übersicht: unzureichende Anschlusshöhe

Für die Ausnahme-Anschlusshöhe von 50 mm statt der regulären Höhe von 150 mm ist
nach den Fachregeln eine unmittelbare Entwässerung erforderlich. Dränrinnen, die wiederum selbst in ein Kiesbett entwässern, sind nicht ausreichend, um die Ausnahme-
Anschlusshöhe von 50 mm zu gestatten. Sie müssen vielmehr direkt an einen Entwässe-
rungsablauf angeschlossen sein.

Bezugshöhe für die Anschlusshöhe ist die Oberkante des Belages, nicht die Oberkante
der Abdichtung. Die Abdichtung muss am Fensterblendrahmen angeschlossen sein. Sie
darf nicht wie auf der folgenden Abbildung unterhalb der Sohlbank enden. Stauwasser,
das auf Grund der fehlenden Andichtungshöhe über die Oberkante der Kappleiste
ansteigt, gerät so hinter und unter die Abdichtungsebene und an die nicht imprägnierte
Oberkante des Schwellenholzes.

Abb. 6.119: Übersichtsfoto: Anschlusshöhe liegt auf der Oberkante der wasserführenden Schicht (Plattenbelag im Kiesbett)

Abb. 6.120: Detailfoto: Anschlusshöhe unzureichend. Stauwasser kann unterhalb der Sohlbank in die Konstruktion eindringen und die Abdichtung hinterlaufen; das Schwellenholz ist ungeschützt

Einer der signifikant häufig auftretenden Mängel ist der fehlerhafte untere Abdichtungsanschluss im Türschwellenbereich. Regelmäßig unter dem Termindruck der letzten Ausführungstage bleibt dem Außenanlagengewerk die Verantwortung für die fachgerechte Ausführung der Eingangspodeste selbst überlassen. Die Außenwandabdichtung ist bereits zu einem früheren Zeitpunkt fertig gestellt worden, die Hauseingangstür wird kurz vor Fertigstellung eingebaut. Unmittelbar vor Abnahme und Bezug wird dann hastig eine Anpflasterung an die Türschwelle vorgenommen, ohne den Abdichtungsanschluss im Schwellenbereich wirksam zu sichern. Die untere Holzschwelle der Türzarge liegt dann im feuchten Milieu und nicht selten sind die Leibungen unterirdisch nach außen hin offen, sodass Regenwasser in die Estrichdämmung eintreten kann.

Abb. 6.121: Schwellenholz der Türzarge liegt im feuchten Milieu; der Leibungsanschluss der Schwelle ist bis in die Estrichdämmung hinein klaffend offen

Eine Ausnahme bilden geplant schwellenlose Türen für behindertengerechtes Bauen. Hier müssen sich der Unternehmer und der Architekt hinsichtlich der fehlenden Andichtungshöhe ausdrücklich vom Auftraggeber freistellen lassen.

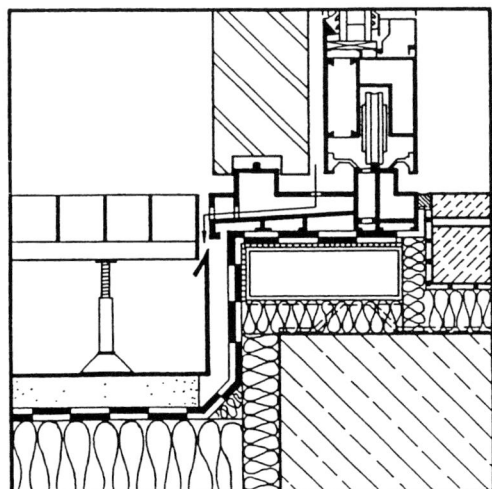

Abb. 6.122: Schwellenloser Türanschluss nach Oswald u. a., „Niveaugleiche Türschwellen bei Feuchträumen und Dachterrassen", S. 46 [64]

DIN 18025-1: 1992-12 Barrierefreie Wohnungen:

„5 Stufenlose Erreichbarkeit, untere Türanschläge und -schwellen, Aufzug, Rampe (…)
5.2 Untere Türanschläge und -schwellen
Untere Türanschläge und -schwellen sind grundsätzlich zu vermeiden. Soweit sie technisch unbedingt erforderlich sind, dürfen sie nicht höher als 2 cm sein."

6.14   Parkettarbeiten (DIN 18356)

6.14.1   Fugenbreite bei Parkettböden

Über die Zulässigkeit von Dielen- oder Parkettfugenbreiten bestehen keine verbindlichen Regelvorschriften. Selbst in Gerichtsverfahren werden Urteile auf der Basis fehlerhafter Sachverständigen-Interpretationen der Regelwerke beschlossen unter Festlegung einer **zulässigen Fugenbreite** von **0,5 mm.** Verwiesen wird dabei unzutreffend auf den Kommentar zur VOB/C DIN 18356 von Baumann/Fendt/Barth [65]. Hier heißt es am Ende von Punkt 9.4:

„Aus allen diesen Gründen (Raumklima/Holzfeuchte/Heizungssysteme) ergibt sich die Erkenntnis, dass Fugen innerhalb der Verlegeeinheiten unvermeidbar sind. Fugenbreiten zwischen 0,1 Millimeter bis 0,5 Millimeter sind im jahreszeitlichen Ablauf als durchaus normal anzusehen. Fugenbreiten zwischen 0,5 Millimeter und einem Millimeter sind auffällig und geben bereits Anlass zu Beanstandungen. Die Breite der Fugen ist wiederum abhängig von der Holzart, Parkettart (Stab-, Mosaik- oder Fertigparkett, 10-mm-Massivparkett), dem Verlegemuster und Untergrund (z. B. Heizestrich).“

Ob in der Fugenbildung bei Parketthölzern ein Mangel vorliegt, hängt daher tatsächlich jeweils von der Differenz zwischen der Einbaufeuchte und der Aktuellfeuchte des Holzes sowie von den Parkettstababmessungen ab. Auch eine Fugenbreite von mehr als 0,5 mm kann unter gewissen klimatischen Randbedingungen insbesondere bei breiten Verlegeeinheiten zulässig sein, weil die genormten Einbaubedingungen den zulässigen maximalen Feuchtegehalt als Obergrenze definieren.

Zur Ermittlung der **materialspezifisch unvermeidbaren Fugenbildung** ist daher zunächst die maximal zulässige Einbauholzfeuchte zu ermitteln.

Gemäß DIN 280-1, 280-2, 280-5: 1990-04 Parkett gilt für Parketthölzer bei Anlieferung ein zulässiger Feuchtegehalt:

- Fertigparkettelemente: $(8 + 2)\,\%$
- Mosaikparkett: $(9 \pm 2)\,\%$
- Stabparkett: $(9 \pm 2)\,\%$

Abb. 6.123: Parkettfugen bei Fertigparkettdielen

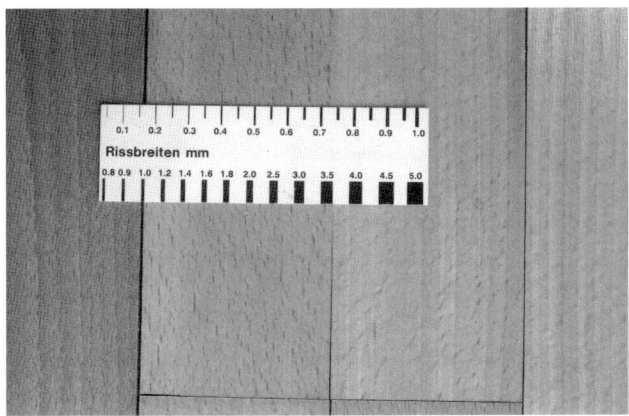

Abb. 6.124: Parkettfugen bei Fertigparkettdielen (mit Rissbreiten-messer)

Abb. 6.125: Schollenartig zusammenhängende Parkettstäbe mit überbreiten Fugen

Beispiel

Vorausgesetzte Einbaufeuchte:	11 %
Anschließend kann die unter trockenem Milieu tatsächlich örtlich gemessene Holzfeuchte in Abzug gebracht werden mit beispielhaft:	7 %
Die Differenzfeuchte beträgt dann:	4 %
Die Quell- und Schwindmaße lassen sich ermitteln aus :	

DIN 1052-1: 1988-04 Holzbauwerke; Berechnung und Ausführung:

„4.2.3 Schwind- oder Quellmaße für Holz rechtwinklig zur Faserrichtung und für Holz-werkstoffe in Plattenebene sind in Tabelle 4 angegeben."

Tabelle 6.29: **Gemäß DIN 1052-1: 1988-04 Rechenwerte der Schwind- und Quellmaße in %**

Baustoff		Schwind- und Quellmaß für Änderung der Holzfeuchte um 1 % unterhalb des Fasersättigungsbereichs
1	Fichte, Kiefer, Tanne, Lärche, Douglasie, Southern Pine, Western Hemlock, Brettschichtholz, Eiche	0,24[1]
2	Buche, Keruing, Angelique, Greenheart	0,3[1]
3	Teak, Afzelia, Merbau	0,2[1]
4	Azobé (Bongossi)	0,36[1]
6	Bau-Furniersperrholz	0,020[2]
7	Flachpressplatten	0,035[2]

1) Mittel aus den Werten tangential und radial zum Jahrring bzw. zur Zuwachszone.
2) Werte gelten in Plattenebene.

Bei einem materialspezifischen Quell- und Schwindmaß von	0,24 % pro %
und einer Dielenbreite von beispielhaft	111 mm
ergibt sich eine Volumenveränderung von	
$0{,}24 \cdot 4\,\% \cdot 111\,\text{mm} =$	1,07 mm

Vorausgesetzt, dass die Dielen dichtgestoßen verlegt wurden, ist dieses Maß gleichzeitig die materialspezifisch unvermeidbare Fugenbreite, die sich in trockenem Milieu bei einer stationären Holzfeuchte von 7 % maximal einstellen darf.
Der Grenzwert der Holzfeuchte, die durch Lagerung in einem Milieu mit erhöhter Luftfeuchte hygroskopisch entstehen kann, liegt bei   15 %

6.14.2   Hygroskopische Feuchtigkeitsaufnahme von Holz

Holz ist in unterschiedlichem Maße zu einer hygroskopischen Feuchtigkeitsaufnahme geeignet. Die Intensität der Feuchteaufnahme ist abhängig von der Holzart und von der Angriffsfläche, die der feuchtluft-exponierten Seite gegenübersteht. Die Stirnseite des Holzes ist hierbei intensiver gefährdet, da das Holz über die Stirnseite schneller und intensiver Feuchtigkeit aufnehmen kann als über die Längsseiten.

Die Zeit, in der sich die Holzfeuchte infolge von einer veränderten relativen Raumluftfeuchtigkeit verändert, wird als „Feuchtewechselzeit" bezeichnet. Diese Feuchtewechselzeit ist für unterschiedliche Holzarten unterschiedlich hoch. Kiefernholz zählt beispielsweise zu den Hölzern mit einer kurzen Feuchtewechselzeit.

Nach der Grafik Resorptionsfeuchtigkeit aus dem Fachbuch für Parkettleger und Bodenleger ergeben sich bei einer für Wohnbereiche üblichen Raumlufttemperatur von 20 °C die erforderlichen konstanten Raumluftfeuchtigkeiten, welche zu nachhaltigen Holzfeuchteveränderungen führen.

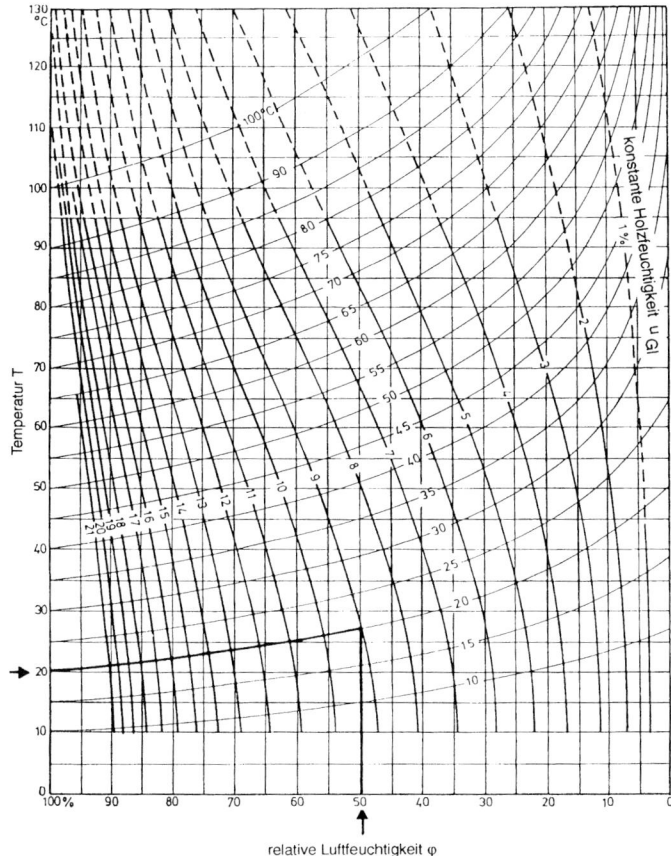

Abb. 6.126: Holzfeuchtegleichgewicht, nach Remmert u. a., „Fachbuch für Parkettleger und Bodenleger", S. 159 [66]

VOB/C ATV DIN 18334: 2000-12 Zimmer- und Holzbauarbeiten:

„3 Ausführung
3.1 Allgemeines
3.1.1 Der Auftragnehmer hat bei seiner Prüfung Bedenken (…) insbesondere geltend zu machen bei
(…)
– zu hoher Baufeuchte
(…)"

Gemäß der Abbildung Resorptionsfeuchte aus Remmert/Heller/Spang, „Fachbuch Parkettleger und Bodenleger" [66] gilt:
Für eine Ausgleichsfeuchte von 9 % muss bei einer Raumtemperatur von 20 °C eine relative Luftfeuchtigkeit φ von ca. 50 % herrschen, damit die Ausgleichsfeuchte konstant bleibt.

Gemäß DIN 1052-1: 1988-04 Holzbauwerke; Berechnung und Ausführung gilt für die Gleichgewichtsfeuchte:

„4.2 Feuchte- und Schwindmaße
4.2.1 (…) Als Gleichgewichtsfeuchte gelten folgende Werte der Holzfeuchte:
a) bei allseitig geschlossenen Bauwerken:

– mit Heizung	*(9 ± 3) %*
– ohne Heizung	*(12 ± 3) %*
b) bei überdeckten offenen Bauwerken	*(15 ± 3) %*
c) bei Konstruktionen, die der Witterung allseitig ausgesetzt sind	*(18 ± 6) %*

4.2.2
Ist die Holzfeuchte beim Einbau höher als die in 4.2.1 genannten Werte, so darf dieses Holz nur für solche Bauwerke verwendet werden, bei denen es nachtrocknen kann und deren Bauteile gegenüber den hierbei auftretenden Schwindverformungen nicht empfindlich sind."

Abweichend sind Parkettschäden bei einer „Untertrocknung" des Holzes zu beurteilen. Wenn herstellerseitig eine Wartungs- und Pflegeanweisung übergeben wurde, aus der sich eine vorgeschriebene Konstant-Raumluftfeuchtigkeit von 50 % bis 60 % ergibt, kann eine nutzerseitig zu verantwortende relative Raumluftfeuchtigkeit von beispielhaft 35 % zu einem Verlust der Gewährleistung führen, wenn sich eine Schichtentrennung oder eine überproportionale Fugenbildung einstellt.

6.14.3   Fehlende Randfugen bei Parkett- und Dielenböden

Bei allen Naturholzböden sind umlaufend wirksame Randdehnfugen einzubauen. Es ist dafür Sorge zu tragen, dass diese Fugen nicht durch Kleber- oder Spachtelmaterial verschlossen werden. Bei schwimmend verlegten Holzböden wirkt sich die Volumenveränderung in Faserquerrichtung rechnerisch additiv aus, während sie bei kraftschlüssig mit dem Untergrund verklebten Holzböden nur partiell wirksam wird.

Gemäß Remmert/Heller/Spang, „Fachbuch Parkettleger und Bodenleger" [66] gilt:

„Randabstände
Alle Parkettflächen müssen zu festen Bauteilen, z. B. zu Wänden und Pfeilern, aber auch zu Rohren usw. Randabstände einhalten. Die Breite der Randabstände richtet sich nach der Größe der Parkettfläche, der Befestigung auf dem Untergrund, nach dem Verlegemuster und nach der Holzart."

Bei Parkettböden, die mit dem Untergrund fest verklebt sind, wirkt der Haftverbund dem Schwind- und Quellbestreben des Holzes entgegen. Die Randfugen bei verklebten Parkettböden sind folgerichtig kleiner zu dimensionieren als bei schwimmender Verlegung.

Die erforderliche Breite der Randfuge errechnet sich nach der Abbildung aus Remmert/ Heller/Spang, „Fachbuch Parkettleger und Bodenleger" [66] wie folgt:

$$„a = \frac{b_R \, q_{t/R} \, AF}{100 \% \; 2 \, T}$$

a = *Randabstandsbreite umlaufend in cm*
b_R = *längste Raumseite quer zur Holzfaser in cm*
$q_{t/R}$ = *differentielles Schwund- und Quellmaß des verwendeten Holzes; Faustwert 0,25 %/%*

ΔF = *Differenz von der Normausgleichsfeuchte zur maximal*
erwarteten Ausgleichsfeuchte in %

T = *Teiler für Schwundbehinderung*
    1 =   *– genagelter Boden*
    2 =   *– schubfest geklebter Boden*
             – genagelter Boden und Muster mit verschiedenen Holzrichtungen
    4 =   *– schubfest geklebt und Muster"*

Unter diesen Voraussetzungen wäre bei einer maximal durchgängigen Parkettverlege-
breite von 11,05 m die Randfuge mit folgender Breite erforderlich:

Holz: Fertigparkett DIN 280, Eiche geklebt, auf ZE-Estrich verlegt

$$a = \frac{1105\ \text{cm} \cdot 0{,}24\ \%\ \text{pro}\ \% \cdot 4\ \%}{100\ \% \cdot 2 \cdot 2}$$

$a =$ 2,7 cm Randabstand quer zum Parkettstab

Weiter heißt es in Remmert/Heller/Spang, „Fachbuch Parkettleger und Bodenleger" [66]:

„Wenn die errechnete Randabstandsbreite größer als 2,5 cm ist, sollte die Parkettfläche
durch elastisch ausgefüllte Fugen, z. B. mit einem 1 cm breiten Korkstreifen, in Felder auf-
geteilt werden, die höchstens so groß sein dürfen, dass die errechneten Quellmaße von
den elastischen Fugen aufgenommen werden können."

Da die hier errechnete Randfugenbreite mit 2,7 cm größer als die zulässige Randabstandsbreite ist, müsste die Gesamtfläche also in mehrere Felder aufgeteilt werden.

Parketthölzer, die in Präzisionsarbeit kontaktschlüssig an feste Wandbauteile ange-
schmiegt werden, sind mangelhaft, da die freie horizontale Beweglichkeit nicht gewährleistet ist. Hier wird es unter Quell- und Schwindvorgängen zwangsläufig zu Abrissen
innerhalb des Fugenbildes kommen.

Abb. 6.127: An handwerklicher Präzision kaum zu übertreffen, aber
dennoch falsch, da sich das Holz nicht frei bewegen kann

Abb. 6.128: Sauber eingepasste Ausklinkung des Parketts am Fensteranschluss, jedoch ohne die erforderliche Bewegungsfreiheit

6.14.4   Parkett-Versiegelungen

Für die notwendige Trockenschichtdicke einer Parkettversiegelung gibt es in Deutschland keine DIN-Normen oder Richtlinien.

In Österreich hingegen gilt der Grenzwert von **80 μ** für den privaten Bereich als minimal zulässige Trockenschichtstärke von Parkettversiegelungen. Hieran angelehnt geben Hersteller von Versiegelungen für das Aufbringen ihrer Produkte die Empfehlung einer Grundierung und zwei weiteren Anstrichen. Diese ergeben zusammen eine Trockenschichtstärke von **80–100 μ** für wassergebundene Versiegelungen. Bei Versiegelungen mit Lösungsmitteln ergibt sich auf Grund ihrer höheren Dichte eine noch größere Trockenschichtdicke.

6.14.5   Höhenversätze bei Laminat und bei Fertigparkettelementen

Bei der Abnahme werden häufig von den Nutzern die Höhenversätze zwischen einzelnen Fertigparkett-Elementen oder einzelnen Laminatelementen beanstandet. Da hier eine fertige Oberfläche vorliegt und keine weitere Bearbeitung durch Flächenschliff und Versiegelung stattfindet, entscheidet die Präzision der Nut- und Federverbindungen über den Erfolg bei der Oberflächen-Ebenheit.

Der „Kommentar zu DIN 18356, DIN 18367 und DIN 18299 – Parkett- und Holzpflasterarbeiten" von Baumann/Fendt/Barth [65] führt hierzu u. a. aus:

„6 Toleranzen der Überstände:
wie bei Fertigparkett 0,2 mm (Postkartendicke).
Schüsselungen in Paneelenbreite: weniger als 0,3 mm.
(…) 7.1 Laminat-Element-Fußboden
(…) 7.2 Fertigparkett-Elemente
(…) Schwimmend verlegte Fertigparkett-Elemente
(…) Die Kanten eines Elementes dürfen höchstens 0,2 mm über den Kanten des angefügten Elementes liegen (Postkartendicke). (…)"

Abweichend hiervon legt die DIN EN 13329 geringere Toleranzen fest.

Gemäß DIN EN 13329: 2000-09 Laminatböden, Spezifikationen, Anforderungen und Prüfverfahren gilt:

Tabelle 6.30: **Allgemeine Anforderungen gem. DIN EN 13329 Laminatböden, Spezifikationen Anforderungen und Prüfverfahren**

Ebenheit des Elements f	Maximale Einzelwerte:			
	$f_{w, konkav}$	$\leq 0,15\%$	$f_{w, konvex}$	$\leq 0,20\%$
	$f_{l, konkav}$	$\leq 0,50\%$	$f_{l, konvex}$	$\leq 1,0\ \%$
Fugenöffnungen zwischen zusammengefügten Elementen, o	o_{mittel}	$\leq 0,15$ mm		
	o_{max}	$\leq 0,20$ mm		
Höhenunterschiede zwischen zusammengefügten Elementen, h	h_{mittel}	$\leq 0,10$ mm		
	h_{max}	$\leq 0,15$ mm		

6.14.6 Vollflächige Verklebung

Der „Kommentar zu DIN 18356, DIN 18367 und DIN 18299 – Parkett- und Holzpflasterarbeiten" von Baumann/Fendt/Barth [65] gibt hierzu u. a. zunächst den Originaltext der DIN 18356 wieder:

„*3.2.3 Stabparkett, Tafelparkett und Parkettriemen in Parkettklebstoffen*
(…) Der Parkettklebstoff ist vollflächig auf den Untergrund oder gegebenenfalls auf die Parkettunterlage aufzutragen. (…)
4 Kommentar zur ATV DIN 18356
(…) Hohl klingende Stellen sind kein Mangel, wenn die Verlegeeinheiten sich bei Belastung nicht bewegen.
Aufgrund der nach DIN 18202 zulässigen Ebenheitstoleranzen ist eine 100%ige Benetzung/Klebung nicht erreichbar. Als untere Grenze und ausreichende Klebung des Elementes gilt eine Benetzung/Klebung von 40 %. (…)"
„*[Originaltext DIN 18356:]*
3.2.4 Mosaikparkett
Mosaikparkett ist mit hartplastischem (schubfestem) Parkettklebstoff aufzukleben. Der Parkettklebstoff ist ausreichend dick und vollflächig auf den Untergrund aufzutragen. Das Mosaikparkett ist in die Klebstoffschicht einzuschieben, einzudrücken und dicht zu verlegen.
(…)
4 Kommentar zur ATV DIN 18356
(…) Beim Einschieben der Verlegeelemente muss das Einpressen von Klebstoff in die Fuge verhindert werden. (Zur Vermeidung wird die Verlegeeinheit auf den schon verlegten Teil gelegt und in seine Verlege-Position gezogen.)
Aufgrund der nach DIN 18202 zulässigen Ebenheitstoleranzen der Oberfläche des Untergrundes ist eine 100 % Benetzung/Klebung nicht erreichbar.
Als untere Grenze und ausreichende Klebung der Lamellen gilt eine Klebstoffbenetzung von 60 %. Es wird hier empfohlen, in jedem Falle die Verlegeanleitung bzw. die Verarbeitungsrichtlinien des Klebstoffherstellers zu beachten. (…)
Es gibt aber auch einige Parkettarten, die nicht genormt sind, wie z. B. 10-mm-Massivparkett (Glattkant) und Hochkantlamellenparkett (auch Industrie- oder Mehrzweckparkett genannt).
Hohlstellen in Teilbereichen oder Hohllagen einzelner Lamellen sind kein Mangel, soweit diese ohne technische Hilfsmittel nicht bewegt werden können.

10-mm-Massivparkett erfordert aufgrund seiner Abmessungen erhöhte Anforderungen an die Ebenheit des Untergrundes. Nur hierdurch kann die 60 %-Mindest-Benetzung (Klebung) gewährleistet werden. Lamellenbezogene Hohlstellen sind dann kein Mangel, wenn sich die Lamelle nicht (ohne technische Hilfsmittel) nennenswert bewegen lässt.“

„7.2 Fertigparkett-Elemente

(…)

Fertigparkett-Elemente geklebt verlegt

(…)

– Die Unterseiten der Fertigparkett-Elemente in Stabform müssen > 40 %, in Dielenform > 60 % mit Klebstoff benetzt sein (siehe auch bei Stab- bzw. Mosaikparkett). (…)“

6.14.7   Unterlagen zur Abnahme

VOB/C ATV DIN 18356: 2000-12 Parkettarbeiten:

„3.1 Allgemeines

(…)

3.1.4 Der Auftragnehmer hat dem Auftraggeber schriftliche Pflegeanweisungen zu übergeben. Diese müssen auch Hinweise auf das zweckmäßige Raumklima enthalten.“

Hieraus ergibt sich die verbindliche Verpflichtung des Unternehmers, den Besteller sowohl über die produktspezifischen Beschaffenheiten des verwendeten Materials in schriftlicher Form zu informieren als auch über das Verhalten des Parketts bei Unterschreitung der vorausgesetzten relativen Raumluftfeuchtigkeit (Untertrocknung).

6.15   Bodenbelagsarbeiten (DIN 18365)

6.15.1   Fußboden auf feuchtem Estrich

Zu hohe Untergrundfeuchtigkeit führt bei allen Fußböden zu schwerwiegenden und oft irreparablen Schäden. Besonders empfindlich reagieren Holzfußböden und elastische Bodenbeläge.

Bei Holzfußböden quillt das Holz, da das Holz in der Lage ist, die Feuchtigkeit des Estrichs aufzunehmen.

Bei zu feuchtem Estrich nimmt das Holz von unten die Feuchtigkeit auf, dadurch quillt und schüsselt es. Wenn der Randabstand erschöpft ist, kann es zum Aufwölben des Fußbodens und der Estrichplatte kommen. Beim Austrocknen entstehen anschließend Fugen im Holz, starke Schüsselungen gehen meistens nicht vollständig zurück.

Bei elastischen Bodenbelägen entstehen an der Oberfläche Blasen im Belag, weil der entstehende Wasserdampf nicht entweichen kann. Der Teppichkleber kann die Festigkeit verlieren, sodass nach einer möglichen Trocknung der Boden hohl aufliegt. Zeitgenössische lösungsmittelfreie Dispersionskleber sind i. d. R. feuchtigkeitsempfindlich. Eine Feuchtigkeitsanreicherung an der Unterseite der Kleberebene führt zu einer „Verseifung“ des Klebers. Er verliert seine Adhäsionsfähigkeit und wird weich bis schmierig. In diesem Zustand kann der von unten her wirkende Dampfdruck zu einer partiellen Ablösung des Belags in Form einer Blasenbildung führen.

Für die Belegreife von Estrichen gelten nachfolgende maximal zulässige Estrichfeuchten.

Gemäß Informationsdienst Holz, herausgegeben von der Arbeitsgemeinschaft Holz e. V. und von der Informationsgemeinschaft Parkett e. V., „Holzbau Handbuch, Reihe 6, Ausbau und Trockenbau, Teil 4: Böden und Beläge, Folge 2: Parkett", Stand: April 1993 [67] gilt:

„Art des Unterbodens	*Zulässiger Feuchtigkeitsgehalt (Haushaltsfeuchte)*	
Stahlbetondecke (4,5–5,2 Gew.-%)	*3,0– 3,5*	*CM-%*
Zement-Estrich (3,4–3,8 Gew.-%)	*2,3– 2,6*	*CM-%*
Magnesia-Estrich (Steinholz-Estrich)	*8,0–12,0*	*CM-%*
Anhydrit- und Gips-Estrich (0,7–1,2 Gew.-%)	*unter 1,0*	*CM-%*
Holzspanplatten	*9,0 ± 3,0*	*Gew.-%*
Füllmaterial	*2,5– 3,0*	*Gew.-%*
Lagerhölzer- nicht über	*17,0*	*Gew.-%*
Blindbodenbretter	*9 ± 3,0*	*Gew.-%"*

Nach Remmert/Heller/Spang, „Fachbuch Parkettleger und Bodenleger" [66] gilt:

„3.1 Estriche (…)
Zulässige Estrichfeuchten
Die ermittelte Estrichfeuchte muss unter den Werten bleiben, die die folgende Tabelle zeigt:

	Zement-estrich	*Anhydrit-estrich*	*Magnesia-estrich*
für alle Holzfußböden und alle elastischen und textilen Bodenbeläge	*≤ 2,0 % CM*	*≤ 0,5 % CM*	*3–12 % CM je nach Anteil der organischen Bestandteile*

Tab. Zulässige Estrichfeuchten
Die in der Tabelle angegebenen Werte beziehen sich auf Estriche mit einer Dicke von 45 mm. Bei dickeren Estrichen sollte die Estrichfeuchte bei Zementestrichen nicht höher als 1,8 CM-%, bei Anhydritfließestrichen nicht höher als 0,3 CM-% sein.
(…)
Prüfung bei Heizestrichen (…)
Die ermittelte Estrichfeuchte sollte ungeachtet der in DIN 18560 angegebenen höheren Werte unter den Werten bleiben, die die folgende Tabelle zeigt:

	Zement-estrich	*Anhydrit-estrich*	*Magnesia-estrich*
für alle Holzfußböden und alle elastischen Bodenbeläge	*≤ 1,5% CM*	*≤ 0,3% CM*	*3–12% CM je nach Anteil der organischen*
für alle textilen Bodenbeläge"	*≤ 1,5% CM*	*≤ 0,5% CM*	*Bestandteile*

Entsprechend der veröffentlichten Untersuchungen von Rapp, „Experimentelle Untersuchungen nachstoßender Feuchte aus jungen Betondecken" [68], kommentiert in Baumann/Fendt/Barth, „Kommentar zu DIN 18356, DIN 18367 und DIN 18299 – Parkett- und Holzpflasterarbeiten" [65], baut sich der anfängliche Wassergehalt in frisch hergestellten Stahlbetondecken grundsätzlich immer langsam ab und benötigt – in Abhängigkeit der angrenzenden Bauteilflächen – regelmäßig mehrere Jahre, bevor er auf einem Niveau der Ausgleichsfeuchte angelangt. Innerhalb dieses Zeitraumes diffundiert die Feuchtigkeit nach oben und nach unten aus dem Deckenquerschnitt heraus. Dieser Effekt ist insbesondere bei feuchtigkeits- und wasserdampfempfindlichen Kleber- und

Spachtelmaterialien in Verbindung mit – relativ gesehen – dampfsperrenden Bodenbelagsmaterialien kritisch.

Auch Prof. Klopfer berichtete 1999 über Forschungsergebnisse hinsichtlich des Wassertransportes innerhalb von Betonbauteilen.

Beispiel
Die Anfangsfeuchte des Betons beträgt nach einigen Wochen
Massebezogener Feuchtegehalt   um = 0,06
Bei einer Rohdichte des Betons von 2400 kg/dm^3 ergibt dies einen Anfangswassergehalt von 2400 kg · 6 % = 144 kg H$_2$O.
Der frische Beton enthält an Wasser   144 l/m^3
Der volumenbezogene Wassergehalt beträgt dann   uv = 0,144
Bei Erreichen der Gleichgewichtsfeuchte für Beton gem. DIN 4108 von uv = 0,05
beträgt der Wassergehalt in den Betonbauteilen 50 l/m^3 (um = 0,02)
Bei einer beispielhaften Deckenstärke von 20 cm ergibt sich insofern eine Wassermenge von (144 – 50 = 94) 94 l · 0,2 m^2/m^3 = 18,8 l/m^2, die aus der Decke ausdiffundieren muss.
Die Diffusionsstromdichte für Beton liegt nach Klopfer bei 25 bis 90 g/m^2 d. Bei einer idealisierten gleichförmigen Diffusionsstromrichtung und ohne behindernde dampfbremsende Schichten wäre zunächst theoretisch ein Zeitraum von etwa einem Jahr bis zu 2 Jahren erforderlich, um eine Austrocknung des Betons bis zur Gleichgewichtsfeuchte hin zu erzielen.
In der Praxis hat sich durch die Versuche von Rapp und Klopfer jedoch herausgestellt, dass hierfür bei gewöhnlichem Raumklima deutlich längere Zeiten erforderlich sind. Die tatsächliche praktische Diffusionsstromdichte liegt hiernach etwa bei 6 bis 9 g/m^2 d. DIN-Regelwerke stehen für die Klärung der speziellen Frage nachträglicher Auffeuchtung nicht zur Verfügung. Lediglich für den zulässigen Feuchtigkeitsgehalt innerhalb des Estrichs bei der Verlegung des Bodenbelages liegen Regelwerke vor.
Zur herkömmlichen Verklebung des Linoleumbelages auf Zementestrichen ist eine
Maximalfeuchte des Estrichs zulässig von   2 CM-%
Dies entspricht einer massebezogenen
Materialfeuchte von   um = 0,035 = 3,5 Gew.-%
Dies entspricht außerdem einer volumen-
bezogenen Materialfeuchte von   uv = 0,015 = 1,5 Vol.-%
In diesem Zustand enthält 1 m^3 Estrich eine Wassermenge von 15 l, bzw. bei einer Estrichstärke von 50 mm von 0,75 l/m^2 und liegt unterhalb der Ausgleichsfeuchte von Beton (s. o.). Bei Verbundestrichen besteht insofern bereits zwangsläufig immer die Gefahr, dass durch den Wasserdampf-Druckpotenzialausgleich eine Wasserdampfwanderung von der Decke aus bis in den Estrich hinein entsteht. Die dort insgesamt entweichende Menge von 18,8 l/m^2 (s. o.) darf auch anteilig nicht dazu führen, dass die für das Klebermaterial maximal zulässige Wassergehaltsmenge von 0,75 l/m^2 im Estrich überschritten wird. Dies gelingt i. d. R. nur durch dampfbremsende Schichten.

Schwimmender Estrich gem. DIN 18560-2

Bei schwimmenden Estrichen besteht die Gefahr einer Auffeuchtung von unten her nicht, da durch die dampfbremsende Wirkung der Estrichfolien eine Feuchtigkeitsanreicherung unterhalb des Linoleumbelages wirksam unterbunden wird. Ein ausgewogener Zustand wird erreicht, wenn die Wasserdampfdurchlässigkeit des Oberbelages höher oder gleichwertig gegenüber der trennenden Schicht ist.

DIN 18560-2: 1992-05 Estriche im Bauwesen; Estriche und Heizestriche auf Dämm-schichten (schwimmende Estriche):

„6.1.2 Abdecken
Vor dem Aufbringen des Estrichs muss die Dämmschicht mit einer Polyethylenfolie von mindestens 0,1 mm Dicke oder mit einem anderen Erzeugnis vergleichbarer Eigenschaf-ten abgedeckt werden. Bei Heizestrichen sind Polyethylenfolien von mindestens 0,2 mm Dicke zu verwenden. Die einzelnen Bahnen müssen sich an den Stößen mindestens 80 mm überdecken.
Zur Abdeckung sind auch andere Stoffe oder Maßnahmen zulässig, wenn eine den o. g. Stoffen gleichwertige Funktion nachgewiesen wird. (…)"

Die wasserdampfdiffusionsäquivalente Luftschichtdicke von Bauteilen und Belägen errechnet sich wie folgt:

$$s_d = \mu \cdot s$$

Polyethylen-Folien verfügen gem. DIN 4108 über eine Diffusionswiderstandszahl μ von 100.000
Bei einer Folienstärke s von 0,1 mm beträgt die wasserdampfdiffusionsäquivalente Luft schichtdicke:

$$s_d = 100.000 \cdot 0,1 \text{ mm} = 10 \text{ m}$$

Linoleum-Belag verfügt gem. DIN 4108 über eine Diffusionswiderstandszahl μ von 5000.
Bei einer Belagsstärke s von 2,5 mm beträgt die wasserdampfdiffusionsäquivalente Luft-schichtdicke:

$$s_d = 5.000 \cdot 2,5 \text{ mm} = 12,50 \text{ m}$$

Unter Berücksichtigung der zusätzlich dampfbremsenden Wirkung des Dämmstoffes und des Estrichs kann bei ordnungsgemäß schwimmend verlegten Estrichen insofern davon ausgegangen werden, dass die dampfbremsende Wirkung der PE-Estrichfolie ausreicht, um ein Nachstoßen von Feuchtigkeit aus der jungen Betondecke wirksam zu verhindern.

Verbundestrich gem. DIN 18560-3

Normalbeton verfügt gem. DIN 4108 über eine Diffusionswiderstandszahl μ von 100. Bei einer Estrichstärke s von 50 mm beträgt die wasserdampfdiffusionsäquivalente Luft-schichtdicke:

$$s_d = 100 \cdot 50 \text{ mm} = 5 \text{ m}$$

Linoleum-Belag verfügt gem. DIN 4108 über eine Diffusionswiderstandszahl μ von 5000.
Bei einer Belagsstärke s von 2,5 mm beträgt die wasserdampfdiffusionsäquivalente Luft-schichtdicke:

$$s_d = 5.000 \cdot 2,5 \text{ mm} = 12,50 \text{ m}$$

Der Verbundestrich allein kann insofern von unten her diffundierende Feuchte nicht wirksam verhindern.

Bei der Verlegung von Linoleumbelägen auf Verbundestrich ohne dampfbremsende Schichten besteht die unmittelbare Gefahr, dass aus dem „jungen" Beton des Untergrundes Feuchtigkeit diffundiv austritt und zu einer nachträglichen Feuchtigkeitsanreicherung im Estrich unmittelbar unterhalb des Oberbelages und infolgedessen zu einer Zersetzung von Kleber oder Spachtelung führt. Durch den Verlust der Haftzugfestigkeit kommt es zur Ablösung des Belages vom Untergrund, was wiederum in Verbindung mit lokalen Anreicherungen von Wasserdampf zur partiellen Blasenbildung führt. Diesem Effekt kann durch einen Sperranstrich auf der Estrichoberfläche entgegengewirkt werden. Der angemessene Aufwand für diese Art von Oberflächenabdichtungen beträgt ca. 12,78 € bis 15,34 € per m².

Estrich auf Trennschicht gem. DIN 18560-4

DIN 18560-4: 1992-05 Estriche im Bauwesen; Estriche auf Trennschicht:

„6.1 Trennschicht
Die Trennschicht ist in der Regel zweilagig, bei Gussasphaltestrich einlagig auszuführen.
Abdichtungen und Dampfsperren dürfen als eine Lage der Trennschicht gelten.
Für die Trennschicht ist
– Polyethylenfolie von mindestens 0,1 mm Dicke,
– kunststoffbeschichtetes Papier von mindestens 0,15 mm Dicke,
– bitumengetränktes Papier von mindestens 100g/m² Flächengewicht,
– Rohglasvlies von mindestens 50g/m² Flächengewicht
oder ein anderes Erzeugnis mit vergleichbaren Eigenschaften zu verwenden. (…)"

Bei einer zweilagigen Ausführung von PE-Folie mit einer Stärke von je 0,1mm beträgt die wasserdampfdiffusionsäquivalente Luftschichtdicke beispielhaft:

$$s_d = 2 \cdot 100.000 \cdot 0,1 \text{ mm} = 20 \text{ m}$$

Dieser Wert ist bereits deutlich größer als die wasserdampfdiffusionsäquivalente Luftschichtdicke des Linoleumbelages mit $s_d = 12,50$ m. Durch diese Kombination wird ein schädliches Nachstoßen von Feuchtigkeit aus der jungen Betondecke wirksam verhindert.

Tipp
Einen deutlichen Hinweis auf eine noch fehlende Belegreife erhält man durch Auflegen einer Kunststofffolie auf einen Teil des scheinbar trockenen Estrich. Zeichnet sich nach geraumer Zeit, z. B. über Nacht, die Fläche unterhalb der Folie dunkel von den Umgebungsflächen ab, ist dies ein deutlicher Hinweis auf eine zu hohe Estrichfeuchte.

6.15.2   Teppichbeläge

Geprüft werden kann bei der Abnahme die qualitative Eignung des eingesetzten Materials im Hinblick auf den Verwendungszweck.

TKG

Das deutsche Textilkennzeichnungsgesetz (TKG) ist für Industrie, Handel und Verbraucher verbindlich und regelt in Bestimmungen die Rohstoffgehaltsangabe fast aller dem Endverbraucher angebotenen Textilerzeugnisse und ist den Textilkennzeichnungsrichtlinien der Europäischen Gemeinschaft angepasst. Ziel des Gesetzes ist es, den Verbraucher darüber zu informieren, aus welchen Textilmaterialien ein Erzeugnis besteht. Das Gesetz schreibt die Bezeichnung der verschiedenen Faserarten vor, macht Angaben zu den Gewichtsanteilen und verpflichtet die Hersteller zur Kennzeichnung der Rohstoffe in definierten Bezeichnungen.

ETG Teppich-Siegel der Europäischen Teppich Gemeinschaft
Das ETG-Teppichsiegel ist offizielles Qualitätssiegel zur Kennzeichnung geprüfter Teppichböden nach den ETG-Richtlinien. Aus den Angaben des ETG-Teppich-Siegels erkennt der Verbraucher auf einen Blick die Qualität und Belastbarkeit des Teppichbodens sowie Angaben über die Erfüllung der Anforderungen.

Einsatzbereich
Der empfohlene Einsatzbereich direkt unter der Bildmarke gibt dem Käufer eine Orientierungshilfe. Insgesamt werden fünf Einsatzbereiche unterschieden. Jeder dieser Bereiche muss bestimmte Werte für die Beanspruchung erfüllen.

Komfort
Der Komfort wird im Wesentlichen durch die Dichte und Höhe der Polschicht und die Noppenzahl bestimmt. An der Zahl der Sterne erkennt man, wie hochwertig die Ware ist. Je mehr Sterne, desto mehr Polmaterial ist in den Teppichboden eingearbeitet.

Beanspruchung
Der Beanspruchungsgrad von gering bis extrem wird jeweils mit einem Stern markiert.

Zusatzeignung
Die Zusatzeignungen: Stuhlrolle, Treppe, Fußbodenheizung und Antistatik sind durch einfache Symbole visualisiert, wobei Stuhlrolle und Treppe ggf. durch den Hinweis „wohnen" eingeschränkt werden. Ist kein Hinweis vorhanden, gilt automatisch die Eignung für Wohn- und Objektbereich.

Kontrollnummer
Sie garantiert, dass der Teppichboden geprüft und zertifiziert wurde. Das Prüfergebnis kann abgerufen werden.

Material-Info
Die Material-Information gibt Aufschluss über die Beschaffenheit der Nutzschicht.

Abb. 6.129: Teppichsiegel

Abweichung der Verlegerichtung

In Remmert/Heller/Spang „Fachbuch Parkettleger und Bodenleger" [66] heißt es:

„6.4.2.2.2 Verlegen von Bahnen
Vor dem Verlegen von Bahnen sollte ein Verlegeplan angefertigt werden, in dem die
Anordnung der Bahnen und die Florrichtung bei Teppichböden eingezeichnet ist. (…)
Nach DIN 18365 ist die Verlegerichtung nicht vorgeschrieben. Wenn es bei gleichem Ver-
schnitt aber möglich ist, sollten die Bahnen so angeordnet werden, dass sie auf die Fenster
zulaufen, weil so die Nähte weniger sichtbar sind. Bei Teppichböden, insbesondere bei
Velouren, sollte darüber hinaus wenn möglich die Florrichtung zum Fenster zeigen, weil
so bei aufgestelltem Flor weniger Schattierungen sichtbar sind. (…)
Bei Veloursteppichböden kann es unabhängig vom Herstellungsverfahren und der Verle-
gerichtung zu unregelmäßigen Polverwerfungen kommen. In der Teppichbodenfläche
erscheinen dann unregelmäßig hellere und dunklere Flecken, an denen der Flor gegenüber
dem restlichen Teppichboden in eine andere Richtung geneigt ist. Diese Schattierungen
werden nach dem englischen Wort für Schatten als Shading bezeichnet. Shading hat zwar
keinen Einfluss auf die Haltbarkeit eines Teppichbodens, kann aber die Optik des Bodens
empfindlich stören. (…)"

> **Tipp**
> Die **Florrichtung** lässt sich vor Ort einfach mit einem Zollstock oder einem Blatt
> Papier und einem Bleistift feststellen.
> Bei der Zollstockprobe streicht man mit dem zusammengeklappte Zollstock in Bah-
> nenlängsrichtung zunächst von rechts nach links über den Teppich und anschließend
> in gegenläufiger Richtung. Mit der Florrichtung gestrichen, erscheint der Flor hell,
> entgegen der Florrichtung gestrichen, erscheint er dunkel.
> Bei der Bleistiftprobe legt man ein DIN-A4-Blatt auf den Teppich und rollt darauf
> einen Bleistift mit der flachen Hand über den Belag. Das Papierblatt wandert dabei
> langsam in der Florrichtung.

6.15.3   Elastische Bodenbeläge

Die Klassifizierung von elastischen Bodenbelägen erfolgt nach den Beanspruchungs-
klassen der DIN EN 685: 1996-07 für die Verwendungsbereiche:

- Wohnen
- Gewerblich
- Industriell,

in den Abstufungen: mäßig – normal – stark – sehr stark.

In den einzelnen Prüfnormen für die unterschiedlichen elastischen Bodenbeläge sind
spezifische Anforderungen formuliert, wie:

„Resteindruck nach konstanter Belastung" (Definition von verbleibenden Druckstellen
im Belag).

Blasenbildung

Bei elastischen Bodenbelägen kann es nach Fertigstellung oder nach Inbenutzungnah-
me zum partiellen Verlust der Kohäsion des Klebers mit einer Blasen- oder Stauchbla-
senbildung kommen. Die Blasenbildung weist regelmäßig auf eine Feuchtigkeitsanrei-

cherung unmittelbar unterhalb der Kleberebene hin auf Grund überhöhter Feuchtigkeit innerhalb der Lastverteilungsschicht oder auf eine nachträgliche Auffeuchtung infolge von Diffusion oder Havarie. Stauchblasen können im Aufstandsbereich von Überbeanspruchung durch Einrichtungsgegenstände entstehen, z. B. wenn hierdurch Querkräfte ausgeübt werden.

6.15.4 Musterrapporte

Überall dort, wo Bodenbelagsbahnen mit regelmäßigen Rapportmustern aneinander stoßen, sollen die Muster aneinander passen. Dieser Effekt ist nur erreichbar, wenn die Muster auf den Bahnen über die gesamte Länge und Breite gleich bleibend verteilt verlaufen. Bedingt durch die Produktionsverfahren können jedoch insbesondere bei textilen Bodenbelägen Musterverzüge auftreten. Vor dem Verlegen von mehreren Bahnen mit Rapportmustern innerhalb eines Raumes sind vor dem Zuschnitt die Musterrapportverzüge zu kontrollieren. In Deutschland gelten keine Normen für die Zulässigkeit von Musterverzügen.

VOB/C ATV DIN 18365: 2000-12 Bodenbelagarbeiten:

„3.4 Verlegen der Bodenbeläge
(…)
3.4.5 Bahnen mit Rapport sind mustergleich zu verlegen.“

Danach wären keine Rapportverzüge zulässig. Lieferseitige Verzüge müssten also ausgespannt werden.

In der Schweiz gilt zum Vergleich die schweizerische Norm SN 567235, nach der folgende Maximalwerte gelten:

„Maximale Abweichung in Länge und Breite:	*1,0 %*
Bogen- und Schrägverzüge:	
– bei Bahnenbreite bis zu 2,0 m:	*1,0 %*
– bei Bahnenbreite über 2,0 m:	*1,5 %*
– maximal:	*6 cm“*

Musterverzüge können auftreten als:

● **Längsverzug**
Das Maß des Musterrapports variiert innerhalb der Bahnenlänge.

● **Querbogenverzug**
Die Muster fluchten nicht in Bahnenquerrichtung.

● **Schrägverzug**
Die Muster bei den Bahnenrändern liegen sich nicht rechtwinklig gegenüber.

● **Reißverschlussoptik**
Werden insbesondere klein gemusterte karierte Bodenbeläge in der Naht geschnitten, tritt eine Reißverschlussoptik auf, die auch bei sorgfältiger Arbeitsweise nicht zu verhindern ist. Es handelt sich hierbei um einen unvermeidbaren Effekt.

Abb. 6.130: Reißverschlussoptik bei klein gemusterten Textilbelägen

Eine Reißverschlussoptik im Nahtbereich klein gemusterter karierter Bodenbeläge ist deshalb nicht zu beanstanden.

6.15.5   Faltenwurf/Stolperstellen/Kopfnähte

Faltenwurf

Nach Verlegung der Oberbeläge markiert sich mitunter bereits bei der Abnahme ein gradliniger oder unregelmäßiger Faltenwurf an der Oberfläche. Im ersten Fall muss von einer nicht kraftschlüssig verklammerten Scheinfuge innerhalb der Lastverteilungsschicht oder einer unzulässig überklebten Dehnungsfuge ausgegangen werden. Im zweiten Fall liegt mit hoher Wahrscheinlichkeit eine Rissbildung in der Lastverteilungsschicht vor.

Stolperstellen

Bei Übergängen zwischen unterschiedlichen Bodenbelagsarten und in Türbereichen entstehen häufig Höhenversätze. Im privaten Wohnbereich ist das zulässige Maß von sog. Stolperkanten oder Stolperstellen nicht festgelegt. Hilfsweise können hier aber die allgemeinen Unfallverhütungsvorschriften herangezogen werden, denn für den Fall, dass Putzkräfte, Service- oder Pflegepersonal eingesetzt werden, kann sich der Wohnbereich zum Arbeitsplatz entwickeln.

VBG 1 „Unfallverhütungsvorschrift UVV Allgemeine Vorschriften", der VBG Verwaltungs-Berufsgenossenschaft, Stand: Oktober 1991 [69]:

„Fußböden in Räumen (Gebäuden), lichtdurchlässige Wände
§ 20 (1) Fußböden in Räumen dürfen keine Stolperstellen haben; sie müssen eben und rutschhemmend ausgeführt und leicht zu reinigen sein. (...)"

ZH 1/571: 1993-10 „Merkblatt für Fußböden in Arbeitsräumen und Arbeitsbereichen mit Rutschgefahr", herausgegeben vom Fachausschuss Bauliche Einrichtungen [45]:

„4 Weitere bauliche Anforderungen an Fußböden
Fußböden dürfen keine Stolperstellen aufweisen. Sie müssen nach § 20 Abs. 1 UVV ‚Allgemeine Vorschriften‘ (VBG 1) eben ausgeführt sein, außerdem soll die Bildung von Wasserlachen vermieden sein. (...)
Als Stolperstellen gelten im Allgemeinen Höhenunterschiede von mehr als 4 mm."

Kopfnähte

VOB/C ATV DIN 18365: 2000-12 Bodenbelagarbeiten:

„3.4 Verlegen der Bodenbeläge (…)
(…)
3.4.4 Die Verlegerichtung des Bodenbelages bleibt dem Auftragnehmer überlassen.
Kopfnähte sind nur bei Bahnenlängen über 5 m zulässig, wobei eine Ansatzlänge von 1 m
nicht unterschritten werden darf."

6.15.6   Verschmutzungen/Beschädigungen/Verunreinigungen

Bei der Abnahme von Bodenbelagsarbeiten sind regelmäßig Beschädigungen und Ver-
unreinigungen zu beanstanden. Hierzu zählen insbesondere:

- Kleber-Verunreinigungen durch das Bodenlegergewerk selbst
- Farbspritzer durch das nachfolgende Malergewerk
- Verkratzungen durch Rollgerüste, Gerüste und Leitern der Nachfolgegewerke
- Brandlöcher und Kaffeeflecken in den „Pausenecken"
- Kantenbeschädigungen an Treppenstufen infolge von Materialtransporten
- Abdrücke durch Materiallagerungen
- Verschmutzungen in Laufzonen auf Grund vernachlässigter Schutzabdeckung

Da relevante Beschädigungen und nachhaltige Verschmutzungen immer einen Kom-
plettaustausch des Bodenbelags innerhalb eines Raumes verursachen, muss eine
sorgfältige Schadensfeststellung vor der Abnahme erfolgen. Beschädigungen durch
unbekannte Dritte, die vor der Abnahme entstehen, sind generell durch die Bauwesenversicherung abgedeckt. Wirtschaftlich entscheidend ist hierbei die Höhe des in der
Versicherungspolice vereinbarten Selbstbehalts.

6.15.7   Passgenauigkeit/Maßhaltigkeit

Passungs- und Fügungsgenauigkeit

Bei textilen Bodenbelägen kann prinzipiell durch Verspannen des Materials sichergestellt werden, dass die Bahnen untereinander fugenlos verlegt werden. Bei PVC- und Linoleumbelägen kann dies ebenfalls durch entsprechende Schnitt- und Fügetechnik sichergestellt werden. Gelegentlich zu beanstanden sind Schnittkanten entlang der äußeren
Begrenzungskonturen, wenn sie nicht durch die Sockelrandstreifen überdeckt werden.

Maßhaltigkeit

Für die Ebenheit der fertigen Bodenbelagsoberfläche sowie für die Waagerechtigkeit
sind die Prüfkriterien der DIN 18202 Maßtoleranzen im Hochbau maßgeblich.

6.15.8   Fehlstellen im Untergrund

Sofern der Estrichrandstreifen durch das Estrichlegergewerk nicht scharfkantig in den
Raumecken und in den Ecken von Fensternischen fixiert worden ist, verfügt die Estrichplatte nicht über scharfkantige Konturen, sondern über abgerundete Außenecken. Zu
den Raumecken hin bilden sich auf diese Weise dreieckförmige Fehlstellen, deren Kantenlänge nicht selten 50 mm beträgt. Wird der Bodenbelag über diese Fehlstellen hinweg
verlegt, ohne dass zuvor eine fachgerechte Verfüllung der Fehlstellen durchgeführt wird,
entstehen hier nachgiebige Hohllagen. Insbesondere bei feuchtigkeitsbeanspruchten

PVC- oder Linoleumbelägen kann dies zum Abriss der Randversiegelung führen und in der Folge zum Eindringen von Feuchtigkeit in den Bauteilquerschnitt.

6.15.9 Unterlagen zur Abnahme

VOB/C ATV DIN 18365: 2000-12 Bodenbelagarbeiten:

„3.1 Allgemeines
(…)
3.1.4 Der Auftragnehmer hat dem Auftraggeber die schriftliche Pflegeanweisung für den Bodenbelag zu übergeben.“

Hieraus ergibt sich die verbindliche Verpflichtung des Unternehmers, den Besteller über die produktspezifischen Beschaffenheiten des verwendeten Materials in schriftlicher Form zu informieren.

6.16 Maler- und Lackierarbeiten (DIN 18363)/Tapezierarbeiten (DIN 18366)

Tapetenstöße

Häufig beanstandet werden aufklaffende Bahnenstöße von Mustertapeten oder von Raufasermaterial. Bei zu feuchten Untergründen während des Tapezierens kommt es nach dem Austrocknen zu klaffenden Tapetenstößen, die zu beanstanden sind, wenn sie aus einem gewöhnlichen Betrachtungsabstand von etwa 2 m als störend empfunden werden.

Gemäß dem Merkblatt Nr. 16 des BFS „Technische Richtlinien für Tapezier- und Klebearbeiten", Bundesausschuss Farbe und Sachwertschutz, Stand: September 1996 [70] wird Raufasertapete unter Punkt 5.1.2 den „Wandbekleidungen für nachträgliche Behandlung" zugeordnet. Unter Punkt 5.3.2 heißt es:

„Wandbekleidungen aus Papier
Sie sind mit Spezialkleister auf Stoß zu tapezieren. (…) Überlappungen sind zu vermeiden.“

Eine Norm für die Zulässigkeit von sichtbar klaffenden Stoßfugen steht nicht zur Verfügung. Das Ziel einer Raufasertapezierung ist nach erfolgter Farbbeschichtung vielmehr eine flächige Anmutung. Nach dem Einkleistern dehnt sich das Papiermaterial um bis zu **15 mm** in der Breite aus. Bei ordnungsgemäßer Verklebung der eingeweichten Bahnen mit dem Untergrund wird das Schrumpfungsbestreben der Tapete bei der Austrocknung durch den Kleber vollständig behindert. Aufklaffende Stöße deuten insofern auf eine unzureichende Verklebung der Tapete, meistens auf Grund eines überfeuchteten Tapetengrundes hin. Aus einem angemessenen Betrachterabstand in einer Entfernung von Wänden von etwa 2 m und bei aufrecht stehender Position bei der Beurteilung von Decken darf insofern keine sichtbare Stoßbildung mehr erkennbar sein.

Anstricharbeiten

Ungleichmäßige Farbbeschichtungen und nicht deckende Farbanstriche sind nicht hinzunehmen.

Schutzmaßnahmen

Bei Schutzabklebungen ist darauf zu achten, dass Klebebänder materialverträglich und leicht zu entfernen sind. Häufig löst sich bei der Entfernung von Schutzklebestreifen oder von Schutzklebefolien der Untergrund ab oder es kommt beim Beschneiden und

Abstoßen der Schutzmaterialien zu Verkratzungen oder Schnittbeschädigungen des betreffenden Bauteils.

Balkonbeschichtungen

Bei der Ausführung von Balkonbeschichtungen gelten prinzipiell die gleichen Regelungen wie bei der Ausführung von Flachdach-Abdichtungen. An aufgehenden Gebäudeteilen muss eine rückwärtige Aufkantung des Abdichtungsmaterials hergestellt werden. Entsprechende Arbeits- und Dehnfugen müssen nach Herstellervorschrift ausgebildet werden. Freie vertikale Stirnseiten der Balkonplatten müssen in die obere Horizontalabdichtung mit einbezogen werden. Hierfür wird zur Sicherstellung einer durchgängig gleichen Schichtstärke nach Herstellervorschrift ein Armierungsgewebe im Kantenbereich eingearbeitet.

Entlang der unteren Kante der Balkon-Stirnseiten wird ein Tropfkantenprofil eingearbeitet, damit herablaufendes Regenwasser nach unten abtropfen kann.

Die Untersicht von beschichteten Balkonflächen sollte diffusionsoffen beschichtet werden, damit Restfeuchtigkeit nach unten hin ausdiffundieren kann, ohne dass eine Farbablösung eintritt.

6.17   Metallbauarbeiten (DIN 18360)/Stahlbauarbeiten (DIN 18335)

Schweißnähte

Bei Metallbauarbeiten fallen Beanstandungen gelegentlich hinsichtlich der optischen Qualität von Schweißnähten an.

VOB/C ATV DIN 18360: 2000-12 Metallbauarbeiten:

„3.1 Allgemeines
(…)
3.1.2 Konstruktive Anforderungen
3.1.2.1 Schnitt- und Sägekanten sind zu entgraten.
(…)
3.1.2.3 Überstehende Schweißraupen von Stumpfnähten müssen, wenn sie statisch nicht notwendig sind, an sichtbar bleibenden Flächen beseitigt werden.
(…)
3.1.4 Befestigung am Bauwerk
(…)
3.1.4.4 Verbindungen und Befestigungen sind so auszuführen, dass sie die Bewegungen aus den Bauteilen und dem Bauwerk aufnehmen können.
(…)
3.12.5 Handläufe sind allseitig zu entgraten und an geschweißten Stoßstellen bündig zu schleifen. Bestehen sie aus zusammengesetzten Profilen, dürfen sie nicht von oben verschraubt werden.“

Korrosionsschutz

Korrosionsgefährdete Bauteile müssen entsprechend ihrer Beanspruchung geschützt werden.

VOB/C ATV DIN 18335: 2000-12, Stahlbauarbeiten:

„3.4 Korrosionsschutzarbeiten
3.4.1 Die Stahlbauleistungen umfassen auch die Oberflächenvorbereitung und das Auf-
bringen einer Grundbeschichtung; in diesem Fall ist die ATV DIN 18364 ‚Korrosions-
schutzarbeiten an Stahl- und Aluminiumbauten‘, Abschnitte 1 bis 4, sinngemäß und die
ATV DIN 18364, Abschnitt 5, jedoch nicht anzuwenden.
3.4.2 Der Auftragnehmer hat die im Endzustand nicht von Beton berührten Oberflächen
nach DIN EN ISO 12944-4 ‚Beschichtungsstoffe – Korrosionsschutz von Stahlbauten
durch Beschichtungssysteme – Teil 4: Arten von Oberflächen und Oberflächenvorberei-
tung‘ vorzubereiten und eine Grundbeschichtung nach DIN EN ISO 12944-5 ‚Beschich-
tungsstoffe – Korrosionsschutz von Stahlbauten durch Beschichtungssysteme – Teil 5:
Beschichtungssysteme‘ und DIN EN ISO 12944-7 ‚Beschichtungsstoffe – Korrosionsschutz
von Stahlbauten durch Beschichtungssysteme – Teil 7: Ausführung und Überwachung der
Beschichtungsarbeiten‘ aufzubringen.
Bei Berührungsflächen zu verbindender Stahlbauteile ist jedoch DIN 18800-7 zu beachten."

VOB/C ATV DIN 18364: 2000-12 Korrosionsschutzarbeiten an Stahl- und Aluminiumbauten:

„3.2 Korrosionsschutzarbeiten an Stahl (…)
3.2.2.2 Bei Erstbeschichtungen sind eine Grundbeschichtung, zwei Zwischenbeschichtun-
gen und eine Deckbeschichtung auszuführen. (…)"

Nach Bablick/Federl, „Das Fachwissen für den Maler und Lackierer" [71] gilt für:

Beschichtungen auf Stahl: (Schema nach J. Ruf) Dünnschichtsystem mit insgesamt
170 µm; Trockenschichtdicke bei 4 Anstrichen:

- erster Grundanstrich: 30 µm
- zweiter Grundanstrich: 40 µm
- erster Deckanstrich: 50 µm
- zweiter Deckanstrich: 50 µm

6.18   Raumlufttechnische Anlagen (DIN 18379)

6.18.1   Allgemeine Regelungen gem. VOB/C ATV

Für die erforderlichen Abnahmeprüfungen sind Regelungen in der VOB wie folgt getroffen:

VOB/C ATV DIN 18379: 2000-12 Raumlufttechnische Anlagen:

„3.5 Abnahmeprüfung
Es ist eine Abnahmeprüfung nach VDI 2079 ‚Abnahmeprüfung an Raumlufttechnischen
Anlagen‘ durchzuführen, die dabei vorgesehene Funktionsmessung jedoch nur nach
besonderer Vereinbarung.
3.6 Mitzuliefernde Unterlagen
Der Auftragnehmer hat im Rahmen seines Leistungsumfanges aufzustellen und dem Auf-
traggeber spätestens bei der Abnahme zu übergeben:
– Anlagenschema,
– Elektrischer Übersichtsschaltplan und Anschlussplan nach DIN EN 61082-1 und
  DIN EN 61082-3 ‚Dokumente der Elektrotechnik‘;
– Zusammenstellung der wichtigsten technischen Daten,

– *alle für einen sicheren und wirtschaftlichen Betrieb erforderlichen Betriebs- und War-*
  tungsanleitungen nach DIN V 8418 ‚Benutzerinformation – Hinweise für die Erstellung',
– *Protokoll über die Einweisung des Wartungs- und Bedienungspersonals. (…)"*

6.18.2   Einzelraumlüfter

Die Entlüftung von innen liegenden Bädern und Toilettenräumen ist für Wohnungen in
der DIN 18017 hinsichtlich der Mindestvolumenströme geregelt.

Gemäß DIN 18017-3: 1990-08 Lüftung von Bädern und Toilettenräumen ohne Außenfenster mit Ventilatoren gilt:

„3. Grundsätzliche lüftungstechnische und hygienische Anforderungen
3.1 Volumenströme
3.1.1 Planmäßige Mindestvolumenströme
Entlüftungsanlagen zur Entlüftung von Bädern, auch mit Klosettbecken, können wahlwei-
se, je nach Ausführungsart und Betriebsweise für folgende planmäßigen Mindestvolu-
menströme ausgelegt werden:
40 m³/h: Dieser Volumenstrom muss über eine Dauer von mindestens zwölf Stunden je
*   Tag abgeführt werden oder*
60 m³/h: Wenn der Volumenstrom auf 0 m³/h reduziert werden kann, muss sichergestellt
*   werden, dass nach jedem Ausschalten weitere 5 m³ Luft über die Anlage (Lüf-*
*   tungsgerät oder Abluftventil) aus dem zu lüftenden Raum abgeführt werden.*
*   Dies bedeutet, dass z. B. bei Einzelentlüftungsanlagen das Abluftgerät nach*
*   jedem Betätigen des Ausschalters so lange nachläuft, bis weitere 5 m³ Luft*
*   abgeführt sind. (…)*
Für Toilettenräume muss der Volumenstrom mindestens die Hälfte dieser Werte betragen.
(…)
3.1.3 Volumenstromabweichungen
Die Volumenströme dürfen sich gegenüber den planmäßigen Volumenströmen durch
Wind und thermischen Auftrieb um nicht mehr als ± 15 % ändern. (…)
3.2 Zuluftführung
Jeder zu entlüftende innen liegende Raum muss eine unverschließbare Nachströmöffnung
von 150 cm² freien Querschnitts haben. (…)
3.4 Luftführung in Bädern
In Bädern ist die Luft so zu führen, dass sie im Aufenthaltsbereich des Badenden keine
Luftgeschwindigkeit über 0,2 m/s hat."

In der Praxis werden die erforderlichen Mindestvolumenströme oft nicht erreicht, weil
die für den Permanentbetrieb vorgesehenen Lüfter mit kleiner Leistung an die Licht-
schaltung gekoppelt angeschlossen werden oder sogar mit einem separaten Schalter ausgerüstet werden. Die Nutzer regeln die Betriebsdauer der Lüfter unter dem Aspekt des
Lüftungswärmeverlustes. Dies führt zu einer unzureichenden Abfuhr von feuchter Luft
aus den Nassbereichen und in der Folge zu Schimmelpilzbeanstandungen.

Für Gewerbeeinheiten gelten ersatzweise die Anforderungen der Arbeitsstättenrichtlini-
en ASR.

Arbeitsstätten-Richtlinie Umkleideräume ASR 34/1-5, Ausgabe Juni 1976:

„6 Lüftung der Umkleideräume
(…) 6.2 Lüftungstechnische Anlagen in Umkleideräumen sind so auszulegen, dass sie
einen vier- bis achtfachen Luftwechsel je Stunde ermöglichen. Um zu vermeiden, dass

Wrasen von Waschräumen mit Duschen in Umkleideräume gelangen, soll in Umklei-
deräumen ein höherer Druck als in Waschräumen herrschen."

Arbeitsstätten-Richtlinie Waschräume ASR 35/1-4, Ausgabe September 1976:

„6 Lüftung der Waschräume
(…) 6.2 Lüftungstechnische Anlagen sind so auszulegen, dass sie in Waschräumen einen
mindestens zehnfachen Luftwechsel pro Stunde ermöglichen."

Arbeitsstätten-Richtlinie Toilettenräume ASR 37/1, Ausgabe September 1976:

„6 Lüftung der Toilettenräume
(…) 6.2 Lüftungstechnische Anlagen sind so auszulegen, dass sie in Toilettenräumen
einen Luftwechsel von 30 m³/h je Toilette und 15 m³/h je Bedürfnisstand ermöglichen.
Insgesamt darf der Luftwechsel das Fünffache des Rauminhalts nicht unterschreiten."

Entlüftungsanlagen müssen so konstruiert sein, dass Kondensat an den Rohrwandungen nicht entstehen kann. Leitungsstränge, die durch Kaltzonen geführt werden, wie
z. B. in kalten Dachbodenbereichen oder Außenbereichen, müssen außen eine umlaufende Wärmedämmung erhalten. Bei ordnungsgemäßem Betrieb der Lüftungsanlage
kann dann kein Tauwasser anfallen, da die feuchtwarme Luft mit hinreichender
Geschwindigkeit aus dem Schacht heraustransportiert wird und eine Abkühlung unterhalb der Taupunkttemperatur allenfalls erst im Außenbereich eintritt.

DIN 18017-3: 1990-08 Lüftung von Bädern und Toilettenräumen ohne Außenfenster mit
Ventilatoren:

„3.9 Abluftleitungen
Abluftleitungen müssen dicht und standsicher sein. Abluftleitungen müssen so beschaffen
oder wärmegedämmt sein, dass Kondensatschäden nicht entstehen können. (…)"

Abb. 6.131: Nachträglich umgelegter Abluftstrang
vor einem Küchenfenster; die Wärmedämmung fehlt

Sofern die Lüftungsanlagen nicht ordnungsgemäß betrieben werden oder möglicherweise von den Mietern nicht eingeschaltet werden, entsteht durch das Wasserdampfdruckgefälle vom Badezimmer zum Außenniveau sowie durch den thermischen Auftrieb im Schacht eine erhöhte Luftfeuchtigkeitskonzentration im Rohr, die im Bereich von kühlen Bauteiloberflächen zu einem Tauwasserausfall führen können. Das Kondensatwasser läuft dann im Rohr zurück und tropft aus der raumseitigen Öffnung ab. Sind innerhalb des Leitungsverlaufs durchhängende Strecken, z. B. bei Wickelfalzrohren vorhanden, entsteht dort ein Anstau, der bei undichten Verbindungen zu Leckagen führt. Bei ordnungsgemäßer Rohrisolierung im Dachbodenbereich und bei regelmäßigem Betrieb der Entlüftungsanlage kann jedoch kein Tauwasser im Rohr ausfallen.

6.18.3 Küchenabluftanlagen

Bei modernen Wohnungsbauten werden im Küchenbereich oft Hochleistungsabzugshauben verkauft mit Luftleistungen von z. B. 1.200 m³/h. Hier sind zwei Dinge zu beachten:

● **ausreichende Zufuhr von erwärmter Frischluft**
Bei einer rechnerisch im Wärmebedarfsnachweis vorausgesetzten Luftwechselzahl von $n = 0,7 \, h^{-1}$ ergibt sich ein Austausch von 0,7-mal des Raumvolumens.

Beispiel
Bei einem beispielhaften Luftvolumen einer 160-m²-Wohnung
von 430 m³ bedeutet dies, dass der Wärmebedarf für eine
Luft-Austauschmenge berechnet worden ist von   300 m³/h.
Die Küchenabluft setzt jedoch im Betrieb eine Luftmenge
um von   1.200 m³/h.
Hieraus ergibt sich, dass der Wohnung 4-mal mehr Warmluft entnommen wird, als ihr zugeführt werden kann. Die Küchenabluft muss daher bei der Wärmebedarfsauslegung berücksichtigt werden. Es müssen Zuluftvorrichtungen geschaffen werden mit Heizregistern o. Ä.

● **Verhinderung des gemeinsamen Betriebes mit offenem Kamin**
Steht die Küche im Luftverbund mit dem Wohnzimmer, kann ein dort befindlicher offener Kamin bei dem Betrieb von Abzugsanlagen durch das entstehende Unterdruckniveau in umgekehrter Strömungsrichtung als ungewollte Zuluftführung wirken. Es kann zur Verrauchung der Räumlichkeiten, zum Funkenflug und zum Flammenaustritt aus der Brennkammer in den Raum hinein kommen.
Entsprechende Auflagen sind in den jeweiligen Feuerungsverordnungen der Bundesländer enthalten.

Beispiel
Feuerungsverordnung (FeuVo) vom 7. 12. 1995 Mecklenburg-Vorpommern (GVOBl. M-V 1996 S. 44):

„*§ 4 Aufstellung von Feuerstätten*
(...)
(2) Raumluftabhängige Feuerstätten dürfen in Räumen, Wohnungen oder Nutzungseinheiten vergleichbarer Größe, aus denen Luft mit Hilfe von Ventilatoren, wie Lüftungsoder Warmluftheizungsanlagen, Dunstabzugshauben, Abluft-Wäschetrockner, abgesaugt wird, nur aufgestellt werden, wenn

1. *ein gleichzeitiger Betrieb der Feuerstätten und der Luft absaugenden Anlagen durch Sicherheitseinrichtungen verhindert wird,*
2. *die Abgasführung durch besondere Sicherheitseinrichtungen überwacht wird,*
3. *die Abgase der Feuerstätten über die Luft absaugenden Anlagen abgeführt werden oder*
4. *durch die Bauart oder die Bemessung der Luft absaugenden Anlagen sichergestellt ist, dass kein gefährlicher Unterdruck entstehen kann. (…)"*

Durch elektrische, thermisch gesteuerte Regelungen oder über Druckschalter an der Rauchklappe im Kamin wird der gemeinsame Betrieb verhindert.

6.18.4   Lüftungsanlagen in gewerblichen Bereichen

Arbeitsstätten-Richtlinie ASR 5: 1979-10 Lüftung:

„Zu § 5 der Arbeitsstättenverordnung
(…)
4 Lüftungstechnische Anlagen
(…) 4.2 Anforderungen
4.2.1 Außenluftstrom
Als Außenluftstrom sind zugrunde zu legen:
20–40 m³/h Person bei überwiegend sitzender Tätigkeit
40–60 m³/h Person bei überwiegend nicht sitzender Tätigkeit
über 65 m³/h Person bei schwerer körperlicher Arbeit.
(…)
4.2.2 Raumluftgeschwindigkeit
Die lüftungstechnischen Anlagen sind so auszulegen, dass an den Arbeitsplätzen keine unzumutbare Zugluft auftritt. Zuglufterscheinungen sind vorwiegend von der Temperatur der Luft, der Luftgeschwindigkeit und der Art der Tätigkeit (d. h. Wärmeerzeugung durch körperliche Arbeit) abhängig. Bis zu einer Temperatur von 20 °C tritt bei einer Luftgeschwindigkeit unter 0,2 m/sec üblicherweise keine Zugluft auf. (…)"

6.19   Heizungsanlagen (DIN 18380)

6.19.1   Hydraulischer Abgleich

Bei der Dimensionierung und Auslegung von Heizungsanlagen (Kessel, Rohrnetz, Heizflächen) werden nicht mehr die üppigen Sicherheitszuschläge angewendet wie in vergangenen Zeiten. Die Anlagen werden vielmehr hydraulisch so optimiert, dass unter normativen Nutzungsverhältnissen ein minimaler Verbrauch an Heizenergie angestrebt wird. Dementgegen sind die individuellen Komfort-Bedürfnisse und das Heizverhalten der Bewohner jedoch häufig abweichend von den Norm-Voraussetzungen.

Insbesondere berufstätige Mieter regeln ihr Heizkörperthermostate während des Tages herunter mit dem vermeintlichen Ziel der Heizkostenersparnis. Schlafzimmer werden ebenfalls gern über längere Zeiträume hinweg untertemperiert.

Auf diese Weise ist in Wohnanlagen häufig die bei der Berechnung vorausgesetzte Gleichmäßigkeit der Raumtemperaturen nicht sichergestellt. Häufig klagen die Bewohner darüber, dass die Wohnräume sich nur unvollständig beheizen lassen.

Die Heizkörper einzelner Räume oder einzelner Wohnungen müssen mehr Heizenergie abgeben, als es ihnen bestimmungsgemäß möglich ist. Um dies auch nur annähernd zu erreichen, ist ein „hydraulischer Abgleich" der gesamten Anlage unabdingbar.

Gemäß VOB/C ist der **hydraulische Abgleich** durch den Auftragnehmer geschuldet.

VOB/C ATV DIN 18380: 2000-12 Heizanlagen und zentrale Wassererwärmungsanlagen:

„3.5 Einstellung der Anlage
3.5.1
Die Anlagenteile sind so einzustellen, dass die geforderten Funktionen und Leistungen erbracht und die gesetzlichen Bestimmungen erfüllt werden. Der hydraulische Abgleich ist so vorzunehmen, dass bei bestimmungsgemäßem Betrieb, also z. B. auch nach Raumtemperaturabsenkung oder Betriebspausen der Heizanlage, alle Wärmeverbraucher entsprechend ihrem Wärmebedarf mit Heizwasser versorgt werden.
3.5.2
Die erste Einstellung ist zur Abnahme vorzunehmen. Die endgültige Einstellung ist in der ersten Heizperiode bei einer durch die Witterung vorgegebenen Belastung von mindestens 50 % der maximalen Belastung vorzunehmen. Voraussetzung für die endgültige Einstellung ist, dass das Gebäude fertig gestellt ist.
3.5.3
Das Bedienungs- und Wartungspersonal für die Anlage ist durch den Auftragnehmer einmal einzuweisen.“

Die Bestätigung des Fachunternehmers sollte also insofern auf jeden Fall zur Abnahme abgefordert werden.

6.19.2   Prüfungen

Vollständigkeitsprüfung

Gemäß VOB muss eine Vollständigkeitsprüfung durchgeführt werden.

VOB/C ATV DIN 18380: 2000-12 Heizanlagen und zentrale Wassererwärmungsanlagen:

„3.6 Abnahmeprüfung
(…)
3.6.1 Vollständigkeitsprüfung
Die Vollständigkeitsprüfung besteht aus folgenden Einzelprüfungen:
- *Vergleich der Lieferung mit der Leistungsbeschreibung sowohl hinsichtlich des Umfanges als auch des Materials und gegebenenfalls der Eigenschaften und Ersatzteile,*
- *Prüfung auf Einhaltung technischer und behördlicher Vorschriften,*
- *Prüfung, ob alle für das Betreiben der Anlage notwendigen Unterlagen vorhanden sind.“*

Funktionsprüfung

Gemäß VOB muss eine Funktionsprüfung durchgeführt werden.

VOB/C ATV DIN 18380: 2000-12 Heizanlagen und zentrale Wassererwärmungsanlagen:

„3.6 Abnahmeprüfung
(…)
3.6.2 Funktionsprüfung
Die Funktionsprüfung der Gesamtanlage ist im Rahmen eines Probebetriebes durchzuführen. Sie umfasst:
- *die Sicherheitseinrichtungen,*

- *die Feuerungs- bzw. Beheizungseinrichtungen,*
- *die Regel- und Schalteinrichtungen,*
- *den hydraulischen Abgleich.*
Schmutzfänger und Filter sind nach dem Probebetrieb zu reinigen."

Dichtheitsprüfung

Gemäß VOB müssen Dichtheitsprüfungen durchgeführt werden.

VOB/C ATV DIN 18380: 2000-12 Heizanlagen und zentrale Wassererwärmungsanlagen:

„3.4 Dichtheitsprüfung
3.4.1 Der Auftragnehmer hat die Anlage nach dem Einbau und vor dem Schließen der Mauerschlitze, Wand- und Deckendurchbrüche sowie gegebenenfalls dem Aufbringen des Estrichs oder einer anderen Überdeckung einer Dichtheitsprüfung zu unterziehen.
3.4.2 Wasserheizungen sind mit einem Druck zu prüfen, der das 1,3fache des Gesamtdruckes an jeder Stelle der Anlage, mindestens aber 1 bar Überdruck beträgt. Möglichst unmittelbar nach der Kaltwasserdruckprüfung ist durch Aufheizen auf die höchste der Berechnung zugrunde gelegten Heizwassertemperatur zu prüfen, ob die Anlage auch bei Höchsttemperatur dicht bleibt.
(…)
3.4.4 Die Wassererwärmungsanlage ist mit einem Kaltwasserdruck zu prüfen, der das 1,3fache des höchstzulässigen Betriebsdruckes des Wassererwärmers beträgt.
3.4.5 Über die Dichtheitsprüfung sind Protokolle auszufertigen. Aus ihnen müssen hervorgehen:
- *Datum der Prüfung,*
- *Anlagedaten, wie Aufstellungsort, höchstzulässiger Betriebsdruck, bezogen auf den tiefsten Punkt der Anlage,*
- *Prüfdruck, bezogen auf den tiefsten Punkt der Anlage,*
- *Dauer der Belastung mit dem Prüfdruck,*
- *Bestätigung, dass die Anlage dicht ist und an keinem Bauteil eine bleibende Formänderung aufgetreten ist."*

Unterlagen und Prüfungen zur Abnahme

VOB/C ATV DIN 18380: 2000-12 Heizanlagen und zentrale Wassererwärmungsanlagen:

„3.6 Abnahmeprüfung
Es ist eine Abnahmeprüfung durchzuführen, die dabei vorgesehene Funktionsmessung jedoch nur nach besonderer Vereinbarung.
(…)
3.7 Mitzuliefernde Unterlagen
Der Auftragnehmer hat im Rahmen seines Leistungsumfanges aufzustellen und dem Auftraggeber spätestens bei der Abnahme zu übergeben:
- *Anlagenschema*
- *Elektrischer Übersichtsschaltplan und Anschlussplan nach DIN EN 61082-1 und DIN EN 61082-3 ‚Dokumente der Elektronik'*
- *Zusammenstellung der wichtigsten technischen Daten*
- *Alle für einen sicheren und wirtschaftlichen Betrieb erforderlichen Betriebs- und Wartungsanleitungen nach DIN V 8418 ‚Benutzerinformation; Hinweise für die Erstellung'*
- *Kopien vorgeschriebener Prüfbescheinigungen und Werksatteste*
- *Protokolle über die Dichtheitsprüfung*

– Protokoll über die Einweisung des Wartungs- und Bedienungspersonals
– Protokoll über Abgasmessung
Die Unterlagen sind in 3facher Ausfertigung schwarz/weiß, Zeichnungen nach Wahl
des Auftraggebers stattdessen auch 1fach pausfähig, dem Auftraggeber auszuhändigen."

6.19.3   Fließgeräusche

Zu den häufigen Beanstandungen gehören weiterhin Fließgeräusche im Leitungssystem
und Thermostatgeräusche. Häufig lassen sich Fließgeräusche durch hydraulischen
Abgleich der Anlage abstellen. Thermostatgeräusche, wie z. B. Klappern des Ventils in
seiner Führung, können darauf hinweisen, dass das Ventil nicht gegen die Fließrichtung
schließt und somit gegen die Fließrichtung angeschlossen ist. Erkennen lässt sich dies
ggf. anhand eines Pfeils, der am Ventilgehäuse die Fließrichtung markiert und durch
Tastbefund dahingehend, ob das Ventil im – wärmeren – Vorlaufstrang sitzt.

6.19.4   Wand- und Deckendurchführung von Leitungen

Leitungen, die durch Wände oder Decken verlaufen, müssen zum Schutz vor Korrosion
sowie zur Aufnahme von temperaturbedingten Ausdehnungen im Bereich der Decken-
durchführung mit einer Ummantelung versehen werden.

Gemäß Baur/Hubrich/Polte u. a., „Technologie für Gas- und Wasserinstallateure – Fachbildung" [72] heißt es:

„4 Rohrleitungs- und Montagetechnik
(…)
4.1 Rohrleitungsführung
(…)
Leitungen dürfen bei Durchführungen keine direkte Berührung mit dem Baukörper
haben. Weitere Gründe für das berührungslose Durchfahren des Baukörpers sind:
– Mörtel und Beton können Korrosion an den Rohren verursachen,
– Längenänderungen durch Temperatureinfluss finden nicht mehr genügend Raum und
* führen zu Spannungen im Leitungssystem,*
– Schallwellen von Fließgeräuschen werden auf den Baukörper übertragen.
(…)
8 Gastechnik
(…)
8.13 Maßnahmen zum Korrosionsschutz
(…)
Wand- und Deckendurchführungen erfordern den Einbau von korrosionsbeständigen
Schutzrohren, beispielsweise aus schwer entflammbarem Kunststoff, die einen Überstand
von etwa 5 cm haben müssen. (…)"

In Pistohl, „Handbuch der Gebäudetechnik", Band 2 [73] heißt es hierzu weiter:

„4 Leitungen [Gas]
(…)
4.2.2 Wand- und Deckendurchführungen
Bei Wand- und Deckendurchführungen von Verteilungs- und Steigeleitungen sind
grundsätzlich Mantelrohre vorzusehen. (…)"

Heizungs-Vor- und Rücklaufleitungen müssen in Wand- und Deckendurchgängen frei längenbeweglich sein, damit es im Betrieb nicht zu Spannungsknackgeräuschen kommt und damit keine Trittschallübertragung stattfinden kann.

Abb. 6.132: Wanddurchgang Heizungsrohr mit unzulässigem Putzkontakt

6.19.5 Dämmung von Leitungen

Die Dämmung der Leitungssysteme wird ebenfalls regelmäßig beanstandet. Zur Begrenzung der Wärmeverluste gelten die Mindestanforderungen der Energieeinsparverordnung (EnEV).

Gemäß Verordnung über energiesparenden Wärmeschutz und energiesparende Anlagentechnik bei Gebäuden (Energieeinsparverordnung – EnEV) vom 16. November 2001 gilt:

„§ 12 Verteilungseinrichtungen und Warmwasseranlagen
(…) (5) Wer Wärmeverteilungs- und Warmwasserleitungen sowie Armaturen in Gebäuden erstmalig einbaut oder vorhandene ersetzt, muss deren Wärmeabgabe nach Anhang 5 begrenzen. (…)
Anhang 5
Anforderungen zur Begrenzung der Wärmeabgabe von Wärmeverteilungs- und Warmwasserleitungen sowie Armaturen (zu § 12 Abs. 5)
1. Die Wärmeabgabe von Wärmeverteilungs- und Warmwasserleitungen sowie Armaturen ist durch Wärmedämmung nach Maßgabe der Tabelle 1 zu begrenzen.
Tabelle 1
Wärmedämmung von Wärmeverteilungs- und Warmwasserleitungen sowie Armaturen

Zeile	Art der Leitungen/Armaturen	Mindestdicke der Dämmschicht, bezogen auf eine Wärmeleitfähigkeit von 0,035 W/(mK)
1	Innendurchmesser bis 22 mm	20 mm

2	Innendurchmesser über 22 mm bis 35 mm	30 mm
3	Innendurchmesser über 35 mm bis 100 mm	gleich Innendurchmesser
4	Innendurchmesser über 100 mm	100 mm
5	Leitungen und Armaturen nach den Zeilen 1 bis 4 in Wand- und Deckendurchbrüchen, im Kreuzungsbereich von Leitungen, an Leitungsverbindungsstellen, bei zentralen Leitungsnetzverteilern	$^1/_2$ der Anforderungen der Zeilen 1 bis 4
6	Leitungen von Zentralheizungen nach den Zeilen 1 bis 4, die nach In-Kraft-Treten dieser Verordnung in Bauteilen zwischen beheizten Räumen verschiedener Nutzer verlegt werden	$^1/_2$ der Anforderungen der Zeilen 1 bis 4
7	Leitungen nach Zeile 6 im Fußbodenaufbau	6 mm

Soweit sich Leitungen von Zentralheizungen nach den Zeilen 1 bis 4 in beheizten Räumen oder in Bauteilen zwischen beheizten Räumen eines Nutzers befinden und ihre Wärmeabgabe durch freiliegende Absperreinrichtungen beeinflusst werden kann, werden keine Anforderungen an die Mindestdicke der Dämmschicht gestellt. Dies gilt auch für Warmwasserleitungen in Wohnungen bis zum Innendurchmesser 22 mm, die weder in den Zirkulationskreislauf einbezogen noch mit elektrischer Begleitheizung ausgestattet sind.
2. Bei Materialien mit anderen Wärmeleitfähigkeiten als 0,035 W/(m · K) sind die Mindestdicken der Dämmschichten entsprechend umzurechnen. Für die Umrechnung und die Wärmeleitfähigkeit des Dämmmaterials sind die in Regeln der Technik enthaltenen Rechenverfahren und Rechenwerte zu verwenden.
3. Bei Wärmeverteilungs- und Warmwasserleitungen dürfen die Mindestdicken der Dämmschichten nach Tabelle 1 insoweit vermindert werden, als eine gleichwertige Begrenzung der Wärmeabgabe auch bei anderen Rohrdämmstoffanordnungen und unter Berücksichtigung der Dämmwirkung der Leitungswände sichergestellt ist."

Die Dämmung muss auf ganzer Länge der Leitungen vorhanden sein und sie muss geschlossen sein. Schnittfugen müssen insofern verklebt werden.

Abb. 6.133: Ungedämmte Leitungsabschnitte, klaffend offene Dämmungen

6.19.6   Fußbodenheizungen

Aufheizprotokolle

Bei Fußbodenheizungssystemen muss nach Austrocknung und Erhärtung des Estrichs, also i. d. R. 28 Tage nach Herstellung, eine stufenweise Aufheizung des Systems nach Herstellervorschrift erfolgen. Gewöhnlich erfolgt die Aufheizung in Schritten von 5K bis auf die Betriebstemperatur. Anschließend wird die Temperatur wieder reduziert. Über die Einzelschritte wird ein Protokoll angefertigt, das dem Nachfolgegewerk förmlich übergeben wird. Erst nach Vorlage des Protokolls dürfen z. B. Fliesenbeläge auf dem Estrich aufgebracht werden. Vernachlässigt man diesen Vorgang, kann es im Betrieb zu Rissbildungen im dann bereits fertig gestellten Fliesenbelag kommen, die einen unverhältnismäßig hohen Beseitigungsaufwand erfordern. Das Aufheizprotokoll sollte zur Abnahme abverlangt werden.

Oberflächentemperaturen

In dem Merkblatt „Allgemeine Anforderungen an die Regelanlage eines Heizsystems", herausgegeben vom Bundesverband Flächenheizung e. V. [74] heißt es:

„Selbstregeleffekt
(…)
In einem nach gültiger Wärmeschutzverordnung gedämmten Wohngebäude liegt die Fußbodenoberflächentemperatur bei einer Fußbodenheizung im Mittel während der Heizperiode bei ca. 23 °C."

Auf der Website des Bundesverbands Flächenheizung e. V. heißt es weiter unter „Informationen für Bauherren":

„Fußbodenoberflächentemperatur
Die Fußbodenheizung ist eine Niedrigtemperatur Heizung. Das gilt nicht nur für die Vorlauftemperatur, sondern auch für die Fußbodenoberflächentemperatur. Je nach Gebäude reicht eine Temperatur von 25 °C an der Oberfläche auch bei sehr frostigen Außentemperaturen aus, um ein behagliches Raumklima zu schaffen. (…)"

Die erforderliche Strahlungswärme an der Fußbodenoberfläche wird bei Fußbodenheizungen durch warmwasserführende Heizschlangen erreicht, die innerhalb des Estrichaufbaus oder unterhalb der Estrichplatte in der Wärmedämmung verlegt sind. Für die Verlegeart der Heizschlangen besteht keine einheitliche Normung. Es bleibt dem Planer der Fußbodenheizung vorbehalten, durch welche geometrische Heizschlangenfigur er die normgerechte Raumlufttemperatur im Betrieb sicherstellt. Zu den handwerklichen Ausführungsdetails, wie z. B. den Befestigungsabständen und zu den Biegeradien, existieren i. d. R. werkseitige Vorgaben in Form von Hersteller-Verarbeitungsvorschriften.

Die Einspeisung jedes einzelnen Kreislaufs erfolgt i. d. R. mit einer Medien-Vorlauftemperatur von maximal ca. 50 °C.

Gemäß DIN EN 1264-2: 1997-11 Fußboden-Heizung – Systeme und Komponenten – Bestimmung der Wärmeleistung gilt:

Thermische Randbedingungen
Die Grenzwärmestromdichte wird für eine Norm-Innentemperatur
berechnet von: $\theta i = 20\ °C$

unter den Nebenbedingungen:

maximale Oberflächentemperatur θF, max = 29 °C
maximale Oberflächentemperatur in den Randzonen: θF, max = 35 °C

Die individuell messbare Oberflächentemperatur an jeder einzelnen Stelle hängt von zwei Einflussfaktoren ab:

- der Rohrleitungsüberdeckung durch Estrich und Bodenbelagsaufbau,
- von dem Abstand der einzelnen Leitungsstränge untereinander.

In typischen konstruktionsbedingten Kaltzonen, wie z. B. in Bereichen mit bodenständigen Außenfenstern, erfolgt grundsätzlich eine Verlegung mit geringen Schlangen-Abständen, um den hier erhöhten spezifischen Wärmebedarf sicherzustellen. Eine flächendeckende, vollständig gleichmäßige Oberflächentemperatur wird insofern aus baupraktischer Sicht von gängigen Fußbodenheizungssystemen nie erreicht und wird auch in den einschlägigen Regelwerken nicht gefordert.

Fußbodenheizungssysteme müssen nach den Regelwerken sicherstellen, dass im Raum eine Auslegungstemperatur der Raumluft in Wohnräumen nach DIN 4701 von 20 °C erreicht wird. Gleichzeitig sollen die Maximal-Oberflächentemperaturen von 29 °C bzw. 35 °C in Randzonen nicht überschritten werden.

6.19.7   Kontrolle der Sicherheitseinrichtungen

Es ist zu prüfen, ob folgende Sicherheitseinrichtungen vorhanden sind und ordnungsgemäß funktionieren:

- Ausdehnungsgefäß
- Sicherheitsleitung zum Ausdehnungsgefäß – mit Steigung verlegt – ohne Absperrung – mindestens DN 25-Rohrbögen r > 1,5 · Rohrinnendurchmesser
- Überlauf- und Entlüftungsleitung
- Sicherheitsventil
- Sicherheitstemperaturbegrenzer
- Manometer
- Thermometer
- Fülleinrichtung
- Wassermangelsicherung
- Druckbegrenzer

6.20   Sanitäranlagen (DIN 18381)

6.20.1   Abnahme

Unterlagen

Folgende Revisionsunterlagen können zur Abnahme verlangt werden:

VOB/C ATV DIN 18381: 2000-12 Gas-, Wasser- und Abwasserinstallationsarbeiten innerhalb von Gebäuden:

„3.5 Mitzuliefernde Unterlagen
Der Auftragnehmer hat im Rahmen seines Leistungsumfanges aufzustellen und dem Auftraggeber spätestens bei der Abnahme zu übergeben:
– Anlagenschema,

– elektrischer Übersichtsschaltplan und Anschlussplan nach DIN EN 61082-1 und DIN EN 61082-3 ‚Dokumente der Elektrotechnik‘,
– Zusammenstellung der wichtigsten technischen Daten,
– alle für einen sicheren und wirtschaftlichen Betrieb erforderlichen Betriebs- und Wartungsanleitungen,
– Kopien vorgeschriebener Prüfbescheinigungen und Werksatteste,
– Protokolle über die Dichtheitsprüfung,
– Protokoll über die Einweisung des Wartungs- und Bedienungspersonals.
Die Unterlagen sind in 3facher Ausfertigung schwarz/weiß, Zeichnungen nach Wahl des Auftraggebers stattdessen auch 1fach pausfähig, dem Auftraggeber auszuhändigen."

Beschädigungen von Objekten und Armaturen

Bei der Abnahme müssen die Porzellan-, Acryl- und Emailleoberflächen auf Kratzer, Kantenbeschädigungen, Risse und Abplatzungen sowie auf Brandflecken hin untersucht werden. Die Chromoberflächen der Armaturen werden auf Verkratzungen hin überprüft. Auch unsachgemäße Reinigungsversuche werden hierbei erkannt.

Kontrolle der Sicherheitseinrichtungen

Es ist zu prüfen, ob folgende Sicherheitseinrichtungen vorhanden sind und ordnungsgemäß funktionieren:

- Druckminderer
- Rückflussverhinderer
- Rohrbelüfter

Fehlende Reinigungsöffnungen

Der Nachweis von erforderlichen Revisionsöffnungen innerhalb von langen Rohrstrecken muss geführt werden.

Typische Bagatellmängel im Sanitärbereich

- Undichtigkeiten am Ablaufknie von Waschtischen
- Fliesenausschnitte, die größer sind als die Abdeckrosetten des Sanitärgewerks
- exzentrisch installierte Wandauslässe in Kombination mit axial montierten Objekten

Abb. 6.134: Fehlerhafte Planungskoordination

6.20.2   Rohrleitungen

Rohrbefestigungen

Trinkwasser

Die Rohrbefestigungen sollen für den sicheren Sitz der Leitungen sorgen. PU-Montageschaum anstelle von Rohrbefestigungen ist nicht geeignet, da das Material im Laufe der Zeit versprödet und die Leitungen dann nicht mehr sicher gehaltert sind. Bei spontanen Druckveränderungen „schlackert" die Leitung und verursacht Geräusche.

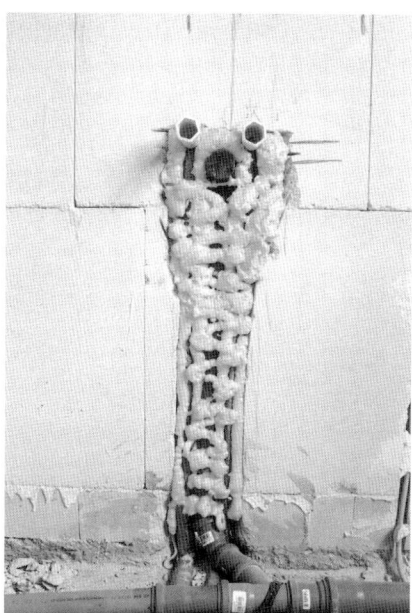

Abb. 6.135: Unzulässige Rohrbefestigung mit PU-Montageschaum

Es gelten nach DIN 1988-2 Technische Regeln für Trinkwasser folgende Richtwerte für Befestigungsabstände der Rohrleitungen (Auswahl):

Tabelle 6.31: **Richtwerte für Befestigungsabstände von Rohrleitungen**

Nennweite DN	Stahl	Nicht rostender Stahl, Kupfer, Präzisionsstahlrohr	Kupferrohr mit Wärmedämmung	Mehrschicht-verbundrohr	PVC-C 20 °C	60 °C	PVC-U 20 °C	40 °C	PE-HD 20 °C	40 °C	PE-X	PB 20 °C	60 °C	PP 20 °C	60 °C
					Abstand in m bei waagerechter Leitungsführung										
10	2,25	1,25	1,00	–	0,85	0,70	–	–	–	–	–	–	–	0,50	0,45
12	–	1,25	1,10	1,50	0,85	0,70	0,80	0,50	0,70	0,60	1,2	0,50	0,25	0,65	0,55
15	2,75	1,50	1,30	1,50	0,95	0,80	0,90	0,60	0,75	0,65	1,2	0,60	0,30	0,75	0,65
20	3,00	2,00	1,30	1,50	1,05	0,90	0,95	0,65	0,80	0,75	1,2	0,70	0,35	0,90	0,80
25	3,50	2,25	1,50	2,00	1,15	1,05	1,05	0,70	0,90	0,85	1,2	0,80	0,40	1,05	0,95
32	3,75	2,75	1,60	2,00	1,35	1,15	1,20	0,90	1,00	0,95	1,5	1,00	0,50	1,25	1,10
40	4,25	3,00	1,70	2,00	1,60	1,25	1,40	1,10	1,15	1,05	1,5	1,20	0,60	1,45	1,25
50	4,75	3,50	2,00	–	1,70	1,35	1,50	1,20	1,30	1,20	1,5	1,40	0,75	1,70	1,45

Abwasser

DIN EN 12056-1: 2001-01 Schwerkraftentwässerungsanlagen innerhalb von Gebäuden, Allgemeine und Ausführungsanforderungen:

„5.7.3 Festigkeit während des Betriebes
Die Rohrleitungsbefestigungen müssen sicher und fest sein und dürfen die Leitungen und alle anderen Teile oder Elemente des Bauwerks nicht beschädigen. Die Auswirkungen von Bewegungen infolge Temperaturänderungen und Innendruck sind zu berücksichtigen."

Beispiel
Hersteller-Verarbeitungsvorschrift für SML-Entwässerungsleitungen
Die Befestigung von Leitungen
Grundregeln: Die Abstände der Befestigung sollten möglichst gleichmäßig sein und eine Länge von 2 m nicht überschreiten. 2 bis 3 m lange Rohre sind zweimal, kürzere Rohre, je nach Nennweite (bzw. Rohrgewicht), ein- oder zweimal zu befestigen. Die Befestigung ist in gleichmäßigen Abständen zwischen den Verbindungen vorzunehmen, wobei der Abstand vor und hinter jeder Verbindung nicht größer als 0,75 m sein sollte.
Waagerechte Leitungen müssen an allen Richtungsänderungen und Abzweigen ausreichend befestigt werden. An Pendeln befestigte Leitungen sind im Abstand von 10 bis 15 m durch besondere Festpunkthalterungen gegen jegliche Verschiebung zu sichern. Dadurch wird eine einwandfreie Seitenstabilität erreicht und verhindert, dass die Leitung von anderen Montagegruppen aus der vorgesehenen Richtung gedrückt wird. Fallleitungen sind ebenfalls mit einem Höchstabstand von 2 m zu befestigen, bei einer Geschosshöhe von 2,50 m also zweimal je Geschoss, darunter einmal in unmittelbarer Nähe eventuell eingebauter Abzweige. In Gebäuden bis zu 5 Geschossen ist die Fallleitung ab DN 100 durch eine Fallrohrstütze, die oberhalb der Kellerdecke befestigt wird, gegen eine Absenkung zu sichern. Außerdem ist bei höheren Gebäuden in jedem weiteren 5. Geschoss eine Fallrohrstütze einzubauen.

Dämmungen

Zu beanstanden ist häufig die **Dämmung von Trinkwasserleitungen.** Sie soll folgenden Kriterien gerecht werden:

● Schutz vor Außenkorrosion
● Aufnahme von Längenänderung
● akustische Entkopplung
● thermische Dämmung

(Zur Dämmung von Warmwasserleitungen siehe Heizung.)

Dämmung von Kaltwasserleitungen
Trinkwasseranlagen sind nach DIN 1988-2 gegen Erwärmung und Tauwasserbildung zu schützen. Kaltwasserleitungen sind deshalb in ausreichendem Abstand von Wärmequellen anzuordnen bzw. so zu dämmen, dass die Wasserqualität nicht beeinträchtigt wird.

Gemäß DIN 1988-2: 1988-12 Technische Regeln für Trinkwasser-Installationen (TRWI); Planung und Ausführung; Bauteile, Apparate, Werkstoffe, Technische Regeln des DVGW [10.2.2 Schutz von Trinkwasseranlagen (kalt) vor Erwärmung und Tauwasserbildung] gelten folgende Richtwerte für Mindestdämmschichtdicken zur Dämmung von Trinkwasserleitungen (kalt):

Einbausituation	Dämmschichtdicke bei $\lambda = 0{,}040$ W/(mK)[1]
Rohrleitung frei verlegt, in nicht beheiztem Raum (z. B. Keller)	4 mm
Rohrleitung frei verlegt, in beheiztem Raum	9 mm
Rohrleitung im Kanal, ohne warmgehende Rohrleitungen	4 mm
Rohrleitung im Kanal, neben warmgehenden Rohrleitungen	13 mm
Rohrleitung im Mauerschlitz, Steigleitung	4 mm
Rohrleitung in Wandaussparung, neben warmgehenden Rohrleitungen	13 mm
Rohrleitung in Betondecke	4 mm

---
1) Für andere Wärmeleitfähigkeiten sind die Dämmschichtdicken, bezogen auf einen Durchmesser von d = 20 mm, entsprechend umzurechnen.

Gefälle von Abwasserleitungen

Das Gefälle von Abwasserleitungen innerhalb von Gebäuden ist in der neuen DIN EN 12056-2: 2001-01 Schwerkraftentwässerungsanlagen innerhalb von Gebäuden geregelt.

Das Gefälle von Abwasserleitungen außerhalb von Gebäuden ergibt sich aus den Planungen entsprechend der DIN EN 752-3: 1996-09 Entwässerungssysteme außerhalb von Gebäuden – Planung.

Unzureichendes Gefälle führt gewöhnlich zu einem späteren erhöhten Wartungsaufwand infolge von Feststoffablagerungen im Rohrsystem, da der Selbstreinigungseffekt wegen der fehlenden Fließgeschwindigkeit nicht eintritt. Die Rohre müssen häufig gespült oder freigefräst werden.

Entlüftung

Abwasserleitungen sind gem. DIN 12056 zur Atmosphäre hin zu be- und entlüften.

Die erforderlichen Rohrquerschnitte und die zulässigen Längen von unbelüfteten Anschlussleitungen (System III) ergeben sich aus den Tabellen 4, 5, 6 und 9 der DIN EN 12056-2: 2001-01. Fehlende Strangentlüftungen oder unzulässige Überschreitungen der maximal zulässigen Leitungslängen führen zu schlechtem Ablauf, gurgelnden Abflussgeräuschen und ggf. zu Rückstauvorgängen mit Havarien.

Tabelle 6.32: **Zulässiger Schmutzwasserabfluss (Q_{max}) und Nennweite (DN) nach DIN EN 12056-2: 2001-01: Schwerkraftentwässerungsanlagen innerhalb von Gebäuden – Schmutzwasseranlagen, Planung und Berechnung**

Q_{max} (l/s)	System I	System II	System III	System IV
	DN	DN	DN	DN
0,40		30		30
0,50	40	40		40
0,80	50	[1]		[1]
1,00	60	50	siehe Tabelle 6.34	50
1,50	70	60		60
2,00	80[2]	70[2]		70[2]
2,25	90[3]	80[4]		80[4]
2,50	100	90		100

1) nicht erlaubt
2) keine Klosetts
3) nicht mehr als zwei Klosetts und nicht mehr als eine 90°-Gesamtrichtungsänderung
4) nicht mehr als ein Klosett

Tabelle 6.33: **Anwendungsgrenzen nach DIN EN 12056-2: 2001-01: Schwerkraftentwässerungsanlagen innerhalb von Gebäuden – Schmutzwasseranlagen, Planung und Berechnung**

	System I	System II	System III	System IV
Maximale Rohrlänge (l)	4,0 m	10,0 m		10,0 m
Maximale Anzahl von 90°-Bogen	3[1]	1[1]	siehe Tabelle 6.34	3[1]
Maximale Absturzhöhe (H) (mit 45° oder mehr Neigung)	1,0 m	6,0 m DN >70[2] 3,0 m DN = 70[2]		1,0 m
Mindestgefälle	1 %	1,5 %		1 %

1) Anschlussbogen nicht eingeschlossen
2) Wenn DN kleiner 100 mm ist und ein Klosett an die unbelüftete Anschlussleitung angeschlossen ist, darf kein weiterer Entwässerungsgegenstand im Bereich von 1 m über dem Anschluss an eine belüftete Anlage angeschlossen sein.

Tabelle 6.34: **Anwendungsgrenzen bei unbelüfteten Anschlussleitungen System III nach DIN EN 12056-2: 2001-01: Schwerkraftentwässerungsanlagen innerhalb von Gebäuden – Schmutzwasseranlagen, Planung und Berechnung**

Entwässerungs-gegenstand	Nenn-weite	Mindest-geruch-verschluss-höhe	Max. abgewickelte Rohrlänge (L) vom Geruchverschluss zur Fallleitung	Gefälle	Max. Anzahl der Bogen	Max. Absturz-höhe
	DN	mm	m	%	Nr.	m
Waschbecken, Bidet (30 mm Durchmesser Geruchverschluss)	30	75	1,7	2,2[1]	0	0
Waschbecken, Bidet (30 mm Durchmesser Geruchverschluss)	30	75	1,1	4,4[1]	0	0
Waschbecken, Bidet (30 mm Durchmesser Geruchverschluss)	30	75	0,7	8,7[1]	0	0
Waschbecken, Bidet (30 mm Durchmesser Geruchverschluss)	40	75	3,0	1,8–4,4	2	0
Dusche, Badewanne	40	50	keine Begrenzung[2]	1,8–9,0	keine Begrenzung	1,5
Wandurinal	40	75	3,0[3]	1,8–9,0	keine Begrenzung[4]	1,5
Urinalrinne	50	75	3,0[3]	1,8–9,0	keine Begrenzung[4]	1,5
Standurinal[5]	60	50	3,0[3]	1,8–9,0	keine Begrenzung[4]	1,5
Küchenspüle (40 mm Durchmesser Geruchverschluss)	40	75	keine Begrenzung[2]	1,8–9,0	keine Begrenzung	1,5
Haushaltsgeschirr-spülmaschine oder Waschmaschine	40	75	3,0	1,8–4,4	keine Begrenzung	1,5
Klosett mit Abfluss bis zu 80 mm[6]	75	50	keine Begrenzung	1,8 min.	keine Begrenzung[4]	1,5
Klosett mit Abfluss größer als 80 mm[6]	100	50	keine Begrenzung	1,8 min.	keine Begrenzung[4]	1,5
Abfallzerkleinerer für Küchenabfälle[7]	40 min.	75[8]	3,0[3]	13,5 min.	keine Begrenzung[4]	1,5
Abfallzerkleinerer für Hygieneartikel	40 min.	75[8]	3,0[3]	5,4 min.	keine Begrenzung[4]	1,5
Bodenablauf	50	50	keine Begrenzung[3]	1,8 min.	keine Begrenzung	1,5
Bodenablauf	70	50	keine Begrenzung[3]	1,8 min.	keine Begrenzung	1,5

Entwässerungs-gegenstand	Nenn-weite	Mindest-geruch-verschluss-höhe	Max. abgewickelte Rohrlänge (L) vom Geruchverschluss zur Fallleitung	Gefälle	Max. Anzahl der Bogen	Max. Absturz-höhe
	DN	mm	m	%	Nr.	m
Bodenablauf	100	50	keine Begrenzung[3]	1,8 min.	keine Begrenzung	1,5
4 Becken	50	75	4,0	1,8–4,4	0	0
Wandurinale[8]	50	75	keine Begrenzung[3]	1,8–9,0	keine Begrenzung[4]	1,5
Maximum von 8 Klosetts[6]	100	50	15,0	0,9–9,0	2[4]	1,5
mit bis zu 5 Sprüh-köpfen[9]	30 max.	50	4,5[3]	1,8–4,4	keine Begrenzung[4]	0

1) Ein steileres Gefälle ist erlaubt, wenn das Rohr kürzer ist als die erlaubte maximal abgewickelte Rohrlänge.
2) Falls die abgewickelte Rohrlänge 3 m übersteigt, kann ein geräuschvoller Abfluss die Folge sein mit erhöhtem Verstopfungsrisiko.
3) Sollte so kurz wie möglich sein, um Ablagerungen zu verringern.
4) Enge Bogen sollten vermieden werden.
5) Standurinale für bis zu 7 Personen. Standurinale für mehr Personen müssen mehr als einen Ablauf haben.
6) Zusammenführung der Klosettanschlussleitung mit der Schmutzwasserfallleitung durch Abzweige mit Innen-radius.
7) Beinhaltet kleine Kartoffelschälmaschinen.
8) Nur Röhrengeruchverschlüsse, keine Flaschen- oder sich wieder auffüllende Geruchverschlüsse.
9) Handwaschbecken mit Duschköpfen müssen Abläufe mit flachen Sieben ohne Stöpsel haben.

Tabelle 6.35: **Anwendungsgrenzen bei belüfteten Anschlussleitungen in System III nach DIN EN 12056-2: 2001-01: Schwerkraft-entwässerungsanlagen innerhalb von Gebäuden – Schmutz-wasseranlagen, Planung und Berechnung**

Entwässerungs-gegenstand	Nenn-weite	Mindest-geruch-verschluss-höhe	Max. abgewickelte Rohrlänge (L) vom Geruchverschluss zur Fallleitung	Gefälle	Max. Anzahl der Bogen	Max. Absturz-höhe
	DN	mm	m	%	Nr.	m
Waschbecken, Bidet (30 mm Durchmesser Geruchverschluss)	30	75	3,0	1,8 min.	2	3,0
Waschbecken, Bidet (30 mm Durchmesser Geruchverschluss)	40	75	3,0	1,8 min.	keine Begrenzung	3,0
Dusche, Badewanne	40	50	keine Begrenzung[2]	1,8 min.	keine Begrenzung	keine Begrenzung
Wandurinal	40	75	3,0[3]	1,8 min.	keine Begrenzung[4]	3,0

Entwässerungs-gegenstand	Nenn-weite	Mindest-geruch-verschluss-höhe	Max. abgewickelte Rohrlänge (L) vom Geruchverschluss zur Fallleitung	Gefälle	Max. Anzahl der Bogen	Max. Absturz-höhe
	DN	mm	m	%	Nr.	m
Urinalrinne	50	75	3,0[3]	1,8 min.	keine Begrenzung[4]	3,0
Standurinal[5]	60	50	3,0[3]	1,8 min.	keine Begrenzung[4]	3,0
Küchenspüle (40 mm Durchmesser Geruchverschluss)	40	75	keine Begrenzung[2]	1,8 min.	keine Begrenzung	keine Begrenzung
Haushaltsgeschirr-spülmaschine oder Waschmaschine	40	75	keine Begrenzung[2]	1,8 min.	keine Begrenzung	keine Begrenzung
Klosett mit Abfluss bis zu 80 mm[6], [14]	75	50	keine Begrenzung	1,8 min.	keine Begrenzung[4]	1,5
Klosett mit Abfluss größer als 80 mm[6], [14]	100	50	keine Begrenzung	1,8 min.	keine Begrenzung[4]	1,5
Abfallzerkleinerer für Küchenabfälle[7]	40 min.	75[8]	3,0[3]	13,5 min.	keine Begrenzung[4]	3,0
Abfallzerkleinerer für Hygieneartikel	40 min.	75[8]	3,0[3]	5,4 min.	keine Begrenzung[4]	3,0
Bodenablauf	50	50	keine Begrenzung[3]	1,8 min.	keine Begrenzung	keine Begrenzung
Bodenablauf	70	50	keine Begrenzung[3]	1,8 min.	keine Begrenzung	keine Begrenzung
Bodenablauf	100	50	keine Begrenzung[3]	1,8 min.	keine Begrenzung	keine Begrenzung
5 Becken[9]	50	75	7,0	1,8–4,4	2	0
10 Becken[9],[10]	50	75	10,0	1,8–4,4	keine Begrenzung	0
Wandurinal[9], [11]	50	75	keine Begrenzung[3]	1,8 min.	keine Begrenzung[4]	keine Begrenzung
Maximum von 8 Klosetts[6]	100	50	keine Begrenzung	0,9 min.	keine Begrenzung	keine Begrenzung
mit bis zu 5 Sprühköpfen[12]	30 max.	50	keine Begrenzung[3]	1,8–4,4	keine Begrenzung[4]	0

Anmerkung: Die Nennweite von Lüftungsrohren von Anschlussleitungen von Entwässerungsgegenständen können DN 25 betragen, aber falls sie länger als 15 m abgewickelte Länge sind oder mehr als 5 Bogen enthalten, muss ein Rohr DN 30 verwendet werden.

2) Falls die abgewickelte Rohrlänge 3 m übersteigt, ist geräuschvoller Abfluss das Ergebnis mit erhöhtem Verstopfungsrisiko.

3) Sollte so kurz wie möglich sein, um das Problem von Ablagerungen zu verringern.

4) Enge Bogen sollten vermieden werden.

5) Für Standurinale für bis zu 7 Personen. Standurinale für mehr Personen müssen mehr als einen Ablauf haben.

6) Zusammenführung der Klosettanschlussleitung mit der Schmutzwasserfallleitung durch Abzweige mit gekrümmtem Einlauf.

7) Beinhaltet kleine Kartoffelschälmaschinen.

8) Röhrengeruchverschlüsse, keine Flaschen- oder sich wieder auffüllende Geruchverschlüsse.

9) Siehe Bild 9.

10) Jedes Becken muss einzeln belüftet werden.

11) Jegliche Anzahl.

12) Handwaschbecken mit Duschköpfen müssen Abläufe mit flachen Sieben ohne Stöpsel haben.

14) Falls der Anschluss der Lüftungsleitung zu Verstopfungen neigt, was sich in Spritzwasser oder Aufstau äußert, sollte er in DN 50 ausgeführt und bis zu 50 mm über die Überlaufhöhe des Entwässerungsgegenstandes hochgeführt sein.

Mit der Einführung der DIN EN 12056: 2001-01 Schwerkraftentwässerungsanlagen innerhalb von Gebäuden ist jetzt auch der Einsatz von Rohrbelüftern zulässig, die oberhalb der jeweiligen Entwässerungsöffnung installiert werden können und über ein Ventil sicherstellen, dass bei Vollfüllung des Rohrquerschnitts ein Nachströmen von Raumluft stattfindet, während in umgekehrter Richtung keine Fäkaliengerüche in die Raumluft angegeben werden.

Mündung der Entlüftungsanlage
Die Mündung der Entlüftungsanlagen muss so geplant werden, dass durch die Fäkaliengerüche keine Belästigungen der Bewohner entstehen können.

DIN 12056-1: 2001-01 Schwerkraftentwässerungsanlagen innerhalb von Gebäuden – Allgemeine und Ausführungsanforderungen:

„5.6.3 Lüftung der Entwässerungsanlage
Zur Sicherstellung der ordnungsgemäßen Funktion der Entwässerungsanlage und der öffentlichen Kanäle muss eine ausreichende Lüftung vorgesehen werden. Offene Fallleitungen müssen so außerhalb des Gebäudes enden, dass keine Gerüche und Faulgase in das Gebäude eindringen können. Lüftungsleitungen dürfen nur der Lüftung der Entwässerungsanlage und der öffentlichen Kanäle dienen. Wo Belüftungsventile angewendet werden, dürfen sie nur entsprechend den Vorgaben der nationalen und regionalen Vorschriften verwendet werden."

Entgegen der Vorgängernorm, der DIN 1986, sind in der DIN 12056 keine Mindestabstände der Entlüftungsmündungen zu Fenstern mehr festgelegt. Dort galt, dass die Leitungen entweder oberhalb des Fenstersturzes oder mindestens 2 m seitlich vom Fenster enden durften.

Abb. 6.136: Unzulässiger Abstand der Strangentlüftung von
1 m zum Fenster

Dichtheit

Trinkwasserleitungen
Als Mangel mit empfindlicher Schadensfolge sind Leitungswasserschäden einzustufen, regelmäßig auch und gerade im Bereich estrichverlegter Rohrführungen, die nach der Installation nicht ordnungsgemäß abgedrückt wurden.

Das dabei anzuwendende Verfahren zur Überprüfung ist in der DIN 1988 geregelt und setzt voraus, dass alle Leitungen auf einen Betriebsüberdruck von 10 bar hin überprüft worden sind. Die Überprüfung erfolgt gewöhnlicherweise mit einem Druckprüfgerät mit Manometer. Das Gerät wird in das hydraulische System, z. B. durch Anschluss an einem Eckventil o. Ä., integriert und es wird mit dem Handhebel ein Überdruck aufgebaut. Der Druck muss hierbei am Manometer in 0,2-bar-Schritten ablesbar sein. Der Prüfdruck für die Dichtheitsprüfung muss das 1,5fache des zulässigen Betriebsüberdruckes betragen (= 15 bar). Die Überprüfung erfolgt innerhalb von 10 Minuten. Hierbei darf kein Druckabfall eintreten. Die Dichtheitsprüfung ist zu protokollieren.

Bei akuten Durchfeuchtungsschäden können Trinkwasserleitungen vorläufig (bis zum Eintreffen eines Druckprüfgerätes) dergestalt überprüft werden, dass das Hauptwasserventil abgesperrt und nach 15 Minuten wieder geöffnet wird. An der Wasseruhr kann dann im Fall einer Leckage abgelesen werden, ob Wasser nachströmt. In der Regel ist das Nachströmen auch akustisch wahrnehmbar. Liegt das Leck jedoch im Bereich der Zirkulationsleitung, funktioniert diese provisorische Überprüfung nicht, da die Zirkulationsleitung unter Pumpendruck, nicht jedoch unter dem öffentlichen Versorgungsdruck steht.

Grundleitungen unter Erdreich
Bei erdverlegten Grundleitungen ist eine Überprüfung nur über eine Kanalinspektion mit einer TV-Kamera mit Dreh-Schwenkkopf nach den Bestimmungen der **RAL-GZ 961** möglich. Das durchführende Unternehmen muss über eine entsprechende Zertifizierung verfügen. Das Untersuchungsverfahren muss der **ATV DVWK M 143 – Inspektion, Instandsetzung, Sanierung und Erneuerung von Entwässerungskanälen und -leitungen** entsprechen. Überprüft werden haltungsweise:

- Rohrversätze
- Absackungen infolge unzureichender Untergrundverdichtung
- Rohrbeschädigungen
- Richtungsänderungen
- Einbindungen
- Gefälle

Die Dichtheitsprüfung erfolgt haltungsweise gem. DIN EN 1610 mit Luftdruck im Verfahren LD. Die Messgenauigkeit der Prüfgeräte ist durch Vorlage eines Kalibrierscheins zu belegen.

Neben der Prüfung mit Luftdruck ist auch die Prüfung mit Wasserdruck zulässig. Der Prüfdruck beträgt mindestens 10 kPa und höchstens 50 kPa.

Der zulässige Wasserzugabewert beträgt

bei Rohrleitungen:
0,15 l/m² benetzter Fläche (Σ der Rohrwandungen) in 30 Min.,

bei Rohrleitungen einschl. stromaufwärts gelegenem Schacht:
0,20 l/m² benetzter Fläche (Σ der Rohrwandungen) in 30 Min.

Regenfallleitungen
Insbesondere an Regenfallleitungen, die innerhalb von Gebäuden geführt werden, gelten hohe Anforderungen an die Dichtheit. Sie müssen so ausgelegt sein, dass auch bei einem möglichen Rückstau kein Wasser oder kein Faulgas in das Gebäude eindringen kann.

DIN 12056-1: 2001-01 Schwerkraftentwässerungsanlagen innerhalb von Gebäuden – Allgemeine und Ausführungsanforderungen:

„5.4.2 Wasser- und Gasdichtheit
Entwässerungsanlagen müssen gegenüber den auftretenden Betriebsdrücken ausreichend wasser- und gasdicht sein. Aus Leitungsanlagen innerhalb von Gebäuden dürfen keine Gerüche und Kanalgase in das Gebäude austreten."

Rückstausicherung

In der Grundstücksentwässerung unterscheidet man zwischen dem zeitgenössischen **Trennsystem,** bei dem das häusliche Schmutzwasser in eigenen Sammelleitungen aus dem Gebäude herausgeführt wird, getrennt von den Regen-Sammelleitungen für die Dachflächenentwässerung und für die Entwässerung der versiegelten Grundstücksflächen. Die Übergabe in das öffentliche Netz erfolgt über zwei separate Übergabeschächte, die an der Grundstücksgrenze gelegen sind. Sofern im kommunalen Bereich ebenfalls eine getrennte Leitungsführung für Schmutz- und Regenwasser vorliegt, wird das Regenwasser direkt dem Vorfluter (offene Gewässer) zugeführt, während das Schmutzwasser direkt zu entsprechend ausgerüsteten Kläranlagen geleitet wird.

Starkregenfälle können daher in Trennsystemen maximal zu Rückstauvorgängen innerhalb der angebundenen Regenentwässerungsleitungen führen. Es kann als Maximalereignis zu einem Wasseraustritt aus Regenentwässerungseinrichtungen, wie z. B. Bodeneinläufen, innerhalb tief liegender Geländeflächen kommen. Ein Rückstau bis in das häusliche Schmutzwassernetz hinein ist ausgeschlossen, da zwischen den Regen- und Schmutzwasserleitungen keine interne Verbindung besteht.

Bei **Mischsystemen,** wie sie im kommunalen Bereich zum Teil noch vorkommen, werden Schmutzwasser und Regenwasser in einer gemeinsamen Leitung entsorgt. Starkregenfälle mit Wassermengen, die von unterdimensionierten öffentlichen Entwässerungsleitungen nicht aufgenommen werden können, führen zu Rückstauvorgängen im Mischwassernetz und damit auch zu Rückstauvorgängen bis in den häuslichen Schmutzwasserbereich hinein. Betroffen hiervon sind sämtliche Entwässerungsobjekte und Bodeneinläufe unterhalb der sog. „Rückstauebene", d. h. entsprechend der Definitionen der DIN EN 12056 sämtliche Einrichtungen, die unterhalb des Straßenniveaus liegen. Die Grundlagen werden in der DIN EN 12056 definiert.

DIN EN 12056-1: 2001-01 Schwerkraftentwässerungsanlagen innerhalb von Gebäuden – Allgemeine und Ausführungsanforderungen:

„4 Allgemeine Anforderungen
(…) 4.2 Schwerkraftentwässerung
Entwässerungsgegenstände oberhalb der Rückstauebene sind mittels Schwerkraft zu entwässern. Das Abwasser von Bodenabläufen und Entwässerungsgegenständen oberhalb der Rückstauebene darf nicht über Rückstauverschlüsse geführt werden. Die Verwendung einer Abwasserhebeanlage oberhalb der Rückstauebene ist nur in außergewöhnlichen Fällen, z. B. in Sanierungsfällen, zulässig. Sanitäre Entwässerungsgegenstände und Bodenabläufe unterhalb der Rückstauebene sind mittels Abwasserhebeanlagen zu entwässern. Nur im Falle untergeordneter Nutzung dieser Entwässerungsgegenstände ist es zulässig, sie über Rückstauverschlüsse zu entwässern. (siehe EN 12056-4)."

DIN EN 12056-4: 2001-01 Schwerkraftentwässerungsanlagen innerhalb von Gebäuden – Abwasserhebeanlagen, Planung und Bemessung:

„4 Schutz gegen Rückstau
Trotz der Bemessung nach den jeweils geltenden allgemein anerkannten Regeln der Technik und des sorgfältigen Betriebs der öffentlichen Kanalisation können öffentliche Misch- und Regenwasserkanäle aus wirtschaftlichen Gründen nicht so dimensioniert werden, dass sie jeden außergewöhnlichen Regen einwandfrei ableiten können. Es muss deshalb bei starkem Regen mit Stau im Kanal und Rückstau in die Anschlusskanäle und als Folge davon in die Grundstücksentwässerungsanlage gerechnet werden.
(…)
Der Schutz gegen Rückstau erfolgt durch Abwasserhebeanlagen mit Rückstauschleife. Nur die Ausführung mit Rückstauschleife bietet einen hohen Grad an Sicherheit gegen Rückstau.
Ein Rückstauverschluss kann eingesetzt werden, wenn
- *Gefälle zum Kanal besteht,*
- *die Räume von untergeordneter Nutzung sind, d. h., dass keine wesentlichen Sachwerte oder die Gesundheit der Bewohner bei Überflutung der Räume beeinträchtigt werden,*
- *der Benutzerkreis klein ist und diesem ein WC oberhalb der Rückstauebene zur Verfügung steht,*
- *bei Rückstau auf die Benutzung der Ablaufstelle verzichtet werden kann."*

Rückstauverschlüsse müssen so angeordnet werden, dass sie wartungsfähig sind, denn nur eine regelmäßige Wartung sichert die Funktion im spontanen Bedarfsfall.

DIN 1986-33: 1987-10 Entwässerungsanlagen für Gebäude und Grundstücke. Rückstau-verschlüsse für fäkalienhaltiges Abwasser. Inspektion und Wartung:

„4. Inspektion und Wartung
(…) 4.2 Inspektion
Rückstauverschlüsse sollen monatlich einmal vom Betreiber in Augenschein genommen und Notverschluss soll dabei betätigt werden.
4.3 Wartung
Die Anlage muss durch einen Fachbetrieb mindestens zweimal im Jahr gewartet werden. Während der Wartung dürfen die Rückstauverschlüsse nicht mit Abwasser beaufschlagt werden.
Bei der Wartung sind im Einzelnen mindestens folgende Arbeiten auszuführen:
a) Entfernung von Schmutz und Ablagerungen
b) Prüfen von Dichtungen und Dichtflächen auf einwandfreien Zustand und gegebenen-falls Austauschen der Dichtungen.
c) Kontrolle der Mechanik der beweglichen Abdichtorgane, gegebenenfalls Nachfetten
d) Feststellen der Dichtheit des Betriebsverschlusses durch eine Funktionsprüfung nach Abschnitt 4.3.1"

Wasserdurchfluss

Fehlender Fließdruck und unzureichende Durchflussmengen bei Wasserentnahme-Armaturen gehören ebenfalls zu den häufigen Beanstandungen. Ursache können Ver-unreinigungen im Leitungsnetz oder bei gelöteten Verbindungen auch Lötnahtrück-stände sein, die den freien Rohrquerschnitt partiell schwächen. Der Ruhedruck wird mit einem Manometer an der Entnahmestelle gemessen. Der Fließdruck wird an der Entnahmestelle mit einem T-Rohrstück mit Manometer bei laufendem Wasser gemes-sen. Die Durchflussmenge kann durch „Auslitern", d. h. Zeitnahme beim Befüllen eines definierten Prüfbehälters, ermittelt werden. Die Richtwerte sind in der DIN 1988-3 definiert.

Beispiel
Der Mindestfließdruck für einen Brausekopf DN 15 beträgt   1,0 bar,
die Berechnungsdurchflussmengen für Kalt- und Warmwasser je   0,10 l/s,
d. h, ein 10-Liter-Messgefäß muss im Mischbetrieb innerhalb von 50 sec. gefüllt sein.

Außenzapfstellen

Außenzapfstellen werden nach dem Stand der Technik mit frostsicheren Armaturen hergestellt, die aus dem warmen Milieu heraus versorgt werden und sich nach jedem Zapfvorgang selbsttätig entleeren. Abweichend ausgeführte Zapfstellen bergen die Gefahr des Leitungsbruchs durch Frost, wenn sie nicht rechtzeitig vor der Frostperiode außer Betrieb genommen und entleert werden.

Abb. 6.137: Außenzapfstelle mit frostgefähr-
deter Leitungsführung

6.20.3   Entwässerung außen liegender Kellertreppen

Ein häufiges Ärgernis sind Bodeneinläufe von außen liegenden Kellertreppen, die als Versickerungselemente konzipiert sind, ohne Anschluss an Entwässerungsleitungen. Sie münden im Kiesbett des Unterbaus und sind dann funktionsabhängig von der Versickerungsfähigkeit des anstehenden Bodens. Selbst bei Kellern, die planmäßig als „weiße Wanne" vorgesehen sind, wird die Versickerungslösung gelegentlich angetroffen. Steigt dann der äußere Grund- oder Schichtenwasserpegel, kommt es zwangsläufig zum Rückstau und in der Folge zu Überflutungen über die Kellertürschwelle.

Regenwasser-Entwässerungsanlagen müssen für eine Bemessungsspende von 400 l/s ha ausgelegt sein.

Beispiel
Bei einer außen liegenden Kellertreppe mit einer nach oben hin offenen Fläche von z. B. 4 m² ergibt sich somit ein erforderliches Ablaufvermögen von
4 m² · 400 l/s ha : 10.000 m²/ha = 0,16 l/s

Tipp
Mit einem Wassereimer von 10 Liter Inhalt lässt sich das Ablaufvermögen somit unkompliziert prüfen. Nachdem man zunächst mehrere Eimerinhalte in den Ablauf abgegossen hat, muss der ausgegossene Prüf-Eimerinhalt innerhalb von
10 l/0,16 l/s = 62,5 sec. = 1 Min.
vollständig abgelaufen sein.

Insbesondere bei Kellern, die planmäßig als weiße Wannen konstruiert worden sind, müssen die Bodeneinlaufelemente der Kelleraußentreppe druckwassergeeignet sein und über eine Hebeanlage entwässert werden. Immer wieder werden an dieser kritischen Stelle „Versickerungsrohre" eingesetzt, die dann unter äußerer Druckwasser-Beanspruchung zum Rückstau mit Überflutung der Kellertürschwelle führen.

Abb. 6.138: Bodeneinlauf Kellertreppe ohne Funktion

Die gleiche Situation gilt auch für Kellerkasematten aus Kunststoff. Im Bereich von weißen Wannen müssen speziell geeignete Kasematten mit eigener druckwasserdichter Entwässerungsführung eingebaut werden. Versickerungsöffnungen am Boden sind rückstaugefährdet. Das Niveau der Kellerfensterbrüstung begrenzt dann die Wirkungshöhe der weißen Wanne.

6.20.4 Geräusche beim Betrieb bautechnischer Anlagen

Nutzergeräusche, von haustechnischen Anlagen herrührend, zählen zu den häufigen Beanstandungen.

Gemäß DIN 4109: 1989-11 Schallschutz im Hochbau; Anforderungen und Nachweise, Tabelle 4, Spalte 1 gilt folgender zulässiger Schalldruckpegel ausgehend von haustechnischen Anlagen und Betrieben für Wasserinstallationen (Wasserversorgungs- und Abwasseranlagen gemeinsam) für Wohn- und Schlafräume:

$$L_{AF} \leq 35 \text{ dB}$$

Nutzergeräusche unterliegen nicht den Anforderungen nach Tabelle 4; allgemeine Planungshinweise, siehe Beiblatt 2 zu DIN 4109. Unter Nutzergeräuschen werden z. B. das Aufstellen eines Zahnputzbechers auf Abstellplatte, hartes Schließen des WC-Deckels, Spureinlauf, Rutschen in Badewanne usw. verstanden.

Davon abweichend sind in der Anlage A1 seit 2000 niedrigere Geräuschpegel zulässig.

Tabelle 6.36: **Werte für die zulässigen Schalldruckpegel in schutzbedürftigen Räumen von Geräuschen aus haustechnischen Anlagen und Gewerbebetrieben nach DIN 4109/A1: 2000-01 Schallschutz im Hochbau, Anforderungen und Nachweise, Änderung A1**

Spalte	1	2	3
Zeile	Geräuschquelle	Art der schutzbedürftigen Räume	
		Wohn- und Schlafräume	Unterrichts- und Arbeitsräume
		kennzeichnender Schalldruckpegel dB(A)	
1	Wasserinstallationen (Wasserversorgungs- und Abwasseranlagen gemeinsam)	$\leq 30^{a), b)}$	$\leq 35^{a)}$
2	Sonstige haustechnische Anlagen	$\leq 30^{c)}$	$\leq 35^{c)}$
3	Betriebe tags 6 bis 22 Uhr	≤ 35	$\leq 35^{c)}$
4	Betriebe nachts 22 bis 6 Uhr	≤ 25	$\leq 25^{c)}$

a) Einzelne, kurzzeitige Spitzen, die beim Betätigen der Armaturen und Geräte nach DIN 4109, Tabelle 6 (Öffnen, Schließen, Umstellen, Unterbrechen u. a.) entstehen, sind zz. nicht zu berücksichtigen.

b) Werkvertragliche Voraussetzungen zur Erfüllung des zulässigen Installationsschallpegels:

– Die Ausführungsunterlagen müssen die Anforderungen des Schallschutzes berücksichtigen, d. h. u. a., zu den Bauteilen müssen die erforderlichen Schallschutznachweise vorliegen.

– Außerdem muss die verantwortliche Bauleitung benannt und zu einer Teilabnahme vor Verschließen bzw. Verkleiden der Installation hinzugezogen werden. Weitergehende Details regelt das ZVSHK-Merkblatt. (…)

c) Bei lüftungstechnischen Anlagen sind um 5 dB(A) höhere Werte zulässig, sofern es sich um Dauergeräusche ohne auffällige Einzeltöne handelt.

Schutzbedürftige Räume sind hierbei Wohn- und Schlafräume. Der o. g. Wert gilt nicht für Installationsgeräusche aus der eigenen Wohnung.

Die Intensität der Geräusche lässt sich nur mit entsprechendem Messinstrumentarium nach genormten Methoden reproduzierbar ermitteln. Einfache, frequenzunabhängige Schallpegelmessgeräte, die nicht geeicht sind, ermöglichen nur einen ersten situativen Eindruck, ersetzen jedoch nicht die Qualitätsüberprüfung nach DIN 4109.

Nach DIN 4109-Beiblatt 2: 1989-11 Schallschutz im Hochbau; Hinweise für Planung und Ausführung; Vorschläge für einen erhöhten Schallschutz; Empfehlungen für den Schallschutz im eigenen Wohn- oder Arbeitsbereich gilt:

„2.4.3 Verbesserung der Körperschalldämmung
Wenn die Körperschallanregung überwiegt, z. B. bei Geräuschen von Wasserversorgungs- und Abwasseranlagen, bei Benutzergeräuschen in Bad und WC bzw. von Pumpengeräuschen, stehen zur Verringerung der Körperschallübertragung im Wesentlichen folgende Maßnahmen zur Verfügung: (…)
– Zwischenschalten einer federnden Dämmschicht (siehe VDI 2062 Blatt 1 und Blatt 2) an der Befestigungsstelle zwischen Maschine, Gerät, Rohrleitung oder Einrichtungsgegenstand und Decke bzw. Wand,
– Ummantelung von Rohrleitungen mit weich federndem Dämmstoff, sofern sie in Wänden und Massivdecken verlegt werden (…).“

DIN 1988-2: 1988-12 Technische Regeln für Trinkwasser-Installationen (TRWI); Planung und Ausführung; Bauteile, Apparate, Werkstoffe, Technische Regeln des DVGW schreibt hierzu vor:

„3.4.2.14
Frei liegende Leitungen müssen mit ausreichendem Abstand (Wand, Decke, andere Leitungen usw.) verlegt und so befestigt werden, dass die im Betrieb auftretenden Beanspruchungen und Belastungen sicher aufgenommen werden können. (…) Rohrleitungen, die in Baukörper (Wände, Decken) eingelassen werden, sind mit geeigneten Umhüllungen zu versehen, um eine weitgehende Trennung zwischen Rohr und Baukörper zu erzielen.“

Abb. 6.139: Starr ummörtelte SML-Fallleitung

Der Verbund zwischen Vertikal-Rohrsträngen und der Massiv-Deckenkonstruktion ohne eine wirksame Schalltrennung stellt einen relevanten Verstoß gegen die allgemein anerkannten Regeln der Technik dar.

6.20.5   Dichtheitsprüfung von Schächten

Die Prüfung erfolgt mit Wasserdruck. Der Prüfdruck beträgt mindestens 10 kPa und höchstens 50 kPa. Die Ermittlung der zulässigen Wasserzugabe hat mit einer Genauigkeit von 100 ml und einer Wasserpegelmessung von 0,1 mm zu erfolgen. Der zulässige Wasserzugabewert beträgt 0,4 l/m² benetzter Fläche (Schachtwandung) in 30 Min.

6.21   Elektroanlagen (DIN 18382)

6.21.1   Abnahmeprüfung und Unterlagen

Gemäß VOB/C ATV DIN 18382: 2000-12 Nieder- und Mittelspannungsanlagen mit Nennspannungen bis 36 kV gilt:

„3 Ausführung
(…)
3.1.3
(…)
Der Auftragnehmer hat nach den Planungsunterlagen und Berechnungen des Auftraggebers die für die Ausführung erforderlichen Montage- und Werkstattzeichnungen zu erbringen und, soweit erforderlich, mit dem Auftraggeber abzustimmen.

Dazu gehören insbesondere
- *Stromablaufpläne,*
- *Adressierungspläne,*
- *Aufbauzeichnungen von Verteilungen,*
- *Stücklisten,*
- *Klemmpläne und Belegung,*
- *Funktionsbeschreibungen*

(…)

3.1.6 Der Auftragnehmer hat alle für den wirtschaftlichen und sicheren Betrieb der Anlage erforderlichen Bedienungs- und Wartungsanleitungen und notwendigen Bestandspläne zu fertigen und dem Auftraggeber diese und einzelne prospektspezifische Daten zu übergeben.

3.1.7 Der Auftragnehmer hat, bevor die fertige Anlage in Betrieb genommen wird, eine Prüfung auf Betriebsfähigkeit und eine Prüfung nach den DIN-Normen auszuführen. Die Aufzeichnung der Prüfergebnisse und die Dokumentation sind vor Abnahme dem Auftraggeber auszuhändigen.

3.1.8 Das Bedienungspersonal für die Anlage ist durch den Auftragenehmer einmal einzuweisen. Dazu gehören auch Hinweise zu Art und Umfang der Wartung."

- **Anzahl von Dosen, Schaltern, Brennstellen**

Geprüft wird bei vorliegendem Massen-LV die Anzahl der vorhandenen Steckdosen, Schalter und Brennstellen. Häufige Beanstandung sind fehlende oder unlesbare Beschriftung der Verteilerkästen, unzureichende Anzahl von Steckdosen, Brennstellen oder Lichtschalter, die auf der Bandseite hinter der Zimmertür unzugänglich installiert wurden.

Gemäß Pistohl, „Handbuch der Gebäudetechnik, Band 1" [73] gilt:

„5.1 Schalter und Steckdosen (…)
(…)
Anordnung der Schalter
Lichtschalter werden im Allgemeinen auf der Schlossseite der Tür, in Drückerhöhe, d. h. normalerweise 1,05 m über OKF angebracht; für Behinderte und Rollstuhlfahrer 70 bis 85 cm über OKF.
Der seitliche Abstand beträgt i. d. R. ca. 15 cm neben der Rohbau-Türleibung, soweit keine Festeinbauten vorhanden sind. (…)"

In der DIN 18015-2: 1996-08 Elektrische Anlagen in Wohngebäuden – Art und Umfang der Mindestausstattung heißt es:

„5 Ausstattung
5.1 Starkstromanlagen
5.1.2 Steckdosen, Auslässe und Anschlüsse für Verbrauchsmittel von 2 kW und mehr.
(1) Die erforderliche Anzahl der Steckdosen, Auslässe und Anschlüsse für Verbrauchsmittel richtet sich nach Tabelle 2. Sofern dort nicht anderes angegeben ist, sind die Auslässe für den Anschluss von Leuchten bestimmt (Beleuchtungsauslässe).
(2) Steckdosen, Auslässe und Anschlüsse sind in nutzungsgerechter räumlicher Verteilung anzuordnen.
(…)"

● **Anzahl von Strom- und Absicherungskreisen**
Durch Sichtprüfung am Unterverteiler oder am Verteilerkasten kann die Anzahl der
Kreise geprüft werden.

● **Anschluss von Küchengeräten**
Im Zuge der Abnahme sollte dringend die vollständige Funktion der Küchengeräte wie
Kühlschrank, Herdplatten (einzeln nacheinander prüfen), Backofen und Heißwasser-
geräte überprüft werden, da Fehlfunktionen ansonsten ohnehin immer später durch die
Nutzer erkannt werden und der Mangelbeseitigungsaufwand nebst Erläuterungsbedarf
dann regelmäßig höher ist.

● **Leitungstypen**
Impu-Leitungen (Im-Putz-Leitungen), Typ: NYIF dürfen nicht in Nassräumen und für
Außenanlagen verwendet werden.

● **UP-Anschlussdosen bei Wandbrennstellen**
Nach DIN VDE 0100-559 müssen bei Unterputzinstallationen die entsprechenden Zuleitungen für Wandleuchten in Wanddosen enden.

● **Verteilerdosen**
Abdeckungen von Verteilerdosen müssen verschraubt sein. Sie dürfen nicht verklebt
oder verklemmt sein (DIN VDE 0100-520).

● **Kabelzuführungen in Unterputzdosen und Geräte**
Die Isolierung muss bis in die Geräte und Unterputzdosen hineingeführt werden. Sie
darf vor dem Eintritt in die Geräte nicht fehlen.

Abb. 6.140: Unzulässig außerhalb der Dose
gekürzte Isolierung

● **Zähleranlagen**

Der Zählerraum muss abschließbar sein und über eine T-30-Tür verfügen. Die Mindestabstände im Lichten zwischen Zählerschranktür bzw. Unterverteilungen und festen Bauteilen sind mit mindestens 1,20 m einzuhalten. Direkte Berührungsmöglichkeiten von unbenutzten Schalträumen müssen mit Blindstreifen abgeschottet sein.

● **Potenzialausgleich**

Der Potenzialausgleich muss geprüft werden. Die Anschlussschienen müssen zugänglich sein. Die aufgelegten Anschlussleitungen müssen im Deckel gekennzeichnet sein (DIN VDE 0100-540).

● **Brandabschottungen**

Die Leitungsführung im Bereich von Brandabschnitts-Querungen muss geprüft werden gem. DIN VDE 0100-420 und DIN VDE 0108. Bei der Abnahme muss zudem überprüft werden, ob die Brandschutz-Leistungen durch ein zertifiziertes Unternehmen ausgeführt wurden. Die Zertifizierung sollte vom ausführenden Unternehmen vorgelegt werden.

Häufige Beanstandungen sind:
– fehlender Brandschutz im Bereich von Brandwand-Durchdringungen,
– fehlende Kennzeichnung der durchgeführten Brandschutzmaßnahmen.

● **Installationsbohrungen**

Installationsbohrungen in bewitterten Außenwandflächen müssen schlagregensicher verschlossen werden.

Abb. 6.141: Offene Kabeldurchführung in einer Außenwand

6.21.2   Beleuchtungsstärken bei künstlicher Beleuchtung

DIN 5035-2: 1990-09 Beleuchtung mit künstlichem Licht – Richtwerte für Arbeitsstätten in Innenräumen und im Freien:

„3 Angaben zu den Richtwerten der Tabelle 1 (Arbeitsstätten in Innenräumen)
(...) Tabelle 1, Spalte 2: Nennbeleuchtungsstärke E_n
(...) Die Nennbeleuchtungsstärke E_n für Arbeitsstätten in Innenräumen bezieht sich:
– auf den mittleren Alterszustand der Beleuchtungsanlage;
– auf den eingerichteten Innenraum bzw. die eingerichtete Raumzone;

– im Allgemeinen auf die horizontale Arbeitsfläche in 0,85 m Höhe über dem Fußboden; bei anderer Lage der Arbeitsfläche bezieht sich die Nennbeleuchtungsstärke E_n auf diese Lage (z. B. Schaltschrankmontage, Zeichenbrett, Schreibtisch);
– bei Verkehrswegen in Innenräumen auf deren Mittellinie in max. 0,2 m über dem Fußboden.

(…) Der arithmetische Mittelwert der Beleuchtungsstärken an den Arbeitsplätzen darf, unabhängig vom Alterungszustand der Beleuchtungsanlage, den 0,8fachen Wert der Nennbeleuchtungsstärke nicht unterschreiten; dabei darf die Beleuchtungsstärke an keinem Arbeitsplatz zu keiner Zeit den 0,6fachen Wert der Nennbeleuchtungsstärke unterschreiten.

(…) An ständig besetzten Arbeitsplätzen in Innenräumen ist eine Nennbeleuchtungsstärke von mindesten 200 lx vorzusehen, es sei denn, dass betriebliche oder physiologisch-optische Gründe eine Abweichung erfordern.

In Innenräumen oder Raumzonen, die dem ständigen Aufenthalt von Personen dienen, ist eine Nennbeleuchtungsstärke von mindestens 100 lx erforderlich.

Tabelle 1, Spalte 3: Lichtfarbe

Einteilung von Lampen nach ihrer Lichtfarbe:

ww warmweiß

nw neutralweiß

tw tageslichtweiß

Anmerkung 1: Angaben zur Lichtfarbe von Lampen sind in den Listen der Lampenhersteller enthalten. (…)

4 Angaben zu den Richtwerten der Tabelle 2 (Arbeitsstätten im Freien)

(…) Tabelle 2, Spalte 2: Nennbeleuchtungsstärke E_n

(…) Die Nennbeleuchtungsstärke E_n für Arbeitsstätten im Freien bezieht sich:

– auf den mittleren Alterungszustand der Beleuchtungsanlage;
– auf eingerichtete Arbeitsstätten im Freien;
– im Allgemeinen auf die horizontale Arbeitsfläche in 0,85 m Höhe über dem Boden; bei anderer Lage der Arbeitsfläche bezieht sich die Nennbeleuchtungsstärke auf diese Lage;
– bei Verkehrswegen auf deren Mittellinie in max. 0,2 m Höhe über dem Boden. (…)"

In Abhängigkeit von der planmäßig vorausgesetzten Tätigkeit innerhalb von Räumlichkeiten gelten Mindestanforderungen an die Beleuchtungsstärke wie folgt:

Tabelle 6.37: **Arbeitsstätten in Innenräumen (gem. DIN 5035-2: 1990-09), Auszug aus Tabelle 1**

1	2	3	4	5
Art des Innenraumes bzw. der Tätigkeit	**Nenn-beleuchtungs-stärke E_n lx**	**Lichtfarbe**	**Stufe der Farb-wiedergabe-eigenschaften**	**Güteklasse der Begrenzung der Direktblendung**
1 Allgemeine Räume				
1.2 Lagerräume				
1.2.1 Lagerräume für gleichartiges oder großteiliges Lagergut	50	ww, nw	3	3
1.2.2 Lagerräume mit Suchaufgabe bei nicht gleichartigem Lagergut	100	ww, nw	3	3
1.2.3 Lagerräume mit Leseaufgabe	200	ww, nw	3	2
1.5.4 Umkleideräume	100	ww, nw	2A	2
1.5.5 Waschräume	100	ww, nw	2A	2
1.5.6 Toilettenräume	100	ww, nw	2A	2
2 Verkehrswege in Gebäuden				
2.1 für Personen	50	ww, nw	3	3
2.3 Treppen, Fahrtreppen und geneigte Verkehrswege	100	ww, nw	3	2
3 Büroräume und büroähnliche Räume				
3.1 Büroräume mit tageslicht-orientierten Arbeitsplätzen ausschließlich in unmittel-barer Fensternähe	300	ww, nw	2A	1
3.2 Büroräume	500	ww, nw	2A	1
3.3 Großraumbüros – hohe Reflexion – mittlere Reflexion	750 1000	ww, nw ww, nw	2A 2A	1 1

1	2	3	4	5
Art des Innenraumes bzw. der Tätigkeit	**Nenn-beleuchtungs-stärke E_n lx**	**Lichtfarbe**	**Stufe der Farb-wiedergabe-eigenschaften**	**Güteklasse der Begrenzung der Direktblendung**
3.4 Technisches Zeichnen	750	ww, nw	2A	1
3.5 Sitzungszimmer und Besprechungsräume	300	ww, nw	2A	1
3.6 Empfangsräume	100	ww, nw	2A	1
3.7 Räume mit Publikums-verkehr	200	ww, nw	2A	1

6.21.3 IP-Schutzarten

Die IP-Schutzarten geben den zulässigen Verwendungszweck für Gehäuse innerhalb von elektrischen Anlagen an.

Beispiel
IP-Code:

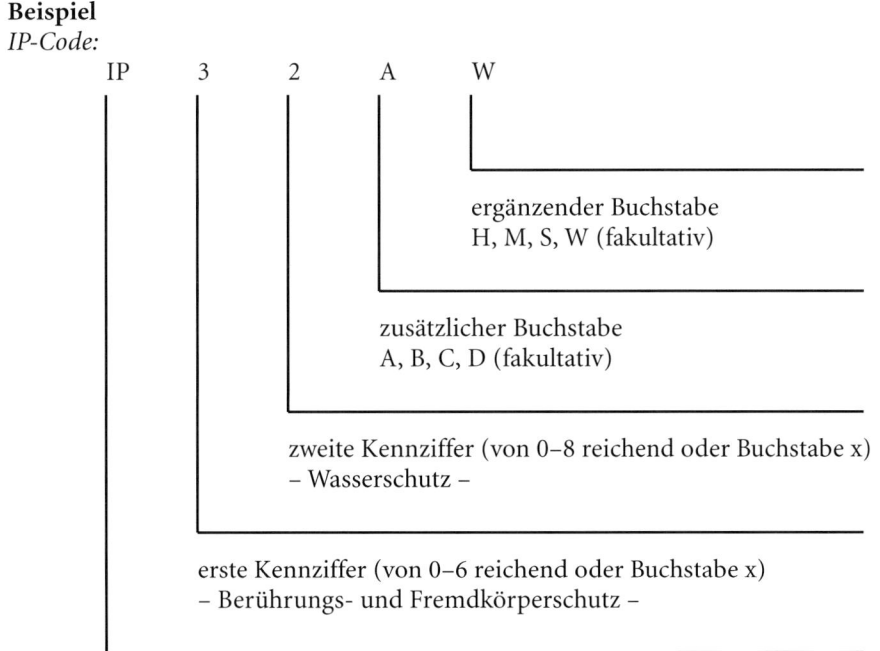

```
IP    3    2    A    W
```

ergänzender Buchstabe
H, M, S, W (fakultativ)

zusätzlicher Buchstabe
A, B, C, D (fakultativ)

zweite Kennziffer (von 0–8 reichend oder Buchstabe x)
– Wasserschutz –

erste Kennziffer (von 0–6 reichend oder Buchstabe x)
– Berührungs- und Fremdkörperschutz –

IP-Buchstaben (International Protection)

Die Bedeutung der Kennziffern kann der nachfolgenden Tabelle entnommen werden. Die erste Kennziffer stellt die Anforderungen an den Schutz des Gehäuses dar, und zwar in welcher Weise Personen Schutz gegen den Zugang zu gefährlichen Teilen geboten wird. Der Schutz muss sicherstellen, dass weder Teile des menschlichen Körpers direkt, bzw. mit einem Gegenstand indirekt, Zugang zu gefährlichen Stellen des jeweiligen elektrischen Betriebmittels erhalten.

Gleichzeitig gibt die erste Ziffer den Grad der Anforderung wieder, inwieweit das Gehäuse dem Betriebsmittel Schutz gegen das Eindringen von festen Fremdkörpern gewährt. Zusammenfassend bezeichnet die erste Kennziffer den Schutzgrad gegen den Zugang zu gefährlichen Teilen und gegen feste Fremdkörper.

Die zweite Kennziffer bezeichnet den Schutzgrad gegen Wasser (siehe Tabelle 6.38). Schädliche Einwirkungen durch das Eindringen von Wasser sollen verhindert werden.

Die Kennziffern können nach DIN VDE 0470-1 Schutzarten durch Gehäuse (IP-Code) noch durch die Verwendung weiterer Buchstaben ergänzt werden.

Der zusätzliche Buchstabe hat eine Bedeutung für den Schutz von Personen und macht eine Aussage über den Schutz gegen den Zugang zu gefährlichen Teilen.

- Buchstabe A: Handrücken
- Buchstabe B: Finger
- Buchstabe C: Werkzeug
- Buchstabe D: Draht

Der ergänzende Buchstabe hat eine Bedeutung für den Schutz des Betriebsmittels und gibt ergänzende Informationen.

- Buchstabe H: Hochspannungsgeräte
- Buchstabe M: Wasserprüfung während des Betriebes
- Buchstabe S: Wasserprüfung bei Stillstand
- Buchstabe W: Wetterbedingungen

Für die Anwendung des IP-Kurzzeichens weitere Hinweise:

Unterschied der Kennziffer „O" bzw. „X":

- O bedeutet: kein besonderer Schutzgrad gefordert
- X bedeutet: der Schutzgrad ist freigestellt

Beispiel
IP X 3 bedeutet: Berührungs- und Fremdkörperschutz ist freigestellt
Wasserschutz: geschützt gegen Sprühwasser
IP 5 X bedeutet: Berührungs- und Fremdkörperschutz
Geschützt gegen den Zugang mit einem Draht/
staubgeschützt
Wasserschutz ist freigestellt

Staubgeschützt (Kennziffer 5) bedeutet:
Staub darf nur in so begrenztem Umfang eindringen, dass ein zufrieden stellender Betrieb des Gerätes gewährleistet ist und die Sicherheit nicht beeinträchtigt wird.

Wasserschutz:
Bis zur Kennziffer 6 bedeutet, dass auch die Anforderungen für alle niedrigen Kennziffern erfüllt sind, z. B. IP X 6 erfüllt gleichzeitig IP X 1 / IP X 2 / IP X 3 / IP X 4 / IP X 5. Dies gilt aber nicht bei IP X 7 oder IP X 8, d. h., IP X 8 erfüllt nicht gleichzeitig die Forderung nach IP X 4 oder IP X 6. Soll beides bei dem jeweiligen Gerät erreicht werden,

so müssen auch beide Bezeichnungen verwendet werden, also eine Doppel-Kennzeichnung: z. B. IP X 6 / IP X 8.

Zusätzliche und/oder ergänzende Buchstaben dürfen ersatzlos entfallen.

Werden mehrere zusätzliche bzw. ergänzende Buchstaben verwendet, so gilt die alphabetische Reihenfolge.

Die genannten Schutzarten gelten für Betriebsmittel und auch für elektrische Anlagen.

Tabelle 6.38: **IP-Code**

Kennziffer (Schutzgrad)	Erste Ziffer Berührungsschutz	Fremdkörperschutz	Zweite Ziffer Wasserschutz
0	Kein besonderer Schutz	Kein besonderer Schutz	Kein besonderer Schutz
1	Geschützt gegen den Zugang zu gefährlichen Teilen mit dem Handrücken	Geschützt gegen feste Fremdkörper 50 mm Durchmesser und größer	Geschützt gegen Tropfwasser
2	Geschützt gegen den Zugang zu gefährlichen Teilen mit einem Finger	Geschützt gegen feste Fremdkörper 12,5 mm Durchmesser und größer	Geschützt gegen Tropfwasser, wenn das Gehäuse bis zu 15° geneigt ist
3	Geschützt gegen den Zugang zu gefährlichen Teilen mit einem Werkzeug	Geschützt gegen feste Fremdkörper 2,5 mm Durchmesser und größer	Geschützt gegen Sprühwasser
4	Geschützt gegen den Zugang zu gefährlichen Teilen mit einem Draht	Geschützt gegen feste Fremdkörper 1,0 mm Durchmesser und größer	Geschützt gegen Spritzwasser
5	Geschützt gegen den Zugang zu gefährlichen Teilen mit einem Draht	Staubgeschützt	Geschützt gegen Strahlwasser
6	Geschützt gegen den Zugang zu gefährlichen Teilen mit einem Draht	Staubgeschützt	Geschützt gegen starkes Strahlwasser
7			Geschützt gegen die Wirkungen beim zeitweiligen Untertauchen in Wasser
8			Geschützt gegen die Wirkungen beim dauernden Untertauchen in Wasser

6.21.4   Installationszonen

Die Einhaltung der Installationszonen ist anhand der Festlegungen gem. DIN 18015-3: 1999-04 Elektrische Anlagen in Wohngebäuden, Leitungsführung und Anordnung der Betriebsmittel in Form einer Teilabnahme gem. VOB/B § 4.10 zu prüfen.

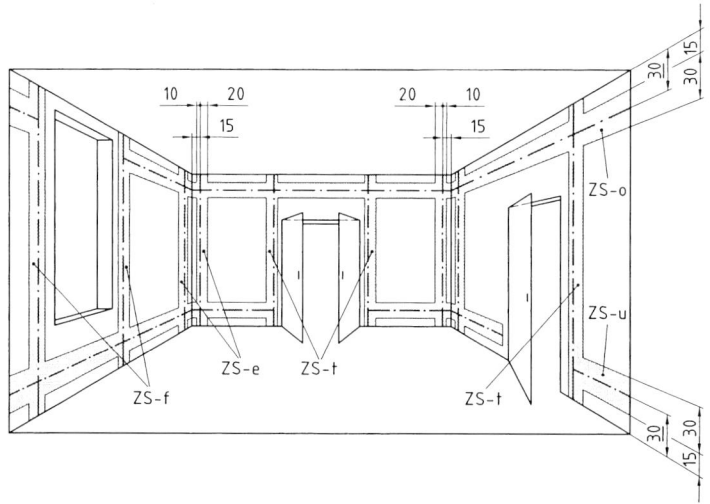

Bild 1. Installationszonen und Vorzugsmaße (unterstrichen) für Räume ohne Arbeitsflächen an Wänden. Sofern Wandfläche in ausreichendem Maße zur Verfügung steht, läuft die obere waagerechte Installationszone über dem Fenster durch (siehe Bild 2).

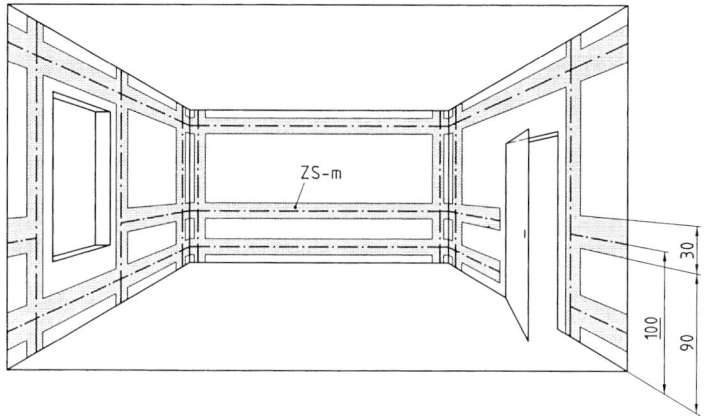

Nicht angegebene Maße wie in Bild 1.

Bild 2. Installationszonen und Vorzugsmaße (unterstrichen) für Räume mit Arbeitsflächen an Wänden, z. B. Küchen

Abb. 6.142: Installationszonen gem. DIN 18015-3: 1999-04 Elektrische Anlagen in Wohngebäuden, Leitungsführung und Anordnung der Betriebsmittel

6.22   Aufzugsanlagen (DIN 18385)

Folgende Kriterien sind bei der Funktionsprüfung besonders in Hinblick auf angrenzende Wohn- und Arbeitsräume zu beachten:

● **Maschinengeräusche in neben dem Schacht liegenden schutzbedürftigen Räumen**
Die Anforderungen nach DIN 4109 Schallschutz im Hochbau sind maßgebend, nach Tabelle 4 sind demnach die Geräuschbelästigung in Wohn- und Schlafräumen von max. 30 dB zulässig, in Unterrichts- und Arbeitsräumen max. 35 dB.

● **Aufhangösen für Schutzmatten**
Sofern für Mieterumzüge etc. Schutzmatten aufgehängt werden sollen, müssen entsprechende Lastösen vorgerüstet sein.

● **Reinigungsmöglichkeiten der Kabine**
Zugänglichkeit zu vollverglasten Schächten- und/oder Aufzugskabinen zu Reinigungszwecken (Revisionstüren)

● **Fahrgeräusche**
Geprüft wird im Betrieb innerhalb der Kabine, ob im Betrieb Schleifgeräusche an den Schienensystemen entstehen. In den Wohnungen wird durch Hörprobe geprüft, ob Anfahr- oder Türengeräusche hörbar sind. Bei begründetem Verdacht muss eine Schallmessung durchgeführt werden.

● **Notrufeinrichtung in der Kabine**
Die Funktion der Notrufeinrichtung in der Kabine muss geprüft werden. Hierfür ist vorab zu klären, wer den erforderlichen Telefonanschluss beantragt.

6.23   Baufeuchte bei der Abnahme (DIN 18299)

Die Praxis zeigt, dass in der Anfangszeit nach Bezug in den jungen Gebäuden eine erhöhte Luftfeuchtigkeit dadurch entsteht, dass Feuchtigkeit aus der Bauzeit über Diffusionsvorgänge aus den Bauteilquerschnitten an das Raumluftklima abgegeben wird. Die Geschwindigkeit der Diffusionsvorgänge und damit der Zeitraum, in dem die Austrocknung des Baukörpers stattfindet, ist abhängig von:

● dem Feuchtegehalt der Bauteile (ausführungsbedingt)
● dem Niveau der relativen Raumluftfeuchte in Nutzung (nutzungsbedingt)

Grundsätzlich ist eine erhöhte Bauteilfeuchtigkeit zum Zeitpunkt der Abnahme unvermeidbar, da das Anmachwasser von Beton, Estrich, Mörtel und Putz erst allmählich aus den Bauteilquerschnitten entweichen kann. Gleichzeitig werden die Lieferbaustoffe nicht mit ihrer Ausgleichsfeuchte angeliefert, sondern mit ihrem produktionsbedingten Feuchtegehalt. Beispielsweise wird Porenbeton mit einer Massefeuchte von 25 bis 30 % ausgeliefert.

Alle produktionsbedingt unvermeidbar in das Bauwerk eingetragenen Feuchtigkeitsmengen können somit unter dem Begriff „Baufeuchte" als hinnehmbar gelten.

Anders verhält es sich allerdings mit Niederschlagsmengen, die das offene Gebäude während der Bauzeit zusätzlich durchfeuchten.

Gemäß VOB/C ATV DIN 18299: 2000-12 Allgemeine Regelungen für Bauarbeiten jeder Art gilt:

„4 Nebenleistungen, Besondere Leistungen
4.1 Nebenleistungen
Nebenleistungen sind Leistungen, die auch ohne Erwähnung im Vertrag zur vertraglichen Leistung gehören (§ 2 Nr. 1 VOB/B).
Nebenleistungen sind demnach insbesondere:
(…)
4.1.10 Sichern der Arbeiten gegen Niederschlagswasser, mit dem normalerweise gerechnet werden muss, und seine etwa erforderliche Beseitigung. (…)"

Unter Beachtung entsprechender Sorgfaltspflichten durch den AN und die Bauleitung wird vorausgesetzt, dass eine nachhaltige Durchfeuchtung von Bauteilen infolge von Niederschlagswasser durch bereichsweises Abdecken der Bauteile und durch Notentwässerungen vermieden werden kann. Einer besonderen vertraglichen Vereinbarung bedarf es hierfür nicht.

Unter üblicher **Baufeuchte** ist also diejenige Feuchte zu verstehen, die regelmäßig unvermeidbar mit dem Anmachwasser von Mauermörtel, Putzmörtel, Beton und Estrich in den Baukörper eingetragen wird.

Der Wassergehalt, der sich nach einiger Zeit in einem Baustoff bei gleich bleibender relativer Feuchte einstellt, wird als **Gleichgewichtsfeuchte** oder **praktischer Feuchtegehalt** bezeichnet.

Unter dem Begriff **praktischer Feuchtegehalt** versteht man nach DIN 4108 Wärmeschutz im Hochbau, Teil 4: Wärme- und feuchteschutztechnische Kennwerte, jenen Feuchtegehalt eines Baustoffes, der in der Praxis, d. h. in eingebauten Baustoffen, in 90 % aller Fälle nicht überschritten wird.

Anhang

Checklisten

Die nachfolgenden Abnahme-Checklisten sind aus baupraktischer Sicht vom Verfasser zusammengestellt worden, um die systematische Durchführung einer Abnahme zu erleichtern. Sie sollen helfen, die im Kapitel 6 aufgeführten Anforderungen an die Ausführung der verschiedenen Gewerke zu kontrollieren.

Aufgeführt sind jeweils pro Gewerk die Mängel, die aus sachverständiger Betrachtungsweise häufig zu gerichtsanhängigen Streitigkeiten oder zu relevanten Schäden führen. Enthalten sind jeweils eine Kurzbeschreibung der zu überprüfenden Ausführung des jeweiligen Gewerks sowie eventuell einzuhaltende Grenzwerte, mit Verweis auf die zugrunde liegenden Regelwerke. Auch die Mess- und Prüfmittel werden angesprochen.

Die Abnahme-Checklisten verstehen sich als Orientierungshilfe für den Abnehmer, sie können aber nicht den Anspruch auf Vollständigkeit erfüllen, da eine Prognose über die sog. „Exoten" unter den Mängeln selbstverständlich nicht verlässlich gelingt.

Der kostenlose Onlineservice

Die hier abgedruckten Checklisten stehen Ihnen auch als elektronische PDF-Dokumente auf der Plattform www.hochbau-praxis.de der Verlagsgesellschaft Rudolf Müller zur Verfügung.

Für den Zugriff auf die Checklisten benötigen Sie einen persönlichen Zugangscode, den Sie mit Erwerb des vorliegenden Werkes erhalten.

Nach Eingabe der Webadresse http://www.hochbau-praxis.de in Ihrem Browser wählen Sie bitte unter der Rubrik Baubetrieb in der linken Navigationsspalte der Website das Themenfeld Bauabnahme an. Dort erhalten Sie zunächst eine Übersicht über die online verfügbaren Checklisten.

Nach dem Klicken auf Checklisten öffnet sich eine Eingabemaske, in die Sie bitten Ihren persönlichen Zugangscode eingeben. Mit einem Klick auf das Start-Feld in dieser Maske erhalten Sie dann bei korrekt eingegebenem Code Zugang zu den online verfügbaren Checklisten.

Ihr persönlicher Zugangscode lautet: 5553A1

☐ **Abnahmeprotokoll**

☐ **Protokoll zur technischen Begehung als Vorbereitung der Abnahme**

BV: _____   Gewerk: _____   Datum: _____

Anwesende:

Auftragnehmer:	Auftraggeber:	Architekt:	Sonstige:
Herr/Frau	Herr/Frau	Herr/Frau	Herr/Frau

Die

○ Schlussabnahme gem. § 12 VOB/B
○ Schlussabnahme gem. § 633/§ 640 BGB
○ Teilabnahme gem. § 12.2 VOB/B für _____
○ Teilabnahme gem. § 4.10 VOB/B für _____

○ erfolgt ohne Vorbehalte
○ erfolgt mit den anliegend aufgeführten Vorbehalten
○ kann wegen wesentlicher Mängel nicht erfolgen und wird zurückgestellt
   bis zum: _____

Die Überprüfung der Leistungen ergab folgende Beanstandungen:
(ggf. separate Mängelliste als Anlage)

_____

_____

_____

_____

_____

Die Beseitigung erkannter Mängel und Beanstandungen erfolgt
spätestens bis zum: _____

Folgende Beanstandungen können nicht mehr beseitigt werden:

_____

Der Auftraggeber behält sich die Geltendmachung der vereinbarten Vertragsstrafe vor.
Die auf Seite 2 aufgeführten Unterlagen wurden dem Auftraggeber übergeben.

Anerkannt Auftraggeber: _____

Anerkannt Auftragnehmer: _____

_____ , den _____

Abnahme/Mängelliste   Datum: _____
Seite 2

Revisionsunterlagen/Bescheinigungen/Wartungs- und Pflegeanweisungen:

○   1.   Revisionsplan/Heizung mit Strangschema
○   2.   Revisionsplan/Sanitär mit Strangschema
○   3.   Revisionsplan/Elektro mit Schaltschema
○   4.   Revisionsplan/Lüftung mit Schaltschema
○   5.   Mess- und Prüfprotokolle entsprechend den einschlägigen Vorschriften und Erfordernissen
○   6.   DIN 1045-Bestätigung
○   7.   Abnahmebescheinigung Bauprüfabteilung
○   8.   VDE-Bescheinigung
○   9.   Abnahmebescheinigung Grundstückentwässerung
○ 10.   Abnahmebescheinigung Schornsteinfeger
○ 11.   Bescheinigung Schallschutz für die eingebauten Fenster
○ 12.   Bescheinigung für kraftbetätigte Türen und Tore
○ 13.   Bescheinigung VSG-Verglasung
○ 14.   Bescheinigung über die Qualität der Wohnungs- und Hauseingangstüren
○ 15.   Wartungs- und Pflegeanweisungen, Betriebsbeschreibungen der technischen Einrichtungen
○ 16.   Bescheinigung für die Brandabschottungen von Leitungsöffnungen

Abnahme-Checkliste

Gewerk: DIN 18300 Erdarbeiten (Kapitel 6.1)

BV:		Datum:		Bearbeiter:		
Nr.	Überprüfung	zul. Grenzwerte		Erl.		
		min.	max.	✔	Regelwerk	Prüfmittel
1	**Prüfung der Grundlagen/Unterlagen**					
1.1	**Entsorgungsnachweise** für kontaminierten Boden/kontaminierte Erdtanks					
1.2	**Bodengutachten** vorhanden?					
1.3	**Bodenklassen** zutreffend beschrieben?					
1.4	**Überfahrten** gesichert und genehmigt?					
1.5	**vorh. Grundleitungen** recherchiert?					
1.6	**Trennung von Grundleitungen** erfolgt?					
2	**Materialprüfung/Funktionsprüfung**					
2.1	Angelieferte Füllböden gem. LV? **Bodenklasse Verdichtungsfähigkeit Sieblinie Mutterbodeneigenschaften Sickerfähigkeit**					Lieferschein
2.2	**Mutterboden** frei von Verunreinigungen?					
3	**Prüfung der Ausführung**					
3.1	**Hinterfüllung** der ehemaligen Arbeitsräume fachgerecht verdichtet?					
3.2	**Höhenlage** von Hinterfüllungen/ Aushüben in Übereinstimmung mit Planung					Nivelliergerät

Abnahme-Checkliste

Gewerk: DIN 18300 Erdarbeiten (Kapitel 6.1)

BV:		Datum:		Bearbeiter:		
Nr.	Überprüfung	zul. Grenzwerte		Erl.		
		min.	max.	✔	Regelwerk	Prüfmittel
3.3	**Wasserhaltung** ordnungsgemäß ausgeführt?					
3.4	Evtl. umgebende Gebäude ausreichend gesichert? **(Unterfangung)**				DIN 4123	
3.5	**Baugruben und Gräben** ausreichend gesichert?				DIN 4124	
3.6	**Vorhandene Leitungen** in ihrer planmäßigen Lage? Markierungsbänder eingebaut?					
3.7	**Dränage- und Revisionsschächte** ordnungsgemäß gesichert?					
3.8	**Gehwegüberfahrten und Verkehrswege** wiederhergestellt?					
3.9	**Schutzabdeckung der Baugrubensohle** und der Böschungen hergestellt?					
3.10	**Absperrung der Baugrube** vorgenommen?					

Abnahme-Checkliste

Gewerk: DIN 18308 Dränarbeiten (Kapitel 6.2)

BV:		Datum:		Bearbeiter:		
Nr.	**Überprüfung**	zul. Grenzwerte		**Erl.**		
		min.	**max.**	**✔**	**Regelwerk**	**Prüfmittel**
1	**Prüfung der Grundlagen/Unterlagen**					
1.1	**Dränanlagen-Planung**					
1.2	**Dränagewasser:** Ableitung baurechtlich geklärt?				Abwassersatzung	
1.3	**Dränagewasser:** Entsorgung baulich geklärt?				DIN 4095	
1.4	**Wartungs- und Bedienungsanleitungen**					
1.5	**Elektro-Schaltplan**					
2	**Materialprüfung/Funktionsprüfung**					
2.1	**Dränschicht:** versickerungsfähig?	$K_F >$ 10^{-4} m/s				
2.2	**Dränagepumpe:** Funktionskontrolle					
2.3	**Dränagepumpe:** akustisches Alarmsignal im Störfall?					
2.4	**Dränagepumpe:** Kontrolle der Schwimmerhöhe					
2.5	**Dränagepumpe** als Zwillingspumpe ausgeführt?					
2.6	**Dränagepumpe:** Störmeldung auf Stördienst-Telefonleitung aufgeschaltet?					

Abnahme-Checkliste						
Gewerk: DIN 18308 Dränarbeiten (Kapitel 6.2)						
BV:		**Datum:**		**Bearbeiter:**		
Nr.	**Überprüfung**	**zul. Grenzwerte**		**Erl.**		
		min.	**max.**	✔	**Regelwerk**	**Prüfmittel**
3	**Prüfung der Ausführung**					
3.1	**Dränageleitung:** Gefälle ausreichend?	0,50 %			DIN 4095, 5.2.2	
3.2	**Dränageleitung:** Hochpunkt der Rohrsohle 20 cm unterhalb OK Betonsohle?				DIN 4095, 5.2.2	
3.3	**Dränageleitung:** Rohrscheitel unterhalb OK Betonsohle?				DIN 4095, 5.2.2	
3.4	**Dränageleitung:** in Kiesbett eingelegt?					
3.5	**Dränageplatten:** nach Herstellervorschrift montiert?					
3.6	**Dränageplatten:** Noppenplatten seitenrichtig montiert?				Herstellervorschrift	
3.7	**Dränageplatten:** Montage nach vollständiger Aushärtung der Bitumendickbeschichtung erfolgt?					
3.8	**Dränageplatten:** Druckbelastung/ mechanische Beschädigung der Abdichtung ausgeschlossen?					
3.9	**Dränageplatten/Dränageschicht:** Entwässerung in die Dränageleitung sichergestellt?					
3.10	**Übergabeschacht:** Revisionsfähigkeit vorhanden?					
3.11	**Spülrohre:** an allen Richtungswechseln und in Abständen von 50 m vorhanden?	DN 300			DIN 4095, 5.2.2	

– Diese Liste erfüllt nicht den Anspruch auf Vollständigkeit –

Abnahme-Checkliste

Gewerk: DIN 18318 Außenanlagen (Kapitel 6.3)

BV:		Datum:		Bearbeiter:		
Nr.	Überprüfung	zul. Grenzwerte		Erl.		
		min.	max.	✔	Regelwerk	Prüfmittel
1	**Prüfung der Grundlagen/Unterlagen**					
1.1	**Oberflächengefälle:** Planung vorhanden?					
1.2	**Oberflächenentwässerung:** Planung vorhanden?					
1.3	**Fahrbahnflächen:** Wenderadien ausreichend?					
1.4	**Fahrbahnflächen:** Rangierflächen ausreichend?					
2	**Materialprüfung/Funktionsprüfung**					
2.1	**Befestigungen:** Versickerungsfähigkeit gem. Baugenehmigung?					
2.2	**Lastklasse:** Oberbelag geeignet?					
2.3	**Lastklasse:** Unterbau geeignet?					
2.4	**Lastklasse:** Schachtdeckel, Einlaufdeckel geeignet?					
3	**Prüfung der Ausführung**					
3.1	**Pflaster:** Verlegemuster gem. Planung?					
3.2	**Pflaster:** Fugenbreiten eingehalten?	3 mm	5 mm		DIN 18318, 3.3.2	
3.3	**Pflaster:** Fugenverguss gem. Leistungs-beschreibung? Fugenbreite?	8 mm			DIN 18318, 3.3.2	

Abnahme-Checkliste

Gewerk: DIN 18318 Außenanlagen (Kapitel 6.3)

BV:		Datum:		Bearbeiter:		
Nr.	**Überprüfung**	**zul. Grenzwerte**		**Erl.**		
		min.	max.	✔	**Regelwerk**	**Prüfmittel**
3.4	**Gefälle:** Naturstein-Pflaster	3 % Toleranz 0,4 %			DIN 18318, 3.2.4	
3.5	**Gefälle:** Pflaster aus Beton, Ziegel	2,5 % Toleranz 0,4 %			DIN 18318, 3.2.4	
3.6	**Gefälle:** Plattenbeläge	2 % Toleranz 0,4 %			DIN 18318, 3.2.4	
3.7	**Gefälle:** Maximalgefälle für Behinderte eingehalten?		6 %		DIN 18025	
3.8	**Gefälle:** Rampen – Maximalgefälle allgemein		15 %		EAR 91	
3.9	**Gefälle:** Rampen – Maximalgefälle Industriebau		13 %		DIN 18225	
3.10	**Gefälle:** Rampen – Regelgefälle		8 %		DIN 18225	
3.11	**Gefälle:** Rampen – allgemein, im Freien		10 %		EAR 91	
3.12	**Gefälle:** Parkrampen		6 %		EAR 91	

Abnahme-Checkliste

Gewerk: DIN 18330 Mauerarbeiten (Kapitel 6.4)

BV:		Datum:		Bearbeiter:		
Nr.	**Überprüfung**	**zul. Grenzwerte**		**Erl.**		
		min.	max.	✔	Regelwerk	Prüfmittel
1	**Prüfung der Grundlagen/Unterlagen**					
1.1	**Verblend-Überbinder:** bauaufsichtliche Zulassung, Prüfzeugnis vorhanden?					
1.2	**Verblendabfangekonsolen:** Tragfähigkeitsnachweis für Verwendungszweck vorhanden?					
1.3	**Verblendabfangekonsolen:** bauaufsichtliche Zulassung, Prüfzeugnis vorhanden?					
1.4	**Mauerfugenbewehrung:** bauaufsichtliche Zulassung/Prüfzeugnis für Verwendungszweck vorhanden?					
1.5	**Verblendfertigteilstürze:** Tragfähigkeitsnachweis vorhanden?					
1.6	**Horizontalsperre:** bauaufsichtliche Zulassung für den Verwendungszweck vorhanden? – **keine Schweißbahn** –				DIN 18195, DIN 1053	Prüfzeugnis
2	**Materialprüfung/Funktionsprüfung**					
2.1	**Steinfestigkeitsklasse:** gem. Statik?				DIN 1053	Prüfzeugnis
2.2	**Stein-Rohdichte:** gem. Schallschutzgutachten?				DIN 4109	Prüfzeugnis
2.3	**Materialfeuchte:** zu hoch?					Feuchtigkeitsmessgerät, Verfärbung
2.4	**Schallschutz:** Wohnungstrennwände in einheitlicher Qualität durchlaufend bis Außenkante Baukörper?				DIN 4109	

Abnahme-Checkliste

Gewerk: DIN 18330 Mauerarbeiten (Kapitel 6.4)

BV:		Datum:		Bearbeiter:		
Nr.	**Überprüfung**	**zul. Grenzwerte**		**Erl.**		
		min.	max.	✔	Regelwerk	Prüfmittel
2.5	**Dämmmaterial:** in der Gebäudetrenn-fuge gem. Schallschutzgutachten?				DIN 4109	Prüfzeugnis
2.6	**Wärmeschutznachweis:** U-Wert zutreffend?				DIN 4108, WSchVO III, EnEV	Prüfzeugnis
2.7	**Wandstärken:** gem. Planungsvorgaben?				DIN 1053, DIN 4108, DIN 4109, DIN 4102	Zollstock
2.8	**Brandschutz:** Steinmaterial gem. Anforderung?				DIN 4102	Prüfzeugnis
2.9	**Verblendsteine:** Wasseraufnahme-fähigkeit gem. Vereinbarung?					Darprobe
2.10	**Verblendsteine:** Druckfestigkeit gem. statischer Auslegung?					-
2.11	**Verblendmauerwerk:** Schlagregen-dichtigkeit ausreichend?					Karsten'sche Prüfröhrchen
2.12	**Verblendsteine:** Abmessungen regelgerecht?				DIN 105	
2.13	**Verblendsteine:** Veränderung des Fugen-rasters auf Grund untermaßiger Steine?				DIN 105, DIN 4172	
2.14	**Verblendmauerwerk:** Fugenbild, Fugenfarbe					
2.15	**Verblendmauerwerk:** Steinbeschädigungen, Kantenabplatzungen		1 cm^2			
2.16	**Mauermörtel:** Mörtelgruppe gem. statischer Auslegung?					
2.17	**Mauermörtel:** für Außenmauerwerk geeignet?					

Abnahme-Checkliste

Gewerk: DIN 18330 Mauerarbeiten (Kapitel 6.4)

BV:		Datum:		Bearbeiter:		
Nr.	**Überprüfung**	**zul. Grenzwerte**		**Erl.**		
		min.	**max.**	**✔**	**Regelwerk**	**Prüfmittel**
2.18	**Mauermörtel:** Mörtelzusätze auf Verwendungszweck abgestimmt – Mischöl, Luftporenbildner, Verzögerer, Frostschutz?				DIN 1053	
2.19	**Verblend-Fugenmörtel:** Qualität gem. Voraussetzung?					
2.20	**Verblend-Überbinder:** Edelstahl? Durchmesser					
2.21	**Verblendabfangekonsolen:** Verankerungsmittel auf Untergrund abgestimmt?					
2.22	**Mauerfugenbewehrung:** entsprechend Tragfähigkeitsnachweis?					
2.23	**Spava-Stürze:** Einbau gem. Tragfähigkeitsnachweis und Zulassung? Ausreichende Übermauerung gewährleistet?					
2.24	**Spava-Stürze:** Auflagerbreite ausreichend?	11,5 cm				
2.25	**Horizontalabdichtung:** Folienstärke ausreichend?	1,2 mm			DIN 18195, DIN 1053	Nanometer
2.26	**Wärmedämmung:** WLG gem. Wärmeschutznachweis?				DIN 4108, WSchVO, EnEV	Prüfzeugnis
2.27	**Wärmdämmung:** hydrophobe Eigenschaften?					

Copyright: Dipl.-Ing. Gunter Hankammer öffentlich bestellter und vereidigter Sachverständiger, PSP GmbH Hamburg
– Diese Liste erfüllt nicht den Anspruch auf Vollständigkeit –

Abnahme-Checkliste

Gewerk: DIN 18330 Mauerarbeiten (Kapitel 6.4)

BV:		Datum:		Bearbeiter:		
Nr.	**Überprüfung**	**zul. Grenzwerte**		**Erl.**		
		min.	**max.**	✔	**Regelwerk**	**Prüfmittel**
3	**Prüfung der Ausführung**					
3.1	**Überbindemaß:** 0,4 x H eingehalten?	4,5 cm			DIN 1053	Zollstock
3.2	**Verbandsregeln:** eingehalten?					
3.3	**Anschluss:** an benachbarte Bauteile – Verzahnung, Einbindung kraftschlüssig?					
3.4	**Nicht tragende Wände:** Deckenluft vorhanden?					Fugenkelle
3.5	**Horizontalsperre:** auf Mörtelbett verlegt?					Meißel
3.6	**Grenzabmaße:** eingehalten?				DIN 18202, Tabelle 1	Maßband, Zollstock, Disto
3.7	**Lotrechtigkeit, Rechtwinkligkeit:** eingehalten?				DIN 18202, Tabelle 2	Wasserwaage, Winkel
3.8	**Ebenmäßigkeit:** eingehalten?				DIN 18202, Tabelle 3	Wasserwaage, Richtscheit, Maurer-schnur, Messkeil
3.9	**Gebäudetrennfuge:** frei von Schallbrücken?					
3.10	**Materialverwendung:** gem. planmäßigen Voraussetzungen?					
3.11	**Höhenbezugspunkt:** durch Bolzen unveränderbar für Nachfolgegewerke gesichert?					
3.12	**Schwindmaßdifferenzen:** bei unter-schiedlichen Materialien konstruktiv berücksichtigt?					
3.13	**Ringanker:** Bewehrung vorhanden?	2 x ⌀ 10			DIN 1053-1, 8.2.1	
3.14	**Betonfertigstufen:** Schallschutz zu Wänden?					

Abnahme-Checkliste

Gewerk: DIN 18330 Mauerarbeiten (Kapitel 6.4)

BV:		Datum:		Bearbeiter:		
Nr.	**Überprüfung**	**zul. Grenzwerte**		**Erl.**		
		min.	**max.**	✔	**Regelwerk**	**Prüfmittel**
3.15	**Sturzauflager:** ausreichend dimensioniert?					
3.16	**Sturzhöhen:** Unterkante korrekt?					
3.17	**Verblendfertigteilstürze:** Verankerung an tragender Konstruktion sichergestellt?					
3.18	**Verblendfertigteilstürze:** bei Verankerung des Sturzes an der Hinterkonstruktion und gleichzeitiger Gewölbewirkung des darüber liegenden Mauerwerks – horizontale Bewegungsfuge oberhalb des Sturzes vorgesehen?					
3.19	**Verblendmauerwerk:** Anzahl der Verblendschalenanker ausreichend?				DIN 1053	
3.20	**Verblendmauerwerk:** Entwässerungsöffnungen für hinterlüftetes Mauerwerk ausreichend vorhanden?	7500 mm²/ 20 m²			DIN 1053-1, 8.4.3.2	
3.21	**Verblendmauerwerk:** Entwässerungsöffnungen für Kerndämmung ausreichend vorhanden?	5000 mm²/ 20 m²			DIN 1053	
3.22	**Verblendmauerwerk:** Entwässerungsöffnungen frei von Mörtelschellen?				DIN 1053	Zollstock, Taschenlampe
3.23	**Verblendmauerwerk:** Z-Folie bis Außenkante Verblendschale geführt?				DIN 1053	Filigranmeißel, Entwässerungsfuge
3.24	**Verblendmauerwerk:** Z-Folie in Mörtel eingebettet?				DIN 18195-4, 7.2	
3.25	**Verblendmauerwerk:** Z-Folie im Sturzbereich vorhanden?				DIN 1053, 8.4.3.1	
3.26	**Verblendmauerwerk:** vertikale Dehnungsfugen vorhanden?					
3.27	**Verblendmauerwerk:** Dehnungsfugen ordnungsgemäß verschlossen?					

Abnahme-Checkliste

Gewerk: DIN 18330 Mauerarbeiten (Kapitel 6.4)

BV:		Datum:		Bearbeiter:		
Nr.	Überprüfung	zul. Grenzwerte		Erl.		
		min.	max.	✔	Regelwerk	Prüfmittel
3.28	**Verblendmauerwerk:** Rollschichten von Fensterbänken gleichmäßig geneigt?					
3.29	**Verblendmauerwerk:** Sohlbänke aus Vollsteinen?					
3.30	**Verblendfertigteilstürze:** Anschlussfugen im Auflager und Überdeckungsbereich elastisch ausgeführt?					
3.31	**Verblendmauerwerk:** Verankerung der Konsolen kraftschlüssig erfolgt?					
3.32	**Verblendmauerwerk:** Fugen ausreichend tief und scharfkantig ausgekratzt?	1,5 cm			DIN 1053	Probeentnahme
3.33	**Verblendmauerwerk:** Ausblühungen/ Auslaugugen vorhanden?					
3.34	**Verblendmauerwerk:** Gerüstlöcher, Fallrohranker, Außensteckdosen, Außenzapfstellen – regendichter Verschluss?					
3.35	**Verblendmauerwerk:** Zweischaligkeit – thermische und hygrische Trennung vorhanden?					
3.36	**Verblendmauerwerk:** Fensterbänke thermisch getrennt?					

Abnahme-Checkliste

Gewerk: DIN 18331 Beton- und Stahlbetonarbeiten (Kapitel 6.5)

BV:		Datum:		Bearbeiter:		
Nr.	**Überprüfung**	zul. Grenzwerte		**Erl.**		
		min.	**max.**	**✔**	**Regelwerk**	**Prüfmittel**
1	**Prüfung der Grundlagen/Unterlagen**					
	Vereinbarungen über die **Qualität der Sichtbetonoberflächen** vorhanden?					
2	**Materialprüfung/Funktionsprüfung**					
2.1	**Allgemein**					
2.1.1	**Beton-Lieferschein** als Nachweis über eingebaute Betongüte: Festigkeitsklasse, Zuschlag etc. gem. Leistungsverzeichnis?				DIN 1045	
2.2	**Weiße Wanne, WU-Beton**					
2.2.1	**Wassereindringwiderstand** Wasserzementwert w/z Bauteildicke bis 0,4 m Bauteildicke > 0,4 m		0,6 0,7		DIN 1045-2, 5.5.3	
2.2.2	**Zementgehalt** bei Bauteildicken bis 0,4 m	280 kg/m^3			DIN 1045-2, 5.5.3	
2.2.3	Mindestdruckfestigkeitsklasse bei Bauteildicken bis 0,4 m	C25/30			DIN 1045-2, 5.5.3	

Abnahme-Checkliste

Gewerk: DIN 18331 Beton- und Stahlbetonarbeiten (Kapitel 6.5)

BV:		Datum:		Bearbeiter:		
Nr.	Überprüfung	zul. Grenzwerte		Erl.		
		min.	max.	✔	Regelwerk	Prüfmittel
3	**Prüfung der Ausführung**					
3.1	**Allgemein**					
3.1.1	**Bewehrung** gem. Bewehrungsplan eingebaut? **Betonüberdeckung** ausreichend? **Oberflächengefälle** ausreichend?					
3.1.2	**Dehnungsfugen** fachgerecht mit Fugenbändern ausgeführt?					
3.1.3	**Balkonplatten** mit planmäßiger **Überhöhung** eingebaut? **Gefälle** ausreichend?	2 %				
3.1.4	**Balkonplatten: thermische Trennung** zur Geschossdecke durch Isokörbe etc. vorhanden?					
3.1.5	**Schalungslöcher** der Spannanker fachgerecht verschlossen?					
3.1.6	**Kanten gebrochen** gem. Ausschreibung?					
3.2	**Weiße Wanne, WU-Beton**					
3.2.1	**Bewehrung zur Beschränkung der Rissbreite** eingebaut?				DIN 1045-1,11.2	
3.2.2	**Arbeitsfugen** fachgerecht mit Fugenblech/Verpressschlauch/Dichtungsrohr/Fugenband ausgeführt?					
3.2.3	**Verpressschlauchenden gesichert** durch Verwahrdosen, Nagelpacker? **Lage gekennzeichnet?**					

Abnahme-Checkliste

Gewerk: DIN 18331 Beton- und Stahlbetonarbeiten (Kapitel 6.5)

BV:		Datum:		Bearbeiter:		
Nr.	**Überprüfung**	**zul. Grenzwerte**		**Erl.**		
		min.	**max.**	**✔**	**Regelwerk**	**Prüfmittel**
3.3	**Sichtbeton**					
3.3.1	**Ansichtsflächen** gem. Leistungs-beschreibung, vereinbarter Muster-objekte ausgeführt?				MB „Sichtbeton", Referenzobjekte	
3.3.2	**Sichtprüfung** aus üblichem Betrachterab-stand auf vermeidbare Abweichungen, z. B.:				MB „Sichtbeton", Referenzobjekte	
	– Kiesnester					
	– Mörtelreste					
	– Rostspuren					
	– willkürliche Anordnung von Schalungslöchern					
	– starke Ausblutungen					
	– starke Abzeichnung von Schüttlagen					
	– starke Versätze an Stößen von Schalelementen					
	– Ausbesserungen					
	– Schalungsfugen: Aufteilung gem. Planung?					

Abnahme-Checkliste

Gewerk: DIN 18334 Zimmer- und Holzbauarbeiten (Kapitel 6.6)

BV:		Datum:		Bearbeiter:		
Nr.	Überprüfung	zul. Grenzwerte		Erl.		
		min.	max.	✔	Regelwerk	Prüfmittel
1	**Prüfung der Grundlagen/Unterlagen**					
1.1	**Dachneigung** gem. Planung?					
1.2	**Lattenabstand** gem. Planung, Trauflatte in richtiger Position?					
1.3	**Firstachse** = Gebäudeachse?					
1.4	**Gauben** in richtiger Position?					
2	**Materialprüfung/Funktionsprüfung**					
2.1	**Holzquerschnitte:** entsprechend Statik?					
2.2	**Verbindungsmittel:** entsprechend Statik?					
2.3	**Holzgüte und Schnittklasse** entsprechend Ausschreibung?					
2.4	**Holzart** gem. Ausschreibung?					
2.5	**Bekleidungen:** Profilierung entsprechend Ausschreibung?					
2.6	**Außenwandbekleidungen** Brettstärke?	19 mm			DIN 18334	
2.7	**Außenwandbekleidungen:** Wahl der Befestigungsmittel verzinkt/Edelstahl					
2.8	Werkseitige **Imprägnierung** ordnungsgemäß?				DIN 68800	Herstellernachweis
2.9	**Örtliche Schnittkanten** nachimprägniert?				DIN 68800	

Abnahme-Checkliste

Gewerk: DIN 18334 Zimmer- und Holzbauarbeiten (Kapitel 6.6)

BV:		Datum:		Bearbeiter:		
Nr.	**Überprüfung**	**zul. Grenzwerte**		**Erl.**		
		min.	**max.**	**✔**	**Regelwerk**	**Prüfmittel**
3	**Prüfung der Ausführung**					
3.1	**Konstruktiver Holzschutz:** Abstände von Spritzwasserzonen eingehalten?					
3.2	**Windrispenbänder:** ordnungsgemäß verspannt?					
3.3	**Ausklinkungen:** unzulässige Querschnittsschwächung?				DIN 1052	
3.4	**Dachüberstand** parallel und gleichmäßig?					
3.5	**Außenwandbekleidung** als Boden- und Deckelschalung seitl. Überstand?	2 cm				
3.6	**Außenwandbekleidungen:** Verankerung am Untergrund, Traglattenabstände					
3.7	**Außenwandbekleidungen:** Oberflächenebenheit				DIN 18202	

Abnahme-Checkliste

Gewerk: DIN 18334 Zimmer- und Holzbauarbeiten – Trockenbauarbeiten – (Kapitel 6.6)

BV:		Datum:		Bearbeiter:		
Nr.	**Überprüfung**	**zul. Grenzwerte**		**Erl.**		
		min.	**max.**	✔	**Regelwerk**	**Prüfmittel**
1	**Prüfung der Grundlagen/Unterlagen**					
1.1	**Luftdichtigkeitsebene:** definiert?				DIN 4108	
2	**Materialprüfung/Funktionsprüfung**					
2.1	**GKI Gipskartonplatten imprägniert:** Prüfung, ob Feuchtraumplatten entsprechend Verwendungszweck					
2.2	**GKI:** Prüfung, ob Installationsdurchgänge abgedichtet				DIN 18181	
2.3	**GKB Gipskartonbauplatten:** Materialstärke gem. Schallschutznachweis?				DIN 4109	
2.4	**GKF Gipskartonfeuerschutzplatten:** Prüfung, ob Material gem. Brandschutzanforderungen geeignet				DIN 4109	
2.5	**Nassräume:** Ausführung mit GKI-Platten erfolgt?					
2.6	**Brandwände:** Ausführung mit GKF-Platten erfolgt?					
2.7	**Schallschutzwände:** Aufbau gem. schalltechnischer Berechnungen erfolgt?					
2.8	**Gipskartonplatten:** falsche Lagerung im feuchten Milieu oder unter Lichteinwirkung: Gelb-Braun-Verfärbung					Aufbringen von Wassertropfen, beim Abtrocknen braune Ränderung
2.9	**Gipskartonplatten:** durchfeuchtet auf Grund von Havarieschäden – Schimmelpilzschäden im Hohlraum?					

Abnahme-Checkliste

Gewerk: DIN 18334 Zimmer- und Holzbauarbeiten – Trockenbauarbeiten – (Kapitel 6.6)

BV:			Datum:		Bearbeiter:		
Nr.	**Überprüfung**		**zul. Grenzwerte**		**Erl.**		
			min.	**max.**	**✔**	**Regelwerk**	**Prüfmittel**
3	**Prüfung der Ausführung**						
3.1	**Deckenbekleidung:** Befestigungs-abstände eingehalten?			17 cm		DIN 18181, Herstellervorschrift	
3.2	**Ständerwände:** Befestigungsabstände eingehalten?			25 cm		DIN 18181, Herstellervorschrift	
3.3	**Plattenstöße:** nicht vertikal und horizontal von Türecken ausgehend					DIN 18181, Herstellervorschrift	
3.4	**Schnittkanten-Stöße:** für die Spachtelung mit Vario-Spachtel V-förmig aufgeweitet?					Herstellervorschrift	
3.5	**Türen:** verstärkte Ständerprofile vorhanden?						
3.6	**Türen:** Sturzprofil vorhanden?						
3.7	**Wohnungstrennwände:** Steckdosen gegenüberliegend?						
3.8	**Ständerwände:** oberer Anschluss an Stahlbetondecke gleitend hergestellt?						
3.9	**Bauteilanschlüsse:** scharfkantige Trennung als Scheinfuge vorhanden?						
3.10	**Abseiten und Dachschrägen:** Wärmedämmung gegen Luft hinter-spülsicher schlüssig angebracht?						
3.11	**Abseiten und Dachschrägen:** Dampfsperre/Luftdichtigkeitsebene dicht schließend angeschlossen?					DIN 4108	

Abnahme-Checkliste

Gewerk: DIN 18334 Zimmer- und Holzbauarbeiten – Trockenbauarbeiten – (Kapitel 6.6)

BV:		Datum:		Bearbeiter:		
Nr.	Überprüfung	zul. Grenzwerte		Erl.		
		min.	max.	✔	Regelwerk	Prüfmittel
3.12	**Luftdichtigkeitsfolie:** Unterbrechungen abgedichtet – Steckdosen, Lampenauslässe, Installationen					
3.13	**Fensteranschluss:** luftdichter Verschluss der Konstruktionsfuge?				DIN 4108	
3.14	**Abgehängte Decken:** Konstruktionsverstärkung für Lampen etc. vorhanden?					
3.15	**Ständerwände:** Konstruktionsverstärkungen für Objekt-Anbauten etc. vorhanden?					
3.16	**Grenzabmaße:** eingehalten?				DIN 18202, Tabelle 1	Bandmaß, Zollstock, Disto
3.17	**Lotrechtigkeit, Winkligkeit-Toleranzen:** eingehalten?				DIN 18202, Tabelle 2	Wasserwaage, Winkel, Messkeil
3.18	**Ebenheit:** innerhalb zulässiger Toleranzgrenzen?				DIN 18202, Tabelle 3	Richtscheit, Schnur, Messkeil
3.19	**Stahlzargen:** Einbausituation – Höhelage gem. Meterriss, Zargeneinstand gem. Herstellerangabe					NIvelllergerät
3.20	**Stahlzargen:** Türzargen verwindungsfrei eingebaut?				Richtlinie für den Einbau von Stahlzargen	seitliches Fluchten über die Kanten
3.21	**Stahlzargen:** Schlagrichtung gem. Planung?					
3.22	**Stahlzargen:** Beschädigungen, Lack, Beulen					
3.23	**Stahlzargen:** Blechverbindungen mit gewindedurchgängigen Schrauben?					
3.24	**Gipskartonplatten:** Schraubenköpfe nicht durch Papierlage hindurchgebohrt?					

Abnahme-Checkliste

Gewerk: DIN 18336 Abdichtungsarbeiten (Kapitel 6.7)

BV:		Datum:		Bearbeiter:		
Nr.	**Überprüfung**	**zul. Grenzwerte**		**Erl.**		
		min.	**max.**	**✔**	**Regelwerk**	**Prüfmittel**
1	**Prüfung der Grundlagen/Unterlagen**					
1.1	**Dränage** vorhanden?				DIN 4095	
1.2	**Anstehender Boden:** $k_F \geq 1/10000$ m/s					
1.3	**Grund-/Schichtenwasser:** vorhanden?					
1.4	Dimensionierung für **Lastfall „Bodenfeuchtigkeit"** erfolgt?				DIN 18195-4	
1.5	Dimensionierung für **Lastfall „nicht drückendes Wasser"** erfolgt (nur auf Horizontalflächen)?				DIN 18195-5	
1.6	Dimensionierung für **Lastfall „drückendes Wasser"** erfolgt?				DIN 18195-6	
2	**Materialprüfung/Funktionsprüfung**					
2.1	**Weiße Wanne**					
2.1.1	**Rissbreitenbeschränkende Bewehrung:** in Statik vorgesehen?					
2.1.2	**Betonrezeptur:** Herstellerbescheinigung Lieferwerk für WU-Beton?					
2.2	**Bitumenabdichtung**					
2.2.1	**Bitumendickbeschichtung:** Trockenschichtstärke, Lastfall Bodenfeuchtigkeit	3 mm			DIN 18195-4	
2.2.2	**Bitumendickbeschichtung:** Trockenschichtstärke, Lastfall drückendes Wasser	4 mm			DIN 18195-6	

Abnahme-Checkliste

Gewerk: DIN 18336 Abdichtungsarbeiten (Kapitel 6.7)

BV:		Datum:		Bearbeiter:		
Nr.	Überprüfung	zul. Grenzwerte		Erl.		
		min.	max.	✔	Regelwerk	Prüfmittel
2.2.3	**Dränschicht:** Dränschicht/Dränage-platten vorhanden?					
3	**Prüfung der Ausführung**					
3.1	**Weiße Wanne**					
3.1.1	**Arbeitsfugen:** innen/außen liegende Fugenbänder, Bleche, Verpressschläuche					
3.1.2	**Verpressschläuche:** Verwahrdosen gesichert?				DBV-Merkblatt	
3.1.3	**Dehnungsfugen:** Sicherung durch innen/außen liegende Fugenbänder?					
3.1.4	**Waagerechte Flächen:** Nachverdichtung ordnungsgemäß erfolgt?					
3.1.5	**Lichtschächte:** in weiße Wanne integriert?					
3.1.6	**Lichtschächte:** rückstaufreie Entwässerung sichergestellt?					
3.1.7	**Treppenniedergang:** rückstaufreie Entwässerung sichergestellt?					
3.2	**Bitumenabdichtung**					
3.2.1	**Hohlkehlausbildung:** Sohlüberdeckung mit Abkantung?	10 cm				
3.2.2	**Oberer Abdichtungsanschluss:** Höhenlage korrekt im Hinblick auf Geländeniveau?	30 cm			DIN 18195	

Abnahme-Checkliste

Gewerk: DIN 18336 Abdichtungsarbeiten (Kapitel 6.7)

BV:		Datum:		Bearbeiter:		
Nr.	**Überprüfung**	**zul. Grenzwerte**		**Erl.**		
		min.	max.	✔	**Regelwerk**	**Prüfmittel**
3.2.3	**Hauseinführungen:** ordnungsgemäß eingedichtet?					
3.2.4	**Lichtschächte:** in die Außenwandabdichtung formschlüssig integriert?					
3.2.5	**Lichtschächte:** Entwässerung sichergestellt?					
3.2.6	**Kellerniedergang:** Entwässerung sichergestellt?					
3.2.7	**Schutzfolie:** nach Herstellervorschrift verlegt, Noppenrichtung?					
3.2.8	**Türschwellen:** Andichtung an Zarge und Leibungen dreidimensional schlüssig?					

Abnahme-Checkliste

Gewerk: DIN 18338 Dachdeckungs- und Dachdichtungsarbeiten (Kapitel 6.8)

BV:		Datum:		Bearbeiter:		
Nr.	**Überprüfung**	**zul. Grenzwerte**		**Erl.**		
		min.	**max.**	**✔**	**Regelwerk**	**Prüfmittel**
1	**Prüfung der Grundlagen/Unterlagen**					
1.1	**Flachdach-Abdichtungen**					
1.1.1	**Gefälle:** planmäßiges Gefälle vorhanden?	2 %			Flachdachrichtlinien	
1.1.2	**Wärmedämmung:** Nachweis mechanischer Befestigung liegt vor?					
2	**Materialprüfung/Funktionsprüfung**					
2.1	**Pfannendach**					
2.1.1	**Pfannenfarbe:** Einhaltung der Grenzmuster-Sichtprüfung					
2.1.2	**Beschädigungen:** Sichtprüfung		1 cm²			
2.1.3	**Trittsteine:** für Schornsteinfeger vorhanden?					
2.1.4	**Beschädigungen der Unterspannung:** Sichtprüfung, insbesondere im Traufbereich					Traufpfannen hochschieben
2.1.5	**Materialprüfung der Unterspannung:** diffusionsoffen bei Vollsparrendämmung				Herstellervorschrift	Bauaufsichtliche Zulassung prüfen
2.2	**Flachdach-Abdichtungen**					
2.2.1	Wärmedämmung: Dämmstärke, WLG ausreichend?					

Abnahme-Checkliste

Gewerk: DIN 18338 Dachdeckungs- und Dachdichtungsarbeiten (Kapitel 6.8)

BV:		Datum:		Bearbeiter:		
Nr.	**Überprüfung**	**zul. Grenzwerte**		**Erl.**		
		min.	**max.**	**✔**	**Regelwerk**	**Prüfmittel**
3	**Prüfung der Ausführung**					
3.1	**Pfannendach**					
3.1.1	**Ausrichtung:** Sichtprüfung					
3.1.2	**Verklammerung:** Überprüfung					
3.1.3	**Traufe:** Traufpfannen-Einstand in die Dachrinne		$^1/_3$ x DN		Dachdecker-richtlinien	
3.1.4	**Traufe:** Beseitigung von Pfannenschutt					Traufpfannen hochschieben
3.1.5	**Entwässerungsmöglichkeit der Unterspannung:** in die Rinnen, freier Abfluss, ohne Sackbildung, Anschluss an Traufblech?					Traufpfannen hochschieben
3.1.6	**Kehlrinnen:** Dichtigkeit gegeben?					Dachpfannen im Kehlbereich hoch-schieben, Tastbe-fund, Sichtprüfung von der Unterseite
3.1.7	**Unterlüftung:** Zuluft Traufbereich, Abluft Firstbereich, freier Querschnitt in der Dachfläche	H = 4 cm			DIN 4108, Herstellervorschriften	
3.1.8	**Folienrinne:** Anschluss bei Dachdurch-dringungen auf der Firstseite vorhanden?				Herstellervorschrift	
3.1.9	**Dachflächenfenster:** firstseitig durchgehende Folienrinne mit Entwässerung zu beiden Seiten hin seitlich Folienaufkantung mit Anschluss an Zargenrahmen				Herstellervorschrift	

Abnahme-Checkliste

Gewerk: DIN 18338 Dachdeckungs- und Dachdichtungsarbeiten (Kapitel 6.8)

BV:		Datum:		Bearbeiter:		
Nr.	**Überprüfung**	**zul. Grenzwerte**		**Erl.**		
		min.	**max.**	**✔**	**Regelwerk**	**Prüfmittel**
3.1.10	**Gaubendächer:** oberseitiger Anschluss an Steildach – freie Entwässerung der Unterspannbahn auf das Gaubendach gewährleistet?					Pfannen hochschieben
3.2	**Flachdach**					
3.2.1	**Anschlusshöhen:** eingehalten?					
3.2.2	**Flachdacheinläufe:** Ausführung vertieft gegenüber der Umgebungsfläche?				Flachdachrichtlinien	
3.2.3	**Flachdacheinläufe:** Anzahl ausreichend?				DIN EN 12056-3, Herstellervorschrift	
3.2.4	**Flachdacheinläufe:** beheizt?					
3.2.5	**Flachdacheinläufe:** Material-verträglichkeit Flansch/Abdichtung?				Herstellervorschrift	
3.2.6	**Notentwässerung:** Speier vorhanden?				Flachdachrichtlinien, DIN EN 12056-3, 7.4	
3.2.7	**Bitumen-Dachbahnen:** Schweißraupen sichtbar?				Herstellervorschrift	
3.2.8	**Durchdringungen:** Einfassung ordnungsgemäß mit Aufkantung hergestellt?					
3.2.9	**Wärmedämmung:** druckfest, nachgiebig?					
3.2.10	**Wärmedämmung:** Mineralfaser-dämmung im Bereich von Brandwänden vorhanden?	5 m				
3.2.11	**Gebäudetrennfugen:** bewegliche Überbrückung in Schlaufenform vorhanden?					

Abnahme-Checkliste

Gewerk: DIN 18338 Dachdeckungs- und Dachdichtungsarbeiten (Kapitel 6.8)

BV:		Datum:		Bearbeiter:		
Nr.	**Überprüfung**	**zul. Grenzwerte**		**Erl.**		
		min.	max.	✔	Regelwerk	Prüfmittel
3.2.12	**Bekiesung:** Kiesfangleisten ohne Dachdurchdringung mechanisch befestigt?					
3.2.13	**Balkone:** Lage der Balkonabläufe im Belag markiert?					
3.2.14	**Balkone:** Notüberlauf vorhanden?				Flachdachrichtlinien	
3.2.15	**Sekuranten:** Anschlagvorrichtungen vorhanden?					

Abnahme-Checkliste

Gewerk: DIN 18339 Klempnerarbeiten (Kapitel 6.9)

BV:		Datum:		Bearbeiter:		
Nr.	Überprüfung	zul. Grenzwerte		Erl.		
		min.	max.	✔	Regelwerk	Prüfmittel
1	**Prüfung der Grundlagen/Unterlagen**					
2	**Materialprüfung/Funktionsprüfung**					
2.1	**Dachrandabschlüsse:** Materialstärke bei Zinkblech und Kupferblech	0,8 mm			DIN 18339	Nanometer
2.2	**Dachrinnen:** Dimension				DIN EN 12056-3	
2.3	**Dachrinnen:** Dimensionierung und Abstand Rinnenhalter				ZVHSK	
2.4	**Dachrinnen:** Dilatationsausgleich bei Zuschnitt über 500 mm		8 m			
2.5	**Dachrinnen:** Dilatationsausgleich bei Zuschnitt bis 500 mm		15 m			
2.6	**Dachrinnen:** Gefälle		1 mm/m 3 mm/m		DIN 12056-3, 7.2.1	
2.7	**Regenfallrohre:** Dimension				DIN EN 12056-3	
3	**Prüfung der Ausführung**					
3.1	**Kappleisten:** Anpressdruck durch Verschraubung vorhanden?		25 cm		ZVHSK	
3.2	**Kappleiste:** Anschlusshöhe an Wand ausreichend?	150 mm			DIN 18195-9, Flachdachrichtlinien	
3.3	**Kappleiste:** Anschlusshöhe im Fenster-/Türbereich ausreichend, Entwässerungsrinne vorhanden mit unmittelbarem Entwässerungsanschluss?	50 mm				

Abnahme-Checkliste

Gewerk: DIN 18339 Klempnerarbeiten (Kapitel 6.9)

BV:		Datum:		Bearbeiter:		
Nr.	**Überprüfung**	**zul. Grenzwerte**		**Erl.**		
		min.	max.	✔	**Regelwerk**	**Prüfmittel**
3.4	**Mauerabdeckungen:** Dilationsausgleiche vorhanden?		8 m		ZVHSK	
3.5	**Dachrandanschlüsse:** vertikaler Überhang ausreichend?	H < 8 m: 60 mm				
		8 m < H < 20 m: 80 mm			ZVHSK	
		H > 20 m: 100 mm				
3.6	**Dachrandanschluss:** seitlicher Überstand ausreichend?	H < 8 m: 30–40 mm				
		8 m < H < 20 m: 50 mm			ZVHSK	
		H > 20 m: 60 mm				
3.7	**Aufkantungen** im Bereich aufgehender Bauteile und hinter Vertikalverkleidungen: Anschlusshöhe und dreidimensionale Schlüssigkeit	150 mm				
3.8	**Regenfallrohre:** freier Querschnitt im Einlaufstutzen					
3.9	**Regenfallrohre:** Abrutschsicherung über jeder Schelle vorhanden?				DIN 18339, ZVHSK	
3.10	**Regenfallrohre:** Standrohr vorhanden?					
3.11	Blech-**Fensterbänke:** Außengefälle	2 %				
3.12	Blech-**Fensterbänke:** Abstand der vorderen Abkantung vom Bauwerk	20 mm			VOB	
3.13	Blech-**Fensterbänke:** Aufkantung dreidimensional schlagregendicht?					

Abnahme-Checkliste

Gewerk: DIN 18339 Klempnerarbeiten (Kapitel 6.9)

BV:		Datum:		Bearbeiter:		
Nr.	Überprüfung	zul. Grenzwerte		Erl.		
		min.	max.	✔	Regelwerk	Prüfmittel
3.14	Blech-**Fensterbänke:** Aufkantungs-andichtung an Fenster-Blendrahmen gesichert gegen Hinterläufigkeit?					
3.15	Blech-**Fensterbänke:** Dilatations-möglichkeiten vorhanden, Delta L = 1,3 mm pro m, bei Delta T = 100 k				DIN 18339, ZVHSK	
3.16	**Dilatationsausgleich:** eingeklebte Einfassungen, Winkelanschlüsse, Rinneneinhänge und Schettrinnen		6 m		DIN 18339, Tabelle 1	
3.17	**Dilatationsausgleich:** Strangpressprofile		6 m		DIN 18339, Tabelle 1	
3.18	**Dilatationsausgleich:** außerhalb wasserführender Ebenen, Mauerabdeckungen, Dachrandabschlüsse, innen liegende, nicht eingeklebte Dachrinnen über 500 mm		8 m		DIN 18339, Tabelle 1	
3.19	**Dilatationsausgleich:** außerhalb wasserführender Ebenen bei Stahl		14 m		DIN 18339, Tabelle 1	
3.20	**Dilatationsausgleich:** Scharen von Dachdeckungen und Wandbekleidungen sowie innen liegende, nicht eingeklebte Dachrinne mit Zuschnittsbreite unter 500 mm und Hängedachrinnen mit Zuschnitt über 500 mm bei Stahl		10 m		DIN 18339, Tabelle 1	
3.21	**Dilatationsausgleich:** wie vor, jedoch bei Stahl		14 m		DIN 18339, Tabelle 1	
3.22	**Dilatationsausgleich:** Hängedach-rinnen mit Zuschnittsbreite bis 500 mm		15 m		DIN 18339, Tabelle 1	
3.23	**Einzuklebende Metallanschlüsse:** Klebefläche ausreichend?	120 mm			DIN 18339, 3.1.9	

Abnahme-Checkliste

Gewerk: DIN 18339 Klempnerarbeiten (Kapitel 6.9)

BV:		Datum:		Bearbeiter:		
Nr.	**Überprüfung**	**zul. Grenzwerte**		**Erl.**		
		min.	**max.**	**✔**	**Regelwerk**	**Prüfmittel**
3.24	**Einzuklebende Metallanschlüsse:** Verklebung bei Längen über 3 m – Befestigung indirekt?				DIN 19339, 3.1.9	
3.25	**Blechbekleidung:** Untergrund Schalung Vollholz	24 mm			ZVSHK, 6.2.1	

Abnahme-Checkliste

Gewerk: DIN 18350 Putz- und Stuckarbeiten (Kapitel 6.10)

BV:		Datum:		Bearbeiter:		
Nr.	**Überprüfung**	**zul. Grenzwerte**		**Erl.**		
		min.	max.	✔	Regelwerk	Prüfmittel
1	**Prüfung der Grundlagen/Unterlagen**					
1.1	**Putzsystem:** für Verwendungszweck geeignet?					
2	**Materialprüfung/Funktionsprüfung**					
2.1	**Putzsystem:** gem. Leistungs-beschreibung?					
2.2	**Putzstärken:**					
	Außenputz: mittlere Putzstärke	20 mm			DIN 18550-2, 5	
	Außenputz: Mindeststärke	15 mm			DIN 18550-2, 5	
	Innenputz: mittlere Putzstärke	15 mm			DIN 18550-2, 5	
	Innenputz: Mindeststärke	10 mm			DIN 18550-2, 5	
	Innenputz aus Werktrockenmörtel: mittlere Putzstärke	10 mm			DIN 18550-2, 5	
	Innenputz aus Werktrockenmörtel: Mindeststärke	5 mm			DIN 18550-2, 5	
3	**Prüfung der Ausführung**					
3.1	**Ebenmäßigkeit**		5 mm/m		DIN 18202, Tabelle 3	Messkeil, Wasserwaage
3.2	**Winkligkeit, Lotrechtigkeit**		6 mm/m		DIN 18202, Tabelle 2	Messkeil, Winkel, Wasserwaage
3.3	**Oberflächenstruktur:** gem. Leistungsbeschreibung, Bemusterung?					

Abnahme-Checkliste

Gewerk: DIN 18350 Putz- und Stuckarbeiten (Kapitel 6.10)

BV:		Datum:		Bearbeiter:		
Nr.	**Überprüfung**	**zul. Grenzwerte**		**Erl.**		
		min.	**max.**	✔	**Regelwerk**	**Prüfmittel**
3.4	**Oberflächenglättung:** malerfertig gem. Leistungsbeschreibung?					
3.5	**Arbeitsansätze:** Gerüstlagen, Arbeitsansätze sichtbar?					
3.6	**Leibungen:** rechtwinklig		3 mm			Messkeil, Winkel
3.7	**Putzrisse**		0,2 mm		DIN 18550-2, Erläuterungen 6.1 WTA-Merkblatt 2-4-94	Rissmaßstab

Abnahme-Checkliste

Gewerk: DIN 18350 Putz- und Stuckarbeiten – Wärmedämmverbundsystem – (Kapitel 6.10)

Nr.	Überprüfung	zul. Grenzwerte		Erl.		
BV:		**Datum:**		**Bearbeiter:**		
		min.	max.	✔	Regelwerk	Prüfmittel
1	**Prüfung der Grundlagen/Unterlagen**					
1.1	**Fungizide und algizide Ausrüstung** erforderlich?					
1.2	**Verdübelung:** Protokoll über Dübelauszugsversuche					
2	**Materialprüfung/Funktionsprüfung**					
2.1	**Dämmstärke:** gem. Leistungsbeschreibung und Wärmeschutznachweis?					
2.2	**Dämmung:** gem. Brandschutzanforderung?					
2.3	**Systemschichtenaufbau:** gem. Zulassung/Prüfzeugnis, Leistungsbeschreibung?					
2.4	**Schichtstärken:** gem. Prüfzeugnis?					
2.5	**Egalisationsanstrich:** gem. Leistungsbeschreibung vorhanden?					
2.6	**Korndurchmesser:** gem. Leistungsbeschreibung?					
2.7	**Verdübelung:** gem. Prüfzeugnis vorhanden?					
2.8	**Verdübelung:** Anzahl gem. Prüfzeugnis?					
2.9	**Sockel:** Dämmstoff wasserfest?				Prüfzeugnis	

Abnahme-Checkliste

Gewerk: DIN 18350 Putz- und Stuckarbeiten – Wärmedämmverbundsystem – (Kapitel 6.10)

BV:		Datum:		Bearbeiter:		
Nr.	**Überprüfung**	**zul. Grenzwerte**		**Erl.**		
		min.	**max.**	**✔**	**Regelwerk**	**Prüfmittel**
3	**Prüfung der Ausführung**					
3.1	**Dübel:** Dübellagen sichtbar?					
3.2	**Risse** in der Oberfläche vorhanden?		0,3 mm			
3.3	**Armierungsgewebe:** im äußeren Drittel der Armierungsschicht?				Prüfzeugnis	
3.4	**Armierungsgewebe:** systemgebunden und imprägniert?					
3.5	**Aufbrennsperre:** verarbeitet?					
3.6	**Verarbeitungstemperaturen** gem. Herstellervorschrift eingehalten?					Anfrage DWD
3.7	**Oberflächenstruktur:** gem. Leistungsbeschreibung?					
3.8	**Farb-/Strukturunterschiede** im Bereich von Gerüstlagen erkennbar?					
3.9	**Fenster:** diagonale Zusatzarmierung im Bereich der Ecken vorhanden?					
3.10	**Fensterbank:** Enden – F-Kappen leibungsbündig eingeputzt?				BFS-Merkblatt Nr. 21	
3.11	**Vorkomprimiertes Fugenband** im Bereich von festen Bauteilanschlüssen vorhanden? (Blendrahmen, Türzargen, Blechanschlüsse, Fensterbänke)					
3.12	**Dämmplatten:** im Verband verlegt?				BFS-Merkblatt Nr. 21	
3.13	**Klebemörtel:** Maximaldicke eingehalten?		10 mm		Prüfzeugnis	
3.14	**Klebemörtel:** Auftrag ausreichend?	40 %				
3.15	**Verdübelung:** Teller oberflächenbündig mit Dämmebene?					

Abnahme-Checkliste

Gewerk: DIN 18350 Putz- und Stuckarbeiten – Wärmedämmverbundsystem – (Kapitel 6.10)

BV:		Datum:		Bearbeiter:		
Nr.	Überprüfung	zul. Grenzwerte		Erl.		
		min.	max.	✔	Regelwerk	Prüfmittel
3.16	**Sockel:** Übergang zur Wandfläche mit Tropfprofil ausgeführt?					Taschenspiegel
3.17	**Sockel:** Abdichtungsführung gem. Herstellervorschriften?					
3.18	**Sockel:** Dämmung – Übergang zu Wandputz mit vorkomprimiertem Fugenband verschlossen?				Herstellervorschrift	Prüfnadel
3.19	**Sockel:** Unterkante gegen Spritzwasser und Feuchtigkeit geschützt?					Taschenspiegel
3.20	**Gerüstanker-Löcher:** mit Kunststoff-kappen verschlossen?					Fernglas
3.21	**Türöffnungen:** Schwellenbereich dreidimensional eingedichtet?				DIN 18195	

Abnahme-Checkliste

Gewerk: DIN 18352 Fliesen- und Plattenarbeiten (Kapitel 6.11)

BV:		Datum:		Bearbeiter:		
Nr.	**Überprüfung**	**zul. Grenzwerte**		**Erl.**		
		min.	**max.**	**✔**	**Regelwerk**	**Prüfmittel**
1	**Prüfung der Grundlagen/Unterlagen**					
1.1	**Fußbodenheizung:** Aufheizprotokoll					
1.2	Protokoll über Prüfung der **Belegreife**					
1.3	Prüfzeugnis über **Rutschfestig-keitsklasse**				ZH 1/571	
1.4	Prüfzeugnis über **Abriebklasse**					
1.5	Prüfzeugnis über **Fliesengüte**					
1.6	**Wartungs- und Pflegeanweisungen**					
2	**Materialprüfung/Funktionsprüfung**					
2.1	**Fliesen:** Material gem. Leistungs-beschreibung?					
2.2	**Fliesen:** Farbe gem. Leistungs-beschreibung?					
2.3	**Fliesen:** Farbe gem. Grenzwert-mustern?					
2.4	**Fliesen:** Oberflächenstruktur gem. Grenzwertmustern?					
2.5	**Fliesen:** Risse vorhanden?					
2.6	**Verfugung:** Fugenbreite gem. Leistungsbeschreibung?					
2.7	**Verfugung:** Fugenfarbe gem. Bemusterung?					
2.8	**Verfugung:** Fugenbild gem. Fliesenplan?					

Abnahme-Checkliste

Gewerk: DIN 18352 Fliesen- und Plattenarbeiten (Kapitel 6.11)

BV:		Datum:		Bearbeiter:		
Nr.	**Überprüfung**	**zul. Grenzwerte**		**Erl.**		
		min.	**max.**	**✔**	**Regelwerk**	**Prüfmittel**
2.9	**Wandfliesen:** Sockelstreifen gem. Leistungsbeschreibung vorhanden?					
2.10	**Wandfliesen:** Bordüre/Friesstreifen gem. Leistungsbeschreibung?					
2.11	**Trennschienen:** gem. Leistungs-beschreibung vorhanden, Edelstahl/Messing?					
3	**Prüfung der Ausführung**					
3.1	**Fliesen:** Kantenbeschädigungen, Abplatzungen, Einschlüsse?					
3.2	**Oberfläche:** Ebenheit Wandfliesen?		5 mm/m		DIN 18202, Tabelle 3	Messkeil, Wasserwaage
3.3	**Oberfläche:** Ebenheit Bodenfliesen?		4 mm/m		DIN 18202, Tabelle 3	Messkeil, Wasserwaage
3.4	**Oberfläche:** Waagerechtigkeit?		6 mm/m		DIN 18202, Tabelle 2	
3.5	**Oberfläche:** Überzähne vorhanden?		Fliesen-toleranz + 1 mm		Merkblatt ZDB	Messkeil, Stahlschiene
3.6	**Oberfläche:** Stolperstellen vorhanden?		4 mm		ZH 1/571	Messkeil, Stahlschiene
3.7	**Pflege:** Ersteinpflege durchgeführt?					
3.8	**Boden-Randfuge:** umlaufende Randfreiheit sichergestellt?					Prüfnadel, Klopfbefund
3.9	**Randfuge:** elastische Versiegelung vorhanden?					
3.10	**Installationsauslässe:** im Fugenkreuz?					

Abnahme-Checkliste

Gewerk: DIN 18352 Fliesen- und Plattenarbeiten (Kapitel 6.11)

BV:		Datum:		Bearbeiter:		
Nr.	Überprüfung	zul. Grenzwerte		Erl.		
		min.	max.	✔	Regelwerk	Prüfmittel
3.11	**Installationsauslässe:** Abdeckung der Fliesenausschnitte vollständig durch Rosetten?					
3.12	**Installationsauslässe:** Abdichtung schlüssig angearbeitet?					
3.13	**Bodeneinläufe:** lagerichtig eingebaut?					
3.14	**Bodeneinläufe:** Gefälle im Boden-fliesenbereich vorhanden?	2 %				
3.15	**Bodeneinläufe:** Abdecksiebe funktionsfähig, starr verfugt?					
3.16	**Außenecken:** Fliesen mit glasierten Kanten verwendet?					
3.17	**Außenecken:** Jolly-Schiene in Fliesenfarbe vorhanden?					
3.18	**Außenecken:** Kantenschutz-Schienen gem. Ausschreibung eingebaut?					
3.19	**Raumecken:** vertikale elastische Versiegelung ausgeführt?					
3.20	**Wandfliesen:** raumhoch/türhoch gem. Leistungsbeschreibung?					
3.21	**Wandfliesen:** oberer Abschluss mit Fliesenstrich?					
3.22	**Wandfliesen:** Abdichtungsebene hinter der Verfliesung vorhanden?					
3.23	**Wand-/Bodenfliesen:** Abdichtungs-anschluss schlüssig?					
3.24	**Bodenfliesen:** waagerechte Abdichtung unterhalb der Fliesenebene vorhanden?					
3.25	**Bodenfliesen:** Fliesenraster vom Achsenkreuz ausgehend verlegt?					

Abnahme-Checkliste

Gewerk: DIN 18352 Fliesen- und Plattenarbeiten (Kapitel 6.11)

BV:		Datum:		Bearbeiter:		
Nr.	Überprüfung	zul. Grenzwerte		Erl.		
		min.	max.	✔	Regelwerk	Prüfmittel
3.26	**Bodenfliesen:** Randfliesen > $^1/_2$ Fliesenbreite?					
3.27	**Bodenfliesen:** Diagonalverlegung gem. Leistungsbeschreibung ausgeführt?					
3.28	**Treppenstufen:** Kantenschutz vorhanden?					
3.29	**Treppenstufen:** Rutschsicherungs-profilierung vorhanden?					
3.30	**Revisionsöffnungen:** revisionsfähig?					
3.31	**Badewannenanschluss:** Tropfwasser-abfluss in die Wanne gesichert?					
3.32	**Trennfugen:** in Fliesenbelag über-nommen?					

Abnahme-Checkliste

Gewerk: DIN 18353 Estricharbeiten (Kapitel 6.12)

BV:		Datum:		Bearbeiter:		
Nr.	**Überprüfung**	**zul. Grenzwerte**		**Erl.**		
		min.	max.	✔	Regelwerk	Prüfmittel
1	**Prüfung der Grundlagen/Unterlagen**					
1.1	**Heizestrich, Aufheizprotokoll:** Kontrolle					
2	**Materialprüfung/Funktionsprüfung**					
2.1	**Estrich-Festigkeitsklasse:** entsprechend Tragfähigkeitsvoraussetzung eingehalten?				DIN 18353, Tabelle 1	
2.2	**Dämmstoffmaterial:** entsprechend planmäßiger Voraussetzung?					
2.3	**Estrichvergütung:** vertragsgemäß?					
2.4	**Verbundestrich:** dampfdichte Beläge als Oberbelag vorgesehen? Untergrund: junger Beton					
3	**Prüfung der Ausführung**					
3.1	**Allgemein**					
3.1.1	**Ebenheit:** Abweichung von vorgeschriebenen Maßen?				DIN 18201, 18202	Messkeil, Wasserwaage
3.1.2	**Höhenlagen:** Kontrolle (mehrere Stellen)					
3.1.3	**Estrichstärke:** Einbau-/Mindestdicken eingehalten?					
3.1.4	**Oberfläche:** kratzfest?					Gitterritzprobe

Abnahme-Checkliste

Gewerk: DIN 18353 Estricharbeiten (Kapitel 6.12)

BV:		Datum:		Bearbeiter:		

Nr.	Überprüfung	zul. Grenzwerte		Erl.		
		min.	max.	✔	Regelwerk	Prüfmittel
3.1.5	**Randstreifen:** umlaufend an allen Stützen, Wänden, Metallzargen etc. vorhanden?					Nadelprobe
3.1.6	**Schallbrücken:** vorhanden?					Klopfbefund
3.1.7	**Rechtwinkligkeit:** Fugenbild – Diagonalprobe!					
3.1.8	**Gefälle:** zu Bodeneinläufen und Rinnen überprüfen					
3.1.9	**Aufschüsselung:** Estrich überprüfen					
3.1.10	**Sichtkontrolle:** Estrichentmischung, Kiesnester					
3.1.11	**Anschlagschiene:** vorhanden?					
3.1.12	**Kantenschutzschiene:** vorhanden?					
3.1.13	**Revisionsrahmen:** vorhanden?					
3.1.14	**Bodeneinläufe:** plangemäß vorhanden?					
3.1.15	**Faserarmierter Estrich:** Kunststoff-Fasern vorhanden?					
3.2	**Heizestrich**					
3.2.1	**Randdämmstreifen:** Kontrolle					
3.2.2	**Fugenteilung:** Überprüfung					
3.2.3	**Dämmstoff:** Zusammendrückbarkeit		5 mm		DIN 18560-2, 3.3	
3.2.4	**Heizestrich:** Nenndicke oberhalb der Heizleitungen ausreichend?	45 mm			DIN 18353, 3.2.5	

Abnahme-Checkliste

Gewerk: DIN 18353 Estricharbeiten (Kapitel 6.12)

BV:		Datum:		Bearbeiter:		
Nr.	**Überprüfung**	**zul. Grenzwerte**		**Erl.**		
		min.	max.	✔	Regelwerk	Prüfmittel
3.3	**Fugen**					
3.3.1	**Trennfugen:** in den Türöffnungen					
3.3.2	**Trennfugen:** an Wandvorsprüngen					
3.3.3	**Trennfugen:** Übernahme von Trennfugen der Unterkonstruktion					
3.3.4	**Trennfugen:** Rechtwinkligkeit, Geradlinigkeit					
3.3.5	**Scheinfugen:** Schwindfugenanordnung					
3.3.6	**Trennfugen:** unter aufgesetzten leichten Trennwänden					

Abnahme-Checkliste

Gewerk: DIN 18355 Tischlerarbeiten (Kapitel 6.13)

BV:		Datum:		Bearbeiter:		
Nr.	**Überprüfung**	**zul. Grenzwerte**		**Erl.**		
		min.	max.	✔	Regelwerk	Prüfmittel
1	**Prüfung der Grundlagen/Unterlagen**					
	Wartungs- und Pflegeanweisungen				VFF Merkblatt WP 0.2	
2	**Materialprüfung/Funktionsprüfung**					
2.1	**Verglasung**					
2.1.1	**Kratzer, Einschüsse, Beschädigungen** im Glas?				Richtlinie zur visuellen Beurteilung der Verglasung/Bundesinnungs- verband Glaserhandwerk Hadamar	
2.1.2	**Verglasung:** vertragsmäßig geliefert?					Feuerzeug
2.1.3	**Schallschutzqualität:** gem. Leistungs- verzeichnis?					Prüfzeugnis
2.1.4	**U-Wert:** gem. Leistungsverzeichnis?					Prüfzeugnis
2.1.5	**Sonnenschutzqualität:** gem. Leistungsverzeichnis?					Prüfzeugnis
2.1.6	**VSG/ESG**					Prüfzeugnis
2.1.7	**Einbruchsklasse:** Verglasung wie vorausgesetzt zulässig?					Prüfzeugnis
2.2	**Flügelrahmen**					
2.2.1	**Flügelrahmen:** Funktionstest					
2.2.2	**Flügelrahmen:** Kratzer, Beschädigungen, Mörtelverätzungen?				Richtlinie zur visuellen Beurteilung/ Bundesinnungsverband Glaserhand- werk Hadamar	

Abnahme-Checkliste

Gewerk: DIN 18355 Tischlerarbeiten (Kapitel 6.13)

BV:		Datum:		Bearbeiter:		
Nr.	**Überprüfung**	**zul. Grenzwerte**		**Erl.**		
		min.	**max.**	**✔**	**Regelwerk**	**Prüfmittel**
2.2.3	**Flügelrahmen:** Einbruchsklasse gem. Leistungsverzeichnis?					
2.2.4	**Flügelrahmen:** U-Wert gem. Leistungsverzeichnis?					
2.3	**Beschläge**					
2.3.1	**Ecklager:** für Flügelgewicht ausgelegt?					
2.3.2	**Fabrikat:** gem. Leistungsverzeichnis?					
2.3.3	**Einbruchsklasse:** Beschläge geeignet?					
2.3.4	**Fensteroliven:** abschließbar?					
2.3.5	**Sonderbeschläge:** Edelstahl, Messing etc. gem. Leistungsverzeichnis vorhanden?					
2.4	**Rollladen**					
2.4.1	**Funktionsüberprüfung**					
2.4.2	**Einbruchschutz:** Hochschiebe-Sicherung funktionsfähig?				DIN 18073, 5.3.2	
2.5	**Sonnenschutz**					
2.5.1	**Funktionsprüfung**					
2.5.2	**Sommerlicher Wärmeschutz:** dimensioniert?				DIN 4108	

Abnahme-Checkliste

Gewerk: DIN 18355 Tischlerarbeiten (Kapitel 6.13)

BV:		Datum:		Bearbeiter:		
Nr.	**Überprüfung**			**Erl.**		
		zul. Grenzwerte				
		min.	max.	✔	Regelwerk	Prüfmittel
2.5.3	**Windwächter, Sonnenwächter:** Funktionsprüfung					
2.6	**Außentüren**					
2.6.1	**Hauseingangstür**: Funktionsprüfung					
2.6.2	**Hauseingangstür:** Schalldämmmaß gem. Leistungsbeschreibung?					
2.6.3	**Hauseingangstür:** U-Wert gem. Leistungsverzeichnis?					
2.6.4	**Wohnungseingangstür:** Klimaklasse gem. Erfordernis?					
2.6.5	**Hauseingangstür:** Material und Oberfläche gem. Leistungsbeschreibung?					
2.6.6	**Hauseingangstür:** Lichtausschnitte gem. Leistungsbeschreibung?					
2.6.7	**Hauseingangstür:** Einbruchklasse gem. Leistungsbeschreibung?					
2.6.8	**Hauseingangstür:** Türspion vorhanden?	h = 1400 mm				
2.6.9	**Hauseingangstür:** Briefkasteneinwurf vorhanden?					
2.6.10	**Hauseingangstür:** Beschläge gem. Leistungsbeschreibung?					
2.6.11	**Hauseingangstür:** Schloss gem. Leistungsbeschreibung?					

Abnahme-Checkliste

Gewerk: DIN 18355 Tischlerarbeiten (Kapitel 6.13)

BV:		Datum:		Bearbeiter:		
Nr.	**Überprüfung**	**zul. Grenzwerte**		**Erl.**		
		min.	max.	✔	Regelwerk	Prüfmittel
2.7	**Innentüren**					
2.7.1	**Funktionsprüfung**					
2.7.2	**Türblätter:** Fabrikat, Material, Oberfläche gem. Leistungsverzeichnis?					
2.7.3	**Drücker-/Griffgarnitur:** gem. Leistungsbeschreibung?					
2.7.4	**Beschläge:** gem. Leistungsbeschreibung?					
2.7.5	**Schloss:** funktionsfähig?					
2.7.6	**Schloss:** gem. Leistungsbeschreibung? Bauteile aus Metall/Kunststoff?					
3	**Prüfung der Ausführung**					
3.1	**Verglasung**					
3.1.1	**Einbausituation:** seitenrichtig eingebaut?					
3.1.2	**Energieabsorbierende Bedampfung:** vorhanden?					Feuerzeug
3.1.3	**Reflexfreie Verglasung:** (Amiran) in Schaufenstern?					
3.1.4	**Verklotzung:** ordnungsgemäß?				Verklotzungsrichtlinien	
3.1.5	**Glashalteleiste:** Befestigungsmittel nicht korrodiert?					
3.1.6	**Scheibeneindichtung:** ordnungsgemäß?				DIN 18545	

Abnahme-Checkliste

Gewerk: DIN 18355 Tischlerarbeiten (Kapitel 6.13)

BV:		Datum:		Bearbeiter:		
Nr.	**Überprüfung**	**zul. Grenzwerte**		**Erl.**		
		min.	**max.**	**✔**	**Regelwerk**	**Prüfmittel**
3.1.7	**Endreinigung:** erfolgt?					
3.1.8	**Alarmspinnen:** vorhanden?					
3.2	**Flügelrahmen**					
3.2.1	**Flügelrahmen:** Verformungen, Verdrehung, Durchbiegung?					
3.2.2	**Farbe:** gem. Bemusterung?					
3.2.3	**Beschichtungsauftrag:** gem. Leistungsverzeichnis, Farbschichtdicke?				VFF Merkblatt HO.01	
3.2.4	**Farbbeschichtung:** Holzoberfläche eben?				RAL-GZ 424/1	
3.2.5	**Schichtdicke:** bei nicht deckendem Anstrich mind. 60 µm				RAL-GZ 424/1	
3.2.6	**Schichtdicke:** bei deckendem Anstrich mind. 100 µm				RAL-GZ 424/1	
3.2.7	**Holzart:** mit Farbton verträglich?				BFS Merkblatt Nr. 18	VFF Merkblatt HO.06
3.2.8	**Harzgallen?**					
3.2.9	**Glasleisten:** raumseitig?					
3.2.10	**Glasleisten:** Nägel versenkt?					
3.2.11	**Falzdichtungen:** gem. Planung vorhanden? (Anzahl)				DIN 4109	
3.3	**Blendrahmen**					
3.3.1	**Einbausituation:** gem. Planung?					

Abnahme-Checkliste

Gewerk: DIN 18355 Tischlerarbeiten (Kapitel 6.13)

BV:		Datum:		Bearbeiter:		
Nr.	**Überprüfung**	**zul. Grenzwerte**		**Erl.**		
		min.	**max.**	**✔**	**Regelwerk**	**Prüfmittel**
3.3.2	**Technische Voraussetzungen:** wie Flügelrahmen?					
3.3.3	**Befestigungspunkte:** Holzfenster und Aluminiumfenster – Abstände eingehalten?	800 mm			RAL-Leitfaden zur Montage	
3.3.4	**Befestigungspunkte:** Kunststoff-fenster – Abstände eingehalten?	700 mm			RAL-Leitfaden zur Montage	
3.3.5	**Befestigungsmittel:** ausreichend dimensioniert?					Prüfzeugnis
3.3.6	**Befestigungsmittel:** Abstand von Ecken und Innenseiten von Pfosten und Riegeln	100 mm	150 mm		RAL-Leitfaden zur Montage	
3.3.7	**Verankerung:** Übertragung der Lasten des Fensters ordnungsgemäß auf das Bauwerk?					
3.3.8	**Belastungsfreiheit:** Rahmen frei von statischen Belastungen und verformenden Einzwängungen?					
3.3.9	**Entwässerungsöffnungen:** nach außen hin frei?					
3.3.10	**Alarmkontakte:** vorhanden?					
3.4	**Konstruktionsfuge**					
3.4.1	**Außen:** umlaufend eine Abdichtung mit vorkomprimiertem Fugenband vorhanden?				Leitfaden zur Montage und Einbau von Fenstern 1.5	
3.4.2	**Außen:** äußere Verleistung gem. Planung?					
3.4.3	**Kernfuge:** mit Dämmstoff verfüllt?					

Abnahme-Checkliste

Gewerk: DIN 18355 Tischlerarbeiten (Kapitel 6.13)

BV:		Datum:		Bearbeiter:		
Nr.	**Überprüfung**	**zul. Grenzwerte**		**Erl.**		
		min.	**max.**	**✔**	**Regelwerk**	**Prüfmittel**
3.4.4	**Innen:** elastische Fugen/Versiegelung umlaufend zwischen Blendrahmen und Baukörper vorhanden?				Leitfaden zur Montage und Einbau von Fenstern 1.5, DIN 4108	
3.4.5	**Innen:** innere Verleistung gem. Ausschreibung?					
3.5	**Beschläge**					
3.5.1	**Abdeckkappen:** für sichtbare Beschlagsteile vorhanden?					
3.5.2	**Beschlagskorrosion?**					
3.5.3	**Schließbleche:** vollständig vorhanden?					
3.5.4	**Schließbleche:** einjustiert?					
3.5.5	**Flügel-Anpressdruck:** ausreichend?					Papierstreifen
3.5.6	**Flügelneigung:** an Ausstellschere einjustiert?					
3.5.7	**Ausstellschere:** mit Rahmenabstand nachjustierbar?					
3.5.8	**Ecklager:** in Seiten- und Höhenlage exakt einjustiert?					
3.5.9	**Falzluftabstand:** korrekt, Sollmaß 12 mm?					Knetmasse, Bleistiftstrich
3.6	**Schwelle**					
3.6.1	**Reguläre Andichtungshöhe:** zur wasserführenden Schicht ausreichend?	150 mm			DIN 18195, Flachdachrichtlinien	

Abnahme-Checkliste

Gewerk: DIN 18355 Tischlerarbeiten (Kapitel 6.13)

BV:		Datum:		Bearbeiter:	
Nr.	**Überprüfung**	**zul. Grenzwerte**		**Erl.**	
		min.	**max.**	**✔**	**Regelwerk**	**Prüfmittel**
3.6.2	**Ausnahme-Andichtungshöhe:** in Sonderfällen bei Entwässerungsablauf in Türnähe ausreichend	50 mm			Flachdachrichtlinien	
3.6.3	**Schwellenloser Übergang:** plangemäß behindertengerecht?		20 mm		DIN 18025	
3.6.4	**Vertikalabdichtung:** Schwelle angeschlossen?				DIN 18195	
3.7	**Rollladen**					
3.7.1	**Rollladenkasten:** Wärmedämmung zur Raumseite ausreichend?	20 mm 0,04 W/mK			DIN 18073, 5.2.5	
3.7.2	**Einbruchschutz:** Lamellenmaterial und -profilierung geeignet?	2 x 1 mm 1 x 2 mm			DIN 18073, 5.3	
3.8	**Außensohlbänke aus Mauerwerk**					
3.8.1	Dichtungsanschluss: zum Blendrahmen hin ordnungsgemäß?					
3.9	**Außenfensterbänke aus Blech**					
3.9.1	**Rückwärtige Aufkantung:** zum Blendrahmen hin vorhanden?					
3.9.2	**Leibungsecken:** Regendichtigkeit gegeben?					
3.9.3	**Tropfkantenüberstand:** vorhanden?	20 mm			VOB	
3.9.4	**Dilatationsausgleich:** vorhanden?	1,3 mm/m			DIN 18338	

Abnahme-Checkliste

Gewerk: DIN 18355 Tischlerarbeiten (Kapitel 6.13)

BV:		Datum:		Bearbeiter:		
Nr.	Überprüfung	zul. Grenzwerte		Erl.		
		min.	max.	✔	Regelwerk	Prüfmittel
3.9.5	**Befestigung:** ordnungsgemäß?					
3.9.6	**Antidröhnbeschichtung:** vorhanden?					
3.10	**Innenfensterbänke**					
3.10.1	**Blendrahmenanschluss und Brüstung:** luftdicht?					
3.10.2	**Beschädigungen?**					
3.10.3	**Fester Sitz?**					
3.11	**Dachflächenfenster**					
3.11.1	**Dampfsperre:** Anschluss ordnungsgemäß?					
3.11.2	**Unterspannung:** Anschluss ordnungsgemäß?					
3.11.3	**Folienrinne:** im Sturzbereich ausgebildet?					
3.11.4	**Fensterbank:** abgeschrägt?					
3.11.5	**Nassbereiche:** Kunststofffenster mit Tauwasser-Rinne eingebaut?					
3.11.6	**Wärmedämmung:** kontaktbündiger Anschluss an die Einbauzarge?					

Abnahme-Checkliste

Gewerk: DIN 18355 Tischlerarbeiten (Kapitel 6.13)

BV:		Datum:		Bearbeiter:		
Nr.	**Überprüfung**	**zul. Grenzwerte**		**Erl.**		
		min.	max.	✔	Regelwerk	Prüfmittel
3.12	**Außentüren**					
3.12.1	**Hauseingangstür:** Funktion der Dichtungen, Anpressdruck richtig einjustiert?					Papierstreifen
3.12.2	**Hauseingangstür:** Holzart mit Farbton verträglich?					
3.12.3	**Hauseingangstür:** Schwellen-eindichtung an Vertikalabdichtung angeschlossen?					
3.12.4	**Hauseingangstür:** Fußabtrittsroste entwässert?					
3.12.5	**Hauseingangstür:** Alarmkontakte vorhanden?					
3.12.6	**Schlüssel:** Anzahl der Schlüssel?					
3.12.7	**Pflegehinweise:** übergeben?					
3.12.8	**Türstopper:** vorhanden?					
3.13	**Innentüren**					
3.13.1	**Falzluftabstand:** seitlich korrekt eingestellt?	2,5 mm	6,5 mm		DIN 18101, 4.2	Knetmasse, Bleistiftstrich
3.13.2	**Falzluftabstand:** oben korrekt eingestellt?	2,0 mm	6,5 mm		DIN 18101, 4.3	Knetmasse, Bleistiftstrich
3.13.3	**Dichtungen:** vorhanden?					
3.13.4	**Bodenluftabstand:** regulär – 7 mm	4 mm	10 mm		DIN 18101	Messkeil
3.13.5	**Bodenluftabstand:** WC-Türen	20 mm (150 cm^2)			DIN 18017	Messkeil
3.13.6	**Zargen:** Übergang zu Bodenfliesen versiegelt?					

Abnahme-Checkliste

Gewerk: DIN 18356 Parkettarbeiten (Kapitel 6.14)

BV:		Datum:		Bearbeiter:		
Nr.	**Überprüfung**	**zul. Grenzwerte**		**Erl.**		
		min.	max.	✔	Regelwerk	Prüfmittel
1	**Prüfung der Grundlagen/Unterlagen**					
1.1	**Materialbezeichnung** und Liefernachweis					
1.2	**Wartungs- und Pflegeanweisungen**				DIN 18356, 3.1.4	
1.3	Hinweise auf das **zweckmäßige Raumklima**				DIN 18356, 3.1.4	
2	**Materialprüfung/Funktionsprüfung**					
2.1	**Parketholz**					
2.1.1	**Holzfeuchte** korrekt?					Messgerät
2.1.2	**Holzart** gem. Leistungsbeschreibung?					Nachweis Lieferschein
2.1.3	**Holzart** für vorausgesetzte Beanspruchung geeignet?					
2.1.4	**Untergrund** für Parkettverlegung geeignet?					
2.1.5	**Sperrgrund** erforderlich?					
2.2	**Verlegeart**					
2.2.1	**Verlegeart** gem. Leistungsbeschreibung ausgeführt?					Sichtprüfung
2.2.2	**Verband** gem. Leistungsbeschreibung ausgeführt?					Sichtprüfung
2.2.3	**Kraftschlüssig verklebt:** für Beanspruchung geeignet?					

Abnahme-Checkliste

Gewerk: DIN 18356 Parkettarbeiten (Kapitel 6.14)

BV:		Datum:		Bearbeiter:		
Nr.	**Überprüfung**	**zul. Grenzwerte**		**Erl.**		
		min.	**max.**	**✔**	**Regelwerk**	**Prüfmittel**
2.2.4	**Auf Lagerhölzern:** für Beanspruchung geeignet?					
2.2.5	**Schwimmende Verlegung:** für Beanspruchung geeignet?					
2.3	**Kleber/Versiegelung**					
2.3.1	**Dispersionskleber:** geeignet?					
2.3.2	**Reaktionsharzkleber:** geeignet?					
2.3.3	**Parkettversiegelung:** vorhanden, Schichtstärke ausreichend?	80 μ			Herstellervorschrift, Ö-Norm	Mikroskop, Farbschichtprüfer
2.4	**Profile/Fugen**					
2.4.1	**Abschlüsse, Übergänge, Stoßkanten** gem. Leistungsbeschreibung: Messing/Edelstahl?					Sichtprüfung
2.4.2	**Rand- und Dehnungsfugen** vorhanden, mit Korkstreifen ausgefüllt?					
2.4.3	**Fußleisten:** gem. Leistungsbeschreibung?					Sichtprüfung
2.4.4	**Fußleisten:** Scheuerleisten gem. Ausschreibung vorhanden?					Sichtprüfung

Abnahme-Checkliste

Gewerk: DIN 18356 Parkettarbeiten (Kapitel 6.14)

BV:		Datum:		Bearbeiter:	

Nr.	Überprüfung	zul. Grenzwerte		Erl.		
		min.	max.	✔	Regelwerk	Prüfmittel
3	**Prüfung der Ausführung**					
3.1	**Fugenbreite** entsprechend der Einbaufeuchte des Holzes in Ordnung?					Fühlerblattlehre, Messkeil
3.2	**Randfugen** nicht durch Kleber oder Spachtelmasse verschlossen?					Nadelprobe
3.3	**Fertigparkett:** Schüsselung im Kantenbereich vorhanden?					Stahlschiene, Fühlerblattlehre
3.4	**Fertigparkett:** Kantenversatz zu Nachbarelementen vorhanden?		0,2 mm			Stahlschiene, Fühlerblattlehre
3.5	**Fertigparkett in Dielenform:** Hohlleger? Kleberanteil:	> 70 %			Kommentar DIN 18356	Klopfbefund
3.6	**Fertigparkett in Stabform:** Hohlleger? Kleberanteil:	> 40 %			Kommentar DIN 18356	Klopfbefund
3.7	**Stabparkett, Tafelparkett und Parketttriemen:** Hohlleger? Kleberanteil:	40 %			Kommentar DIN 18356	Klopfbefund
3.8	**Mosaikparkett:** Hohlleger? Kleberanteil:	60 %			Kommentar DIN 18356	
3.9	**Laminat:** Kantenversatz zu Nachbarelementen vorhanden?		0,2 mm		Kommentar DIN 18367	Stahlschiene, Fühlerblattlehre
3.10	**Laminat:** Schüsselung		0,3 mm		Kommentar DIN 18367	Stahlschiene, Messkeil
3.11	**Fußleisten:** Schraub- und Nagellöcher verschlossen?					Sichtprüfung
3.12	**Fußleisten:** Eckverbindungen auf Gehrung geschnitten?					Sichtprüfung
3.13	**Fußleisten:** Schnittkanten lackiert?					Sichtprüfung
3.14	**Maßhaltigkeit:** Ebenheit eingehalten?				DIN 18202, Tabelle 3	Richtscheit, Wasserwaage, Schnur
3.15	**Maßhaltigkeit:** Rechtwinkligkeit, Waagerechtigkeit eingehalten?				DIN 18202, Tabelle 2	Wasserwaage, Winkel

Abnahme-Checkliste

Gewerk: DIN 18356 Parkettarbeiten (Kapitel 6.14)

BV:		Datum:		Bearbeiter:		
Nr.	Überprüfung	zul. Grenzwerte		Erl.		
		min.	max.	✔	Regelwerk	Prüfmittel
3.16	**Maßhaltigkeit:** Höhenlage korrekt?					Nivelliergerät, Schlauchwaage
3.17	**Oberflächenbeschädigungen, Kratzer, Verunreinigungen** vorhanden?					Sichtprüfung

Abnahme-Checkliste

Gewerk: DIN 18365 Bodenbelagsarbeiten (Kapitel 6.15)

BV:		Datum:		Bearbeiter:		

| Nr. | Überprüfung | zul. Grenzwerte | | Erl. | | |
		min.	max.	✔	Regelwerk	Prüfmittel
1	**Prüfung der Grundlagen/Unterlagen**					
1.1	**Materialbezeichnung und Chargen-Nummer**					
1.2	**Wartungs- und Pflegeanweisungen**				DIN 18365, 3.1.4	
1.3	Protokoll über die **Estrich-Feuchtigkeitsmessung**				DIN 18560, Fachbuch Parkettleger	
1.4	Protokoll über die **Estrich-Feuchtigkeitsmessung bei Heizestrich**				DIN 47254, Tabelle 1	
2	**Materialprüfung/Funktionsprüfung**					
2.1	**Allgemein**					
2.1.1	**Farbvorgabe** gem. Bemusterung eingehalten?					
2.1.2	**Farbabweichungen** innerhalb der Fläche?					
2.1.3	**Musterrapporte:** Längenverzug					
2.1.4	**Musterrapporte:** Querverzug					
2.1.5	**Musterrapporte:** Bogenverzug					
2.1.6	**Musterrapporte:** Diagonalverzug					
2.1.7	**Abschluss- und Übergangsschienen** gem. Leistungsbeschreibung vorhanden, Edelstahl, Messing?					
2.1.8	**Ableitfähigkeit** gem. Zielvorgaben?					
2.1.9	**Sockelleisten** gem. Leistungsbeschreibung?					

Abnahme-Checkliste

Gewerk: DIN 18365 Bodenbelagsarbeiten (Kapitel 6.15)

BV:		Datum:		Bearbeiter:		
Nr.	**Überprüfung**	**zul. Grenzwerte**		**Erl.**		
		min.	**max.**	**✔**	**Regelwerk**	**Prüfmittel**
2.2	**Textilbeläge**					
2.2.1	**Einsatzbereich**				ETG Teppichsiegel	
2.2.2	**Komfortwert** gem. Leistungs-beschreibung?				ETG Teppichsiegel	
2.2.3	**Beanspruchung** gem. Leistungs-beschreibung?				ETG Teppichsiegel	
2.2.4	**Zusatzeignungen: Stuhlrollen-eignung, Treppeneignung, Fußbodenheizung, Antistatik** gem. Leistungsbeschreibung?				ETG Teppichsiegel	
2.2.5	**Pol-Einsatzgewicht** gem. Leistungs-beschreibung eingehalten?					
2.3	**Elastische Beläge**					
2.3.1	**Einsatzbereich**					
2.3.2	**Beanspruchung** gem. Leistungs-beschreibung?					
2.3.3	**Zusatzeignungen: Treppeneignung, Fußbodenheizung** gem. Leistungs-beschreibung?					
3	**Prüfung der Ausführung**					
3.1	**Allgemein**					
3.1.1	**Stöße und Nähte** gem. Verlegeplan?					
3.1.2	**Kopfnähte** zulässig?				DIN 18365, 3.4.4	

Abnahme-Checkliste

Gewerk: DIN 18365 Bodenbelagsarbeiten (Kapitel 6.15)

BV:		Datum:		Bearbeiter:		
Nr.	**Überprüfung**	**zul. Grenzwerte**		**Erl.**		
		min.	**max.**	**✔**	**Regelwerk**	**Prüfmittel**
3.1.3	**Maßhaltigkeit** in der Ebenheit?				DIN 18202, Tabelle 3	Richtscheit, Wasserwaage, Schnur, Messkeil
3.1.4	**Maßhaltigkeit** in der Waagerechten?				DIN 18202, Tabelle 2	Richtscheit, Wasserwaage, Schnur, Messkeil
3.1.5	**Maßhaltigkeit** an Übergängen zu anderen Bodenbelägen, Stolperkante?		4 mm			
3.1.6	**Hohllagen/Fehlstellen** im Untergrund?					Druckprobe, Klopfbefund
3.1.7	**Ableitfähigkeit:** ableitfähige Spachtelung vorhanden?					
3.1.8	**Ableitfähigkeit:** Kupferbandraster vorhanden?					
3.1.9	**Ableitfähigkeit:** Anschluss an Potenzialausgleich erfolgt?					
3.1.10	**Reinigung** erfolgt?					
3.1.11	**Farbverunreinigungen und Verschmutzungen** durch Nachfolge-gewerke?					
3.2	**Textilbeläge**					
3.2.1	**Schnittkanten** sauber eingepasst?					
3.2.2	**Shading-Effekt** vorhanden?					
3.2.3	**Florrichtung** einheitlich?					
3.2.4	**Brandflecken?**					
3.2.5	**Kleberverunreinigungen, Verschmutzungen, Fasern verhärtet?**					

Abnahme-Checkliste

Gewerk: DIN 18365 Bodenbelagsarbeiten (Kapitel 6.15)

BV:		Datum:		Bearbeiter:		
Nr.	**Überprüfung**	**zul. Grenzwerte**		**Erl.**		
		min.	**max.**	**✔**	**Regelwerk**	**Prüfmittel**
3.2.6	**Imprägnierender Faserschutz** durch unsachgemäße Reinigung entfernt?					
3.3	**Elastische Bodenbeläge**					
3.3.1	**Kratzer, Beschädigungen, Brandlöcher?**					
3.3.2	**Nahtstellen** fachgerecht geschlossen?					
3.3.3	**Ersteinpflege** gem. Leistungsbeschreibung ausgeführt?					
3.3.4	**Schnittkanten** sauber eingepasst?					
3.3.5	**Blasenbildung** vorhanden?					
3.3.6	**Stauchblasen** vorhanden?					
3.3.7	**Eindrücke** ohne Rückstellung?					
3.3.8	**Linoleum:** Dicke entsprechend Beanspruchung?				DIN EN 548	
3.3.9	**PVC:** Material entsprechend Beanspruchung?				DIN EN 649	

Abnahme-Checkliste

Gewerk: DIN 18363 Maler- und Lackierarbeiten (Kapitel 6.16)

BV:		Datum:		Bearbeiter:		
Nr.	**Überprüfung**	**zul. Grenzwerte**		**Erl.**		
		min.	max.	✔	Regelwerk	Prüfmittel
1	**Prüfung der Grundlagen/Unterlagen**					
2	**Materialprüfung/Funktionsprüfung**					
2.1	**Untergrundprüfung und -vorbehandlung:** gem. Ausschreibung?				Herstellervorschrift	
2.2	**Beschichtungsstärken:** innerhalb des Aufbaus entsprechend Ausschreibung?				Herstellervorschrift	Probenentnahme, Schichtdickenmessgeräte
2.3	**Beschichtungsaufbau:** Reihenfolge gem. Herstellervorschriften?				Herstellervorschrift	Mikroskopische Farbschichtprüfung
2.4	**Farbgebung:** Helligkeitsgrad auf Untergrundmaterial abgestimmt?					
2.5	**Farbgebung:** gem. Vorgabe/innerhalb der Grenzwertmuster?					
2.6	**Oberfläche/Struktur:** gem. Vorgaben?					
3	**Prüfung der Ausführung**					
3.1	**Beschädigungen,** Verschmutzungen, Kantenausbrüche					
3.2	**Farbauftrag an unzugänglichen Stellen:** oberer Anschluss von Türzargen etc.					
3.3	**Konturen, Kanten- und Linienführung:** scharfkantig beschnitten?					

Abnahme-Checkliste

Gewerk: DIN 18363 Maler- und Lackierarbeiten (Kapitel 6.16)

BV:		Datum:		Bearbeiter:		
Nr.	**Überprüfung**	**zul. Grenzwerte**		**Erl.**		
		min.	**max.**	**✔**	**Regelwerk**	**Prüfmittel**
3.4	**Angrenzende Flächen** sauber abgeklebt?					
3.5	**Schutzabklebung:** Material verträglich mit dem Untergrund?					
3.6	**Schutzabklebung:** restlos und ohne Rückstände und Beschädigungen entfernt?					
3.7	Fremdgewerke durch **Schutzabdeckungen** ordnungsgemäß geschützt?					
3.8	**Beschichtungsoberfläche:** ebenmäßig?					
3.9	**Beschichtungsoberfläche:** Pinselstrich erkennbar?					
3.10	**Beschichtungsoberfläche:** Lauf- und Tropfnasen?					
3.11	**Beschichtungsoberfläche:** Einschlüsse, Haare, Insekten?					
3.12	**Beschichtungsoberfläche:** Blasenbildung?					
3.13	**Balkonbeschichtung:** Rutschfestigkeit vorhanden?					
3.14	**Balkonbeschichtung:** Aufkantung an aufgehende Bauteile ordnungsgemäß?					
3.15	**Balkonbeschichtung:** Verarbeitungstemperatur eingehalten?					DWD
3.16	**Balkonbeschichtung:** Untergrundprüfung erfolgt?					
3.17	**Balkonbeschichtung:** Blasen, Risse, Einschlüsse?					
3.18	**Balkonbeschichtung:** Geländerfüße eingefasst?					

Abnahme-Checkliste

Gewerk: DIN 18363 Maler- und Lackierarbeiten (Kapitel 6.16)

BV:		Datum:			Bearbeiter:	
Nr.	Überprüfung	zul. Grenzwerte		Erl.		
		min.	max.	✔	Regelwerk	Prüfmittel
3.19	**Balkonbeschichtung:** freie Platten-Stirnseiten beschichtet?					
3.20	**Balkonbeschichtung:** untere Tropf-kante an der Stirnseite hergestellt?					
3.21	**Balkonbeschichtung:** Balkonunterseite diffusionsoffen beschichtet?					
3.22	**Konstruktiver Witterungsschutz:** berücksichtigt?					
3.23	**Außenbauteile, Kantenführung:** ausgerundet?	r = 2 mm			BFS Merkblatt Nr. 18	

Abnahme-Checkliste

Gewerk: DIN 18360 Metallbauarbeiten, DIN 18335 Stahlbauarbeiten (Kapitel 6.17)

BV:		Datum:		Bearbeiter:		
Nr.	Überprüfung	zul. Grenzwerte		Erl.		
		min.	max.	✔	Regelwerk	Prüfmittel
1	Prüfung der Grundlagen/Unterlagen					
2	Materialprüfung/Funktionsprüfung					
2.1	**Verankerungen** planmäßig?					
2.2	**Öffnungselemente** funktionsfähig?					
3	Prüfung der Ausführung					
3.1	**Schnitt- und Sägekanten entgratet?**					
3.2	statisch nicht notwendige **Schweiß- und Stumpfnähte entfernt?**					
3.3	**Verbindungen** so ausgeführt, dass sie **Bewegungen** aufnehmen können?					
3.4	**Handläufe allseitig entgratet,** bündig geschliffen?					
3.5	**Beschichtung als Korrosionsschutz** fachgerecht aufgebracht?				DIN EN ISO 12944	
3.6	**Beschichtungsaufbau:** Grundbeschichtung zwei Zwischenbeschichtungen Deckbeschichtung	insges. 170 µm				

Abnahme-Checkliste

Gewerk: DIN 18360 Metallbauarbeiten, DIN 18335 Stahlbauarbeiten (Kapitel 6.17)

BV:		Datum:		Bearbeiter:		
Nr.	Überprüfung	zul. Grenzwerte		Erl.		
		min.	max.	✔	Regelwerk	Prüfmittel
3.7	**Fassaden**					
3.7.1	**Funktionsebenen eingehalten?** Witterungsschutz Tauwasserschutz Luftdichtigkeit					
3.7.2	**Wärmeschutzanforderungen** eingehalten, auch sommerlicher Wärmeschutz?				EnEV	
3.7.3	**Schallschutz** eingehalten?				DIN 4109	
3.7.4	**Reinigungsmöglichkeiten** berücksichtigt?					
3.7.5	Sekuranten/Anschlaghaken **vorgerüstet?**					

Abnahme-Checkliste

Gewerk: DIN 18379 Lüftung: Raumlufttechnische Anlagen (Kapitel 6.18)

BV:		Datum:		Bearbeiter:		
Nr.	Überprüfung	zul. Grenzwerte		Erl.		
		min.	max.	✔	Regelwerk	Prüfmittel
1	**Prüfung der Grundlagen/Unterlagen**					
1.1	Produktbeschreibung **Stellmotore Lüftungsklappen**					
1.2	Anlagenbeschreibung **Zentralanlage**					
1.3	Produktbeschreibung **Regelung**					
1.4	**Betriebs- und Wartungsunterlagen**					
1.5	Anlagenbeschreibung **Flüssigkeits-kühler, Kältemaschine und Rückkühl-werk**					
1.6	**E-Schaltplan**					
1.7	Anlagenbeschreibung **Analogwertgeber**					
1.8	Bestandsplan **RLT, Grundriss und Anlageschemata**					
1.9	**Zeichnungen** Lüftungszentrale inkl. zeichnerischer Darstellung der Leitungen					
1.10	Übersichtsdarstellung **notwendiger Wartungsintervalle** wie Filteraustausch etc.					
1.11	Protokoll über die **Einweisung des Bedienungspersonals**					
1.12	Prüfprotokolle über die gemessenen **Luftvolumenströme Zu- und Abluft (Soll ± 10 %)**				DIN 1946	
1.13	Messprotokolle über die gemessene **Stromaufnahme der Ventilatoren, Pumpen und elektrischen Aggregate**				DIN 1946	
1.14	**Brandschutzklappen:** Prüfzeugnis?					

Abnahme-Checkliste

Gewerk: DIN 18379 Lüftung: Raumlufttechnische Anlagen (Kapitel 6.18)

BV:		Datum:		Bearbeiter:		
Nr.	**Überprüfung**	**zul. Grenzwerte**		**Erl.**		
		min.	**max.**	**✔**	**Regelwerk**	**Prüfmittel**
2	**Materialprüfung/Funktionsprüfung**					
2.1	Funktionsprüfung Luftvolumenströme im **Wohnungsbau:**					
	WC-Vorraum	30 m³/h			DIN 18017	
	Urinalraum, WC, Duschraum permanent:	40 m³/h			DIN 18017	
	intervall:	60 m³/h			DIN 18017	
	Strömungsgeschwindigkeit: Bad		< 0,2 m/sec.		DIN 18017	
	Einzelraumlüfter: Filtervliese vorhanden?					
2.2	Funktionsprüfung Luftvolumenströme im **Gewerbebau:**					
	WC: je Toilette	30 m³/h	$n < 5^{h-1}$		ASR 37/1, 6.2	Anemometer, Messtrichter
	Urinalraum: je Urinal	15 m³/h	$n < 5^{h-1}$		ASR 37/1, 6.2	Anemometer, Messtrichter
	Waschräume:	$n < 10^{h-1}$			ASR 35/1-4, 6.2	Anemometer, Messtrichter
	Umkleideräume:	$n < 4–8^{h-1}$			ASR 34/1-5, 6.2	Anemometer, Messtrichter
	Außenluftstrom: überwiegend sitzende Tätigkeit:	20 m³/h Person	40 m³/h Person		ASR 5	Anemometer, Messtrichter
	Außenluftstrom: überwiegend nicht sitzende Tätigkeit:	40 m³/h Person	60 m³/h Person		ASR 5	Anemorneter, Messtrichter
	Außenluftstrom: schwere körperliche Arbeit:	>65 m³/h Person			ASR 5	Anemometer, Messtrichtel

Abnahme-Checkliste

Gewerk: DIN 18379 Lüftung: Raumlufttechnische Anlagen (Kapitel 6.18)

BV:		Datum:		Bearbeiter:		
Nr.	**Überprüfung**	zul. Grenzwerte		**Erl.**		
		min.	**max.**	**✔**	**Regelwerk**	**Prüfmittel**
	Raumluftgeschwindigkeit:		< 0,2 m/sec.		ASR 5	Anemometer, Messtrichter
3	**Prüfung der Ausführung**					
3.1	**Schallschutz:** Werte eingehalten?				DIN 4109	
3.2	**Brandschutzklappen:** vorhanden?					
3.3	**Garagenentlüftung:** CO-Warnanlage?					
3.4	Lüftungsanlage: **Abnahme durch Schornsteinfeger?**					
3.5	**Konflikt Lüftung/Kamin** vorhanden?					
3.6	Leitungen **ausreichend** gegen Kondensatbildung **gedämmt?**				DIN 18017	

Abnahme-Checkliste

Gewerk: DIN 18380 Heizungsanlagen und zentrale Wassererwärmungsanlagen (Kapitel 6.19)

BV:		Datum:		Bearbeiter:		
Nr.	**Überprüfung**	**zul. Grenzwerte**		**Erl.**		
		min.	**max.**	**✔**	**Regelwerk**	**Prüfmittel**
1	**Prüfung der Grundlagen/Unterlagen**					
1.1	**Bestandsplan** Zentralenplan Heizung					
1.2	**Elektro-Schaltplan**				DIN 40719-1	
1.3	Technische Beschreibung der **Umwälzpumpen**					
1.4	Technische Beschreibung der **Regelung**					
1.5	**Bestellliste** mit Fabrikatsangabe der Heizkörper und der Thermostatventile					
1.6	Protokolle über die **Dichtheitsprüfung**	1,3 x Betriebs-druck			DIN 18380, 3.4.5	
1.7	Protokoll über die **Einweisung** des Wartungs- und Bedienungspersonals					
1.8	**Vollständigkeitsprüfung**				DIN 18380, 3.6.1	
1.9	**Funktionsprüfung**				DIN 18380, 3.6.2	
1.10	**Fachunternehmererklärung**					
1.11	Abnahmebescheinigung des **Schornsteinfegers**					
1.12	**Feuerungseinrichtung:** Bescheinigung über Einregulierung/Brennwerte					
1.13	**Heizöltank:** Zulassungsbescheinigung, Bauartzulassung					
1.14	Bescheinigung über den durchge-führten **hydraulischen Abgleich** der Anlage gem. VOB					

Abnahme-Checkliste

Gewerk: DIN 18380 Heizungsanlagen und zentrale Wassererwärmungsanlagen (Kapitel 6.19)

BV:		Datum:		Bearbeiter:		
Nr.	Überprüfung	zul. Grenzwerte		Erl.		
		min.	max.	✔	Regelwerk	Prüfmittel
2	**Materialprüfung/Funktionsprüfung**					
2.1	**Funktionsüberprüfung** Vorlauftemperatur					
2.2	**Funktionsüberprüfung** Umwälzpumpen					
2.3	**Absperrvorrichtungen:** Funktionsüberprüfung					
2.4	**Sicherheitseinrichtungen**					
	Druckhaltung, z. B.: Ausdehnungs-gefäß	Pflicht				
	Sicherheitsleitung zum Ausdehnungs-gefäß: – mit Steigung verlegt – ohne Absperrung mindestens DN 25 – Rohrbögen r > 1,5 x Rohrinnendurch-messer	Pflicht				
	Überlauf- und Entlüftungsleitung	optional				
	Sicherheitsventil	Pflicht				
	Sicherheitstemperaturbegrenzer	Pflicht				
	Temperaturwächter	optional				
	Vorlauftemperaturregler am Wärmeerzeuger	Pflicht				
	Manometer	Pflicht				
	Thermometer	Pflicht				
	Fülleinrichtung	Pflicht				
	Wassermangelsicherung	optional				
	Druckbegrenzer	optional				
	Gasabsperrhahn					
	Gaswarneinrichtung					

Abnahme-Checkliste

Gewerk: DIN 18380 Heizungsanlagen und zentrale Wassererwärmungsanlagen (Kapitel 6.19)

BV:		Datum:		Bearbeiter:		
Nr.	**Überprüfung**	**zul. Grenzwerte**		**Erl.**		
		min.	**max.**	**✔**	**Regelwerk**	**Prüfmittel**
2.5	**Thermostatventilköpfe:** Vollständigkeitsprüfung					
2.6	**Thermostatventile:** Überprüfung der Fließrichtung					
2.7	**Anschlussverschraubungen** der Heizkörper, Dichtigkeitsüberprüfung					
2.8	**Fußbodenheizung:** Überprüfung der maximalen Oberflächentemperatur	29 °C Rand: 35 °C				
3	**Prüfung der Ausführung**					
3.1	**Halterungen** für Vor- und Rücklaufstränge vorhanden, Schalldämmung?					
3.2	**Standkonsolabdeckungen** vorhanden?					
3.3	**Heizkörper-Rohrrosetten** vorhanden?					
3.4	**Außenfühler:** vorhanden, Nordostseite?					
3.5	**Rostabdeckungen** für die Bodenkonvektoren vorhanden?					
3.6	**Heizkörper:** Entsprechen Anzahl/ Dimensionierung der Planung und der Wärmebedarfsrechnung?					
3.7	**Brennwertkessel:** Kondensatrückführung angeschlossen?					
3.8	**Heizkörper:** beschädigt?					
3.9	**Heizkörper und Leitungen:** optische Überprüfung der Ausrichtung					

Abnahme-Checkliste

Gewerk: DIN 18380 Heizungsanlagen und zentrale Wassererwärmungsanlagen (Kapitel 6.19)

BV:		Datum:		Bearbeiter:		
Nr.	**Überprüfung**	**zul. Grenzwerte**		**Erl.**		
		min.	max.	✔	Regelwerk	Prüfmittel
3.10	**Heizrohrdurchgänge** frei beweglich?					
3.11	**Heizzentrale:** Verteilerstränge korrekt beschriftet?					
3.12	**Rohrleitungen:** ausreichend gedämmt?				Heizanlagen-verordnung, § 6	
3.13	**Ablesevorrichtungen:** zugänglich?				DIN 18380, 3.2.9	

Abnahme-Checkliste

Gewerk: DIN 18381 Sanitäranlagen: Gas-, Wasser- und Abwasserinstallation in Gebäuden (Kapitel 6.20)

BV:		Datum:		Bearbeiter:		
Nr.	Überprüfung	zul. Grenzwerte		Erl.		
		min.	max.	✔	Regelwerk	Prüfmittel
1	**Prüfung der Grundlagen/Unterlagen**					
1.1	**Bestandsplan** Haustechnik, Prinzipschaltbilder Sanitär					
1.2	**Bestandsplan** Sanitär					
1.3	**Elektro-Schaltplan** Sanitär				DIN 40719-1	
1.4	**Druckprotokolle** für die Trinkwasseranlage für alle Einzelstränge					
1.5	**Dichtheitsprüfbescheinigung** für die erdverlegten Grundleitungen	10 kPa	50 kPa		DIN EN 1610 RAL-GZ 961	
1.6	**Dichtheitsprüfbescheinigung** für Schächte	10 kPa	50 kPa		DIN EN 1610 RAL-GZ 962	
1.7	**Druckprüfbescheinigung** für nicht erdverlegte Fallstränge etc.	0,5 bar			DIN 18381, DIN 1986-1, 4.3.1	
1.8	**Druckprüfprotokolle** für die Trinkwasseranlage für alle Einzelstränge					
1.9	**Zusammenstellung der wichtigsten technischen Daten:** Bestellliste als Ersatzteilliste für Armaturen, Objekte und sonstige Verschleißteile					
1.10	Erforderliche **Betriebs- und Wartungsanleitungen**					
1.11	Protokoll über die **Einweisung** des Bedienungspersonals					
1.12	**Spülbescheinigung** Trinkwasserleitung				DIN 1988-2, 11.2	
1.13	**Entwässerungsantrag** und Entwässerungsgenehmigung sowie **Abnahmebescheinigung** durch die Entwässerungsbehörde					

Abnahme-Checkliste

Gewerk: DIN 18381 Sanitäranlagen: Gas-, Wasser- und Abwasserinstallation in Gebäuden (Kapitel 6.20)

BV:		Datum:		Bearbeiter:		
Nr.	Überprüfung	zul. Grenzwerte		Erl.		
		min.	max.	✔	Regelwerk	Prüfmittel
2	**Materialprüfung/Funktionsprüfung**					
2.1	**Durchlauferhitzer:** Funktionsüberprüfung					
2.2	**Objekte:** Funktionsüberprüfung Kalt-/Warmwasser					
2.3	**Fließdruck:** ausreichend vorhanden?	1,0 bar	15 bar		DIN 1988-3	Druckprüfgerät, Manometer
2.4	**WC und Urinalspülung:** Funktionsüberprüfung					
2.5	**Wandhängende WCs:** Tragfähigkeitsüberprüfung	400 kg				
2.6	**Wandhängende Waschtische:** Tragfähigkeitsüberprüfung	50 kg				
2.7	**Handwaschbecken:** Dichtigkeitsüberprüfung Ablaufknie					
2.8	**Druckprüfung Schmutzwasser und Lüftungsleitungen**	0,5 bar			DIN 1986-1, 4.3.1	
2.9	**Druckprüfung Regenwasserleitungen** für innen liegende Stränge	gem. Beanspruchung			DIN 1986-1, 4.3.1	
2.10	**Trinkwasserleitungen: Druckprüfung** – Vorprüfung – nach 30 Min. nicht mehr als 0,6 bar (0,1 bar/5 Min.) gefallen	Betriebsdruck + 5 bar			DIN 1988-2, 11.1.2	
2.11	**Trinkwasserleitungen: Druckprüfung** – Hauptprüfung – nach 2 Std. nicht mehr als 0,2 bar gefallen	Betriebsdruck + 5 bar			DIN 1988-2, 11.1.2	

Abnahme-Checkliste

Gewerk: DIN 18381 Sanitäranlagen: Gas-, Wasser- und Abwasserinstallation in Gebäuden (Kapitel 6.20)

BV:		Datum:		Bearbeiter:		
Nr.	**Überprüfung**	**zul. Grenzwerte**		**Erl.**		
		min.	**max.**	**✔**	**Regelwerk**	**Prüfmittel**
2.12	**Rohrmaterial**					
	a) entsprechend Trinkwasser-anforderungen?					
	b) entsprechend Verwendungszweck?				DIN 1986-4	
3	**Prüfung der Ausführung**					
3.1	**Objekte:** gem. Leistungsbeschreibung?					
3.2	**Objekte:** Beschädigungen?					
3.3	**Armaturen:** gem. Leistungs-beschreibung?					
3.4	**Armaturen:** Beschädigungen?					
3.5	**Abdeckrosetten:** Fliesenausschnitte vollständig abgedeckt?					
3.6	**Bodeneinläufe:** gereinigt, Deckel gangbar gemacht?					
3.7	**Rückstauklappen:** mit Revisions-öffnung vorhanden? DVGW Prüfzeichen? Funktionstest				DIN 1986	
3.8	**Eckventile:** arretiert?					
3.9	**Strangbe- und -entlüftung** ausreichend vorhanden?				DIN 1986-1, Tabelle 8	
3.10	**Strangentlüftung:** Mindestabstände zu Fenstern eingehalten?	1 m ober-halb, 2 m seitlich			DIN 1986-1	

Abnahme-Checkliste

Gewerk: DIN 18381 Sanitäranlagen: Gas-, Wasser- und Abwasserinstallation in Gebäuden (Kapitel 6.20)

BV:		Datum:		Bearbeiter:		
Nr.	Überprüfung	zul. Grenzwerte		Erl.		
		min.	max.	✔	Regelwerk	Prüfmittel
3.11	**Revisionsöffnungen** in den Abwassersträngen vorhanden?	alle 20 m, ab DN 150 alle 40 m			DIN 1986-1	
3.12	**Gefälle der Abwasserleitungen** ausreichend vorhanden?				DIN 1986-1, Tabelle 4	
3.13	**Übergangsformteile** zwischen HT- und SML-Rohren?					
3.14	**Muffen-Steckverbindungen** in Fließrichtung montiert?					
3.15	**Installationsgeräusche:** Schalldruckpegel eingehalten?		$L_{AF} \leq$ 35 dB bzw. 30 dB		DIN 4109 A1	
3.16	**Schallschutz:** Rohrschellen mit Dämmung?					
3.17	**Trinkwasserleitungen:** Spülen vor Ingebrauchnahme durchgeführt?				DIN 1988-2, 11.2	
3.18	Sicherheitseinrichtungen: **Druckminderer**					
3.19	**Sicherheitseinrichtungen:**					
	a) Endstrangbelüfter					
	b) Rückflussverhinderer					
	c) Rohrbelüfter					
3.20	**Befestigungsabstände** von Rohrleitungen				DIN 1988-2, 3.3.1	
3.21	**Fallrohrstütze**	1 Stck. je 5 Geschosse			DIN 1986-1, 6.1.10, Herstellervorschrift	
3.22	**Absperreinrichtungen** vorhanden?					

Abnahme-Checkliste

Gewerk: DIN 18381 Sanitäranlagen: Gas-, Wasser- und Abwasserinstallation in Gebäuden (Kapitel 6.20)

BV:		Datum:		Bearbeiter:		
Nr.	**Überprüfung**	**zul. Grenzwerte**		**Erl.**		
		min.	**max.**	**✔**	**Regelwerk**	**Prüfmittel**
3.23	**Ablesevorrichtungen** zugänglich?				DIN 18381, 3.3.3 DIN 1988-2, 9.1.2	
3.24	**Enthärtungsanlagen** eingebaut?					
3.25	**Druckerhöhungsanlagen** notwendig?					
3.26	**Brandschutz** bei Rohrdurchbrüchen					
3.27	**Schmutzwasserhebeanlage:** Entlüftung über Dach?					
3.28	**Abscheideanlagen:** im Erdreich/im Gebäude					
	a) Fettabscheider mit Schlammfang, Probeentnahmeschacht					
	b) Stärkeabscheider					
	c) Öl-Benzinabscheider					
3.29	**Abwasserneutralisation?**					
3.30	**Rohrbegleitheizung:** in frostgefährdeten Bereichen vorhanden?					
3.31	**Geruchsverschlüsse:** in Regenentwässerungsleitungen bei Mischsiel vorhanden? (Terrassenabläufe)					
3.32	**Videokanalfahrt:** Rohrversätze, Absackungen, unzulässige Richtungsänderungen?					
3.33	**Wasserleitungen** ausreichend gedämmt?				DIN 1988-2,10.2.2	

Abnahme-Checkliste

Gewerk: DIN 18382 Elektroanlagen (Kapitel 6.21)

BV:		Datum:		Bearbeiter:		
Nr.	**Überprüfung**	**zul. Grenzwerte**		**Erl.**		
		min.	max.	✔	Regelwerk	Prüfmittel
1	**Prüfung der Grundlagen/Unterlagen**					
1.1	**Bestandsplan** Elektro					
1.2	**Betriebsanleitungen** Leuchten					
1.3	**Stromlaufpläne**					
1.4	**VDE-Bescheinigung** des ausführenden Installateurs					
1.5	**Brandschutz-Zertifikat** des ausführenden Brandschutz-Unternehmens					
1.6	**Nachbestellliste** für Steckdosen, Schalter, Leuchten und Leuchtmittel, Wartungsverträge abgeschlossen?				VOB/B § 13	
2	**Materialprüfung/Funktionsprüfung**					
2.1	**Funktionsüberprüfung**					
2.2	**FI-Schalter:** Funktionsprüfung					
2.3	**Sprechanlagen:** Funktionsprüfung					
2.4	**Zugangskontrollsystem:** Funktionsprüfung					
2.5	**Videoüberwachung:** Funktionsprüfung					

Abnahme-Checkliste

Gewerk: DIN 18382 Elektroanlagen (Kapitel 6.21)

BV:		Datum:		Bearbeiter:		
Nr.	Überprüfung	zul. Grenzwerte		Erl.		
		min.	max.	✔	Regelwerk	Prüfmittel
3	**Prüfung der Ausführung**					
3.1	**Stahlblechböden etc.:** geerdet?					
3.2	**Steckdosen:** Anzahl ausreichend?				DIN 18015	
3.3	**Geräteanschlüsse:** Anzahl ausreichend?					
3.4	**Sicherungskreise:** Anzahl gem. Planung?					
3.5	**Potenzialausgleich:** angeschlossen?					
3.6	**Verteilerkästen:** ausreichend beschriftet?					
3.7	**Installationszonen:** eingehalten?				DIN 18015-3	
3.8	**Lichtschalter:** gut erreichbar auf Schlossseite der Tür eingebaut?				DIN 18015-3	
3.9	**Deckenhalter für Brennstellen:** vorhanden?					
3.10	**Abschlussklemmen** auf Brennstellenverkabelungen, Wandbrennstellen: UP-Abschlussdosen vorhanden?				VDE 0100-559	
3.11	**Potenzialausgleich:** Anschlussleitungen im Deckel gekennzeichnet?				VDE 0100-540	
3.12	**Ableitfähige Fußböden:** Anschluss an Potenzialausgleich vorhanden?					
3.13	**Arztpraxen:** Sonderpotenzialausgleich in Behandlungsräumen vorhanden?					
3.14	**Unterflur-Kabelkanäle:** Zugdraht, Durchgängigkeit					
3.15	**Brüstungskabelkanäle:** Trennstege vorhanden?					

Abnahme-Checkliste

Gewerk: DIN 18382 Elektroanlagen (Kapitel 6.21)

BV:		Datum:		Bearbeiter:		
Nr.	**Überprüfung**	**zul. Grenzwerte**		**Erl.**		
		min.	**max.**	**✔**	**Regelwerk**	**Prüfmittel**
3.16	**Beleuchtung**					
	Beleuchtung: Anzahl Brennstellen ausreichend?				DIN 18015	
	Beleuchtungsstärken ausreichend?				DIN 5053, ASR 7/3	Luxmeter
	Leuchten: Schutzart IP ausreichend?					
	Leuchten-Kennzeichnung: Küchenleuchten – FF oder MM				VDE 0100-559	
	Anzahl der Schalter gem. Planung?				DIN 18015-3	
3.17	**Zählerraum**					
	Zählerraum: T-30-Tür?					
	Zählerraum: Lichtabstand?	1,2 m				
	Zählerraum: Zählerstände?					
3.18	**Notstrom**					
	Notstromaggregat					
	Notstrombatterieanlage					
3.19	**Alarmanlagen**					
3.20	**Telekommunikation**					
	Anzahl der Telefondosen gem. Planung?					
	Anzahl der Antennendosen gem. Planung?					
3.21	**Brandmeldeanlage**					
	Not-/Fluchtwegbeleuchtung vorhanden? Prüfschalter vorhanden?					
	Ausreichende Brandabschottung im Bereich von Brandwanddurchdringungen?				DIN 4109 VDE 0100-420	
3.22	**Störmeldeanlage**					

Abnahme-Checkliste

Gewerk: DIN 18385 Aufzugsanlagen (Kapitel 6.22)

BV:		Datum:		Bearbeiter:		
Nr.	Überprüfung	zul. Grenzwerte		Erl.		
		min.	max.	✔	Regelwerk	Prüfmittel
1	**Prüfung der Grundlagen/Unterlagen**					
1.1	**Querschnitt/Bauart/Kabinen-innenmaße** gem. LV/Planung?					
1.2	**Türbreite** behindertengerecht, lastengerecht?					
1.3	**Tragfähigkeit** ausreichend?					
1.4	**Vorrangschaltung** erforderlich?					
1.5	**Geschwindigkeit** ausreichend?					
1.6	**Aufbauhöhe** des Kabinenbodens für Naturstein vorgesehen?					
2	**Materialprüfung/Funktionsprüfung**					
2.1	**Schleifgeräusche** bei Inbetriebnahme hörbar?					
2.2	**Funktionsprüfung**					
2.3	**Funktionsprüfung Notrufeinrichtung**					
2.4	**Kabinenoberfläche** vandalensicher?					
2.5	**Türöffnung** bei Einfahrt in die Station?					
2.6	**Schachtentlüftung** und -belüftung vorhanden?					

Abnahme-Checkliste

Gewerk: DIN 18385 Aufzugsanlagen (Kapitel 6.22)

BV:		Datum:		Bearbeiter:		
Nr.	**Überprüfung**	**zul. Grenzwerte**		**Erl.**		
		min.	**max.**	**✔**	**Regelwerk**	**Prüfmittel**
3	**Prüfung der Ausführung**					
3.1	**Schallschutz eingehalten?**				DIN 4109	
	Wohn- und Schlafräume		30 dB			
	Unterrichts- und Arbeitsräume		35 dB			
3.2	**Revisionstüren** in vollverglasten Schächten für Reinigungszwecke vorhanden?					
3.3	**Ausreichende Unter-/Überfahrt** vorhanden?					
3.4	**Hydraulikaufzüge:** ölfester Anstrich der Bodenwanne vorhanden?					
3.5	**Schachtentlüftung** und -belüftung vorhanden?					

Abnahme-Checkliste

Brandschutz – gewerkübergreifend

BV:		Datum:		Bearbeiter:		
Nr.	Überprüfung	zul. Grenzwerte		Erl.		
		min.	max.	✔	Regelwerk	Prüfmittel
1	**Prüfung der Grundlagen/Unterlagen**					
1.1	**Brandschutzgutachten**				DIN 4102	
1.1.1	**Brandabschnittsbegrenzung**				LBauO	
1.1.2	**Brandverhalten tragender Bauteile**				LBauO	
1.1.3	**Rettungswege**				LBauO	
	Flure					
	Treppen und Treppenräume					
	Zweiter Rettungsweg					
1.1.4	**Feuerungsanlage**					
1.1.5	**Brandschutzeinrichtungen**					
	Handfeuerlöscher				DIN EN 3	
	Brandmeldeanlage BMA					
	Feuerlöschleitungen nass					
	Feuerlöschleitungen trocken					
1.1.6	**Flächen für die Feuerwehr**					
1.1.7	**Blitzschutz**					
1.1.8	**Organisatorischer Brandschutz**					
1.2	**RWA-Klappen, Entrauchungsanlage**				Auflagen Baugenehmigung	
1.2.1	Fachunternehmererklärung					
1.2.2	Schema und Schaltpläne für die Elektromotoren					
1.2.3	Anlagenbeschreibung Steuerungstechnik Elektro					
1.2.4	Bestandsplan RWA					
1.2.5	Abnahmebescheinigung durch den Brandschutzgutachter					

Abnahme-Checkliste

Brandschutz – gewerkübergreifend

BV:		Datum:		Bearbeiter:			
Nr.	**Überprüfung**	**zul. Grenzwerte**		**Erl.**			
		min.	max.	✔	Regelwerk	Prüfmittel	
1.2.6	Bestandplan Trassenführung der Verkabelung						
1.2.7	Bedienungsanleitung Bedienfeld inkl. Regensensor und Windwächter						
1.3	**Sprinkleranlage**						
1.3.1	Bestandsplan						
1.3.2	Elektro-Schaltplan						
1.3.3	Bescheinigung Druckprobe						
1.3.4	VDS-Abnahmebescheinigung						
1.3.5	Prüfzeugnisse						
1.4	**Rauchmeldeanlage**						
1.4.1	Bestandsplan						
1.4.2	Elektro-Schaltplan						
1.4.3	VDS-Abnahmebescheinigung						
1.4.4	Prüfzeugnisse						
1.5	**Brandmeldeanlagen BMA**						
1.5.1	Zertifikat: „Fachfirma für Brandmelde-anlagen BMA"				DIN 14675		
1.5.2	Bestandsplan						
1.5.3	Elektro-Schaltplan						
1.5.4	VDS-Abnahmebescheinigung						
1.5.5	Prüfzeugnisse						
1.6	**Brandabschottungen**						
1.6.1	**Brandschutzmaterial:** Prüfzeugnisse						
1.6.2	**Brandschutzmaterial:** Zertifikat für Fachfirmen						

Abnahme-Checkliste

Brandschutz – gewerkübergreifend

BV:		Datum:		Bearbeiter:		
Nr.	**Überprüfung**	**zul. Grenzwerte**		**Erl.**		
		min.	**max.**	**✔**	**Regelwerk**	**Prüfmittel**
2	**Materialprüfung/Funktionsprüfung**					
2.1	**RWA-Klappen:** Funktionsprüfung					
2.2	**Rauchmeldeanlage:** Funktions-prüfung					
2.3	**Brandschutztore:** Funktionsprüfung					
3	**Prüfung der Ausführung**					
3.1	**BMA:** Telefonleitung aufgeschaltet?					
3.2	**Elektroleitungen:** Durchdringungen von Brandabschnitten abgeschottet?					Zertifikat
3.3	**Rohrleitungen:** Durchdringungen von Brandabschnitten abgeschottet?					
3.4	**Lüftungsleitungen: Brandschutz-klappen** bei Durchdringungen von Brandabschnitten?					
3.5	**Brandschutzverglasung:** Qualität?					Zertifikat, Prüfstempel
3.6	**Brandwände:** über Dach geführt?					
3.7	**Brandlasten:** gem. Brandschutzkonzept?					
3.8	**Deckenbekleidung:** gem. Brand-schutzkonzept?					
3.9	**Wandbekleidung:** gem. Brand-schutzkonzept?					

Abnahme-Checkliste

Brandschutz – gewerkübergreifend

BV:		Datum:		Bearbeiter:		
Nr.	**Überprüfung**	**zul. Grenzwerte**		**Erl.**		
		min.	**max.**	**✔**	**Regelwerk**	**Prüfmittel**
3.10	**Bodenbeläge:** gem. Brandschutz-konzept?					
3.11	**Wohnungstrennwände:** Dachlattung getrennt?					
3.12	**Feuerlöscher** ausreichend vorhanden?					
3.13	**Feuerlöschleitungen** trocken: gem. Planung?					
3.14	**Feuerlöschleitungen** nass: gem. Planung?					
3.15	**Brand- und Rauchschutztüren** in ausreichender Qualität vorhanden?				DIN 18093	Prüfplakette

Literaturverzeichnis

1 Ingenstau/Korbion, Kommentar zur VOB, 14. Auflage, Werner Verlag 2001

2 Schmitz/Gerlach/Krings/ Dahlhaus/Meisel, Baukosten 2002 – Preiswerter Neubau von Ein- und Mehrfamilienhäusern/Instandsetzung/ Sanierung/Modernisierung/ Umnutzung, 15./14. Auflage, Verlag für Wirtschaft und Verwaltung Hubert Wingen 2002/2001

3 Kleiber/Simon/Weyers, Verkehrswertermittlung von Grundstücken, 4. Auflage, Bundesanzeiger Verlag 2002

4 Oswald, Hinzunehmende Unregelmäßigkeiten bei Gebäuden, 2. Auflage, Bauverlag 2000

5 Bayerlein (Redaktion), Praxishandbuch Sachverständigenrecht, 2. Auflage, Verlag C. H. Beck 1996

6 Klaas, Schäden an Außenwänden aus Ziegel- und Kalksandstein-Verblendmauerwerk, IRB Verlag 1995 (enthalten: Zitat Brüning)

7 Deutsches Institut für Gütesicherung und Kennzeichnung e. V. (Hrsg.), RAL-GZ 965, Planung und Bauausführung von Häusern in Niedrigenergiebauweise, Stand: 07/1999

8 Forschungsgesellschaft für Straßen- und Verkehrswesen (Hrsg.), EAR 91 Empfehlungen für Anlagen des ruhenden Verkehrs, 1991

9 Bundesverband der Deutschen Ziegelindustrie e. V. (Hrsg.), Ziegelbauberatung, Ziegelwand und -bauteile, Stand: 07/1999

10 Kalksandstein – Planung, Konstruktion, Ausführung, 3. Auflage, Verlag Bau und Technik 1998

11 Wessig, KS-Maurerfibel, 5. Auflage, Beton Verlag 1992

12 Deutscher Ausschuss für Stahlbeton im DIN Deutsches Institut für Normung e. V. (Hrsg.), Richtlinie für die Bemessung und Ausführung von Flachstürzen, 08/1977 (berichtigte Fassung 07/1979)

13 Bundesverband der Deutschen Zementindustrie e. V. (Hrsg.), Sichtbeton – Merkblatt für Ausschreibung, Herstellung und Abnahme von Beton mit gestalteten Ansichtsflächen 03/1997

14 Bauberatung Zement, herausgegeben vom Bundesverband der Deutschen Zementindustrie e. V., Zement-Merkblatt Betontechnik, Betone mit besonderen Eigenschaften Stand: 06/2000

15 Bauberatung Zement, herausgegeben vom Bundesverband der Deutschen Zementindustrie e. V., Merkblatt Rissbewehrung – Mindestbewehrung zur Beschränkung der Rissbreite bei wasserundurchlässigen Bauteilen, Stand: 12/1996

16 Bauberatung Zement, herausgegeben vom Bundesverband der Deutschen Zementindustrie e. V., Zement-Merkblatt Betontechnik Arbeitsfugen, Stand: 09/1998

17 Deutscher Beton-Verein e. V. (Hrsg.), DBV-Merkblatt Verpresste Injektionsschläuche für Arbeitsfugen, Stand: 06/1996

18 Frick/Knöll/Neumann/Weinbrenner, Baukonstruktionslehre Teil 1, 31. Auflage, B. G. Teubner Verlag 1997

19 Fachvereinigung deutscher Betonfertigteilbau (Hrsg.), Betonfertigteile für den Wohnungsbau, 1994

20 Zentralverband des Deutschen Dachdeckerhandwerks – Fachverband Dach-, Wand- und Abdichtungstechnik e. V. (Hrsg.), Fachregel für Dächer mit Abdichtungen – Flachdachrichtlinien, Verlagsgesellschaft Rudolf Müller, Stand: 09/2001

21 Künzel, Bauforschung für die Praxis, Band 23, Der Feuchtehaushalt von Holzfachwerkwänden, IRB Verlag 1996

22 Frech/Waldachtal in: Holzbau Statik aktuell, Arbeitsgemeinschaft Holz e. V. (Hrsg.), Beurteilungskriterien für Rissbildungen bei Bauholz im konstruktiven Hochbau, 03/1988

23 Mönck, Schäden an Holzkonstruktionen, 3. Auflage, Huss-Medien GmbH, Verlag Bauwesen 1999

24 Informationsdienst Holz (Hrsg.), Holz im Außenbereich, Holzbau Handbuch, Reihe 1, Teil 18, Folge 2, 12/2000

25 Herzog/Natterer/Volz, Holzbauatlas, 2. Auflage, Fachverlag Holz 1996

26 Bundesanstalt für Arbeitsschutz (Hrsg.), Arbeitsstätten, Arbeitsstättenverordnung – ArbStättV – und Arbeitsstättenrichtlinien – ASR, Wirtschaftsverlag NW 1994

27 Bund Deutscher Zimmermeister und Bundesverband des holz- und kunststoffverarbeitenden Handwerks (Hrsg.), Handwerkliche Holztreppen – Regelwerk Holztreppenbau, 2. Auflage 1999

28 Bundesausschuss Farbe und Sachwertschutz e. V. (Hrsg.), Merkblatt Nr. 19.1 Risse in unverputztem und verputztem Mauerwerk, in Gipskartonplatten und ähnlichen Stoffen auf Unterkonstruktionen, Ursachen und Bearbeitungsmöglichkeiten, Stand: 08/1991

29 Becker/Pfau/Tichelmann, Trockenbau Atlas, Verlagsgesellschaft Rudolf Müller 1996

30 Bundesausschuss Farbe und Sachwertschutz e. V. (Hrsg.), Merkblatt Nr. 12, Teil 1, Verarbeitung von Gipskartonplatten, Stand: 11/1995
Teil 2: Oberflächenbehandlung von Gipskartonplatten

31 Industriegruppe Gipsplatten (Hrsg.), Merkblatt Nr. 2 Klassifizierung von Spachtelarbeiten, Stand: 05/2000

32 Technische Informationsstelle des Deutschen Maler- und Lackiererhandwerks Stuttgart (Hrsg.), Verfärbungen und Rissbildungen bei Gipskarton-Untergründen

33 Förderkreis Stuck, Putz, Trockenbau Bayern (Hrsg.), Baustellenbedingungen für Trockenbauarbeiten mit Gipskartonsystemen, Stand: 11/1989

34 Simmer, Grundbau Teil 1, 17. Auflage, B. G. Teubner Verlag 1980, Teil 2, 16. Auflage 1985

35 Deutsche Bauchemie u. a. (Hrsg.), Richtlinie für die Planung und Ausführung von Abdichtungen erdberührter Bauteile mit Bitumendickbeschichtungen (KMB), 2. Ausgabe, Stand: 11/2001

36 Zentralverband des Deutschen Dachdeckerhandwerks – Fachverband Dach-, Wand- und Abdichtungstechnik e. V. (Hrsg.), Fachregel für Metallarbeiten im Dachdeckerhandwerk, Verlagsgesellschaft Rudolf Müller, Stand: 02/1999

37 Zentralverband des Deutschen Dachdeckerhandwerks – Fachverband Dach-, Wand- und Abdichtungstechnik e. V. (Hrsg.), Fachregel für Dachdeckungen mit Dachziegeln und Dachsteinen, Verlagsgesellschaft Rudolf Müller, Stand: 09/1997 mit Änderungen Juli 2000

38 Zentralverband des Deutschen Dachdeckerhandwerks – Fachverband Dach-, Wand- und Abdichtungstechnik e. V. (Hrsg.), Merkblatt für Unterdächer, Unterdeckungen und Unterspannungen, Verlagsgesellschaft Rudolf Müller, Stand: 09/1997

39 Zentralverband Sanitär Heizung Klima, Richtlinien für die Ausführung von Metalldächern, Außenwandbekleidungen und Bauklempnerarbeiten (Fachregeln des Klempnerhandwerks), Stand: 10/1998

40 Böhm/Künzel, Fraunhofer-Institut für Bauphysik, IBP Mitteilung 14, Wie sind Putzrisse bei außenseitiger Wärmedämmung zu bewerten?, IRB Verlag 1987

41 Wissenschaftlich-technische Arbeitsgemeinschaft für Bauwerkserhaltung und Denkmalpflege e. V. (Hrsg.), WTA-Merkblatt 2-4-94 Beurteilung und Instandsetzung gerissener Putze an Fassaden, Stand: 12/1995

42 Bludau/Ertl/Weber, Maßgerechtes Bauen, 4. Auflage, Verlagsgesellschaft Rudolf Müller 1998

43 Bundesausschuss Farbe und Sachwertschutz e. V. (Hrsg.), Merkblatt Nr. 21 Technische Richtlinien für die Verarbeitung von Wärmedämm-Verbundsystemen, Stand: 10/1995

44 Fachverband Deutsches Fliesengewerbe (Hrsg.), Fliesen- und Platten-Information Höhendifferenzen in keramischen Belägen und Natursteinbelägen, Stand: 05/1998

45 Fachausschuss Bauliche Einrichtungen der BGZ (Hrsg.), ZH 1/571 – Merkblatt für Fußböden in Arbeitsräumen und Arbeitsbereichen mit Rutschgefahr, 10/1993

46 Fachverband Deutsches Fliesengewerbe (Hrsg.), Merkblatt Keramische Fliesen und Platten, Naturwerkstein und Betonwerkstein auf beheizten zementgebundenen Fußbodenkonstruktionen, Stand: 09/1995

47 Niemer, Praxis-Handbuch Fliesen, Material – Planung – Konstruktion – Verarbeitung, 2. Auflage, Verlagsgesellschaft Rudolf Müller 1996

48 Industrieverband Dichtstoffe e. V. (Hrsg.), IVD-Merkblatt Nr. 3 Konstruktive Ausführung und Verarbeitung der Fugen im Nassbereich, Stand: 07/1996

49 Industrieverband Dichtstoffe e. V. (Hrsg.), IVD-Merkblatt Nr. 1 Abdichtung von Bodenfugen mit elastischem Dichtstoff, Stand: 01/1997

50 Fachverband Deutsches Fliesengewerbe (Hrsg.), Merkblatt Hinweise für die Ausführung von Abdichtungen im Verbund mit Bekleidungen und Belägen aus Fliesen und Platten für den Innen- und Außenbereich, Verlagsgesellschaft Rudolf Müller, Stand: 05/1997

51 Deutsche Bauchemie e. V. (Hrsg.), Merkblatt Ergänzende technische Hinweise für das Belegen von Anhydritfließestrichen mit keramischen Oberbelägen, Stand: 01/1994

52 Czieselski/Bonk, Schäden an Abdichtungen in Innenräumen, Fraunhofer IRB Verlag 1994

53 Bundesinnungsverband des Glaserhandwerks u. a. (Hrsg.), Richtlinie zur Beurteilung der visuellen Qualität von Isolierglas, Stand: 10/1996, © 1996 by Bundesinnungsverband des Glaserhandwerks, 65589 Hadamar, und Bundesverband Flachglas Großhandel, Isolierglasherstellung, Veredelung e. V., 53840 Troisdorf. Die vollständige Richtlinie ist unter www.glaserhandwerk.de abrufbar.

54 Bundesinnungsverband des Glaserhandwerks u. a. (Hrsg.), Richtlinie zur visuellen Beurteilung einer fertigbehandelten Oberfläche bei Holzfenstern und -fenstertüren, Stand: 09/2000, © 2000 by Bundesinnungsverband des Glaserhandwerks, 65589 Hadamar. Die vollständige Richtlinie ist unter www.glaserhandwerk.de abrufbar.

55 Deutsches Institut für Gütesicherung und Kennzeichnung e. V. (Hrsg.), RAL-GZ 424/1: Holzfenster – Fertigung und Montage, Stand: 01/1996

56 Verband der Fenster- und Fassadenhersteller e. V. in Zusammenarbeit mit dem Institut für Fenstertechnik, dem Fraunhofer-Institut für Holzforschung Wilhelm-Klauditz-Institut und dem Technischen Arbeitskreis industrielle Fensterbeschichtung im Verband der Lackindustrie e. V. (Hrsg.), VFF Merkblatt HO.01 Klassifizierung von Beschichtungen für Holzfenster und -Haustüren, Stand: 09/2001

57 Institut des Glaserhandwerks für Verglasungstechnik und Fensterbau (Hrsg.), Technische Richtlinien des Glaserhandwerks Nr. 13 Glaserarbeiten – Verglasen mit Dichtprofilen, 2. Ausgabe, Verlag Karl Hofmann 1987

58 Verband der Fenster- und Fassadenhersteller e. V., VFF Merkblatt WP.02, Stand: 04/1998

59 Institut für Fenstertechnik e. V. (Hrsg.), Forschungsbericht Alterung und Instandhaltung von Holzfenstern

60 Deutsches Institut für Gütesicherung und Kennzeichnung e. V. (Hrsg.), Gütesicherung RAL-RG 716/1 Kunststofffenster – Einbaurichtlinien für Kunststofffenster, Stand: 02/1985

61 RAL-Gütegemeinschaften Fenster und Haustüren (Hrsg.), Leitfaden zur Montage – Der Einbau von Fenstern, Fassaden und Haustüren mit Qualitätskontrolle durch das RAL-Gütezeichen, Stand: 05/2002

62 Deutsches Institut für Gütesicherung und Kennzeichnung e. V. (Hrsg.), Innentüren aus Holz und Holzwerkstoffen Gütesicherung RAL-RG 426, 2002-02 Teil I Türblätter aus Holz und Holzwerkstoffen, Teil II Türzargen aus Holz und Holzwerkstoffen, Teil III Feucht-und Nassraumtüren

63 Industrieverband Tore, Türen, Zargen (Hrsg.), Richtlinie für den Einbau von Stahlzargen, Stand: 08/1997

64 Oswald u. a., Niveaugleiche Türschwellen bei Feuchträumen und Dachterrassen – Bauforschung für die Praxis Band 3, Fraunhofer IRB Verlag 1994

65 Baumann/Fendt/Barth, Kommentar zu DIN 18356, DIN 18367 und DIN 18299 – Parkett- und Holzpflasterarbeiten, Verlagsgesellschaft Rudolf Müller 1997

66 Remmert u. a., Zentralverband Parkett und Fußbodentechnik, Bundesinnungsverband Parkettlegerhandwerk und Bodenlegergewerbe (Hrsg.), Fachbuch für Parkettleger und Bodenleger, 2. Auflage 2001, SN-Verlag Michael Steinert

67 Arbeitsgemeinschaft Holz e. V., Informationsgemeinschaft Parkett e. V. (Hrsg.), Informationsdienst Holz, Holzbau Handbuch, Reihe 6, Ausbau und Trockenbau, Teil 4: Böden und Beläge, Folge 2: Parkett, Stand: 04/1993

68 Rapp, aus: Parkett Magazin, Experimentelle Untersuchungen nachstoßender Feuchte aus jungen Betondecken, Stand: 03/1996

69 VBG Verwaltungs-Berufsgenossenschaft (Hrsg.), VBG 1: Unfallverhütungsvorschrift UVV Allgemeine Vorschriften, Stand: 10/1991

70 Bundesausschuss Farbe und Sachwertschutz e. V. (Hrsg.), Merkblatt Nr. 16 Technische Richtlinien für Tapezier- und Klebearbeiten, Stand: 09/1996

71 Bablick/Federl, Das Fachwissen für den Maler und Lackierer, 3. Auflage, Stam Verlag 1997

72 Baur/Hubrich/Polte u. a., Technologie für Gas- und Wasserinstallateure – Fachbildung, Verlag Dr. Max Gehlen 1997

73 Pistohl, Handbuch der Gebäudetechnik Band 1 Sanitär/Elektro/Förderanlagen, Band 2 Heizung/Lüftung/Energiesparen, 2. Auflage, Werner Verlag 1998

74 Bundesverband Flächenheizung e. V. (Hrsg.), Allgemeine Anforderungen an die Regelanlage eines Heizsystems

Bildnachweis

Alle Fotografien: Gunter Hankammer.

Bei Abbildungen, die aus anderen Publikationen entnommen wurden, ist die jeweilige Quelle bei der entsprechenden Abbildung angegeben.

Stichwortverzeichnis